Springer
*Berlin
Heidelberg
New York
Barcelona
Budapest
Hongkong
London
Mailand
Paris
Santa Clara
Singapur
Tokio*

Wilfried Ließmann

Historischer Bergbau im Harz

Ein Kurzführer

2., korrigierte und ergänzte Auflage

Springer

Dipl. Min. Dr. Wilfried Ließmann
Rosdorfer Weg 33a
37073 Göttingen

Titelbilder:
l.o.: Grube Samson, St. Andreasberg
r.o.: Fördergerüst des Ottiliae-Schachts, Clausthal
l.u.: Wasserlösungsstollen in Trockenmauerung
r.u.: Modell eines Kunstrads am Carler Teich, Zellerfeld

Rückseite:
Vitriolbildungen im Ratstiefsten Stollen
Erzbergwerk Rammelsberg, Goslar

1. Auflage erschienen unter gleichem Titel im Sven von Loga Verlag, Köln 1992.
ISBN 3-87361-242-9, ISSN 0943-4658

ISBN 3-540-62930-0 Springer-Verlag Berlin Heidelberg New York

Die Deutsche Bibliothek – CIP-Einheitsaufnahme
Ließmann, Wilfried:
Historischer Bergbau im Harz / Wilfried Ließmann. 2., korrigierte und erg. Aufl. - Berlin; Heidelberg;
New York; Barcelona; Budapest; Hongkong; London; Mailand; Paris; Santa Clara; Singapur; Tokio:
Springer, 1997
 ISBN 3-540-62930-0

Dieses Werk ist urheberrechtlich geschützt. Die dadurch begründeten Rechte, insbesondere die der Übersetzung, des Nachdrucks, des Vortrags, der Entnahme von Abbildungen und Tabellen, der Funksendung, der Mikroverfilmung oder der Vervielfältigung auf anderen Wegen und der Speicherung in Datenverarbeitungsanlagen, bleiben, auch bei nur auszugsweiser Verwertung, vorbehalten. Eine Vervielfältigung dieses Werkes oder von Teilen dieses Werkes ist auch im Einzelfall nur in den Grenzen der gesetzlichen Bestimmungen des Urheberrechtsgesetzes der Bundesrepublik Deutschland vom 9. September 1965 in der jeweils geltenden Fassung zulässig. Sie ist grundsätzlich vergütungspflichtig. Zuwiderhandlungen unterliegen den Strafbestimmungen des Urheberrechtsgesetzes.

© Springer-Verlag Berlin Heidelberg 1997
Printed in Germany

Die Wiedergabe von Gebrauchsnamen, Warenbezeichnungen usw. in diesem Werk berechtigt auch ohne besondere Kennzeichnung nicht zu der Annahme, daß solche Namen im Sinne der Warenzeichen- und Markenschutzgesetzgebung als frei zu betrachten wären und daher von jedermann benutzt werden dürften.

Produkthaftung: Für Angaben über Dosierungsanweisungen und Applikationsformen kann vom Verlag keine Gewähr übernommen werden. Derartige Angaben müssen vom jeweiligen Anwender im Einzelfall anhand anderer Literaturstellen auf ihre Richtigkeit überprüft werden.

Umschlaggestaltung: *design & production* GmbH, Heidelberg
SPIN: 10570691   30/3136 - 5 4 3 2 1 0 – Gedruckt auf säurefreiem Papier

O reicher Gott, wir bitten Dich,
Segn' unser Bergwerk mildiglich,
Gieb Nothdurft diesem Leben.
Dein Vaterherz woll uns gut Erz
Auch reichlich Wasser geben.

Dein reines Wort bei uns erhalt
Behüt die Bergleut jung und alt,
Thu reich Ausbeut bescheren!
So wollen wir auch danken Dir
Und Deinen Namen ehren.

(Mathäus Wieser)

aus: "Oberharzer Schichtsegen – Bergandachten für Grube und Haus nebst einem Anhange von Berggesängen"

Vorwort zur 2. Auflage

Mit den Vorbereitung zur Weltausstellung Expo 2000 in Hannover, in die auch der Harz – einerseits Naturpark, andererseits bedeutende frühindustrielle Kulturlandschaft – miteinbezogen ist, rückt diese Region verstärkt in das Blickfeld einer breiten Öffentlichkeit. Mehr als 4 Jahre nach Erscheinen der inzwischen vergriffenen Erstauflage des Titels *Historischer Bergbau im Harz* ist es daher an der Zeit, eine überarbeitete und aktualisierte 2. Auflage folgen zu lassen.

Mein besonderer Dank gilt dem Springer Verlag, der dieses ohne Umschweife ermöglicht hat.

Gedankt sei an dieser Stelle allen, die durch konstruktive Kritik, Hinweise auf sachliche Fehler und sonstige Anregungen hierzu beigetragen haben.

Überarbeitung erforderten einige Punkte des Regionalteils, um dem Leser ein aktuelles Bild von der sich wandelnden Museumslandschaft Harz vermitteln zu können. Das ebenfalls erweiterte Literaturverzeichnis wurde durch Zitate der wichtigsten neu erschienenen Aufsätze ergänzt. Hinzu gekommen ist außerdem eine Zeittafel, die in chronologischer Reihenfolge eine Übersicht der wichtigsten historischen Daten gibt.

Auf die sehr wünschenswerte und von verschiedener Seite angeregte Einfügung weiterer regionaler Kapitel, mußte aus Gründen des Umfanges leider verzichtet werden.

Möge das Buch dennoch allen Harzreisenden und Harzfreunden helfen, die Landschaft und ihre Montangeschichte kennen und lieben zu lernen.

Göttingen, im Juli 1997　　　　　　　　　　　　　　　　　　　　W. Ließmann

Vorwort zur 1. Auflage

Der Reichtum des Harzes an Silber-, Blei-, Kupfer- und Eisenerzen führte seit dem Mittelalter zu einem ausgedehnten und blühenden Montanwesen. Hier entwickelte sich die erste geschlossene Industrielandschaft Deutschlands. Nach dem jähen Niedergang durch den Dreißigjährigen Krieg avancierte speziell das Oberharzer Revier in der Barockzeit zum größten Silberproduzenten Europas. Die Landesherrn nahmen meist sehr direkt Einfluß auf das Berg- und Hüttenwesen, da sie sehr darauf bedacht waren, stets über genügend Silber zum Auffüllen der immer leeren Staatskasse zu verfügen. Der üppige Lebensstil dieser Zeit an den Höfen der Fürsten und des Adels, aber auch des wohlhabenden Bürgertums, wurde ganz entscheidend durch den reichen Bergsegen mitfinanziert.

Wegen der vielfältigen, vom Staat eingeräumten Bergfreiheiten gehörten die Bergleute im 16.Jahrhundert zu einem angesehenen und privilegierten Berufsstand. Erst im späten 17. und 18.Jahrhundert führten steigende Verschuldungen der Grubeneigner (Gewerken) zur weitgehenden Verstaatlichung der meisten Bergwerke, die nun wie auch die meisten Hüttenbetriebe der Obhut von herrschaftlichen Bergämtern unterstellt wurden. Aus deren Hauptaufgabe, eine gewinnbringende Metallproduktion aufrecht zu halten, erwuchs eine eigentümliche Reglementierung der Bevölkerung, die in den monostrukturell auf das Montanwesen ausgerichteten Bergstädten schnell in eine völlige wirtschaftliche und soziale Abhängigkeit vom Staat geriet.

Die alten Bergfreiheiten wurden durch zahlreiche Erlasse immer weiter eingeschränkt, bis sie fast bedeutungslos waren.

Noch Mitte des 19.Jahrhunderts galten die isoliert auf den unwirtlichen Harzbergen lebenden Menschen in weiten Kreisen des Adels und des städtischen Bürgertums als rückständig, roh und unkultiviert. So schrieb damals der französische Schriftsteller JEAN MARBILLON in seinem Werk "die Hercynische Reise": "... schon beim Namen des Harzes erschaudert der Mensch, da dort alles so schrecklich ist...".

Ob dieses harte zeitgenössische Urteil den damaligen Umständen gerecht wird oder nicht, mag der Leser selbst am Ende dieser Lektüre entscheiden. Natürlich wird man prunkvolle Bauten oder auch nur ein Theater in den Bergstädten, als Quellen des herrschaftlichen Reichtums, vergeblich suchen, doch dafür entwickelte sich hier eine ganz andersartige, eng mit dem Bergbau und seiner Technik verknüpfte bodenständige Kultur, wie hier gezeigt werden soll.

Heute ist der Harz neben dem Erzgebirge eine der wohl vielgestaltigsten und eindrucksvollsten historischen Bergbaulandschaften Mitteleuropas, und daher ein sehr lohnendes Zielgebiet für montanhistorische Exkursionen. Auf engem Raum laden zahlreiche kleine und große technische Denkmäler, Museen und Schaubergwerke den Reisenden ein, den Spuren der Harzer Bergleute durch die vergangenen Jahrhunderte zu folgen.

Der vorliegende Kurzführer soll dem geschichtlich und technisch interessierten Besucher als Einführung in die faszinierende Welt des hiesigen Bergbaus mit seiner mehr als 1000jährigen Tradition dienen.

Im allgemeinen Teil werden zuerst politisch-wirtschaftliche und dann die sozialen Aspekte der früheren Montanindustrie kurz betrachtet. Die anschließenden Kapitel behandeln die technische Entwicklung des Bergbaus sowie des Aufbereitungs- und Verhüttungswesens. Der regionale Teil des Buchs beschreibt die lokal wichtigsten Harzer Bergbaureviere und deren Geschichte, und gibt Hinweise zur Gestaltung eigener Exkursionen. Es wird um Verständnis gebeten, daß nicht jedes Grubengebiet hier in diesem Rahmen erwähnt werden kann, es sind einfach zu viele. So war es unvermeidlich, Schwerpunkte zu setzen, wobei der westliche Teil des Gebirges, gemäß seiner stärkeren wirtschaftlichen Rolle, etwas im Vordergrund steht.

Zur Ergänzung der im vorliegenden Kurzführer wiedergegebenen Lageskizzen der Bergbaugebiete sollte bei Exkursionen unbedingt eine Topographische Karte (1 : 50.000 oder 1 : 25.000, siehe Anhang V.) herangezogen werden.

Mein Dank für die Hilfe und Unterstützung am Zustandekommen des vorliegenden Buches gebührt

Herrn Dipl.-Min. O.Augustin, Hamburg; Herrn Dipl.-Ing. M.Bock, St.Andreasberg; Herrn T.Böttcher, St.Andreasberg; Herrn H.-J.Boyke, Clausthal-Zellerfeld; Herrn H.Eicke(†), St.Andreasberg; Herrn A.Funke, Clausthal-Zellerfeld; Herrn Dipl.-Geol.H.Gaevert, Hasselfelde; Herrn Stud.Dir.H.H.Hillegeist, Göttingen; Herrn Dr.D.Klaus, Bernburg; Frau R.Köllner; Hamburg, Herrn M.Langer, Clausthal-Zellerfeld; Herrn Dr.J.Schlüter, Hamburg; Herrn Geol.-Ing.W.Zerjadtke, Uftrungen; sowie allen anderen daran beteiligten Personen.

Hamburg, im September 1992

Inhaltsverzeichnis

Vorwort

Allgemeiner Teil	Seite
1. Wir machen eine Grubenfahrt	1
2. Geologisch-Lagerstättenkundlicher Überblick	4
3. Montanindustrie und politische Entwicklung	13
4. Bergwirtschaft und soziale Verhältnisse	21
4.1 Organisation und Verwaltung der Bergwerke	21
4.2 Vom Berghauptmann bis zum Pochjungen - die Berufsstrukturen im Harzer Montanwesen	26
4.3 Die Lebens- und Arbeitsbedingungen der Bergleute	30
4.4 Die letzte Schicht - vom Bergmannstod auf den Harzer Bergwerken -	39
4.5 Als das Glöcklein verstummte... das Grubenunglück auf der Grube Thurm-Rosenhof (1878)	44
5. Die technische Entwicklung des Bergbaus	47
5.1 Von Markscheidern und Mutern	49
5.2 Des Bergmanns Geleucht	51
5.3 Die Erzgewinnung- von Schlägel und Eisen zum Dynamit	56
5.4 Schacht- und Streckenausbau	65
5.5 Streckenförderung	67
5.6 Schachtförderung und -fahrung	71
5.7 Wasserhebung	81
5.8 Wasserlösungsstollen	89
5.9 Wetterlösung	91
6. Die Gewinnung der Metalle	95
6.1 Pochen - Schlämmen - Setzen- das Aufbereitungswesen	95
6.2 Rösten - Schmelzen - Treiben - das Hüttenwesen	100

Regionaler Teil

7. Der Rammelsberg mehr als 1000 Jahre Bergbaugeschichte	111

		Seite
8.	An Silber und an Bleien reich - der Bergbau im zentralen Oberharz	125
8.1	Die wichtigsten Oberharzer Erzgänge	125
8.2	Die Geschichte des Clausthal- und Zellerfelder Reviers	130
8.3	Das Erzbergwerk Lautenthal	147
9.	Montanhistorische Streifzüge rund um Clausthal-Zellerfeld	150
10.	Von der Oberharzer Wasserwirtschaft die Wasser - Fluch und Segen des Bergbaus	162
11.	Moderner Gangbergbau mit Tradition bei Bad Grund	169
11.1	Das Erzbergwerk Grund - Ende des deutschen Metallerzbergbaus	169
11.2	Der Eisenerzbergbau am Iberg	174
11.3	Zur Geschichte des Buntmetallbergbaus	178
12.	Sankt Andreasberg - weltberühmtes Mineralienkabinett des Harzes	181
12.1	Die Geschichte des Silberbergbaus	182
12.2	Die Grube Samson - internationales Denkmal Harzer Bergbaukunst	194
12.3	Das Lehrbergwerk Roter Bär und der Beerberg	196
12.4	Ein Abstecher ins Odertaler Revier	201
13.	Kupfer - Eisen und Schwerspat - die Schätze des Südwestharzes	204
13.1	Der Bergbau im Gebiet von Bad Lauterberg	208
13.2	Die Bad Lauterberger Königshütte	216
13.3	Der Bergbau im Siebertal	219
14.	Die Zentren des Harzer Eisenerzbergbaus	224
14.1	Roter Stein und Blauer Stein - der Eisenerzbergbau auf dem "Oberharzer Diabaszug"	229
14.2	Der Eisenerzbergbau bei Wieda und Zorge	234
14.3	Der Bergbau im Elbingeröder Komplex	238
15.	Silber, Blei und Flußspat - der Gangbergbau im Unterharz	249
15.1	Der Silberbergbau im stolbergischen Harz	254
15.2	Der Silberbergbau im anhaltischen Harz	258
15.3	Die Unterharzer Wasserwirtschaft	263
15.4	Versuchsbergbau auf Wolfram	265
15.5	Der Straßberger Flußspatbergbau	265
15.6	Der Flußschacht bei Rottleberode	270
15.7	Der Antimonbergbau von Wolfsberg	272
15.8	Gold, Silber und Selen im Eisenerz - das kuriose Tilkeröder Revier	274

		Seite
16.	Steinkohle, Kupferschiefer und Braunstein - die Rohstoffe am Südharzrand	278
16.1	Der Steinkohlenbergbau im Ilfelder Becken	278
16.2	Der Südharzer Kupferschieferbergbau	284
16.3	Der Ilfelder Braunsteinbergbau	289
17.	Literaturverzeichnis	293

Anhang

I.	Eigenschaften und Erkennungsmerkmale der wichtigsten Erz- und Gangartminerale	306
II.	Kleines bergmännisches ABC	308
III.	Wichtige Maße, Gewichte und Münzen im alten Harzer Montanwesen	319
IV.	Besucherbergwerke sowie montan- und wirtschaftshistorisch interessante Museen und Sammlungen im Harz	320
V.	Zeitpanorama zum Harzer Montanwesen	330
VI.	Auswahl der wichtigsten Harzkarten	335

Illustration aus "Die Alterthümer des Harzes" (1754)

Glück Auf!

Wir machen eine Grubenfahrt

Zur Einstimmung in das für viele Leser sicherlich recht fremde Gebiet des Bergbaus wollen wir in Gedanken eine Grubenfahrt auf einem Erzbergwerk unternehmen. Dabei werden viele Fachausdrücke fallen, die auf die jahrhundertealte Tradition des Bergmannsberufs zurückgehen. Jeder, der sich selbst etwas mit dieser Materie befassen möchte, sei es anläßlich des Besuchs eines Museums bzw. Museumsbergwerks oder beim Lesen einschlägiger Literatur, wird nicht umhin kommen, einige bergmännische Vokabeln zu lernen. Das "kleine bergmännische ABC" im Anhang mag hierbei hilfreich sein.

Pünktlich um 6.30 finden wir uns am Tor des Erzbergwerks ein. Mit einem noch etwas müde klingenden "Glück Auf!" melden wir uns beim Pförtner, der uns den Weg über den Zechenhof zum Verwaltungsgebäude zeigt. Der Obersteiger, mit dem wir verabredet sind, erwartet uns schon zu einer kurzen Einführung in die betriebliche Situation der Grube. Anschließend nimmt uns ein Fahrsteiger in seine Obhut, dessen Revier wir heute befahren wollen. Er mahnt zur Eile, denn um 7.30 sei Seilfahrt. Schnellen Schrittes eilen wir zum Umkleiden in die Kaue, der eifrige Kauenwärter schätzt mit prüfendem Blick unsere Maße und reicht jedem ein Paket Grubenzeug, bestehend aus einem langgeschnittenen blauen Grubenhemd, weißer Hose und ebensolcher doppelreihigen Jacke, Unterwäsche, Fußlappen und Halstuch sowie einem Lampenriemen. Die mit Stahlkappen versehenen Gummistiefel nehmen wir uns selbst aus dem Regal.
Eilig geht es hinüber zur Lampenstube, hier gibt es für jeden eine elektrische Kopflampe, deren Akku am Lampenriemen eingeschlauft wird. Zusammen mit dem Geleucht empfängt jeder auch einen CO-Selbstretter, wie es das Bundesberggesetz vorschreibt. Da wir nicht zum ersten Mal einfahren, kann die sonst obligatorische Belehrung im Umgang mit diesem Gerät entfallen. Sollte unter Tage ein Brand ausbrechen, wird der Filter aufgerissen, das Mundstück eingesetzt und die Nase mit einer Klemme verschlossen, so daß nur durch den Filterkörper, in dem eine Chemikalie das bei Bränden entstehende hochgiftige Kohlenmonoxidgas (CO) absorbiert, geatmet werden kann. Der Retter ist so ausgelegt, daß von allen Betriebspunkten aus ein sicherer Rückzug zum Hauptschacht gewährleistet ist.
Rasch laufen wir durch einen kurzen Stollen zur Hängebank des Seilfahrtschachts, wo bereits der Förderkorb für uns bereitsteht, so daß wir gleich auftreten können. Über Telefon teilt der Fahrsteiger dem Fördermaschinisten die gewünschte Sohle mit. Die Schutzgitter werden geschlossen und Augenblicke später geht es mit D-Zug-Geschwindigkeit hinab in die finstere Tiefe des Schachts. Der Korb rumpelt monoton zwischen den Spurlatten hin und her, ein Knacken in den Ohren läßt spüren, daß wir schnell an Tiefe gewinnen. Hin und wieder tauchen erleuchtete Füllörter blitzartig vor unseren Augen auf, ein kräftiger Wetterstrom braust uns von unten entgegen, immerhin bewegen wir uns mit etwa 10 m pro Sekunde abwärts. Doch kaum ist eine Minute vergangen, da ist einem, als würde man schwerer, die Beine federn etwas nach, die Seilfahrt verlangsamt sich merklich und sanft schwebend erreicht der Korb das Füllort der Hauptfördersohle in fast 600 m Tiefe. Ein Schlag mit der Signaleinrichtung bedeutet für den Fördermaschinisten "Halt". Der bereitstehende

Anschläger hilft beim Entfernen der Schutzgitter. Glück Auf! Wir treten hinaus in das geräumige Füllort, im Gegensatz zum zugigen Schacht ist es hier angenehm warm. Auf mehreren nebeneinanderliegenden Gleisen warten mehrere Dutzend erzgefüllter Grubenwagen, auch "Hunte" genannt, darauf, zu Tage getrieben zu werden. Wir laufen die Hauptstrecke entlang zu einem abfahrbereit stehenden Personenzug. Behängt mit Rucksack und Fototasche zwängen wir uns in die schmalen Mannschaftswagen hinein, hängen die Sicherheitsketten ein und auf Kommando des Führers beginnt eine recht holprige Bahnfahrt. Bald hat der Zug den beleuchteten Schachtbereich verlassen, da wir die Kopflampen ausgeschaltet haben, umfängt uns sogleich die absolute Finsternis. Niemand spricht, nur das monotone Rattern und Schaukeln ist zu vernehmen, man döst vor sich hin und verliert rasch jedes Zeitgefühl. Da plötzlich bremst die Lok, wir schalten unser Geleucht ein und steigen aus.

Fast zwei Kilometer weit führte die Fahrt auf der Richtstrecke, parallel zum Gang, in dessen Liegendem wir uns hier befinden. Der Abbaubereich, den wir wegen der hier zur Zeit aufgeschlossenen schönen Erzanbrüche befahren wollen, liegt in diesem Baufeld 45 m über der Richtstrecke. Wir biegen in einen rechtwinklig von der Hauptstrecke nach links abzweigenden Querschlag ein, dann geht es auf einer spiralförmig aufgefahrenen Wendel steil aufwärts, schnell ist es vorbei mit der Orientierung , wo ist denn nun der Gang eigentlich? Scheinbar in alle Richtungen zweigen hin und wieder Strecken ab. Auf einem Riß des Abbaus zeigt uns der Fahrsteiger, daß es sich hier um die parallel zueinander angelegten Zufahrten zu den einzelnen Abbaustößen handelt.

Als wir gerade wieder einen solchen Zugang passieren, hören wir von obern erst ein dumpfes Sausen, dann ein lautes Krachen und Poltern. Da werde ich rechts von mir ein senkrechtes Eisenrohr mit einem breiten Loch darin gewahr, aus dem plötzlich Funken heraustieben. Sekunden später ist alles wieder still. Das sei eine Sturzrolle, erklärt unser Begleiter, in die oben im Abbau das Haufwerk gekippt würde, um es dann unten auf der Fördersohle in die Hunte abzufüllen.

Je weiter wir hinaufsteigen, desto wärmer und stickiger wird es. Endlich ist der "15.Stoß" erreicht, wir biegen nach rechts in das Abbauort ein, da die Luft erfüllt ist von Staub und Dieselabgasen erzeugen unsere Lampen scharf begrenzte Lichtkegel. Die Sohle ist von zähem, knöcheltiefem Schlamm bedeckt, bei jedem Schritt hat man das Gefühl, von unten festgehalten zu werden. Trotz eines laut pfeifenden Lüfters, der frische Wetter in den Abbau bläst, ist die Atmosphäre zum Schneiden, erste Schweißperlen treten auf die Stirn. Von vorn ertönt ein dumpfes Dröhnen, zwei im Dunst verschwommen wahrnehmbare Scheinwerfer kommen auf uns zu. Der anrollende Dieselradlader nimmt fast die ganze Breite der Strecke ein, so daß wir uns neben einem Türstock nahe an den Stoß quetschen müssen. Dicht vor den Nasen rollt das schwere Ungetüm mit etwa 4 m^3 Erzhaufwerk in der Schaufel an uns vorbei in Richtung Sturzrolle. Wir laufen vor zur Ortsbrust, wo noch ein großer Haufen losgeschossenes Erz liegt. Das versprochene schöne Gangbild ist leider nicht erkennbar, alles ist mit Schmutz behaftet, lediglich über uns an der Firste erkennt man schemenhaft eine grobe Bändererztextur sowie eine etwa 2 Meter mächtige Partie massiger Zinkblende. An Fotografieren ist angesichts des Dunstes sowieso nicht zu denken! Also den Hammer ausgepackt und das Haufwerk nach hübschen Gangstücken abgesucht. Der Fahrsteiger bedeutet uns, nicht direkt an die Ortsbrust heranzugehen, da dort "eine große Schale ab sei". Damit läßt er uns allein um dem

Fahrer des Laders, der jetzt wieder zurückkommt, einige Anweisungen zu geben. Als er nach einiger Zeit zurückkehrt, schleppt er einen Wasserschlauch hinter sich her und beginnt den Erzstoß für uns abzuspritzen. Erst jetzt wird die ganze Pracht des Gangbildes sichtbar: silbergrauer Bleiglanz und dunkelbraune Zinkblende, darin Nester von goldgelb glänzendem Kupferkies werden ebenmäßig von steilstehenden schneeweißen Kalkspat- und Quarzbändern durchzogen. Wir sind begeistert, ein Jammer, daß dieses phantastische Bild nicht auf den Film zu bannen ist!

Lange dürfen wir uns hier nicht aufhalten, da der Laderfahrer sein vorgegebenes Pensum zu schaffen hat, denn noch in dieser Schicht müssen neue Löcher für den nächsten Aufschlag gebohrt und mit Sprengstoff besetzt werden. Zeit ist knapp bemessen im modernen Erzbergbau. So setzen wir unsere Befahrung fort und besuchen einige andere, zur Zeit nicht belegte Stöße, hier kommen Kamera und Blitzlicht zu ihrem Einsatz. Auch die Rucksäcke haben inzwischen ein fast unerträgliches Gewicht bekommen. Trotzdem muß eine ganz zum Schluß entdeckte, herrliche 10-Kilo-Erzschale noch mit - vor dem Bauch getragen dient sie als Gewichtsausgleich.

Leider steht für den Rückweg kein Zug bereit, also Zähne zusammenbeißen und zu Fuß gefahren! Die Strecke wird lang und länger und die Last immer schwerer, schweißgebadet und erschöpft erreichen wir endlich den Schacht. Die Viertelstunde, die wir auf die Personenseilfahrt warten müssen, ist eine willkommene Verschnaufpause. Die am Schacht wartenden Bergleute amüsieren sich über unsere Erzausbeute, es gibt viel zu lachen. Endlich Seilfahrt, wir freuen uns auf das Duschen in der Kaue und darauf, unsere "Schätze" loszuwerden.

Frisch gebadet treffen wir uns mit unserem Führer zum Mittagessen in der Werkskantine. Auf den traditionellen Befahrungsschnaps muß verzichtet werden, da auf dem gesamten Betriebsgelände striktes Alkoholverbot herrscht.

Nachdem wir uns nochmals bedankt und mit einem herzlichen Glück Auf! verabschiedet haben, kehren wir glücklich über die vielen, dort unten in der Welt der Bergleute gewonnenen Eindrücke nach Hause zurück. Wir fühlen uns reich - aber nicht nur wegen der gesammelten Erzproben...

"Der Harz gilt nach Heinrich v.Dechen's erprobtem Urteil seit Anbeginn der Geologie als das Kleinod unter den Gebirgen der Erde und wird, wie ich hinzusetzte, diesen Rang stets behaupten. Denn in ihm hat uns der Schöpfer das Buch der Natur in knapper, modellklarer und meisterhaft vollendeter Form überreich an Inhalt aufgeschlagen."

Harzgeologe K.A.Lossen
(1889)

2. Geologisch-Lagerstättenkundlicher Überblick

Trotz mehr als 200 Jahren geologischer Forschung und "vielen Metern" einschlägiger Fachliteratur bleibt der Harz für die Geowissenschaftler ein Gebirge, das voller Geheimnisse steckt.
Kaum eine andere deutsche Landschaft bietet auf so engem Raum so viele unterschiedliche geologische Erscheinungen und ein solch breites Spektrum verschiedener Gesteins - bzw. Erzarten wie der Harz und sein unmittelbares Vorland. Viele Generationen von Studenten haben hier anläßlich von Exkursionen und praktischen Feldübungen begonnen, im großen Buch der Erdgeschichte zu blättern. Schon im vorigen Jahrhundert prägte man für das Gebiet zwischen Goslar und Bad Harzburg den Titel **"klassische Quadratmeile der Geologie"**, ein Prädikat, das für sich spricht.
Nicht nur für Fachleute, auch für den interessierten Laien bietet der Harz viele lohnende Aufschlüsse, sei es nur zum Schauen oder auch zum Mineraliensammeln. Für die Planung individuell zugeschnittener Exkursionen sei auf die zahlreichen geologisch-mineralogischen Führer verwiesen. An dieser Stelle soll eine knappe Übersicht der geologisch-lagerstättenkundlichen Verhältnisse genügen, um den Leser mit der Entstehung der Erze als Grundlage der Montangeschichte vertraut zu machen.

Schon der Blick auf eine geologische Übersichtskarte zeigt, daß sich der Harz als 60x20 km große, isolierte Gebirgsscholle **paläozoischen** Alters von den umgebenden jüngeren mesozoischen Deckschichten des Harzvorlandes deutlich abhebt.
Während die Berge im Süden nur mäßig steil vom Flachland her ansteigen, ist der Nordrand des Gebirges recht schroff ausgeprägt. An der hierverlaufenden sog. **Harznordrandstörung** ereigneten sich mehrfach, bis ins Tertiär hinein, tektonische Hebungen, bei denen der Gebirgsrumpf als Kippscholle insgesamt an die 3000 m emporgehoben wurde, während der Südrand nahezu bruchlos blieb.

Erdgeschichtliche Entwicklung

Der Harz wie auch das Rheinische Schiefergebirge sind in Deutschland die nördlichsten, übertage anstehenden Ausschnitte des **Varistischen Gebirges**, das im Untergrund den Kern ganz Mitteleuropas bildet. Im Erdaltertum, zur Zeit des **Silurs, Devons** und **Unterkarbons** (vor 400-300 Mio Jahren) nahm ein weiter Ozean dieses Gebiet ein.
Durch Hebungs- und Senkungsbewegungen der Erdkruste entwickelten sich zahlreiche, durch Schwellenregionen getrennte Becken, in die hinein über Jahrmillionen andauernd gewaltige Massen von Meeressedimenten geschüttet wurden.

Nahe der Küsten spülten Flüsse große Mengen von Geröllen und Sanden ein, bis in die küstenfernen Becken hingegen gelangten nur sehr feine Partikel, die dort als Tonschlamm sedimentiert wurden. Besonders im Oberdevon war das Meer tropisch warm, so daß sich auf Untiefen gerne Korallenriffe ansiedelten, die wie das Beispiel des Ibergs bei Bad Grund zeigt, Mächtigkeiten von mehr als 500 m erreichen konnten. Anderswo bildeten sich tiefgreifende Spalten im Meeresboden, an denen glutflüssiges Basaltmagma austrat und zur Bildung der heute im Harz verbreiteten **Diabase** führte.

Später zur Zeit des Oberkarbons erfaßte die wie eine gigantische Wellenfront von Südosten nach Nordwesten vordringende **varistische Faltung** die mit Sedimenten gefüllten Tröge.

Die ursprünglich horizontal abgelagerten Schichten wurden zu großen Falten mit Sätteln und Mulden verbogen und zerbrochen. Typisch für diesen varistischen Faltenbau sind die Südwest-Nordost orientierten Faltenachsen und die mehr oder minder steil nach Südosten einfallende Schichtung (**erzgebirgisches Streichen**).

Am Ende der Faltungsära stiegen abermals glutflüssige Gesteinsschmelzen meist granitischer Zusammensetzung aus der Tiefe auf, wurden in die gefalteten Schichten hineingepresst, und erstarrten dort langsam zu richtungslos körnigen Tiefengesteinen (**Gabbro, Granit**). Die hohen Temperaturen der magmatischen Schmelzen übertrugen sich auch auf das umgebende Nebengestein und verursachten dessen **kontaktmetamorphe Umwandlung**. So sind in etwa 1-1,5 Kilometer breiten Aureolen um die Granitkörper herum aus Tonschiefern, Grauwacken und Kieselschiefern harte, splittrige Hornfelse entstanden.

Nach Abschluß der Gebirgsbildungsepoche waren der Harz und seine Umgebung in der älteren Permzeit (**Rotliegendes**) vorübergehend Festland. Ein wüstenhaftes Klima und ein starker, von heftigen Explosionen begleiteter **saurer Vulkanismus** kennzeichneten diese Zeitalter. Besonders im südlichen Teil des mittleren Harzes sind Überreste der einst weitgespannten **Rhyolithdecken** anzutreffen. (Gr. Knollen bei Bad Lauterberg, Ravensberg bei Bad Sachsa, Umgebung von Ilfeld-Sülzhayn siehe Kap. 16).

Zur Zeit des nachfolgenden **Zechsteins** wurde der weitgehend eingeebnete Rumpf des Varistischen Gebirges wieder vom zurückkehrenden Meer überflutet und mit mächtigen Kalk-, Gips- und Salzfolgen überlagert. Die anschließende **Triaszeit** brachte noch eine mehrere hundert Meter mächtige Serie von Sandsteinen, Tonsteinen und Kalksteinen.

Erst seit dem **Jura** begann der Harz sich als Block emporzuheben, die Verwitterung sorgte dafür, daß die mesozoischen Deckschichten allmählich abgetragen wurden und der alte paläozoische Kern des Gebirges wieder zum Vorschein kam!

Abb. 1   Geologische Übersichtskarte des Harzes
(aus Mohr 1978)

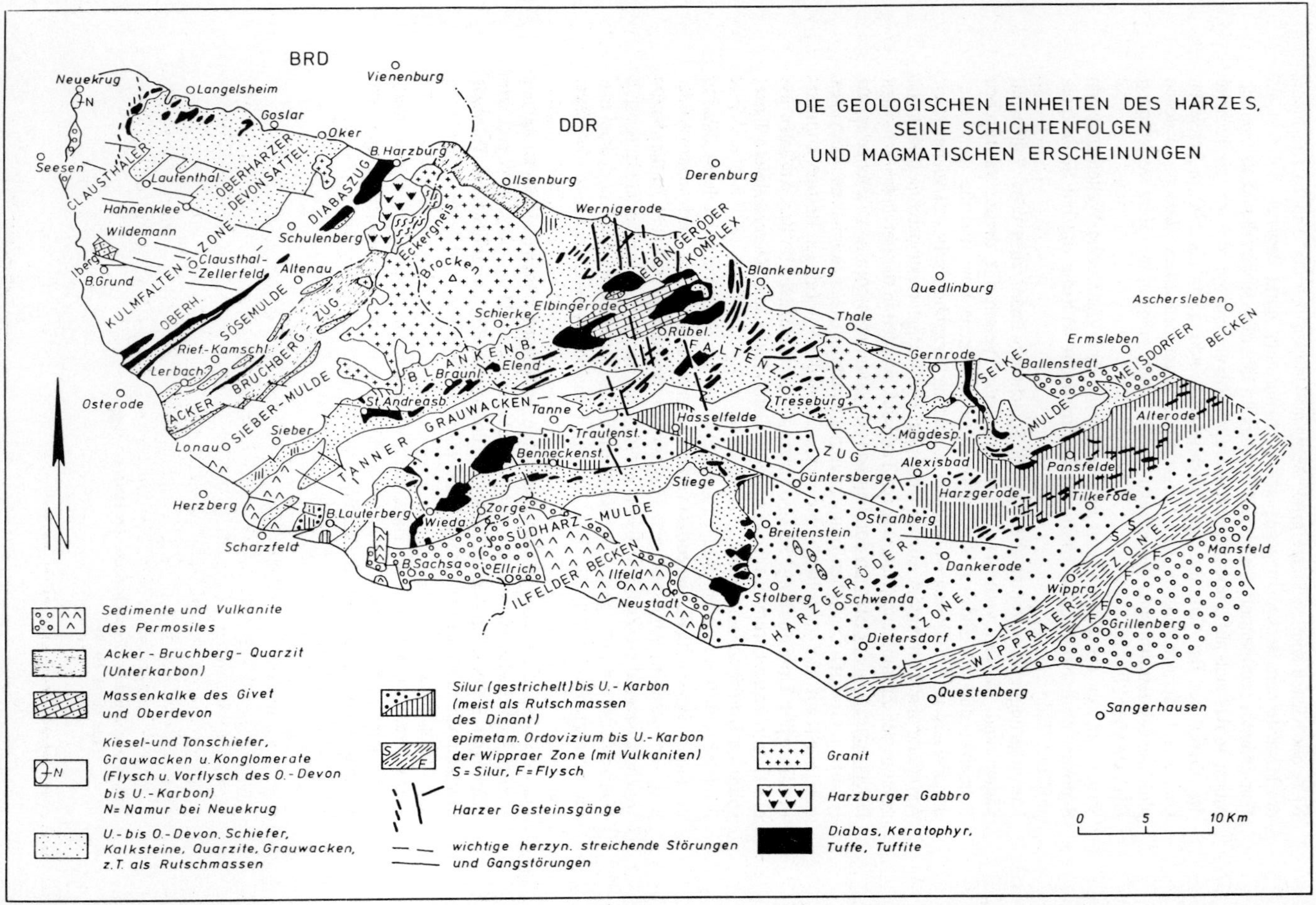
DIE GEOLOGISCHEN EINHEITEN DES HARZES,
SEINE SCHICHTENFOLGEN
UND MAGMATISCHEN ERSCHEINUNGEN
BRD
DDR
Neuekrug
Langelsheim
Goslar
Oker
Vienenburg
B. Harzburg
Ilsenburg
Derenburg
Wernigerode
Blankenburg
Quedlinburg
Aschersleben
Ermsleben
Ballenstedt
Thale
Gernrode
Seesen
Lautenthal
Hahnenklee
Wildemann
Iberg
B. Grund
Clausthal-Zellerfeld
Schulenberg
Altenau
Osterode
Lonau
Sieber
Herzberg
Scharzfeld
B. Lauterberg
St. Andreasb.
Brocken
Eckergneis
Schierke
Elbingerode
Rübel.
Elend
Tanne
Trautenst.
Benneckenst.
Hasselfelde
Treseburg
Mägdesp.
Alexisbad
Güntersberge
Stiege
Zorge
Wieda
B. Sachsa
Ellrich
Ilfeld
Neustadt
Breitenstein
Straßberg
Harzgerode
Stolberg
Schwenda
Dankerode
Dietersdorf
Questenberg
Sangerhausen
Wippra
Grillenberg
Mansfeld
Alterode
Pansfelde
Tilkerode
CLAUSTHALER
OBERHARZER DEVONSATTEL
DIABASZUG
KULMFALTEN ZONE
OBERH.
SÖSEMULDE
BRUCHBERG ZUG
Rief.-Kamschl.
Lerbach
ACKER
SIEBER-MULDE
TANNER GRAUWACKEN ZUG
BL. BRAUNL.
BLANKENB.
ELBINGERÖDER KOMPLEX
FALTENZ.
SELKE-MULDE
MEISDORFER BECKEN
SÜDHARZ-MULDE
ILFELDER BECKEN
HARZGERÖDER ZONE
WIPPRAER ZONE
S
F
Sedimente und Vulkanite des Permosiles
Acker-Bruchberg-Quarzit (Unterkarbon)
Massenkalke des Givet und Oberdevon
Kiesel- und Tonschiefer, Grauwacken u. Konglomerate (Flysch u. Vorflysch des O.-Devon bis U.-Karbon) N= Namur bei Neuekrug
N
U.- bis O.-Devon. Schiefer, Kalksteine, Quarzite, Grauwacken, z.T. als Rutschmassen
Silur (gestrichelt) bis U.-Karbon (meist als Rutschmassen des Dinant)
epimetam. Ordovizium bis U.-Karbon der Wippraer Zone (mit Vulkaniten) S = Silur, F = Flysch
Harzer Gesteinsgänge
wichtige herzyn. streichende Störungen und Gangstörungen
Granit
Harzburger Gabbro
Diabas, Keratophyr, Tuffe, Tuffite
0
5
10 Km

Die geologischen Einheiten

Geologisch und morphologisch gliedert sich das Gebirge von Westen nach Osten in die drei Teilbereiche **Ober-**, **Mittel-** und **Unterharz**. Den Kern des **Oberharzes** bildet die etwa 600m hoch gelegene **Clausthaler Kulmhochfläche**, ihr Untergrund besteht aus gefalteten Grauwacken-Tonschiefer-Wechsellagerungen. Die Schichten des Oberharzes werden durchschnitten von einem Schwarm parallel gerichteter Gangstörungen, die als Träger reicher Blei-Zink-Silber und Kupfer-Vererzungen zur Quelle eines jahrhundertelangen Bergsegens wurden.
Im Norden schließt sich der **Oberharzer Devonsattel** an, in dessen mitteldevonischen Wissenbacher Schiefern die massiven Sulfiderzkörper des **Rammelsberges** liegen.
Ebenfalls aus Gesteinen devonischen Alters besteht der Südwest-Nordost verlaufende **Oberharzer Diabaszug**, der sich östlich an die Kulmfaltenzone anschließt und Träger bedeutender, lagerförmiger Roteisensteinvorkommen ist.
Der **Mittelharz** wird vom Oberharz getrennt durch den schroffen, bis 900 m hohen Quarzitkamm des **Acker-Bruchberg-Zuges**. Die intensiv gefalteten und durch Störungen zerblockten Schichten des Mittelharzes beherbergen sehr unterschiedliche Vererzungen. Während in der Umgebung von St. Andreasberg reiche Silbererzgänge aufsetzen, finden sich weiter südlich, zwischen Sieber und Bad Lauterberg Gänge mit Eisen- und Kupfererzen sowie Schwerspatmineralisationen, die zu den bedeutendsten in Deutschland gehören. Den Norden des mittleren Harzabschnitts beherrscht das mächtige **Granitmassiv des Brockens**, mit seinen 1142 m ist dieser berühmte Berg nicht nur der höchste Gipfel des Harzes, sondern zugleich Norddeutschlands höchste Erhebung. Geologisch gesehen sein Trabant ist der kleine, im unteren Okertal aufgeschlossene **Okergranit**. An den Brockengranit schließt sich im Nordwesten der Komplex des **Harzburger Gabbros** an. Das dunkle Tiefengestein wird am Bärenstein im Radautal in einem großen Steinbruch zur Schottergewinnung abgebaut. An manchen Stellen enthält der Gabbro Schlieren von Nickel-haltigen Magnetkieserzen, die allerdings bislang nirgendwo in bauwürdigen Mengen angetroffen worden sind.
Der **Unterharz** bildet eine breite langgestreckte Rumpffläche, aus ganz intensiv gefalteten silurischen, devonischen und karbonischen Gesteinen. Eine genaue stratigraphische Zuordnung ist hier nur schwer möglich, da die Meeresablagerungen durch großflächige Rutschungen (sog. Olisthostrome) nachträglich stark durchmischt wurden.
Im Norden wird diese leicht hügelig erscheinende Hochebene nur wenig von der sanft aufsteigenden Kuppel des **Ramberggranits** überragt. Der Tiefblick vom Hexentanzplatz oder von der gegenüberliegenden Roßtrappe in den gewaltigen Cañon, den die Bode bei ihrem Durchbruch durch den Ramberggranit geschaffen hat, ist das wohl eindrucksvollste Naturphänomen des Harzes.

Aureolenartig um den Ramberg-Pluton herum setzen zahlreiche Erzgänge auf, die ähnlich wie im Oberharz etwa parallel zum nördlichen Harzrand verlaufen. Man nennt diese Richtung (WNW-ESE, 100-130°) daher auch **"hercynisches Streichen"**, im Gegensatz zum **erzgebirgischen Faltenbau**.
Das Zentrum der Unterharzer Gangmineralisationen liegt im Gebiet **Straßberg-Neudorf-Harzgerode**. Neben Blei-(Silber)-Zink und Kupfererzen treten auf einigen Gängen recht bedeutende Flußspatmittel auf (siehe Kap. 15).

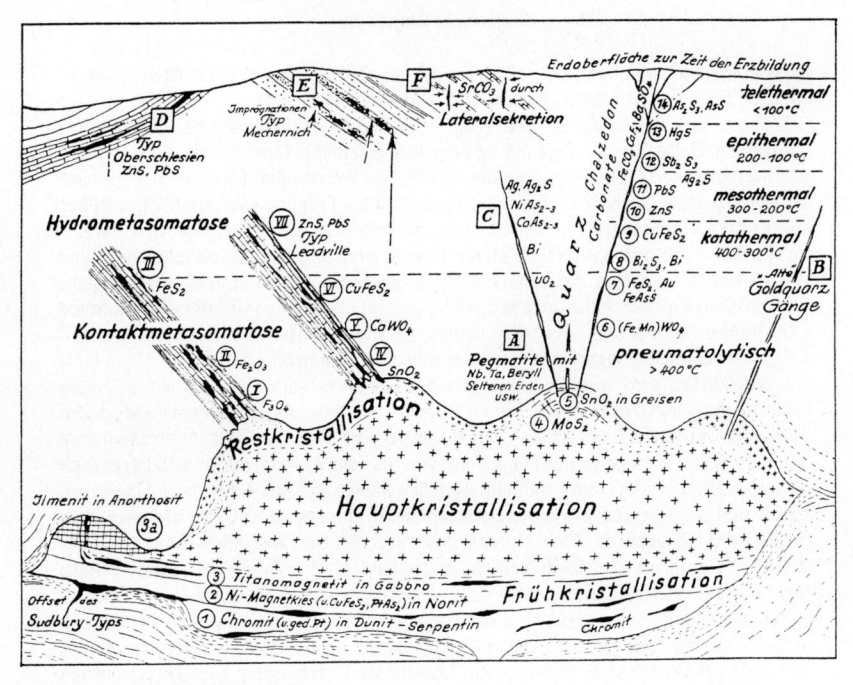

Abb.2: stark vereinfachtes Schema zur Bildung der Erzlagerstätten magmatischen Ursprungs (aus BORCHERT, 1978)

Die Gangvererzungen

Schon im vorigen Jahrhundert erkannten die Geologen einen Zusammenhang zwischen dem Vorhandensein von Granitkörpern und dem Auftreten von Erzgängen.
Die damals aufgrund des intensiv betriebenen Bergbaus gut aufgeschlossenen Lagerstätten des Erzgebirges und des Harzes wurden zur Basis der sich langsam entwickelnden klassischen Lagerstättenlehre. Als einfache allgemein verständliche Übersicht zu diesem komplizierten Thema mag das vom Clausthaler Lagerstättenkundler **HERMANN BORCHERT** in den 60er Jahren entworfene Schema dienen (Abb. 2). Außerdem wollen wir unsere Betrachtungen auf die für den Harz so wichtige Gangerzformation beschränken.
Durch die vielfältigen tektonischen Bewegungen, denen das Gebirge im Laufe seiner langen Geschichte ausgesetzt war, entstanden zahlreiche Bruchspalten, auf denen Wasser zirkulieren konnten. Die großen magmatischen Körper lieferten während ihrer langen Abkühlungsphase, quasi als Nachhall 400-100°C heiße, metall- und mineralreiche Lösungen, die auf den vorgegebenen Störungen aufstiegen, langsam abkühlten und dabei ihre mitgeführte Fracht als Erz- oder Gangartminerale in vorhandenen Hohlräumen ausfällten.

Die weißen Gangartminerale **Quarz**, **Kalkspat** und **Schwerspat**, der auch rosa gefärbt sein kann, in Kombination mit silbrigem **Bleiglanz**, dunkelbrauner **Zinkblende** und goldgelbem **Kupferkies** ergeben bei der typischen grobkristallinen Ausbildung oft wunderschöne Gangbilder von einer enormen Vielgestaltigkeit. (Abb.3). Andere wichtige Erzminerale, wie das als Silberträger so wichtige **Fahlerz** (**Tetraedrit**), **Bournonit** und die Vertreter der "**Spießglanzfamilie**" sind dagegen meist nur mit der Lupe oder dem Mikroskop auszumachen.* Die berühmten freigewachsenen Drusenminerale, die als jüngste Kristallisate der erzbringenden Lösungen die Innenwände von kleinen und größeren Hohlräumen auskleiden, stellen Ausnahmeerscheinungen dar, die - so schön sie auch sein mögen - untypisch sind für den größten Teil des Lagerstätteninhalts.

Die Mineralausscheidung erfolgte nur selten so ungestört, wie es bei den schönen **Bändererzen** (Abb. 3a) der Fall gewesen ist, hier füllte sich die Gangspalte durch abwechselndes Ausscheiden von Erzen und Gangarten langsam Schicht um Schicht von den Wänden (Salbändern) aus zur Gangmitte hin.

Ereigneten sich während oder nach der Mineralisation stärkere tektonische Bewegungen (z.B. Erdbeben), so entstanden **Brekzienerz** oder die selteneren **Kokardenerze**. Nebengesteinsmaterial und bereits auskristallisierte Gangminerale zerbrachen oder wurden regelrecht zermahlen, als die Gangspalte wieder aufriß. Eine später erneut einsetzende Thermenzufuhr verkittete die Bruchstücke der älteren, brekziierten Phase mit ihren neuen Mineralausscheidungen (Abb.3b u.c).

Nach dem aktuellen Stand der Forschung (siehe MÖLLER & LÜDERS,1993) entstanden sowohl die Oberharzer- als auch die Unterharzer Gangvererzungen nicht, wie früher angenommen direkt im Anschluß an die varistische Gebirgsbildung, sondern wesentlich später im Laufe des Mesozoikums (Erdmittelalter). Radiometrische Altersbestimmungen belegen einen recht langen Bildungszeitraum, der sich vom frühen Jura (180 Mio. J.) bis zur Oberkreide (80 Mio. J.) erstreckt. Die Lagerstätten sind demnach als Produkte der sog. **saxonischen Metallogenese**, die zeitlich etwa mit der Entstehung der Alpen (alpidische Orogenese) zusammenfällt.

Nach den heute favorisierten Modellvorstellungen stellt nicht mehr der Granit den Metallspender dar, vieleher kommen bestimmte Tonschieferarten wie auch basaltische Vulkangesteine (Diabase) als potentielle Lieferanten infrage. In der Tiefe steckende magmatische Körper bildeten sozusagen Wärmemotoren, die großräumig salzhaltige Tiefenwässer zirkulieren ließen, diese **Hydrothermen** waren in der Lage bestimmte Metalle aus den Wirtsgesteinen herauszulaugen, nach oben zu steigen und bei Mischung mit chemisch anders zusammengesetzten Formationswässern etwa im Bereich tektonischer Bruchzonen (Gangspalten) ihre mitgeführte Lösungsfracht auszufällen. Die ermittelten Bildungstemperaturen für die Oberharzer Blei-Zinkerze liegen etwa bei 200 bis 280 °C.

Im **Erzbergwerk Grund** (siehe Kap.11) sind mindestens 9 Mineralisationsphasen zu unterscheiden. In jahrelanger Detektivarbeit ist es den Grubengeologen gelungen, die einzelnen, im gesamten Lagerstättenbereich beobachteten "älter-jünger-Beziehungen" der Mineralisationsabfolgen in einem allgemein gültigen **Paragenetischen Schema** (Abb.4) unter einen Hut zu bringen. In etwas abgewandelter Form läßt sich diese Aufstellung auch auf den ganzen Oberharz übertragen.

Weiterführende Literatur
Baumgärtel (1907, 1912), Buschendorf (1971), Koritnig (1978), Möller u. Lüders (1993), Mohr (1973, 1982, 1986, 1993), Schriel (1954), Sperling u. Stoppel (1979, 1981).

* Die häufigsten Minerale werden im Anhang (I) kurz erläutert

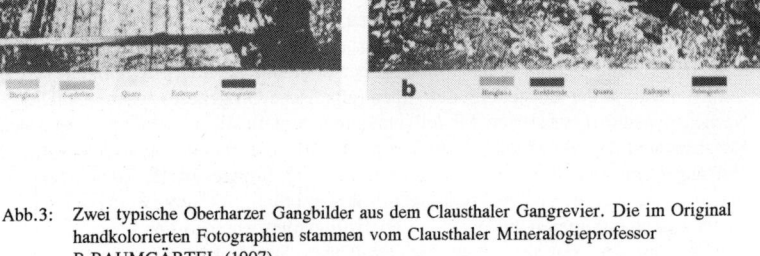

Abb.3: Zwei typische Oberharzer Gangbilder aus dem Clausthaler Gangrevier. Die im Original handkolorierten Fotographien stammen vom Clausthaler Mineralogieprofessor B.BAUMGÄRTEL (1907)
a) Burgstätter Hauptgang, Schacht Kaiser Wilhelm II, 20.Strecke westliches Feldort, ca. 550 m vom Schacht.- (Bildbreite ca. 2m) -
Beispiel einer hervorragend ausgebildeten **symmetrisch-gebänderten Gangstruktur**. Das Nebengestein des etwa 1,5 m mächtigen Gangtrums ist von Quarz und Zinkblende durchtrümerter Tonschiefer. Von den beiderseitigen Rändern (Salbändern) her sind gleichmäßig ohne Störungen zur Ausscheidung gekommen:
Zinkblende mit Kalkspat, Quarz, Lagen von Zinkblende, Bleiglanzbänder mit wenig Kupferkies in Kalkspat und als jüngste Ausfüllung Quarz in der Mitte des Trums.
b) Burgstätter Hauptgang, Königin-Marien-Schacht, 35.Firste östlich, ca. 24 m über Streckensohle.- (Bildbreite knapp 2 m) -
Der Ganginhalt besteht hier aus eckigen Tonschieferbruchstücken (bis 1 m groß), deren Zwischenräume von Kalkspat, Quarz und Sulfiderzen ausgefüllt sind (**Gangbrekzie**). Oft umkrusten parallele Minerallagen von Quarz, Bleiglanz und Zinkblende diese Bruchstücke, derartige Gefüge werden als **Ringel** oder **Kokardenerze** bezeichnet.

Mineral charakteristik	I Quarz	IIa Quarz-trümer	IIb Zink-blende-trümer	IIc Bänder-erz-trümer	IId Kappen-quarz-trümer	IIIa Kalkspat oder Kokarden erztrümer	IIIb Eisenspat trümer	IIIc Schwer-spat-trümer	IV Umlagerungs-produkte
Silber						x			—
Quecksilber									—
Amalgam									—
Antimon									—
Argentit						x			
Zinkblende			▬	▬					—
Kupferkies	—	—	▬	—	—	▪▪▪▪	▪▪▪▪▪	▪▪▪	—
Tetraedrit			x			x xx	— x		—
Bleiglanz			▬	▪▪▪▪▪	—				—
Zinnober									—
Antimonit									—
Kermesit									—
Pyrit	—	▬	—			— ▬			—
Markasit									—
Proustit									
Pyrargyrit						x x			—
Polybasit									—
Bournonit						x	x x	—	—
Boulangerit							x x		—
Cuprit									—
Hämatit	—							—	
Quarz	—	▬	▪▪▪▪	—	▬	—	—	▪▪▪▪▪	—
Calcit	—			— ▬		— ▬	—		
Siderit	—						▬		—
Dolomit	—						▬		—
Ankerit	—								—
Strontianit								—	—
Synchisit				—					
Bastnäsit				▬					
Anhydrit								—	
Cölestin									—
Baryt								▬	
Kutnahorit									—

Abb.4: Das paragenetische Schema der Grunder Lagerstätte (ohne die supergenen Bildungen), umgezeichnet nach SPERLING & STOPPEL (1979) und ergänzt nach STEDINGK (in SLOTTA et al. (1987).
▬ bis über 0,5m mächtig   max. wenige cm mächtig oder in ebensogroßen Einzelkristallen

x nur unter dem Mikroskop sichtbar,   tektonische Bewegungen

**Vier Dinge verderben ein Bergwerk:
Krieg, Sterben, Teuerung, Unlust usw.**

Krieg

1. Wenn das Gewerbe darniederliegt.
2. Wenn beim Lebensunterhalt Schaden und Mangel herrschen.
3. Wenn die Wälder und Hütten verderben und verbrannt werden.
4. Wenn sich die Gesellen verlaufen und die Leute arm werden.

Sterben

1. Wenn die Bergleute absterben.
2. Wenn Fremde einwandern und keine Lust zum Bauen haben.
3. Wenn der Brauch aus der Übung kommt.
4. Wenn Stollen der Grube eingehen.

Teuerung

1. Große Teuerung des Getreides
2. Aufschlag auf Holz und andere notwendige Artikel.
3. Wenn der Wechsel zu schwer und groß ist.
4. Wenn keine gute Bezahlung erfolgt.

Unlust

1. Wenn viele Neuerungen aufkommen und die Rechte verkehrt werden.
2. Wenn die Freiheiten nicht gehalten werden und schlechte Arbeit gemacht wird.
3. Wenn die Gerichte nicht gleich und unmittelbar gegen Arme und Reiche vorgehen.
4. Wenn man den Wohlhabenden noch zugibt.

Das Land die Früchte bringt
im Harz der Thaler klingt

(Spruch auf dem Bergzettel
des "einseitigen Harzes")

3. MONTANINDUSTRIE UND POLITISCHE ENTWICKLUNG

In kaum einer anderen deutschen Landschaft hat der Reichtum an Bodenschätzen die politische Entwicklung so nachhaltig beeinflußt wie im Harz. Andererseits wirkte sich die Politik auch umgekehrt wieder auf das Bergwesen aus, entweder fördernd, oder leider sehr oft auch hemmend. Äußerst treffend schildert eine Darstellung aus dem berühmten **Schwazer Bergbuch** von 1556 "die Dinge, die ein Bergwerk verderben". (Abb.5)

Die Anfänge des Harzer Erzbergbaus verlieren sich im Dunkel der Geschichte. Es gibt gewisse Anzeichen für eine möglicherweise bronzezeitliche Metallgewinnung in diesem Gebiet. Laufende industriearchäologische Grabungen und archäometrische Untersuchungen werden hierzu in Zukunft noch manches interessante Ergebnis liefern. Inzwischen gibt es einige Hinweise, die für eine bronzezeitliche Erzgewinnung im Harzgebiet sprechen (NIEHOFF et al., 1991).

Zur Germanenzeit siedelten nördlich des Harzes sächsische - und südlich davon thüringische Stämme. Im Gegensatz zum teilweise schon besiedelten Unterharz blieb der Oberharz bis zu Beginn des Mittelalters ein weitgehend unbewohntes Waldgebiet. Erstes Zentrum der rasch aufblühenden mittelalterlichen Montanwirtschaft war der **Rammelsberg** am nördlichen Harzrand (siehe Kap.7). Der seit Urzeiten vegetationslose Ausbiß des massiven Erzlagers am Hang des exponierten Berges war weithin sichtbar und mußte den Menschen im nördlichen Harzvorland schon früh aufgefallen sein. Jahrhunderte vor dem urkundlich überlieferten Aufnahmejahr 968 ist hier bereits nach Kupfererzen und vielleicht auch schon nach Silbererzen gegraben worden. Schlacken- und Erzfunde von eindeutig Rammelsberger Herkunft in einer Kulturschicht aus dem 3.-4. Jahrhundert n.Chr., die 1983/84 bei Ausgrabungen in Düna bei Osterode freigelegt wurde, belegen dieses (KLAPPAUF, 1985).
Die am Fuße des berühmten Berges, nach dem kleinen Flüßchen Gose benannte Siedlung **Goslar** entwickelte sich dank reicher Erzausbeuten zu einer der blühendsten Städte im Heiligen Römischen Reich deutscher Nationen. Stadtgründer war der sächsische Herzog und spätere Kaiser **Heinrich I** (919-936). Mehr als 200 Jahre war Goslar als Pfalzstadt der Mittelpunkt kaiserlicher Macht. Hier hielten so mächtige Kaiser wie **Heinrich III** (1039-1056) oder später **Friedrich I "Barbarossa"** (1152-1190) Reichstage ab und regierten ihr Imperium. Eindrucksvoller Zeuge dieser Zeit ist die vollständig erhalten gebliebene **Kaiserpfalz**.
Die Harzer Urwälder, die als Bannforst dem Kaiser direkt unterstanden, waren ein nahezu unerschöpfliches Liefergebiet für Holz, das der Rammelsberger Bergbau in enormen Mengen benötigte.

◀ Abb.5: Darstellung aus dem Schwazer Bergbuch von 1556

Bestimmte Regionen der Bergwildnis erhielten die am Harzrand neugegründeten Klöster vom Kaiser als Lehen. Neben den **Benediktinern** vom **Kloster Riechenberg**(bei Goslar, um 1115 gegründet) waren es vor allem die **Zisterzienser** vom **Kloster Walkenried** (1127 gegründet), die nicht nur indirekt, sondern direkt am Rammelsberger Bergbau beteiligt waren. Mit dem Rückgang der kaiserlichen Macht in Goslar erwuchs der Einfluß des Zisterzienser Ordens auf das Montanwesen. Schließlich besaßen die "Grauen Brüder" im "Mönchshof" eine eigene Geschäftsniederlassung, mit der sie dem aufstrebenden Goslarer Bürgertum Konkurrenz machten. Walkenried hatte eigenes Münzrecht und beanspruchte zeitweise ein Viertel des aus Rammelsberger Erzen erschmolzenen Silbers.

Die Zisterziensermönche spielten aber auch eine wichtige Rolle bei der Erschließung des Harzinneren. Die auf den eigenen Zechen geförderten Erze wurde zur Verhüttung in Gebiete geschafft, wo der Orden die vom Kaiser verliehenen Nutzungsrechte hatte. So findet man heute in vielen Tälern des Südharzes und des Harzvorlandes - weit weg von Goslar - zahlreiche alte Schlackenplätze, die zweifelsfrei vom Verschmelzen Rammelsberger Erze herstammen.

Auch bei der Aufnahme des Oberharzer Bergbaus ging ein wesentlicher Impuls von den Mönchen aus. Um das Jahr 1200 herum entstand bei der später danach benannten Bergstadt Zellerfeld das **Kloster Cella** (monasterium in cellis), unweit davon auf dem Zellerfelder Gangzug, wo reiche Erzmittel zu Tage ausstrichen, führten Schürfarbeiten zu Erfolgen. Damit begann die erste Bergbauperiode auf der unwirtlichen Hochfläche, während der es zumeist bei einer oberflächennahen Gewinnung der silberreichen Bleierze (z.B. auf dem "Bleifeld" bei Zellerfeld) blieb. Diverse kriegerische Auseinandersetzungen und die folgende große Pestseuche, die um 1347 ganz Europa heimsuchte, beendeten diese Epoche des Bergbaus, der allerdings an der ungenügenden Wasserlösung schon lange krankte.

Seit dem 12.Jahrhundert gewannen die einzelnen Fürsten immer mehr Einfluß, meist auf Kosten der kaiserlichen Zentralmacht. Erbstreitigkeiten und strittige Gebietsansprüche, die nicht selten kriegerisch ausgetragen wurden, schufen im späten Mittelalter ein Klima, das nicht sehr bergbaufördernd war.

Das Prinzip der Erbteilung hatte zur Folge, daß das Reich zu Beginn der Neuzeit zu einem Gewirr von Zwergstaaten zerfallen war. Im westlichen Harz waren es vor allem die **Welfen**, die aufgesplittert in **7 Linien**, Gebietsansprüche geltend machten. Nach diversen Grenzveränderungen, Teilungen und Zusammenlegungen, kam es 1531 zu einer Zweigliederung des Westharzes. (Abb.6).

Das südliche Gebiet mit den Städten Osterode und Herzberg sowie der später gegründeten Bergstadt Clausthal gehörten zum **Fürstentum Grubenhagen**. Das nördlich davon gelegene Territorium mit Langelsheim, Oker, Harzburg und den bald entstehenden Bergstädten Grund, Zellerfeld und Wildemann, fiel an das **Herzogtum Braunschweig-Wolfenbüttel**. Goslar war seit 1340 eine freie Reichsstadt.

In beiden Welfenstaaten kam es rasch zu einer Wiederaufnahme des Oberharzer Erzbergbaus. Zuerst war es **Herzog Heinrich der Jüngere** (*1489, regierte 1514-1569) von Braunschweig-Lüneburg, der für sein Hoheitsgebiet eine Bergfreiheit erließ, um aus anderen Bergbaugebieten Fachpersonal ins Land zu holen.

Um zu zeigen, welche wichtigen Privilegien den Bergleuten eingeräumt wurden zu einer Zeit, in der der größte Teil der Landbevölkerung leibeigen war, ist der Text der Bergfreiheit von 1532 in gekürzter Form am Ende dieses Kapitels wiedergegeben.

Diesem Aufruf folgten Menschen aus dem sächsischen und böhmischen Erzgebirge, aus Franken sowie aus Tirol und siedelten sich im Oberharz an. Schon 1524 war **Grund** entstanden, es folgten **Zellerfeld** (1532), **Wildemann** (1553) und schließlich **Lautenthal** (1613) als freie Bergstädte.
Angeregt durch die bergbaulichen Erfolge im Nachbarland erließ auch **Herzog Ernst IV** von Grubenhagen im Jahr 1554 eine Bergfreiheit etwa gleichen Inhalts. Zentrum des rasch aufblühenden Montanwesens wurde die im selben Jahr gegründete Bergstadt **Clausthal** (siehe Kap.8 u.9). 1636 wurde auch **Altenau** zur Bergstadt erhoben.
Ganz unabhängig hiervon war bereits 1521 von den **Honstein'schen Grafen** eine Bergfreiheit für das Gebiet um **Lauterberg** verkündet worden. Nach reichen Silbererzfunden in den Bergen nordöstlich des Fleckens entstand dort 1527 die Bergstadt **Sankt Andreasberg** (siehe Kap.12). Damit gab es im Oberharz **7 freie Bergstädte**.

Freuet euch,
es ist ein Bergwerk entstanden,
halleluja

Wollt ihr ein Bergwerk beginnen, forget für Wertsteigerung bei Gold, Silber und Kupfer, das merket euch genau.

Gnaden, Freiheiten, Geld, Essen und Trinken muß man haben.

Tue deinen Mund nicht auf, mich zu verderben und gedenke mich nicht zu behindern.

Wird dir Widerwärtiges vorgeworfen, widerlege das mit Vernunft, so erkennt man deine Weisheit, und du erhältst den Sieg und Vorteil.

(Weisheit aus dem Schwazer Bergbuch von 1556)

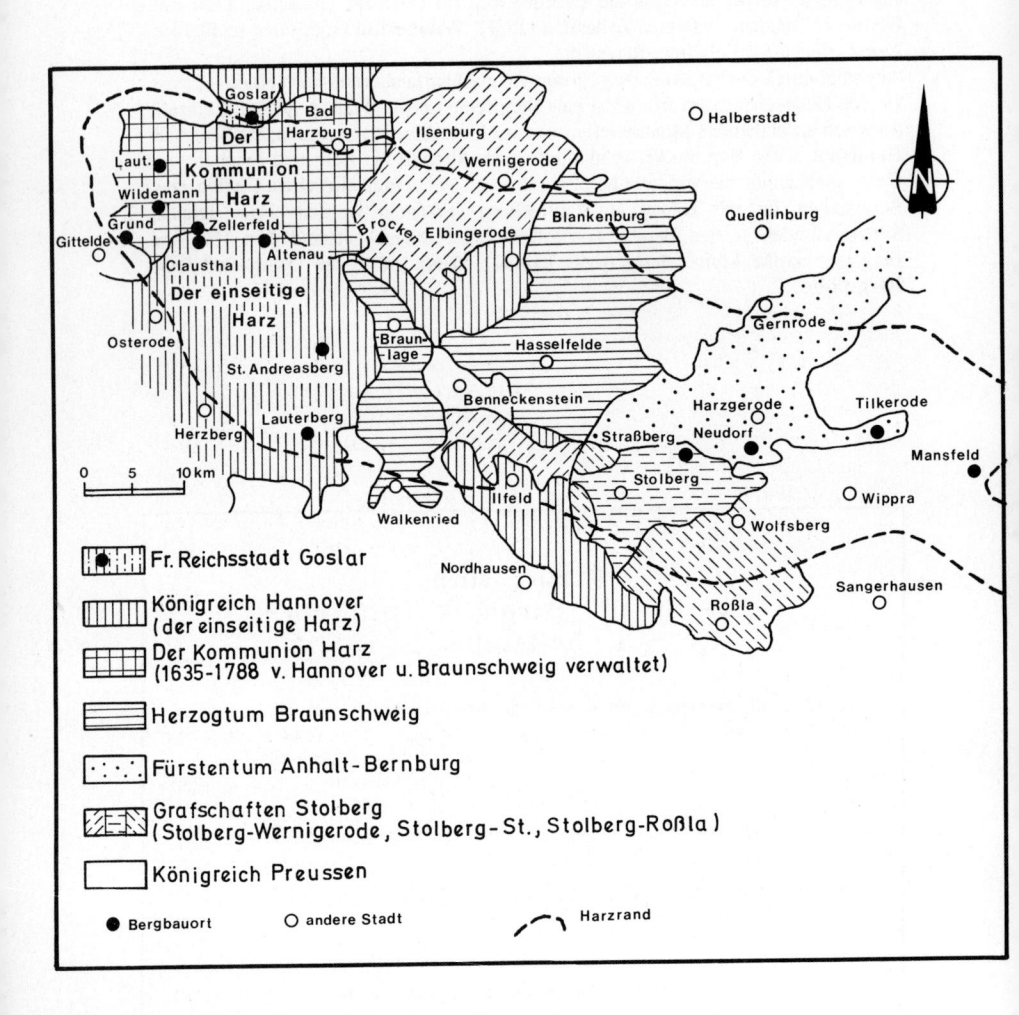

Abb.6: Die Territorialkarte des Harzes im 17.-18.Jahrhundert gleicht einem Flickenteppich. Diese Zerrissenheit wirkte sich auch auf den Bergbau sehr negativ aus.
(umgezeichnet aus DENNERT, 1986)

Als 1593 auch die Grubenhagensche Linie ausstarb, wurden deren Ländereien kurzerhand von **Herzog Heinrich Julius** für das Haus Braunschweig-Wolfenbüttel in Besitz genommen. Damit unterstand der gesamte Oberharzer Bergbau, allerdings nur für kurze Zeit, einem Herrschaftsbereich. Hiergegen erhob die übergangene Lüneburger Linie Einspruch und erhielt aufgrund einer reichsgerichtlichen Entscheidung 1617 den ehemaligen grubenhagenschen Besitz zugesprochen.
Während des hereinbrechenden 30-jährigen Krieges wurde die Situation noch komplizierter, besonders als 1634 mit dem Tod von **Herzog Friedrich Ulrich** auch die mittlere Linie des Hauses Braunschweig-Wolfenbüttel erlosch. Ein Jahr später einigten sich die 7 Führer der fürstlichen Nachfolgelinien, das "herrenlose" Territorium in einer Art Dreiergemeinschaft zu verwalten. In dem 1635 geschlossenen Vertrag erhielten die Lüneburger (später die daraus hervorgegangene Linie Calenberg-Hannover) 3/7 Anteile, die Braunschweiger (jüngere Linie) und die Harburger je 2/7 Anteile. Nach dem Aussterben der Harburger Linie (1642) bekamen die beiden verbliebenen Häuser je 1/7 zugeschlagen. Eine solche gemeinschaftliche Landeshoheit, **Communion** genannt, war für das Fortbestehen des Bergbaus von großer Wichtigkeit. Die meisten Gewerkschaften waren verschuldet, die Mittel für Großinvestitionen, wie die Schaffung einer effektiven Wasserwirtschaft oder den Vortrieb tiefer Wasserlösungsstollen, konnten nur gemeinsam aus den Staatskassen der beteiligten Fürstentümer aufgebracht werden. Den Bergbau im **"Communion-Oberharz"** mit den Städten Zellerfeld, Grund, Wildemann und Lautenthal verwaltete das Communion-Bergamt in Zellerfeld. Die Aufsicht hierüber teilten sich in jährlichem Wechsel Hannover bzw. Braunschweig. Eine ähnliche Regelung galt auch für den Rammelsberg und die Gittelder Eisenhütte, sie wurden als **"Communion Unterharz"*** gemeinschaftlich verwaltet.
Der ehemals grubenhagensche, dann zu Lüneburg bzw. Hannover (seit 1692 Kurfürstentum) gehörende Teil des Harzes trug nun allgemein die Bezeichnung **"der einseitige Harz"**. Er umfaßte die Bergbaureviere von Clausthal, St.Andreasberg, Lauterberg und Altenau.

Der sich bewährende Communion-Vertrag bestand bis 1788, damals verzichtete Braunschweig auf seinen 3/7 Anteil, so daß nun der gesamte Oberharzer Bergbau dem Königreich Hannover (seit 1714 in Personalunion mit England) unterstand.
Als Folge der napoleonischen Kriege (1803-14) kam das Land unter französische Besatzung und wurde Teil des **Königreichs Westfalen** (1807), an dessen Spitze **König Jerôme**, ein Bruder Napoleons, stand. Das Montanwesen stagnierte, und erst als Ende der 1830er Jahre die niedrigen Metallpreise wieder anstiegen, erfuhr der Bergbau, auch dank technischer Neuerungen (Fahrkunst 1833; Drahtseil 1834), einen erneuten Aufschwung.
Im Jahr 1866, als das Königreich Hannover als Verbündeter Österreichs den Krieg gegen Preußen verloren hatte, wurde die Welfenmonarchie aufgelöst und das Land in den preußischen Staat eingebunden. Das gesamte bisher fiskalische Bergwerkseigentum ging an die 5 neugegründeten **Berginspektionen Clausthal, Lautenthal, Silbernaal, St.Andreasberg** und **Rammelsberg**.

*Die hier gebrauchte politische Bezeichnung "Unterharz" darf keinesfalls mit dem geographischen Begriff Unterharz verwechselt werden, der den größten Teil des östlichen, früher zur DDR gehörenden Gebirgsabschnitt umfaßt.

Nach der Gründung des Kaiserreichs (1871) und dem damit verbundenen wirtschaftlichen Aufschwung begann auch für den Oberharzer Bergbau das moderne Industriezeitalter. Neue leistungsfähige Schachtanlagen entstanden im Clausthaler- sowie im Grunder- und Silbernaaler Revier.

Nach dem ersten Weltkrieg, der eine verstärkte Erzförderung mit sich gebracht hatte, übernahm die **Preussag** die Oberharzer Grubenbetriebe und führte sie als "Oberharzer Berg-und Hüttenwerke" privatwirtschaftlich weiter.

1930 fand im Zusammenhang mit dem durch die Weltwirtschaftskrise verursachten Metallpreisverfalls die Stillegung des Erzbergwerkes Clausthal sowie der letzten Gruben von Bockswiese und Lautenthal statt. Nur die Gruben **Bergwerkswohlfahrt** und **Hilfe Gottes** bei Silbernaal bzw. Bad Grund konnten weiter existieren. Das nach dem zweiten Weltkrieg daraus entstandene moderne **Erzbergwerk Grund** der Preussag AG Metall stellte im Frühjahr 1992 die Produktion ein.

Auch der östliche Teil des Harzes sieht auf alten Landkarten wie ein bunter Flickenteppich aus. Das Mosaik der wirren Grenzen wird zusätzlich kompliziert durch kleine, isolierte Splitterländereien, die sog. Enklaven.

Altansässige Landesherren waren die **Grafen von Stolberg** mit den Linien **Stolberg-Wernigerode**, **Stolberg-Stolberg** und **Stolberg-Roßla**. Bis zum Jahre 1709 gehörte auch das "**Amt Harzgerode**" zu ihrem Besitz. Schon 1398 hatten die **Fürsten von Anhalt** das zu ihrem Harzteil gehörende Amt an die Stolberger verpfändet. Als um 1495 auf der Unterharzer Hochfläche zwischen den heutigen Dörfern Straßberg und Neudorf silberhaltige Erze erschürft wurden, sicherten sich die Anhaltiner ihr altes Recht auf allen Bergbau und den Anspruch auf Förderzins.

Die erste Bergfreiheit im Unterharz wurde 1499 erlassen und führte zu einer regen Bergbautätigkeit im 16.Jahrhundert. Zunächst lieferten die Gruben mehr Flußspat und Eisenerz als das begehrte Silber. Später entwickelte sich der 1531 unter Hoheit der Stolberger Grafen gegründete, seit 1709 anhaltische Ort **Neudorf** zum Zentrum der Erzgewinnung (siehe Kap.15).

Nach dem Dreißigjährigen Krieg verhinderte die starke Zerrissenheit des Landes einen schnellen Aufschwung der Wirtschaft. Im westfälischen Frieden hatte Brandenburg-Preußen das **Bistum Halberstadt**, die **Grafschaft Regenstein** und Teile **Hohnsteins** erworben. Als sich 1714 die preußische Oberherrschaft auch auf die Grafschaft **Stolberg-Wernigerode** ausdehnte, war das Kurfürstentum und spätere Königreich neben Anhalt wichtigster Anrainerstaat im Unterharz. Den Preußen unterstand bereits der ganze Kupferschieferbergbau in der unter Sequestration (zwangsweise Vermögensverwaltung) gestellten **Grafschaft Mansfeld**.

Nach der Niederlage gegen die französischen Truppen Napoleons fiel der preußische Harzteil im Tilsiter Frieden von 1807 an den französischen Satellitenstaat Westfalen. Erst mit dem Anschluß an den Wiener Kongress (1815) erhielt Preußen sein Territorium zurück, vermehrt durch die vorher hannoverschen Gebiete um Ilfeld und Elbingerode. Sowohl hier als auch im Gebiet des Fürstentums Anhalt setzte ab 1820 eine verstärkte Nutzung der Bodenschätze ein. Im Raume Elbingerode blühte die Eisenerzgewinnung und bei Neudorf entwickelten sich unter J.L.C.ZINCKEN, als Direktor der anhaltischen Berg- und Hüttenwerke (1821 - 1848 im Dienst), die Gruben **Pfaffenberg** und **Meiseberg** zum Zentrum der Buntmetallförderung im Ostharz.

Nach der Reichsgründung 1871 waren die Landesgrenzen keine Hindernisse mehr für die wirtschaftliche und politische Entwicklung. Die Zeit des vornehmlich fiskalischen

Bergbaus war vorbei. So verkaufte der Staat Anhalt seine Berg- und Hüttenwerke 1872 an Privatfirmen. 1903 wurde die Erzförderung wegen sinkender Metallpreise im Neudorfer Revier eingestellt.
In unserem Jahrhundert waren es die reichen Flußspatmittel des Unterharzer Gangreviers, die zu einer Fortsetzung des Bergbaus führten. Einen letzten Aufschwung erlebten die Flußspatgruben nach dem zweiten Weltkrieg in der DDR (Gruben **Rottleberode** und **Straßberg**), bis die Wiedervereinigung auch diesem, marktwirtschaftlich unrentablen Bergbau das Aus beschied (siehe Kap.15).
Weiterführende Literatur zu Kap.3:
Bornhardt (1931), Denecke (1978), Dennert (1986, 1993), Günther (1924), Willecke (1983)

Was die Bergfreiheit den Neuankömmlingen versprach...
"Von Gottes Gnaden, wir, Herzog Heinrich von Braunschweig-Lüneburg bekennen und bekräftigen...: Da der allmächtige Gott - ohne Zweifel aus besonderer Vorsehung und Gnade und zur Verbreitung seines ewigen Lobes und auch zur Verbesserung der Lage vieler Menschen - unsere Bergwerke am Iberge bei Gittelde im Grunde und auch jetzt auf dem Zellerfeld gefördert hat, so daß sie einen guten Fortgang gewinnen und sich aus ihnen ein trefflicher Nutzen ergibt, so wollen wir diese unsere Bergwerke mit guter, ordnungsgemäßer Regierung und Verwaltung sowie mit Vergünstigungen und Freiheiten versehen und begnaden, damit sie noch größeren Fortgang gewinnen.
Erstens soll jedermann zu und von diesen Bergwerken durch unser Fürstentum, Obrigkeits- und Gerichtsbezirke freie und offene Wege, Stege und Straße haben. Außerdem soll das Wasser für Hüttenwerke und Pochwerke, auch alle anderen Anlagen frei und offen sein, wie es altes überliefertes Bergwerksrecht und Gewohnheit ist.
Weiter sollen alle Bergleute, die auf diese unsere Bergwerke ziehen und sich dahin wenden werden, gegen alle Gewalt unser freies starkes Geleit haben. Dies sichern wir ihnen hiermit öffentlich schriftlich zu, alles, wie es Bergwerksrecht und Gewohnheit ist.
Wenn die Bergleute Güter mit sich auf die Bergwerke oder die Ansiedlungen bei und an unseren Bergwerken bringen sollten, so sollen sie nach ihrem Behagen und Wohlgefallen damit ungehen, sie zu verkaufen und zu vermieten Gewalt haben. Auch kann ein jeder mit seiner Habe von uns ungehindert ziehen, wohin er will, vorausgesetzt, daß er vom Abzuge der Schulden, die er auf unserem Bergwerke gemacht habe, nach Billigkeit und Gebühr bezahlt hat.
Ferner ordnen, setzen wir und bewilligen wir, daß die Bergleute einen freien Wochenmarkt alle Sonnabende bei Gittelde im Grunde und auf dem Zellerfelde halten sollen und dürfen. Jedermann soll dabei gestattet sein, diesen Wochenmarkt mit Brot, Wein, Bier, Butter, Käse, Eier, Salz, Gewand und alle dem, was die Bergleute brauchen, zollfrei und ohne Besteuerung zu besuchen und seine Ware hin- und zurückführen. Außerdem bewilligen wir, daß alle Bergleute, die auf den genannten Bergwerken wohnen, selbst backen, schlachten, brauen, Wein und Bier und außerdem allerlei fremdes Getränk ausschenken dürfen, und wenn sie auf diese Bergwerke ziehen, sollen sie dort mit einem Hause ansässig werden und wohnen dürfen. Es soll ihnen auch frei sein, ohne allen Zoll zu handeln, zu hantieren und sie sollen aller Steuer, jedes Hofdienstes und der Accise ledig und frei sein. Nur wenn es das allgemeine Landesinteresse erfordert, dann sollen sie helfen, wie jedermann aus gutem Willen tun wolle, doch sollen sie alle dazu ungenötigt und ungezwungen sein. Wir wollen auch in unserem Fürstentum und den uns gehörenden Gebieten Bauholz genießen und gebrauchen lassen, soviel als auf die Gruben und die Zechen und zu Hüttenwerk und Häusern vonnöten ist. Dies soll man ohne alle Gebühren schlagen dürfen, allerdings muß es nach Anweisung unserer Förster und mit deren Erlaubnis ordentlich und nach Bedarf gehauen werden. Außerdem wollen wir den Gewerken (Bergwerksunternehmern) und den Bergleuten auf und an den genannten Bergwerken drei Jahr lang, die aufeinanderfolgen, die Zehntabgabe erlassen." (Gekürzte Wiedergabe der Bergfreiheit für die Bergstädte Grund und Zellerfeld vom Jahre 1532.)

Abb.7: Bergzettel des einseitigen Harzes für das Quartal Crucis 1694. Von den 11 in Ausbeute stehenden Gruben war Anna Eleonore (Burgstätter Gangzug, Clausthal) mit 60 Reichstalern je Kux die erfolgreichste. Gleichzeitig erforderten 84 Zechen die Zahlung von Zubuße.

Außtheilung vom Überschuß der Chur-Fürstl. Braunschw: Lüneburg: und Grubenhagischen löblichen Bergwercke Clausthal und Andreasberg.

Das Quartal CRUCIS, ANNO 1694.

Außbeute Rthl.	Nameu der Zechen.	
—	Thurm Rosenhoff: Freye H. 3.	
60.	Anna Eleonora.	g
40.	S. Margretha.	i
24.	Kranich.	e
8.	Weisse Roß.	l
6.	H. Ernest August.	d
6.	Philippina.	m
4.	Osteröder Zeche.	h
2.	Grüne Hirsch:	p
2.	Sophia:	f
2.	Haus Israel:	c
—	Drey Könige.	*
—	Printz Christian:	q
—	Englische Treu:	a
—	S. Elisabeth.	n
—	H. Christian Ludwig.	k
—	Heinrich Gabriel.	o
—	H. Georg Wilhelm.	b

S. Andreas-Berg.

| 16. | König Ludwig } auff'n Fürsten-Stolln | r |
| — | S. Andreas | s |

Summarum aller Außbeut in diesem Quartal thut = 22100.

Neue angelegte Zubuß auf vorgedachten und nachbenahmten Bergwercken.
Im Schluß des Quartals LUCIÆ Anno 1694 zu berechnen.

Nahmen der Zechen und Stollen.

Thurm Rosenhoffer Zugs.

	Zubuß	
	R	gr
Fürsten-Stolln		
Raben-Stolln		
Wille GOttes:	1	—
S. Valentin	1	—
Himmlische Heer	4	—
Alter Segen	4	—
S. Johannes:		
Zilla		
Braune Lilje	2	
Creutzgang.		10
Neue Jahr		10
Drey Brüder:	3	
Clausburg:	3	

Burgstetter Zugs.

H. Johan Friedrich:	4	—
Schwaan.	1	—
Kron Calenberg	3	—
S. Lorentz:		
Palmbaum	2	
Moses.		
Schüßen Gesellschafft.		10
Einigkeit am Zellbach	5	
Hans Braunschweig:		
König Josaphat.		
König David.		10
Dorothea Landeskron:	1	
Charlotta:	2	
S. Ursula.		10
Fortuna	1	—
Ritter Casimir	1	
Haus Zelle		
Haus Sachsen		10
Gegendrum:	3	
S. Nicolaus.	1	
Sarepta.		
S. Magdalena. a:	1	5
König Wilhelm.		
Segen des HErrn		
Silberbrunn. b.c:d.e.	4	
Nachtigal.		10
Auerhan.		
Victoria f.g.		
Landes-Wolfahrt h.	4	
Vorsichtigkeit		
S. Andreas	2	
S. Michael	1	
S. Catharina: i.		
S. Jacob.		10
König Joseph.		10
König Balthasar.		
Landes Herz	3	
H. Georg Ludwig. k.l.		10
H. Friederich. m.		1
S. Georg:		

Haus Lüneburg:

Gabe GOttes.	4	2
Benedicta.		
Drey Steiger.		10
Ritter Heinrich. o.p:	2	10
Strauß	2	5
Bergmanns-Trost.	3	
Dorothea:		
Hohe Tanne:		5

Haus Hertzbergs Zugs.

Haus Hertzberg.	4	4
Printz Augustus:	4	4
Printz Carl:	4	
Weisse Taube:	g	10
Grosse Christoffel:		10
Uberschaar.		
Ritter Hieronymus		10
Haus Scharkfeld.		

S. Andreasberg.

Catharina Neufang r s	5	5
Samson Spätter-Stolln	3	
Fünff Bücher Mosis		
S. Moritz		
Todtenbergs Hoffnung		
Felicitas	2	
Reichswerk		
Reiches Glück	3	1
Printz Maximilian	4	4
Theuerdanck	4	
S. Jacobs-Glück S. Johannis- und Jacobs-Stolln	4	1
Silbern Bähr	4	1
Weinstock	4	
Drey Ringe Edelmanns-Stolln	3	
S. Andreas Creutz	2	
Morgenröthe	3	2
Abendröthe	3	2
Silber-Blume	3	
Bendtsglück		
Kupffer-Blume	2	
Sideon		
Engelsburg am kleinen Oderberge		

Altenau.

| Altenauer Glück am Gerlachsbach | 2 | |
| Silber-Grube | | |

Vor Osteroda.

| Neue Freyheit | 2 | |

Im Lutterb: Forste.

Auffrichtigkeit im Engthal	2	2
Kupffer-Rose im Heybeck	2	2
Freudenberg	2	

JHWKnorr

non nobis sed posteris*

(Grundsatz des Harzer Bergwesens)

4. Bergwirtschaft und soziale Verhältnisse-
4.1 Organisation und Verwaltung der Bergwerke

Im späten Mittelalter hatte sich in allen deutschen Bergbaugebieten die sogenannte **Gewerkschaft** als Rechtsform der Bergwerke allgemein durchgesetzt. Diese Vorläuferform unserer heutigen Aktiengesellschaft finden wir bei allen Harzer Gruben, die im 16. Jahrhundert zur Blei-Silbergewinnung wieder aufgenommen wurden. Mit dem Erlaß von "Bergordnungen" durch den jeweiligen Landesherrn war hierfür eine gesetzliche Grundlage geschaffen worden. Eine normale Gewerkschaft, etwa im St.Andreasberger Distrikt, hatte **131 Kuxe** (sonst auch 128 oder 130), so hießen im Bergbau die Aktienanteile. 124 davon konnten von Privatpersonen, den sogenannten **Gewerken** erworben werden. 4 Erbkuxe beanspruchte der Landesherr für sich, und die restlichen 3 Freikuxe waren für die Kirche und für Arme reserviert. Die meisten Gewerken der Harzer Gruben waren Bürger der umliegenden Städte wie Goslar, Braunschweig, Magdeburg oder Halberstadt. Aber auch Bergbauunternehmer aus dem sächsischen Erzgebirge oder reiche Kaufleute der norddeutschen Hansestädte legten gerne ihr Kapital im Harzer Bergbau an. Die Kuxeinhaber waren selbstverständlich an der Auszahlung höchstmöglicher Gewinne (**Ausbeute**) interessiert. Rücklagen für schlechte Betriebszeiten waren kaum üblich. War die oft geringe Kapitalkraft der Gewerken infolge technischer Schwierigkeiten (Wasserhaltung, lange Sucharbeiten nach neuen Erzmitteln) aufgebracht, so mußte der Staat aus der **"Zehntkasse"** die zur Fortführung der Gruben notwendigen **Zubußen** übernehmen, so daß die Unternehmer beim Staat immer stärker in Verschuldung gerieten.
Der Wert eines Kuxscheines schwankte naturgemäß nach dem jeweiligen Zustand des Betriebs; bei reichen Ausbeutegruben konnte er mehr als 100 Reichstaler betragen, woraus sich für die Bergwerksgesellschaft ein Gesamtwert von 15-20.000 Reichstalern ergab. Die Kuxe vieler Gruben waren aber praktisch wertlos, denn viele Gewerkschaften brachten es oft nur zu einem bescheidenen Versuchsbetrieb. Schon im 16.Jahrhundert war es verbreitet, mit solchen wertlosen Kuxscheinen wilde Spekulationsgeschäfte zu treiben, denn der sagenhafte Reichtum des Harzes, "wo der Thaler klingt und das Land die Früchte bringt", veranlaßte auch manch vorsichtigen Kaufmann zu einer euphorischen Baulust, die ihn nicht selten viel Geld kostete.

Als nach wenigen Jahrzehnten die oberflächennahen, reichen Huterze abgebaut waren und die Schächte den in die Teufe hinabsetzenden Ermitteln folgten, gab es bald Probleme, der zulaufenden Grundwässer Herr zu werden. Da Pumpen und andere Wasserhebevorrichtungen noch nicht sehr leistungsfähig waren, blieb als einziger Ausweg die Anlage von tiefen Stollen, die vom nächsten Tal aus herangetrieben, den Gruben eine natürliche Wasserlösung brachten. Solche von vielen Gruben gemeinsam genutzten Stollenbauten erforderten damals große Investitionen, die von den kapitalschwachen Gewerkschaften unmöglich allein aufgebracht werden konnten.

*nicht für uns, sondern für unsere Nachkommen

Einen Großteil der Geldmittel für die kostspieligen **"Erbstollen"** mußte aus der Kasse des Landesfürsten beigesteuert werden. Dafür waren die Gewerkschaften verpflichtet, einen **"Stollenneunten"** an den Landesherrn zu entrichten.
Im Zuge dieser Entwicklung erhielt das Bergamt, als Vertreter des Landesherrn, immer mehr Einfluß auf den Betrieb der Bergwerke. Ihr oblag es, für den langfristigen Bestand des Bergbaus zu sorgen und einen schellen "Raubbau", wie ihn die an rascher Ausbeute interessierten Gewerken allzugerne betrieben, zu verhindern. Es entwickelte sich das für den technisch anspruchsvollen Gangbergbau so wichtige Prinzip der **Posterität**, d.h. die Sicherung der Nachhaltigkeit des Bergbaus für spätere Generationen. Wenn auch nicht immer konsequent befolgt, so blieb dieser Grundsatz stets das treibende Moment bei allen späteren Betriebsmaßnahmen, die über 400 Jahre lang den Fortbestand der Erzgewinnung ermöglicht haben.

Im Harz war es üblich, daß die Bergämter in jedem Quartal des Bergjahres*, einen sog. **Bergzettel** veröffentlichten, auf dem entweder die Höhe der **Ausbeute** je Kux stand, wenn die Grube Gewinn brachte, oder aber die zu leistende **Zubuße**, wenn die Zeche in den roten Zahlen stand (Abb.7).

Erzielte eine Grube zum ersten Mal Überschüsse, so durfte sie als äußeres, weithin sichtbares Zeichen eine sogenannte **Ausbeutefahne** auf ihrem **Gaipel** aufstellen. Abb.8 zeigt zwei Beispiele solcher aus Eisenblech gefertigten Fahnen.

Der allgemeine Niedergang des Bergbaus zur Zeit des Dreißigjährigen Krieges hatte zu einer weitgehenden Verschuldung der privaten Gewerkschaften gegenüber dem Staat geführt. Als in der zweiten Hälfte des 17.Jahrhunderts die meisten Gruben den Betrieb wieder aufnahmen, geschah das weitgehend durch staatliche Finanzierung. Die alten **gewerkschaftlichen Gruben**, die formal als solche weitergeführt wurden, gingen so stufenweise in Staatsbetriebe **(fiskalische Gruben)** über.
Für den hannoverschen Teil des Oberharzes wurde 1672 per Reglement von **Herzog Johann Friedrich** das sog. **Direktions-Prinzip** erlassen. Das Clausthaler Bergamt bekam dadurch die alleinige Betriebsleitung der Gruben und Hütten in die Hand, das gesamte Forstwesen unterstand ebenfalls der Bergbehörde und auch gegenüber Polizei- und Stadtverwaltung war das Amt mit besonderen Befugnissen ausgestattet.

Auf die weitere Entwicklung des Oberharzer Bergbaus wirkte sich diese zentrale staatliche Organisation sehr positiv aus. Die Zehntkasse finanzierte z.B. den Bau neuer, tieferer Wasserlösungsstollen oder kostspielige Sucharbeiten.

---

*Früher war es im Harzer Montanwesen üblich, das Rechnungsjahr in vier, nach Sonntagen des Kirchenjahres benannte **Bergquartale** zu gliedern:
1.Quartal = **Reminiscere** (Beginn Mitte März)
2.Quartal = **Trinitatis**
3.Quartal = **Crucis** und
4.Quartal = **Luciae**
Jedes Quartal rechnete stets zu 13 Wochen, was zu Verschiebungen der Bergquartale gegen die Kalenderquartale führte, man glich sie gelegentlich durch Einschub von "Nebenquartalen" aus.

23

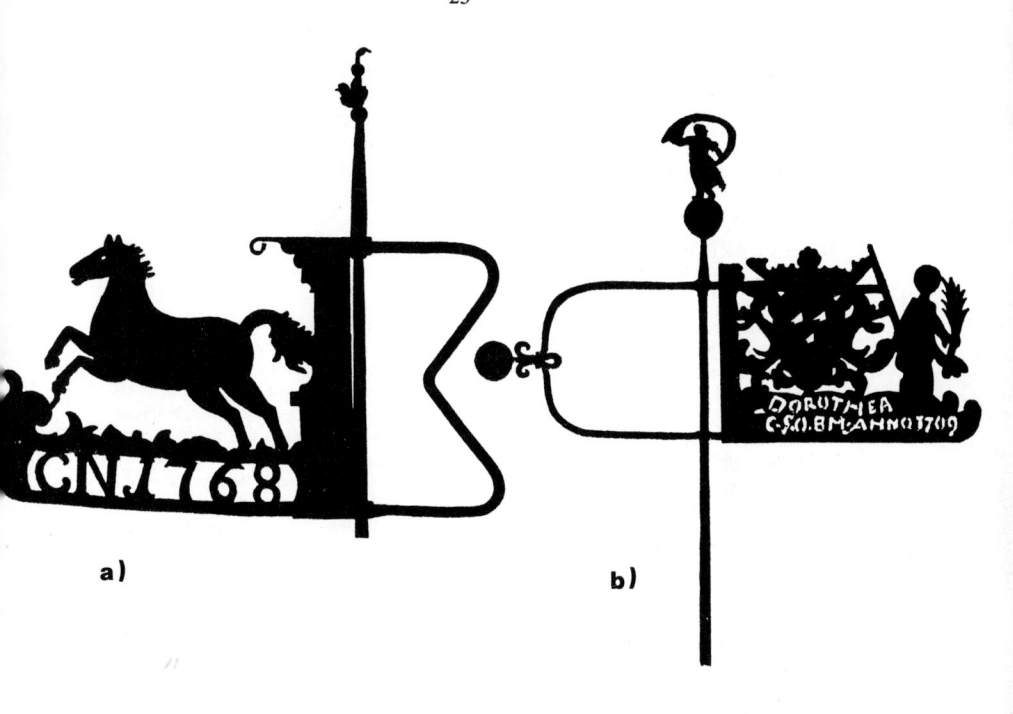

a)   b)

Abb.8: Beispiele Oberharzer Ausbeutefahnen (nach DENNERT, 1973)

a) Ausbeutefahne der Grube Catharina Neufang auf dem Samsoner Gang in St.Andreasberg aus dem Jahr 1768. Das Fahnenblatt zeigt das Niedersachsenroß, darunter die Buchstaben CN für den Grubennamen und die Jahreszahl des Beginns einer neuen Ausbeuteperiode, die fast 100 Jahre dauern sollte!

b) Ausbeutefahne der Grube Dorothea auf dem Burgstätter Hauptgang bei Clausthal. Im Jahre 1709 erschloß die Grube auf dem 19-Lachter-Stollen die ersten reichen Anbrüche. Der Freude hierüber gab man durch das Setzen einer Ausbeutefahne auf dem Dachfirst des Gaipels weithin
sichtbaren Ausdruck. An der Spitze der Fahnenstange ist die auf einer Kugel stehende Glücksgöttin mit dem Segel dargestellt. Das Fahnenblatt zeigt außen die symbolhafte Gestalt der ST.DOROTHEA, in der Mitte das Wappen des damaligen Clausthaler Berghauptmanns H.A.VON DEM BUSCHE, darunter die Initialen des Beamten Christof Singer Ober-Berg-Meister sowie die Jahreszahl 1709, mit welcher die über 150jährige glanzvolle Ausbeuteperiode dieser reichsten Grube begonnen hat.

Nahezu 200 Jahre lang regierte das Clausthaler Bergamt als Beauftragter des Landesherrn den Oberharz als **Bergwerksstaat**. Mit einer Fülle von Verordnungen und Erlassen wurde auf fast alle Bereiche des täglichen Lebens direkt oder indirekt Einfluß genommen mit dem Ziel, den zum Betrieb der Gruben erforderlichen Personalbestand zu sichern. Die in den Bergfreiheiten des 16.Jahrhunderts verankerten Rechte wurden eingeschränkt und existierten bald nur noch auf dem Papier.

So berichtet BREDERLOW (1851) in seinem Harzführer über die Zeit nach dem 30jährigen Krieg:

> In solcher Noth stellte man denn auch die ersten Versuche mit dem Ackerbau an; die Korn-, besonders Haferfluren waren eine ungewöhnliche Erscheinung auf dem Harze; selbst Clausthal und Andreasberg griffen zu dieser ungewohnten Arbeit und bis jetzt noch heisst eine Gegend am burgstäder Zuge das Haferfeld. Aber solche Neuerung, so günstige Aufnahme sie meistens im Unterharze fand, schien den auf dem Oberharze allein geltenden Bergbehörden eine Entweihung des Harzbodens; man konnte sich ganz und gar nicht mit dem Gedanken vertraut machen, dass, wo Fimmel und Fäustel bislang souverain geherrscht hatten, jetzt Pflug und Egge gleiche Rechte haben sollten. Der Ackerbau wurde also von der oberharzischen Bergbehörde streng untersagt und als 1653 die Leute dennoch zu ackern fortfuhren, durfte bei 50 Thlr. Strafe niemand die Erndte in die Stadt bringen; die aus dem Lande heraufgeführten Pflüge wurden confiscirt und als 1674 namentlich die Fuhrleute nicht abliessen, ihre Wiesen und sonnigen Berghalden mit Korn zu bestellen, so erfolgte vom Bergamte ein öffentlicher Anschlag, wonach alles Ackergeräthe dem Amte verfallen, vom Henker genommen und Alle, welche des Ackerbaues wegen etwa vom Lande herauf zu den Bergstädten kämen, sofort verhaftet werden sollten.

So mußten alle Beschäftigten einen Treueschwur auf den Landesherrn ablegen. Ein Abwandern von Arbeitskräften war nur mit Genehmigung des Bergamts möglich (siehe Kap.4.3). Selbst Art und Umfang der Viehwirtschaft, die von den Bergmannsfamilien nebenbei betrieben wurde, unterlag einer strengen Reglementierung. Seitens der **Oberen** herrschte eine übertriebene Furcht vor dem Aufkommen anderer Erwerbsquellen, die zu Lasten des Bergbaus gehen könnten. Bis Mitte des 19.Jahrhunderts verstand es die Bergbehörde, nahezu alle privaten Gewerbeanträge, sei es zur Zündholzproduktion oder zur Fabrikation von Eisenwaren, abzulehnen.

In St. Andreasberg, wo der Bergbau damals stark rückläufig war, erhielt der Unternehmer F.C. DEIG (1847) die Genehmigung zur Gründung einer Streichholzbüchsenfabrik, in der später bis zu 400 Männer und Frauen Beschäftigung fanden. Allerdings gingen die Bergleute nur widerwillig und allein der Not gehorchend der ungewohnten und schlecht bezahlten Fabrikarbeit nach.

Der eigentümliche Status des hannoverschen Harzes trieb nicht selten wundersame Blüten! Am Ende der napoleonischen Zeit, als der Bleipreis sank und viele Gruben unrentabel wurden, bemühte sich nun selbst die Bergbehörde um Schaffung nichtbergmännischer Erwerbsquellen. Die Aufnahme anderer Gewerbebetriebe scheiterte jedoch an der bestehenden **Steuerfreiheit**, wegen der die Harzregion als Zollausland galt und alle Waren von hier im Königreich Hannover mit Einfuhrzöllen belegt wurden. Die Ausfuhr von verarbeitetem Holz und Eisen blieb weiterhin verboten und außerdem waren Holzvorräte und Wasserkraftnutzung natürlich dem fiskalischen Bergbau vorbehalten.

Spötter kritisierten den Harz häufig als "Wohlfahrtsstaat", in dem der unrentable Bergbau nur um seiner selbst Willen betrieben wurde! Doch trifft dieses übertriebene Urteil sicherlich nicht die ganze Wahrheit.
Im Zeitalter der andernorts schon entwickelten kapitalistischen Großindustrie blieb besonders der Oberharz ein isoliertes Relikt aus der Zeit des Absolutismus, über dessen Ordnung streng aber gerecht das herrschaftliche Bergamt wachte (siehe Kap.4.3).

Lied der Oberharzer Bergleute

1. Glück auf! ihr Bergleut'jung und alt, seid froh und wohlgemut. Erhebet eure Stimme bald, es wird noch werden gut. Gott hat uns einst die Gnad' gegeb'n, daß wir vom edlen Bergwerk leb'n, drum ruft mit uns der ganze Hauf: Glück auf! Glück auf! Glück auf!
2. Glück auf! dem Steiger sei's gebracht, sein Anbruch werde schön, daß er den Obern Freude macht, die es recht gerne seh'n, wenn man ihn'n schöne Erze zeigt, an Silber und an Bleien reich, dann ruft mit ihm der ganze Hauf: Glück auf! Glück auf! Glück auf!
3. Auch preis't das werteste Bemühn von uns'rer Obrigkeit, die für uns sorgt - und fernerhin zu sorgen ist bereit. Drum tu'ein jeder seinen Fleiß, und kostet es auch Müh'und Schweiß, zu suchen neue Gänge auf: Glück auf! Glück auf! Glück auf!

(gedichtet vom Clausthaler Berggeschworenen C.A.G.HALFELD um 1810)

Wappen des Clausthaler Bergamts

> Als Bergmann ist der Oberharzische Arbeiter fleißig und nicht ungeschickt, er hält auf gute Kameradschaft, ist ziemlich heiteren Sinnes und nicht ohne Witz.
>
> (F.Schell, 1882)

4.2 Vom Berghauptmann bis zum Pochjungen
Die Berufsstrukturen im Harzer Montanwesen

Ein anschauliches Bild vom streng hierarchisch organisierten Bergbaustaat des 18. und 19. Jahrhunderts gibt uns die folgende Auflistung der im Harzer Montanwesen gebräuchlichen Berufsbenennungen. Im hannoverschen Oberharz waren in der Zeit um 1850 etwa 180 verschiedene Dienstbezeichnungen üblich (LOMMATZSCH, 1987). Grundsätzlich muß man die folgenden Amts- und Berufsgruppen unterscheiden: die **Berghauptmannschaft**, die **Bergämter**, die übrigen **Bergbeamten**, das **Aufsichtspersonal** und das **Arbeitspersonal**.

Die Dienstgrade der Beamtenschaft und Offizianten

Ganz oben, förmlich an der Spitze der Pyramide, stand der **Berghauptmann**, in dessen Händen die Oberaufsicht über das gesamte Gruben- Hütten- und Forstwesen lag. Wie in den damaligen feudalistischen Staaten üblich, waren die hohen Beamtenränge dem Adel vorbehalten. Übertragen auf unsere heutige Zeit entspräche dieser Posten - rein formal natürlich nur - dem des Präsidenten eines Oberbergamts. Zur eigentlichen Berghauptmannschaft, auch die **Oberen** genannt, gehörten der **Vizeberghauptmann**, die **Oberbergräte**, die **Bergräte** und die **Assessoren**.
Für die im Bergamt tätigen oder ihm unterstellten Amtspersonen (im heutigen Sprachgebrauch "Beamte") war damals die Bezeichnung **Offizianten** üblich. Man unterschied dabei **Bergamtsbediente vom Leder** - das waren die im technischen Bereich tätigen Beamten, und **Bergamtsbediente von der Feder**, wie die mit Verwaltungsaufgaben betrauten Beamten hießen. Im hannoverschen Oberharz waren diese Offizianten um 1740 in 17 Rangklassen gestaffelt, später um 1840 gab es dann 6 Uniformklassen. Zu der Bergbeamtenschaft gehörten auch die Forstbeamten, da die Wälder sowohl das notwendige Grubenholz für die Bergwerke als auch die unersetzliche Holzkohle für die Schmelzhütten lieferten, war das gesamte Forstwesen in den Bergwerksstaat miteingegliedert.
Ohne im einzelnen auf die spezifischen Tätigkeitsmerkmale einzugehen, seien hier die Berg- und Forstbeamten ihrer Rangfolge nach aufgeführt:
Zehnter, Bergsyndicus, Oberbergmeister, Bergsekretär, Oberhütteninspektor, Forstmeister, Bergmedicus, Vize-Oberbergmeister, Münzdirektor, Oberförster, Bergschreiber, Bergamtsassessor, Hüttenraiter, Zehntgegenschreiber, Münzmeister, Puchverwalter, Eisenhüttenraiter, Berggegenschreiber, Forstschreiber, Vizebergschreiber, Bergregistrator, Forstregistrator, Oberfaktor, Forstgegenraiter, Münzwardein, Berg- und Forstamtsauditor, Bergmeister, Vizebergmeister, Maschinendirektor, Maschineninspektor, Maschinenmeister, Kunstmeister, Magazinverwalter, Eisenschneider, Obergeschworner, Geschworner, Einfahrer, Bergrevisor, Bergfaktor, Zehntrevisor, Zehntbuchhalter, Hüttenschreiber, Markscheider, Oberhüttenmeister, Bergchirurgus, Bergprobierer, Berggegen-

probierer, Puchschreiber, Reitender Förster, Revierförster, Forstrechnungsführer, Knappschaftsschreiber, Eisenhüttenfaktoreischreiber, Eisenhüttenschreiber, Eisenhüttenbuchhalter, Silberbrenner, Aschenfaktor, Schichtmeister, Förster, Invalidenschreiber, Hüttenmeister, Hüttenwächter, Kornmesser, Vizehüttenschreiber, Vizemarkscheider, Gehilfen, Eleven.

Zu einer Aufzählung der Bergbediensteten im Jahr 1740 waren um das Jahr 1862 noch 13 Beamtenbezeichnungen hinzugekommen. Münzbeamte gab es allerdings seit 1849 nicht mehr als aktive Berufstätige, da die Clausthaler Münze nach Hannover verlegt worden war.

Oberbergmeister war damals praktisch der höchste Offiziantenrang, den ein Nichtadeliger erreichen konnte. In der Geschichte des Harzer Bergbaus gibt es einige Beispiele von Persönlichkeiten, die sich aus ganz einfachen Verhältnissen dank überdurchschnittlicher Begabung und günstigen äußeren Umständen wirklich vom Pochknaben bis zum hohen Bergbeamten hochgearbeitet haben. Genannt sei hier nur das Beispiel des Clausthaler Oberbergmeisters GEORG ANDREAS STELTZNER (1725 - 1802), in dessen Händen die Verantwortung für den Bau des Tiefen-Georg-Stollens lag (siehe Kap.8 und Abb.61).

Das Aufsichtspersonal

Die Angehörigen des Aufsichtspersonals wurden in der Zeit um 1850 allgemein als **Unteroffizianten** bezeichnet. Ihr Berufsstand gliederte sich nach den Beitragsklassen des 1839 eingeführten **Knappschaftsreglements**, sie bildeten in der Knappschaftsordnung die Klassen 1 bis 3:

1.Klasse: **Fahrsteiger, Obergrubensteiger, Oberpochsteiger, Obergrabensteiger, Kunststeiger, Titulärsteiger, Gaipelsteiger, Stollensteiger, Bergwerkszimmermeister, Pochwerkszimmermeister, Erster Bergmusikus, Bergamts-Pedellen, Erster Münzschmied.**
2.Klasse: Strossenuntersteiger, Kunstuntersteiger, Gaipeluntersteiger, Bergwäschenuntersteiger, Maureruntersteiger, Wässerungsuntersteiger, Grabensteiger, Pochsteiger, Vizepochsteiger, Stuffpochsteiger, Scheidsteiger, übrige Münzschmiede.
3.Klasse: Gedinge-, Schacht-, Scheide-, Graben-, Titulär-Untersteiger, Nachtpuchsteiger, Schlammwäschensteiger, Schlammwäschenaufseher, Bergwäschenaufseher, Gaipelaufseher, Graben-, Pochwerks-, Holzaufseher, Haldenschreiber, Bergmusiker, Scheidaufseher, Münzwächter, Zehntwächter.

Hinzu kamen die vom Knappschaftspersonal nicht erfaßten Unteroffizianten der Silberhütten:
Schliegaufseher, Schliegwäger, Glöttwäger, Holzmalterer, Wasenabnehmer und **Naßprobierer.**

Das Arbeitspersonal

Die einige Tausende zählende Arbeiterschaft war in der Knappschaftsordnung anschließend an das Aufsichtspersonal in den Beitragsklassen 4 bis 9 zusammengefaßt:

4.Klasse(besonders qualifizierte Facharbeiter): **Schießer, Kunstknechte, Säulenmaschinenwärter, Ausrichter, Holzarbeiter, Modelltischler. Kunstzimmergesellen, Pulvermacher.**

5.Klasse (Stammpersonal, meist verheiratet, über 26 Jahre): **Bohrhäuer, Gedingehäuer, Strossenhäuer, Ausschläger, Schützer, Nachzähler, Gaipelwächter, Bergmaurergeselle, Oberschlämmer, Schiffer, Kunstwärter, Stürzer, Anschläger, Ledigschichter** (wenn sie das 27.Lebensjahr vollendet haben, **Waldarbeiter:** dann **Stufferzausschläger, Grabenarbeiter, Bergwäschenarbeiter**, welche Vollhäuer oder Hüttenleute gewesen sind.

6.Klasse: Stürzer, Anschläger, Ledigschichter, welche noch nicht 27 Jahre alt sind; dann **Weilarbeiter, Stufferzausschläger, Grabenarbeiter, Bergwäschenarbeiter**, welche nicht Vollhäuer oder Hüttenleute waren. **Hundtsläufer am Tag, Kunstjungen.**

7.Klasse (Nachwuchskräfte, meist im Alter von etwa 17 bis 22 Jahren): **Mitfahrer und Mitgänger, Grubenknechte, Grubenjungen, Bergmaurerlehrlinge, Mitfahrer bei den Künsten, Poch- und Haldenarbeiter**, welche 20 Gute Groschen Lohn oder darüber pro Woche erhielten.

8.Klasse (Arbeiter im Wochenlohn, meist unter 18 Jahren): **Poch- und Haldenarbeiter**, welche 12 bis 19 Gute Groschen 11 Pfennige Wochenlohn hatten.

9.Klasse (Von Beginn des 10.Lebensjahres an, nach 1838 meist erst nach der Konfirmation vom 13. bis 14.Lebensjahr): Alle jüngeren **Pocharbeiter (Pochjungen) und Haldenarbeiter**, welche unter 12 Gute Groschen Lohn pro Woche erhielten.

Abb.9: Bergmann (a) und Hüttenmann (b) aus dem Oberharzer Revier in ihrer jeweiligen Arbeitskleidung (Aufnahmen von W.ZIRKLER um 1900). Der Bergmann hält einen Ölfrosch in der Hand. Der mit einem weißen Kittel bekleidete Hüttenmann trägt eine Lederschürze und stützt sich auf den Furkel (Röstgabel).

Glanz und Schimmer
Nichts als die Müh'und als die Schmerzen und
wofür er sich hält in seinem Herzen

(alte bergmännische Weisheit)

4.3 Die Lebens- und Arbeitsbedingungen der Bergleute

Die Stellung des Bergmanns als Lohnarbeiter war bereits in den nach sächsischem Vorbild verfaßten **Bergordnungen** des 16.Jahrhunderts verankert. Sie bildeten die rechtliche Grundlage für die **Sozialordnung**, in der die Bergleute lebten. Es gab eine Reihe von Schutzvorschriften gegen Ausbeutung und positive Regelungen der Arbeitsverhältnisse.

Nach unseren heutigen Vorstellungen von einer "humanen Arbeitswelt" hatte die Harzer Bergbevölkerung in den früheren Jahrhunderten ein unvorstellbar hartes Los zu ertragen!

Versuchen wir uns einmal in die damalige Zeit zurückzuversetzen und die Dinge mit zeitgenössischen Augen zu sehen, so relativieren sich manche Bilder. Oder blicken wir heute in einige Länder der Dritten Welt, angesichts der dort oft praktizierten Ausbeutung menschlicher Arbeitskraft und einhergehender Massenverelendung, oft gepaart mit staatlicher Willkür, erscheinen selbst die Lebensbedingungen der Bergleute im 17. und 18.Jahrhundert nicht mehr so unvorstellbar finster.

Soziale Errungenschaften

Schon im ausgehenden 17.Jahrhundert erkannte man die Notwendigkeit einer geregelten Sozialversorgung. Erster Schritt war die Erhebung einer Sondersteuer auf Bier und Branntwein - **Bergbauakzise** genannt, mit deren Einnahmen die 1703 geschaffene **Bergbaukasse** finanziert wurde. In schlechten Zeiten flossen Beihilfen aus den gesammelten Steuergeldern in langfristige Arbeitsbeschaffungsmaßnahmen wie Teich- und Grabenbau, Versuchsgruben ("Bergbaukassenort") oder in die soziale Fürsorge.

Als großer Erfolg erwies die Übernahme von 30 Kuxen der im Jahre 1703 noch zubußepflichtigen Clausthaler **Grube Dorothea** durch die Bergbaukasse (siehe Kap.9, S.159, sowie Kap.10, S.165 ff), die 6 Jahre später fündig wurde und bald in eine großartige, über 150 Jahre währende Ausbeuteperiode eintrat.

Es gibt andere Beispiele dafür, daß unrentable Gruben trotz enormer Zubußezahlungen aus der Zehntkasse weiterbetrieben wurden, um in schlechten Zeiten einige Arbeitsplätze zu erhalten.

Seit dem 16.Jahrhundert war es unter den Bergleuten üblich, freiwillige Abgaben in eine **Knappschaftsbüchse** zu entrichten, aus der invalide Bergleute oder die Witwen und Waisen verunglückter Kameraden etwas Unterstützungsgeld bekamen. Hieraus entstanden später die **Knappschaftskassen**, die bergamtlich verwaltet wurden (in Clausthal seit 1673) und als Vorläufer der Kranken- und Altersversicherung angesehen werden können. Um 1750 herum erwuchs daraus ein fester Anspruch auf ein minimales Ruhegeld, den **Gnadenlohn**.

Im Jahr 1718 stiftete der Clausthaler Berghauptmann HEINRICH ALBERT VON DEM BUSCHE (1664-1731) auf eigene Kosten für 14.000 Taler ein **Waisenhaus**, das die Not der elternlosen Bergmannskinder linderte und ihre zu frühe Beschäftigung in den Pochwerken verhinderte sowie eine - wenn auch nur geringe - Schulbildung sicherstellte. In seinem Testament bedachte VON DEM BUSCHE diese Stiftung nochmals mit 10.000 Talern.

Die sogenannten **Kurrenden** (von "Choral" abgeleitet) ermöglichten für Kinder aus armen Familien einen bescheidenen Nebenverdienst, indem sie mehrmals wöchentlich in den Straßen der Bergstädte sangen und dafür Spenden erhielten.

Eine unentgeltliche Betreuung durch **Bergärzte** und freie Arzneimittel aus den **Bergapotheken** waren im frühen 18.Jahrhundert richtungsweisende soziale Regelungen. Schon frühzeitig untersuchten diese tüchtigen Ärzte die Berufskrankheiten der Berg- und Hüttenleute (Bergsucht, Hüttenkatze). Besonders bekannt wurden die Bergärzte LENTIN (um 1780) und BROCKMANN (er gründete 1855 das Heilbad Bad Grund) durch die Entwicklung von wirksamen Gegenmaßnahmen und Vorbeugungsmethoden gegen diese Berufskrankheiten.

Im allgemeinen kann ein wohlwollendes Eingehen der Bergbehörde auf durchführbare und verständliche Wünsche der Bergbevölkerung nicht geleugnet werden. Die Arbeitsplätze waren in normalen Zeiten ziemlich sicher, und die staatlich festgesetzten Wochenlöhne waren zwar sehr niedrig - nach unserer Auffassung wahre Hungerlöhne - doch wurden sie in gutem Geld und pünktlich ausgezahlt.

Weiterhin dürfen auch nicht jene Privilegien außer acht gelassen werden, die auf die alten Bergordnungen zurückgingen; so herrschte bis 1823 für die Bergleute, abgesehen von der Bergbauakzise, Steuerfreiheit. Die Bevölkerung hatte freien Hausbrand und bekam auch zum Bau ihrer Häuser freies Bauholz. Die Lebenshaltungskosten waren niedrig, da Grundlebensmittel und andere Dinge des täglichen Bedarfs stark subventioniert waren. Um Hungersnöten infolge der recht häufigen Teuerungen vorzubeugen, entstand seit Mitte des 17.Jahrhunderts ein staatliches **Kornversorgungssystem**.
Bekanntestes Beispiel ist das heute noch vorhandene, 1722 für den hannoverschen Oberharz gebaute **Kornmagazin** in Osterode. Es trägt über dem Portal die Inschrift UTILITATI HERCYNIAE*. In diesem stattlichen Gebäude konnten bis zu 2000 Tonnen Getreide eingelagert werden, um sie unabhängig von zeitweiser Knappheit zu einem stets gleichbleibenden Preis an die Bergbevölkerung abzugeben. Kornausteilungen fanden statt, wenn der Marktpreis für ein Himten** Roggen 24 Mariengroschen*** überstieg. Empfangsberechtigt waren Berg- und Hüttenleute einschließlich der Steiger, das Aufbereitungspersonal und die Arbeiter an Teichen und Gräben, jedoch nicht die herrschaftlichen Bergbeamten - vom Geschworenen aufwärts -, die bei Teuerungen zu ihrem Gehalt besondere "Diskretionen" erhielten. Seit 1740 hatten auch die aus den Knappschaftskassen Versorgten, nämlich invalide Bergleute, Bergmannswitwen und -waisen einen Anspruch auf Kornversorgung. Zahlreiche Bergamtsprotokolle belegen, daß die Bergbeamten ihre Fürsorgepflicht gegenüber der Bevölkerung sehr ernst nahmen.

* zur Versorgung des Harzes
** 1 Himten = 31,15 Liter
*** 1 Taler = 36 Mariengroschen (Mgr)

Hierzu trug sicherlich bei, daß die meisten Betriebsbeamten, teilweise auch in höheren Positionen, aus einfachen Harzer Bergmannsfamilien stammten und die Sorgen und Nöte der Bergbevölkerung nur zu gut kannten. Da die Behörde ihren Sitz nicht in der Landeshauptstadt, sondern mitten im Bergbaugebiet hatte, entwickelte sich zwischen Bergleuten und Bergbeamten ein eigentümliches Zusammengehörigkeitsgefühl.

Der bergmännische Alltag

Mit der Wiederaufnahme des Bergbaus nach dem Dreißigjährigen Krieg war auch eine Neuorganisation der Arbeitszeit verbunden.

Großer Arbeitskräftemangel infolge der Kriegsauswirkungen führte zu einer Verlängerung der Arbeitszeiten in den Gruben. Im Abbaubetrieb waren um 1720 zwölfstündige Tagschichten die Regel. Von der regulären Schichtzeit müssen allerdings die **Betstunde** und zwei **Lösestunden** (Ruhestunden) abgerechnet werden. Einen Vierundzwanzig-Stunden-Betrieb, der dann in drei achtstündigen Schichten (ohne Ein- und Ausfahrt) erfolgte, gab es vor allem beim Streckenvortrieb, beim Schachtabteufen, bei wichtigen Reparaturarbeiten, sowie bei den Wasserhebemaschinen und Fördereinrichtungen.

Die Einführung der Schließarbeit um 1636 brachte eine zunehmende Arbeitsteilung mit sich (siehe Kap.5.3).

Gesteinsarbeiten, wie die Anlage von Gesenken, Strecken- oder Stollenvortrieb wurden im **Gedinge** (Akkordarbeit) ausgeführt.

Die Bohrarbeit hingegen erfolgte nicht im Gedinge, vielmehr wurde je nach Gesteins- bzw. Erzfestigkeit die Tiefe der pro Schicht abzubohrenden Löcher (immer zwei pro Paar Bohrhauer) festgelegt und im **Schichtlohn** vergütet. Für Hauer und alle in ordentlichen Schichten eingesetzten Bergleute galt seit Mitte des 17.Jahrhunderts allgemein die Fünftagewoche.

Allerdings waren die Bergleute verpflichtet, alle vierzehn Tage eine sogenannte **Sonnabendpose**, eine bis 10 bzw. 9 Uhr dauernde Schicht ohne besondere Vergütung zu verfahren.

Grubenhandwerker und Pocharbeiter hatten eine Sechstagewoche. Spezialisten wie die an den Einrichtungen zur Wasserhaltung beschäftigten Kunstknechte oder die bei der Erzförderung tätigen Anschläger und Ausrichter arbeiteten unter Umständen an allen sieben Tagen.

Wie der normale Arbeitstag eines Hauers Mitte des 18.Jahrhunderts aussah, schildert GREUER (1962):

> In den Bergstädten wurde morgens um 3 Uhr "angeläutet". Die Bergleute fanden sich dann in den Zechenhäusern so zeitig ein, daß sie bei 4 Uhr von ihren Steigern den Unschlitt für die Grubenlampen empfangen konnten. Anschließend begann die Betstunde, die sich bis 4.30 Uhr oder auch länger, manchmal bis 5 Uhr hinzog. Danach fuhren die Bergleute an. In der Frühschicht mußten die Hauer im Hannoverschen - wie im Communion-Oberharz die sogenannte Fronarbeit verrichten, die bis 7 oder 8 Uhr dauerte und die mit Holzhängen, Bergeversatz, Pumpen und ähnlichen notwendigen Arbeiten verbracht wurde. Dann konnten die Bohrhauer zu der von ihnen speziell zu verrichtenden Arbeit gehen, die im Bohren von Schießlöchern einer bestimmten Länge bestand. Nicht nur vor Erfüllung seines Arbeitspensums - für kürzer gebohrte Löcher mußten Geldstrafen gezahlt werden -, sondern auch vor dem **Ausklopfen**, d.h. vor Schichtende durfte keiner aus der Grube ausfahren.

Wurde ein Bergmann von einem Vorgesetzten bei Verstößen gegen die Arbeitsordnung ertappt, so mußte er mit einer empfindlichen Geldstrafe rechnen. Um 1760 wurde beispielsweise das Zuspätkommen am Montag - **Bierschicht** genannt - mit dem Abzug eines halben Wochenlohns geahndet.
Besonders in der zweiten Hälfte des 18.Jahrhunderts konnten die Bergleute allein vom Geld für solche ordentlichen Schichten nicht mehr leben, da der Lohn trotz Kaufkraftverlust des Geldes nicht erhöht wurde. So waren die Hauer gezwungen, anschließend noch **Weilarbeiten** oder auch **Nebenschichten** zu verrichten. Die Bergämter gestatteten, daß sich die Bergleute zu diesen Arbeiten auch schon vor dem regulären Schichtende begaben, wenn sie ihre Löcher ordnungsgemäß abgebohrt hatten, jedoch nicht vor 10 Uhr. Durch solche Nebentätigkeiten "bei der Weile", d.h. in der freien, außerhalb der Schicht liegenden Zeit, konnten die Bergleute ihren Lohn aufbessern. Die Weilarbeiten wurden besonders bewilligt, und die Bergleute sahen ängstlich darauf, daß der Umfang der Bewilligungen nicht nachließ.

Im hannoverschen Oberharz verdiente ein Bergmann (Bohrhauer) um das Jahr 1800 zwischen 1 Taler 6 Mgr (42 Mgr) und 1 Taler 34 Mgr (70 Mgr) in der Woche je nach seinem Alter. Damals dürften 34 Mgr tatsächlich die unterste Grenze für die Ernährung von zwei Personen gewesen sein! Der Verdienst setzte sich folgendermaßen zusammen:

```
Schichtlohn        20 Mgr
Gedingegeld         6 Mgr
Weilarbeiten     8 - 20 Mgr
Nebenschichten   8 - 24 Mgr
```

Angesichts der Tatsache, daß der Lohn mindestens zur Hälfte aus Nebenschichten und Weilarbeiten stammte, mußte auch die Arbeitszeit bedeutend angestiegen sein.
Um 1800 verbrachte ein Hauer 13 bis 14, oft aber sogar 16 und mehr Stunden arbeitstäglich in der Grube, was einer tatsächlichen Arbeitszeit von 60 - 70 Stunden pro Woche entsprechen dürfte.
Zu dieser Arbeitsdauer kam außerdem noch die Anfahrzeit von Zuhause zur Grube und zurück (oft eine Stunde und mehr) hinzu, da stellte sich die Frage, wie lange die Bergleute unter der Woche überhaupt zum Schlafen kamen. Während des Winterhalbjahres sahen sie die Sonne nur an den Wochenenden!

Heiratsverordnung

Bis Mitte des 18.Jahrhunderts herrschte in den Harzer Bergbaugebieten allgemein ein Mangel an bergmännischem Personal. Der Staat war bemüht, die Abwanderung von Arbeitskräften sowie das Aufkommen anderer Erwerbsquellen zu unterbinden. Andererseits sollte auf lange Sicht aber auch ein zu rascher Anstieg der Bevölkerung verhindert werden, da sonst nicht allen eine Verdienstmöglichkeit im Bergbau gewährleistet werden konnte.
In diesem Zusamenhang ist die 1750 im hannoverschen Oberharz erlassene **Heiratsverordnung** zu sehen. Ihr Inhalt besagte, daß Berg-, Poch- und Hüttenleute nur heiraten durften, wenn sie älter als 24 Jahre (einige Zeit sogar 27 Jahre) waren und mindestens einen wöchentlichen Verdienst von 40 Mariengroschen aufweisen konnten, um eine Familie zu ernähren.

Wegen der sehr niedrigen Löhne mußte die Arbeit, mit der am meisten verdient wurde, den Familienvätern vorbehalten werden, daher mußten die jüngeren Leute oft lange Wartezeiten bis zur Erlangung eines guten Lohnes in Kauf nehmen. Heirateten die Bergleute früh, hätten sie, vertrauend auf die Fürsorge seitens der Bergbehörde, vorzeitig die besser bezahlte Arbeit bekommen müssen, wodurch dann den älteren Kameraden die Gelder zum Unterhalt ihrer Familien verlorengegangen wären. Zur Aufrechterhaltung der "wohlfahrtstaatlichen Sicherheit" der älteren Arbeiter griff der Staat in die private Sphäre der Jüngeren ein!

Entlassungen und Auswanderungen

Die erste Hälfte des 19.Jahrhunderts war in ganz Deutschland durch einen großen Bevölkerungszuwachs gekennzeichnet. So stiegen die Einwohnerzahl des Oberharzes von 22500 (1812) auf 25000 (1824) und 30700 (1848).
Der eingewurzelte Grundsatz, die vorhandene bergmännische Bevölkerung voll zu beschäftigen, ließ sich nicht mehr bewerkstelligen. Durch technische Veränderungen der Aufbereitungsverfahren entfielen zahlreiche Arbeitsplätze auf den Pochwerken. Viele Pochknaben wurden nur noch auf Zeit eingestellt, ohne Anspruch auf spätere Bergarbeit, wie früher üblich.
1817 mußten infolge sinkender Metallpreise und bergbautechnischer Probleme 400 - 500 Bergleute entlassen werden. Auch hierbei kann der Bergbaubehörde ein soziales Verantwortungsgefühl nicht abgesprochen werden. Die Entlassung eines Bergmanns wurde von seiner anderweitigen arbeitsmäßigen Unterbringung abhängig gemacht. Andere Beschäftigungen fanden sich vorübergehend im Festungs- und Chausseebau, bei der Waldarbeit oder beim Transportwesen. Nach Möglichkeit wurden die älteren Bergleute weiterbeschäftigt, und auch die abgewanderten, anderswo Tätigen konnten später wieder auf die Gruben zurückkehren.
Der Mitte des 19.Jahrhunderts stark angewachsene Bevölkerungsdruck machte Auswanderungen unvermeidbar. Es ist wiederum sehr bezeichnend, daß die Bergbehörde ihrerseits Erkundigungen über Arbeitsmöglichkeiten und -bedingungen sowie die Fahrt nach Übersee einzog, um die gutgläubigen, etwas weltfremden Bergleute vor den betrügerischen Machenschaften mancher Auswanderungsagenturen zu schützen.
Zur Finanzierung der Überfahrten gewährte der Staat Vorschüsse bis zur Höhe eines Jahreseinkommens, auf die Rückzahlung wurde später allgemein verzichtet.
Besonders nach dem Clausthaler Stadtbrand von 1854, dem 98 Häuser zum Opfer fielen und mehr als 1000 Menschen obdachlos machten, kam es zu einer regelrechten Auswanderungswelle.
Insgesamt verließen mehr als 2000 Personen den Oberharz, um sich in den USA, Mexiko, Brasilien, Peru und vor allem in Südaustralien neu anzusiedeln.
Ausführlich behandelt werden diese, in der deutschen Geschichte einzigartigen, staatlich geförderten Auswanderungen aus der Berghauptmannschaft Clausthal in einer Abhandlung von VOLLMER (1995).

Bergmännische Feiertage

Es versteht sich fast von selbst, daß die Bergleute des alten Oberharzer Bergbaus keine Urlaubsregelungen kannten. Der Anspruch auf Urlaub ist bekanntlich eine Errungenschaft unseres Jahrhunderts. Aber deshalb gerade waren die vielen

bergmännischen Feiertage, meist Apostel- oder Marientage, an denen auch die protestantischen Bergleute festhielten, von großer sozialer Bedeutung. Diese bezahlten Feiertage beruhten auf altem Herkommen und gehörten zu den bergmännischen Standesrechten, die in den Bergordnungen des 16.Jahrhunderts verankert waren.

Als das Clausthaler Bergamt 1674 die Bezahlung von 8 dieser Feiertage abschaffte, empörten sich die Bergleute und streikten mehrere Tage lang, allerdings ohne Erfolg. Trotzdem blieb die Zahl der gefeierten Tage noch beträchtlich; so galten beispielsweise um 1820 als ganze Feiertage:

der **Neujahrstag**, **Heilige Drei Könige**, **Mariä Reinigung**, **Fastnacht** (hier wurde das **Bergfest**, seit 1866 **Bergdankfest** genannt, gefeiert), **Mariä Verkündigung** (nicht gefeiert in der Woche vor Ostern), **Karfreitag**, der **Heilige Osterabend**, drei **Ostertage**, **Himmelfahrt**, drei **Pfingsttage**, **Johannistag**, **Mariä Heimsuchung**, **Bartholomäus**, **Michaelis**, **Barbara**, der **Weihnachts-Heilige-Abend**, wenn er auf einen Sonnabend fiel, sowie drei **Weihnachtsfeiertage**. Im Communions-Oberharz kamen noch bis zu ihrer Abschaffung 1839 vier **Quatembertage** (im Februar, Mai, September und Dezember) hinzu.

Allerdings hatten nur die "vollwertigen Bergleute" ein Recht auf alle diese Feiertage. Tagelöhnern, Grabenarbeitern und Pocharbeitern standen weniger freie Tage zu, z.B. von den großen Festen nur zwei Tage. Erst im Laufe des 18.Jahrhunderts durften sie auch den Himmelfahrtstag oder den Neujahrstag feiern, zum Teil mußten sie aber diese, wie die zweiten Festtage, in Überstunden nacharbeiten. Bis Mitte des 19.Jahrhunderts besserten sich auch für diese Arbeitnehmer die sozialen Bedingungen.

Das harte Los der Bergmannskinder

Nach unseren heutigen Maßstäben völlig unvorstellbar war das Ausmaß der Kinderarbeit im Oberharz, wie die Aufstellung im vorigen Kapitel belegt. Allerdings muß angemerkt werden, daß die Ausbeutung der Jugend im Bergwesen hier zwar schlimm war, doch keinesfalls solch erschreckende Ausmaße annahm, wie etwa in England während der rücksichtslos wachsenden Industrialisierung.
Im 18.Jahrhundert mußten die Bergmannssöhne vom zehnten Lebensjahr an mitarbeiten, zur Aufnahme mußten die Kinder bereits nachweisen, daß sie lesen konnten. Seit 1838 begann das Arbeitsleben für die meisten Jungen nach der Konfirmation, also mit 13 oder 14 Jahren. Die Kinder wurden gleich voll in den Arbeitsprozeß mit seinen zwölfstündigen Schichten (einschließlich Betstunde und 1 1/2 Ruhestunden) eingebunden. Ihr bescheidener Wochenverdienst von weniger als 12 Guten Groschen, war immerhin eine wichtige Ergänzung zum Lohn des Haupternährers der Familie.
Tätigkeitsfeld dieser Jungen waren die Aufbereitungsanlagen, wo die geförderten Erze zerkleinert (gepocht) und von den tauben Bestandteilen getrennt (gewaschen) wurden. Neben den Kindern waren auch ältere oder invalide Arbeiter, die nicht mehr unter Tage gehen konnten, auf den Pochwerken beschäftigt. Die Grubenarbeit war erst vom 18.Lebensjahr an gestattet. Im Harzer Erzbergbau war es, ganz im Gegensatz zum belgischen oder französischen Kohlebergbau, völlig undenkbar, Frauen unter Tage arbeiten zu lassen. Waren sie gezwungen, selbst Geld zu

verdienen, blieb ihnen nichts anderes übrig, als ebenfalls die schlecht bezahlte Aufbereitungsarbeit zu verrichten (siehe Kap.5.10).
Im Volksmund nannte man die mit Klaubearbeiten beschäftigten Frauen, für uns etwas zynisch, **Erzengel**.
Tagein, tagaus die eintönige Sortierarbeit zu verrichten war kein leichter Broterwerb, auch wenn dabei keine größeren, körperlichen Anstrengungen zu bewältigen waren. Besonders im Winterhalbjahr war die Tägigkeit angesichts der ständigen Nässe in den ungeheizten, zugigen Gebäuden sehr hart und ungesund. Folgeerscheinungen waren häufig rheumatische Erkrankungen sowie auch die gefürchtete Tuberkulose.
Lassen wir einen kompetenten Zeitzeugen, den Clausthaler Bergrat FRIEDRICH SCHELL(1818-1889), dessen Laufbahn ebenso begonnen hatte, zu Wort kommen. In seinem Buch "Die Unglücksfälle in den oberharzischen Bergwerken" (1864) berichtet er: Das Leben des hiesigen Bergmannes ist nur reich an Arbeit und Entbehrungen, denn wenn er sein mühevolles Tagewerk in der Grube verrichtet hat, so darf er sich in der Regel daheim der Ruhe nicht hingeben. Seine Familie will erhalten sein; mit Kindern sind die Bergleute häufig sehr reich gesegnet, und deshalb will der Wochenlohn nicht reichen. Er sucht also auf irgend eine Weise Nebenerwerb und geht diesem oft mit müdem Körper nach.
Schon in zarter Jugend tritt der Knabe als Arbeiter bei den Pochwerken. Sein geringer Verdienst ist in der Familie nöthig und wird als willkommener Zuschuß betrachtet, der zehn- oder elfjährige Pocharbeiter wird am frühen Morgen 4 Uhr von seinem Vater geweckt. Dann muß er hinaus in die dunkle Herbst- oder Winternacht; ob es auch regnet oder stürmt, er darf es nicht achten. Niemand weiß, was dem Kinde unterwegs begegnen kann, denn der Weg nach den Aufbereitungswerken ist oft weit und bisweilen hoch verschneit.
Bricht die Frühstücksstunde an, so hat nicht eine liebende Hand für Kaffee, Milch oder Suppe gesorgt; das Mahl des Knaben besteht, wenn es hoch kommt, aus einem Butterbrode, zu welchem er klares Wasser trinkt. Glücklich derjenige, welcher noch ein Butterbrod hat; leider aber können die Brodbeutel der armen Jungen häufig nur mit trockenem Brode kärglich gefüllt werden und dabei dauert die Arbeit zwölf Stunden und wenn der Knabe nach Hause kommt, so harren seiner nicht selten auch noch häusliche Arbeiten, welche er entweder mit seinem Vater gemeinschaftlich, oder auch für sich verrichtet. Das ist die Jugend des Bergmanns, bei welcher, es ist auffallend genug, er ist in der Regel einen heiteren Sinn erhält. Er durchläuft nun die verschiedenen Arbeitsstufen und gelangt endlich zur Grubenarbeit. Jetzt muß er die unterirdischen Pfade kennen lernen und manch einer hat schon bei der ersten Arbeitsschicht seinen Tod gefunden, weil er die Gefahren der Tiefe nicht kannte oder zu gering achtete.
Wenn dieses aber auch nicht der Fall ist, der Bergmann wagt doch alltäglich sein Leben. Außerdem werden die ungesunde Grubenluft, der Pulver und Oeldampf und alle die den Grubenwettern beigemengten schädlichen Gase häufig Ursache, daß die Lunge des Bergmanns den ungünstigen Einwirkungen erliegt, denn meistens in dem kräftigsten Mannesalter sterben die Leute an der furchtbaren Krankheit der Bergsucht.
Ferner machen die Arbeiten an warmen, nassen und zugigen Orten und die Uebergänge aus der feuchten Grubenluft in die kalte Tagestemperatur den Bergmann für alle rheumatischen Uebel empfänglich und diese letzteren spielen denn auch eine wichtige Rolle bei den Krankheiten der Bergarbeiter. Endlich wirkt der Mangel des Sonnenlichtes, dieses Lebenselementes für animalische und vegetabilische Wesen, auf das Wohlsein des Bergmannes ungünstig ein, denn viele der Bergleute sehen in den Wintermonaten höchstens nur am Sonntage das Tageslicht, die andere Zeit nicht. Hierzu kommt schmale Kost und schwere Arbeit; wahrlich, dem Bergmanne ist kein beneidenswerthes Loos zu Theil geworden.

Streiks und soziale Unruhen

Wiederholt kam es im Harzer Bergbau zu Spannungen zwischen den Bergleuten als Arbeitnehmern und den Gewerken, bzw. dem staatlichen Bergamt als Arbeitgeber. Häufigste Ursachen waren nicht erfüllte Lohnforderungen, Änderungen der Arbeitszeiten oder Beschneidungen der in den Bergfreiheiten verankerten Privilegien.

Angesichts der ohnehin sehr niedrigen Einkommen, konnten die einfachen Bergleute kaum finanzielle Einbußen hinnehmen und waren daher gezwungen, sich auf ihre Weise dagegen zur Wehr zu setzen.
Die ihrer Herrschaft im Allgemeinen treu ergebene Bergbevölkerung konnte bei ungerechter Behandlung sehr heftig reagieren, es kam zu Arbeitsniederlegungen und **Aufläufen** (Protestversammlungen), nur in Einzelfällen führte aufgestaute Wut auch zu Gewalttätigkeiten.
Der Göttinger Professor C.W.J. GATTERER, schreibt in seiner 1792 erschienenen Abhandlung über den Harz hierzu Folgendes:
Im Ganzen genommen haben die Harzer einen sehr guten Karakter. Sie sind sehr aufrichtig, ehrlich, gutwillig, gesellig, gastfrey und gegen geringe Belohnung überaus dienstfertig. Gegen ihre Vorgesetzten sind sie ausserordentlich gehorsam, so lange sie nicht glauben, daß ihnen Unrecht gethan werde, oder sie zu hart und zu strenge behandelt werden. In diesem Falle stehen sie alle einander treulich bey, und auf diese Art sind schon öfters die größten Rebellionen entstanden. Man weiß aus den ältern Zeiten, daß sie dann weder die Geistlichen, noch die Berghauptleute und andere ihrer Vorgesetzten gefürchtet, sondern sich vielmehr persöhnlich an ihnen vergriffen haben. Sie sind alsdann, so wie überhaupt in ihrem ganzen Betragen, über alle Beschreibung beherzt und standhaft gewesen. Furcht vor dem Tode zeigten sie um so weniger, da die meisten bey ihren Arbeiten täglich die größten Gefahren vor Augen haben. Am unbändigsten wurden sie, wenn bey solchen Gelegenheiten, einer ihres Gleichen getödtet wurde. - Doch muß man den Harzern zum Ruhme nachsagen, daß sie gegenwärtig bey der so liebevollen und gerechten Behandlung und Regierung nur ausserst selten in einige Bewegung gebracht werden."

Bereits im 16. Jahrhundert verstanden die Bergleute es, durch Androhung der Abwanderung (zeitgenössisch **"Verlaufen"** genannt) sich gegen unliebsame Maßnahmen seitens der Arbeitgeber zu wehren oder auch höhere Löhne zu fordern (KÜPPER-EICHAS,1992).
Als 1592 aufgrund von Mißwirtschaft im Zellerfelder Bergamt, die Bergleute (z.T gleichzeitig Gewerken) ihren Lohn statt in Bargeld in zweifelhaften Gutschriftzetteln erhielten, drohten die aufgebrachten Arbeiter mit "Verlaufen". Schließlich verpflichtete sich der Landesherr dazu, die Ausbeute pünktlich und in gutem Geld zu zahlen.
Nach dem Dreißigjährigen Krieg zwischen 1660 und 1674 führten die Einschränkung der Holzberechtigung sowie die Abschaffung bezahlter Feiertage (siehe S.35) zu Aufläufen (Protestversammlungen und handgreiflichen Auseinandersetzungen. Zur Verhinderung von Unruhen erließ König Georg II für den hannoverschen Oberharz 1733 ein Edikt, das kollektive Beschwerden verbot. Dennoch kam es in Clausthal zu heftigen Protesten von Bergleuten gegen Pastoren "als Diener der Obrigkeit" (1735) oder zu einer großen **Verschwörung**" für bessere Löhne (1738), die trotz großer Solidarität der Bergbevölkerung erfolglos abgebrochen wurde, nachdem das Bergamt Militär angefordert hatte. Nach diesem Aufstand mußte sich jeder, der zur Bergarbeit angenommen werden wollte, durch Eidesleistung zum Gehorsam gegenüber dem Landesherrn bis hin zum unmittelbaren Vorgesetzten verpflichtet (NIEMANN,1991).
Die letzten größeren Unruhen ereigneten sich 1848, dem Jahr der ersten deutschen Revolution, in Clausthal, Zellerfeld und vor allem in St. Andreasberg. Ursache war jedoch nicht primär die "große Politik", sondern diverse soziale Mißstände. Die Unzufriedenheit der Andreasberger Bergleute über die lokalen Verhältnisse entlud sich in Ausschreitungen gegen verhaßte Vorgesetzte, wobei einige Wohnungen geplündert und demoliert wurden. Erst nach Einquartierung von Militär kehrte wieder Ruhe in den Bergstädten ein. Schließlich gab es auch seitens der Herrschaft kleine Zugeständnisse, wie z.B. geringfügig höhere Lohnsätze, Bewilligung von mehr Überschichten oder Verbesserung einiger sozialer Leistungen.

Bergkittel und Arschleder

In den Darstellungen des mittelalterlichen, bzw. frühzeitlichen Bergwesens (AGRICOLA, 1556; SCHWAZER BERGBUCH, 1556) trugen die Bergknappen vorwiegend kuttenähnliche Kittel mit spitz zulaufenden Kapuzen. Da seit jeher vorwiegend kleinere Menschen in den damals eng und niedrig gehaltenen Grubenräumen arbeiteten, entwickelten sich so die zahlreichen Sagen und Märchen von derart gekleideten Zwergen, die in den Bergen nach Erzen graben.

Die typische Arbeitsbekleidung der Harzer Bergleute entwickelte sich nach dem 30jährigen Krieg und blieb durch das 18.Jahrhundert bis Ende des 19.Jahrhunderts nahezu unverändert (Abb.9a). Sie bestand aus einer schwarzen, festen Leinenhose, über der ein ebensolcher Kittel getragen wurde. Das aus dickem Rindsleder gegerbte **Arschleder** wurde, gehalten durch ein Koppelschloß, um die Hüften getragen und schützte die Hinterpartie des Bergmanns.

Die Füße steckten meist in derben Schnürschuhen, die durch Gamaschen gegen das Eindringen von Spritzwasser und Schmutz geschützt waren. Die Kopfbedeckung bildete die aus grünem Filz gewalkte **Mooskappe**. Zwar schützte sie den Kopf gegen das Anstoßen an Felsecken oder Ausbau, doch als Schutz gegen Steinfall war sie wirkungslos. Der viel wirksamere Helm - von Kriegern schon seit Jahrtausenden benutzt - fand im Bergbau erst Mitte unseres Jahrhunderts Eingang.

Unverzichtbar wie das Geleucht, von dem später noch die Rede sein wird, gehörte ein kurzes kräftiges Messer zur Ausrüstung eines jeden Bergmanns: der **Schärper** (mundartl. Tschärper) (Abb.10a). Noch heute heißt der traditionelle Bergmannsimbiß zu entsprechenden Anlässen (z.B. Bergdankfest) im Harz daher **Schärperfrühstück**.

Die Beamten trugen untertage statt des Kittels schwarze Puffjacken, die mit schwarzen Schnüren reich besetzt waren, und einen grünen Schachthut, der vorn mit einem silbernen Schild verziert war. Ihr Standessymbol war der sog. **Häckel**, ein Gehstock, dessen Messinggriffstück die Form einer stilisierten Axt hatte (Abb.10b). Auf die komplizierte Uniformenordnung mit ihren zahlreichen Klassen wurde in Kapitel 4.2 schon hingewiesen.

Glückauf war und ist der bergmännische Gruß beim Begegnen unter- und übertage. Im Oberharz begrüßte in der Grube der ausfahrende Bergmann den Einfahrenden oder Zurückbleibenden mit **"es gieh dr wull"** (es geh' dir wohl), woraufhin der andere "gleichfalls" erwiderte. Einem Vorgesetzten riefen die Bergleute beim Verlassen ein **"fahrn Se klicklich"** (fahren Sie glücklich) zu.

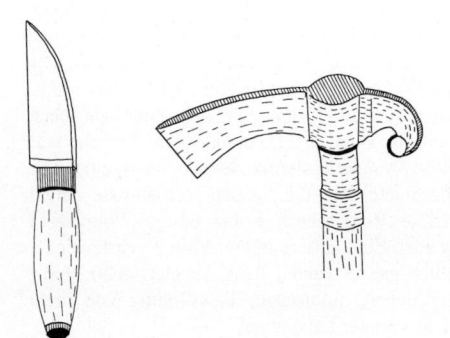

Abb.10: Schärper und Häckel
Schärper (a) (mundartlich Tschärrper) nennt man ein kurzes, stabiles Messer, dessen Klinge auf der geraden Seite angeschliffen ist. Es diente dem Bergmann als Werkzeug bei Holzarbeiten ebenso wie zur Einnahme des Frühstücks. Der abgebildete, aus Messing gegossene Häckel (b) gehörte dem letzten Betriebsführer der Grube Samson in St. Andreasberg, Obersteiger Ernst Ey. (Sammlung Eicke, St. Andreasberg)

> Sie bilden ein starkes und geduldiges Volk, welches seit beinahe zehn Jahrhunderten dem Schoosse der Erde ungeheure Schätze entwunden hat und doch immer arm geblieben ist; dem das Gefährliche seines Gewerbes und die Strenge des Klimas einen eigenen Nationalstolz gibt und das, im glücklichen Besitze eines früh geweckten und stets genährten Gemeingeistes, sein Gebirge und sein Bergwerk dem übrigen Weltall vorzieht.
>
> Héron de Villefosse (1822)
> über die Oberharzer Bergleute

4.4 Die letzte Schicht
-vom Bergmannstod auf den Harzer Bergwerken

Heute wie in früheren Zeiten ist der Bergmann bei seiner Tätigkeit tief unter der Erde wie kaum ein anderer Arbeiter einem besonderen Unfallrisiko ausgesetzt.

Die Berufe der Bergleute und der Seeleute galten in früheren Jahrhunderten als die gefährlichsten Formen des friedlichen Broterwerbs.

In einem Landstrich, der so abgeschlossen und einseitig auf den Bergbau ausgerichtet war wie der Oberharz, blieb den fest hier verwurzelten Menschen keine Wahl, man mußte notgedrungen vom "edlen Bergwerk" leben. So entwickelte sich aber auch ein ausgeprägtes Standesbewußtsein, das sich im Laufe vieler Generationen in den Menschen verankerte. Man war stolz auf seinen Beruf, war er auch oft grausam hart, doch nur so ließ sich das Schicksal erdulden. Die "Bergmannsehre" war keine hohle Floskel, sondern vermittelte ein starkes Zusammengehörigkeitsgefühl, ein entscheidender Unterschied zum Elend des "wurzellosen Proletariats" in den Zentren der aufkeimenden Großindustrie seit Mitte des 19.Jahrhunderts.

Tugenden wie Mut, kameradschaftliche Treue, Beharrlichkeit, Entschlossenheit und Umsicht bei der Bekämpfung von Gefahren waren unverzichtbar, um die täglich wiederkehrenden Gefahren und Mühseligkeiten zu überleben.

Trotzdem blieb der Bergtod - von dem hier erzählt werden soll - ein leider allzu oft wiederkehrender Besucher auf den Harzer Gruben.

Im Gegensatz zum Kohlebergbau, wo Kohlenstaub- oder Grubengasexplosionen auf einen Schlag oft viele hundert Menschenleben auslöschten, waren im Erzbergbau größere Grubenunglücke mit vielen Toten relativ selten. Bei den Todesfällen in den Oberharzer Erzgruben handelte es sich vorwiegend um Einzelunfälle, wie die unten aufgeführte, vom damaligen Clausthaler Berggeschworenen FRIEDRICH SCHELL 1864 veröffentlichte Statistik zeigt.

Die räumlichen Gegebenheiten des untertägigen Arbeitsplatzes bargen zwei wesentliche Gefahrenmomente:
- in den Schächten, als vertikalen Zugängen zur Erzgewinnung, herrschte eine potentielle Absturzgefahr.
- die stets über dem Kopf des Bergmanns hängenden Gesteinslasten im oft brüchigen Gebirge bargen ständig die Gefahr des Erschlagenwerdens.

Hinzu kam die völlige Dunkelheit, in der das schwache Grubenlicht nur ungenügend Sicht verschaffte, so daß eine drohende Gefahr vom Bergmann oft nicht früher wahrgenommen wurde, bis ihn das Verhängnis ereilte.

Abb.11: Die letzte Schicht - Bergmännisches Begräbnis auf dem Friedhof der Bergstadt Lautenthal (Stahlstich nach Zeichnung von W.Ripe um 1850)*

Auch die Arbeitsmittel und die Bergwerksmaschinen (Künste), mit denen täglich umgegangen wurde, brachten Gefahren mit sich. Erinnert sei an den Umgang mit Schießpulver bei offenem Grubenlicht! Förderketten oder -seile konnten reißen, zentnerschwere Fördertonnen abstürzen, und die klobigen Kunstgestänge neigten nicht selten zum Zerbrechen! Zu diesen ständig gegenwärtigen Risiken gesellten sich noch außergewöhnliche Gefahren:
Mangelnde Luftzirkulation (Wetterführung) in abgelegenen Örtern oder Blindschächten führte oft zur Bildung von "**matten**" oder gar "**bösen Wettern**", die an Sauerstoff verarmt, aber mit Kohlendioxid oder seltener einmal mit übelriechendem Schwefelwasserstoffgas stark angereichert waren.
Der unvorsichtige Bergmann, der in solche tückischen Wetter geriet, wurde plötzlich von einer "bleiernen Müdigkeit" überfallen, setzte er sich hin, so tauchte er noch tiefer in den unsichtbaren "Kohlensäuresee" ein, der sich gemäß seiner höheren Dichte stets von unten nach oben aufbaute, fiel in Ohnmacht und erstickte, wenn keine Hilfe gegenwärtig war.

*Wilhelm Ripe, geb. 1818 in Hahnenklee, gest. 1885 in Goslar, war ein bedeutender Harzer Landschaftsmaler und Graphiker, viele hervorragende Darstellungen aus dem Bereich des Harzer Montanwesens stammen aus seiner Feder. Seine von Albert Schule (1801 - 1875) in die Stahltechnik übertragenen Bilder sind an Aussagekraft und Exaktheit unübertroffen.

Abb.12: Strecken-Einsturz im Oberharzer Gangbergbau
(Stahlstich nach einer Zeichnung von W.Ripe um 1850)

Grubenbrände größeren Ausmaßes waren gottlob seltene Unglücksfälle. Da aber fast alle Schächte und Abbaustrecken wegen des herrschenden Gebirgsdrucks in Holzzimmerung standen, fand ein Feuer genügend Nahrung, denn die viele 100 m tiefen, miteinander durch horizontale Strecken verbundenen Schächte wirkten wie gigantische Kamine!

Ein verheerendes Grubenfeuer suchte im Oktober 1848 die **Grube Regenbogen** bei Zellerfeld heim. Den sich rasch auf allen Zellerfelder Gruben ausbreitenden Rauchgasen fielen insgesamt 13 Bergleute zum Opfer. Darunter waren auch Retter, die angesichts der tödlichen Gefahr, trotz des vom Bergamt ausgesprochenen Verbots, den Kameraden zu Hilfe eilten und dabei ums Leben kamen.

Die Aufstellung SCHELL's erfaßt im Zeitraum zwischen 1751 und 1863 für den gesamten Oberharzbergbau 1190 tödliche Unfälle.

Gegliedert nach Unfallursachen ergibt sich folgende Verteilung:

- In die Treibschächte und Nebenabsinken fielen : 254 Personen
- In Folge niedergegangener Gesteinsläste wurden erschlagen : 185 "
- Desgleichen in Folge verschiedener Veranlassungen, z.B. Fallen in den Abbauen : 153 "
- Durch explodierende Bohrlöcher starben : 110 "
- Es fielen von den Fahrten beim Ein- und Ausfahren : 98 "
- Durch fallende Gegenstände wurden im Schachte erschlagen : 74 "
- Es kamen bei den Maschinen um's Leben : 61 "
- Durch den Zusammenbruch der Zimmerung in den Gruben fanden ihren Tod : 51 "
- Bei den Brüchen der Treibseile wurden in den Schächten erschlagen : 39 "
- Erstickt sind in bösen Wettern : 37 "
- Durch Pulverentzündung verunglückten : 37 "
- In den Bergwerksteichen und Gräben ertranken : 20 "
- In Schächten und Absinken ertranken : 6 "
- Von den Fahrkünsten fielen : 5 "
- Die Angaben fehlen bei : 60 "

Summe : 1190 Personen

Gliedert man die Verunglückten nach Berufsgruppen, ergibt sich folgende Verteilung:

5 Bergbeamte
65 Unterofficianten
2 Gaipelwächter
34 Kunstknechte
53 Ausrichter
19 Zimmerleute und Maurer
75 Holzarbeiter und deren Gehülfen
13 Anschläger und Schießer
212 Gedinghäuer
245 Bohrhäuer
28 Stürzer

130 Anschläger
1 Schützer
101 Ledigschichter
7 Grabenarbeiter
12 Gruben- und Kunstjungen
52 Pocharbeiter
21 Hüttenleute
7 herrschaftliche Pulvermacher
9 "   Fuhrleute
10 Weilarbeiter
89 ohne Bezeichnung ihrer Beschäftigung

Summe : 1190 Personen

In den Betrieben der Berginspektion Clausthal sind im Zeitraum von 1870 bis zur Einstellung des Bergbaus 1930 insgesamt 110 Bergleute tödlich verunglückt (HUMM, 1981).
Auf der Grube Samson in St.Andreasberg erlitten zwischen 1873 und 1910 insgesamt 14 Personen tödliche Unfälle.

Gefährliche Berufe: Ausrichter und Anschläger

Die tatsächliche Zahl der infolge von Arbeitsunfällen Gestorbenen wird vermutlich um einiges höher sein, da früher nur derjenige als verunglückt galt, der "**nicht auf dem Bette verstarb**". So hatten nur die Witwen, deren Mann also direkt in der Grube oder auf dem Transport nach Hause verschieden war, den vollen Anspruch auf die kümmerliche Knappschaftsrente. Starb der Betroffene erst nach einigen Tagen des Siechtums zu Hause, ging die Familie noch im 18.Jahrhundert weitgehend leer aus!

Die oben wiedergegebene Aufstellung zeigt deutlich, daß bestimmte bergmännische Berufsgruppen überdurchschnittlich stark gefährdet waren. Das verhältnismäßig größte Unfallkontingent stellten die in den Schächten beschäftigten Arbeiter. Im negativen Sinn an der Spitze standen die **Ausrichter**, denen die Überwachung der Schachtförderung (Treibwerke) unterstellt war. Hatte sich die Erztonne an einer Krümmung des Schachts festgehängt, mußte der Ausrichter in den bodenlosen Treibschacht hinabgelassen werden, um die Störung zu beseitigen.
Ebenfalls risikoreich war die Tätigkeit der **Anschläger**, die das Füllen der Fördertonnen zu besorgen hatten und dabei einer permanenten Absturzgefahr ausgesetzt waren. Eine andere Bedrohung für Leib und Leben dieser Arbeiter stellten die häufigen Brüche der Treibseile dar.
In der Gefährdungsliste folgten die **Kunstknechte** (Maschinenwärter), die für das reibungslose Funktionieren der Pumpen und Fahrkünste verantwortlich waren, sowie die **Holzarbeiter** (Grubenzimmerleute), die in den Schächten und Abbaustrecken morsch gewordenes Grubenholz durch frisches zu ersetzen hatten.
Bedenkt man, daß seitens des Bergamts nur besonders erfahrene und umsichtige Menschen mit diesen anspruchsvollen Tätigkeiten betraut wurden, so wird der außergewöhnlich hohe Gefährdungsgrad deutlich.
Der größte Teil der Grubenbelegschaft war natürlich in der Erzgewinnung oder im Streckenvortrieb als **Bohr-** und **Gedingehauer** angelegt. Bei diesen Tätigkeiten stellten herabstürzendes Gestein und ungewollt detonierende Sprengladungen die größten Gefahrenquellen dar. (siehe Kap.5.3)
Mit der allgemeinen Zunahme der Schachtteufen wuchs auch die Gefahr des Verunglückens beim Ein- und Ausfahren. Als Anfang des 19.Jahrhunderts einige Schächte schon 500 m tief waren, passierte es häufiger, daß ein Mann nach verfahrener 12-Stunden-Schicht müde und kraftlos beim Fahrtensteigen das Gleichgewicht verlor und in den meist nicht genügend abgesicherten Treibschacht zu Tode stürzte.
Erst als nach 1833 auf den meisten tiefen Harzer Schächten Fahrkünste (siehe Kap.5.6) eingebaut worden waren, verminderte sich dieses Gefahrpotential. Die dem Laien gefährlich erscheinende Maschine mit ihren auf- und niedergehenden Balkenkonstruktionen erwies sich als sehr sicher. In der Zeit bis 1863 ereigneten sich nur 5 tödliche Unfälle durch Abstürze von den Fahrkünsten.
Dennoch war gerade eine Fahrkunst Ursache für eines der spektakulärsten Grubenunglücke im Oberharz, von dem hier etwas ausführlicher berichtet werden soll.

4.5 Als das Glöcklein verstummte...
Das Grubenunglück auf der Grube Thurm-Rosenhof(1878)

Am 16.Oktober des Jahres 1878 ereignete sich auf der am westlichen Stadtrand von Clausthal gelegenen Grube Thurm-Rosenhof eines der schwersten Grubenunglücke im Harzraum.
Der fast 700 m tiefe "Untere Rosenhöfer Schacht" (Abb.60) hatte bei den Bergleuten einen schlechten Ruf. Bedingt durch die große Mächtigkeit der Gangspalte und ihr sehr ungleichmäßiges Einfallen stand der tonnlägige Schacht unter einem erheblichen Gebirgsdruck. Zur Schachtzimmerung fanden deshalb nur extrem starke Rundhölzer Verwendung, wie Abb.13 zeigt. Auch die Gestänge der um 1840 eingebauten hölzernen Fahrkunst hatten wegen der zahlreichen Schachtkrümmungen viel Reibung und liefen ungleichmäßig. Auf dem Dach des Gaipels befand sich ein kleines Türmchen mit einer kleinen Glocke, die dem in der Radstube tätigen Schützen Veränderungen im Gangrhythmus der Fahrkunst anzeigte (Abb.14). Entsprechend dem Anschlag mußte der Schützer mehr oder weniger Wasser auf das Kunstrad geben. Kam es gar dazu, daß der Glockenschlag verstummte, war die Kunst zum Stillstand gekommen. Aus der Nachbarschaft liefen dann jedesmal Frauen und Kinder besorgt zusammen und bangten darum, daß etwas Schlimmes in der Grube passiert sein könnte.
Am Mittwoch, dem 16.Oktober 1878 gegen 12 Uhr Mittags setzte der Glockenschlag gänzlich aus, was man befürchtete war grausame Wirklichkeit geworden: Beim Ausfahren der Gedinghäuer zum Schichtwechsel zerbrach plötzlich das östliche Gestänge der Kunst in einer Tiefe von 345 m. Das untere, etwa 250 m lange Stück stürzte mit furchtbarem Getöse in den Schacht, riß 31 darauf befindliche Bergleute mit sich in die Tiefe und begrub sie unter seinen Trümmern sowie mitgenommenen Teilen der Schachtzimmerung.
Hilfe war sofort bei der Hand, aber nicht überall war noch Rettung möglich. 8 Gedinghäuer wurden tot zu Tage geschafft, 20 mit mehr oder weniger schweren Verletzungen geborgen, 3 von ihnen verstarben wenig später an den Folgen des erlittenen Unfalls.
Unter großer Anteilnahme der Berg- und Hüttenleute, den Angehörigen und der Bergbehörde erfolgte die feierliche Beisetzung der Toten auf dem Clausthaler Alten Friedhof.
Eine große Hilfsaktion wurde eingeleitet und zwar nicht allein im Oberharz, auch in den Nachbarstädten bis hin nach Hannover und Hamburg wurden Spenden für die Hinterbliebenen der Opfer gesammelt. Jede Witwe und jedes Kind erhielten etwa 300 Mark.
"Die Beschädigten bekamen zu ihrem Krankengeld 6 Mark extra Unterstützung wöchentlich und von den Herrschaften 8 Wochen Mittagstisch", heißt es in einer alten Clausthaler Bergmanns-Chronik.
Über die Hintergründe der Fahrkunstkatastrophe wurde seitens der Bergbehörde nichts bekanntgegeben, sondern der Mantel des Schweigens gedeckt.

Abb. 13: Bergmann auf der Fahrkunst im stark tonnlägigen (d.h. geneigten) Rosenhöfer Schacht. Im Hintergrund sieht man die starke Rundholzzimmerung des sehr unter Druck stehenden Schachts.

Abb. 14: Huthaus der Grube "Neuer Thurm-Rosenhof" über dem 720 m tiefen Schacht. Bis 1928 zeigte das Glöckchen im Dachreiter, ob die Pumpenkunst und damit auch Fahrkunst im Gange war. Rechts im Bild erkennt man das Gestänge, das die Kraft vom Kehrrad auf das Treibwerk überträgt. (Foto von Zirkler um 1905)

Weiterführende Literatur zu Kap.4:

Dennert (1973, 1986, 1993), Greuer (1962), Hoppe (1883), Knappe & Scheffler (1990), Lommatzsch (1973), Meister (1991), Schell (1882), Suhling (1983)

Das Bergmannslied

1. Glück auf, Glück auf! Der Steiger kommt, und er hat sein helles Licht bei der Nacht, und er hat sein helles Licht bei der Nacht schon angezünd't. Schon angezünd't.
2. Hat's angezünd't! Es gibt einen Schein, und damit so fahren wir - bei der Nacht ins Bergwerk ein.
3. Ins Bergwerk ein, wo die Bergleut sein, die da graben das feinste Gold - bei der Nacht aus Felsenstein.
4. Der eine gräbt das Silber, der andere gräbt das Gold. Doch dem schwarzbraunen Mägdelein - bei der Nacht dem sein sie hold.
5. Ade, nun Ade! Herzliebste mein! Und da drunten im tiefen, finstern Schacht - bei der Nacht, da denk ich dein.
6. Und kehr'ich heim zur Liebsten mein, dann erschallt des Bergmanns Gruß - bei der Nacht, Glück auf! Glück auf!

> Es grüne die Tanne, es wachse das Erz
> Gott gebe uns allen ein fröhliches Herz.
>
> (volkstümlicher Spruch aus dem Harz)

5. Die technische Entwicklung des Bergbaus

Galt der Harz bis Mitte des vorigen Jahrhunderts bei vielen Kritikern als politisch und sozial zurückgeblieben, so trifft dieses Urteil auf die technische Entwicklung gewiß nicht zu. Seit der Wiederbelebung des Bergbaus nach dem 30jährigen Krieg gehörten die Harzer Bergingenieure und ihre erzgebirgischen Kollegen zu den Geachtetsten ihres Faches. In den nachfolgenden Jahrhunderten wurden immer wieder Harzer Bergbauexperten in die Grubenreviere der Alten und der Neuen Welt (Røros und Kongsberg in Norwegen, Südamerika, Australien) gerufen, um dort bei der Entwicklung einer Bergbauindustrie zu helfen.

Aus der bald erkannten Notwendigkeit, am Ort gut geschulte Führungskräfte auszubilden, entstand bereits 1776 in Clausthal eine **Bergschule**, die spätere **Bergakademie** und jetzige **Technische Universität**, die heute noch diese Tradition fortsetzt und weltweit einen sehr guten Ruf genießt. So ist es nicht verwunderlich, daß einige epochemachende Erfindungen dem Geist Harzer Bergbauingenieure entsprangen.

Aus dem Bergbau kamen auch die ersten Impulse, dem Auftreten, der Zusammensetzung und den Bildungsbedingungen der Erze naturwissenschaftlich nachzuspüren, um dadurch Kenntnisse zur Suche nach neuen Erzvorkommen zu gewinnen. Die Disziplin der **Erzlagerstättenkunde** hatte ihre Wurzeln neben Freiberg im Erzgebirge auch in Clausthal.

Um die Leistungen unserer Vorfahren auf dem Gebiet der Bergbautechnik richtig würdigen zu können, müssen wir uns ein wenig mit den Erzgewinnungsmethoden der vergangenen Jahrhunderte vertraut machen. Dabei wird der Leser, wie schon in den vorigen Kapiteln mit weiteren technischen Fachausdrücken der Bergmannssprache konfrontiert werden, neben dem "kleinen bergmännischen ABC" im Anhang mag das unten gezeigte Blockbild (Abb.15) eines typischen alten Harzer Gangerzbergwerks seinen Teil dazu beitragen, einige dieser Begriffe zu veranschaulichen.

Sollte der verehrte Leser sich auf dem Gebiet der Bergmannssprache einigermaßen sicher fühlen, so sei ihm, gewissermaßen als "Prüfungsstück" der **Gevatterbrief des Berghauptmanns VON TREBRA** am Ende von Kapitel 6 empfohlen.

Abb.15: Die technische Entwicklung des Harzer Gangbergbaus in Blockbildern.
A) Schachtförderung mit Handhaspel, später mit Pferdegöpeln, Erzgewinnung in Strossenbau (16. Jahrhundert).
B) Wasserhebung in Kunstschächten mit untertägigen Wasserrädern auf das Niveau der tiefen Wasserlösungsstollen (seit Ende 16. Jahrhundert).
C) Tagesförderung mit Kehrrädern
(Treibwerke), Anlage von zahlreichen Stauteichen, Gräben und Wasserläufen zur Sicherung der Versorgung mit Aufschlagwassern, Erzgewinnung im Firstenbau (17. - 19. Jahrhundert).
D) Einsatz von Dampfkraft und elektrischer Energie zur Wasserwältigung und zur Förderung, Seilfahrt ersetzt Fahrkünste und Treibwerke (seit Ende 19. Jahrhundert)

48

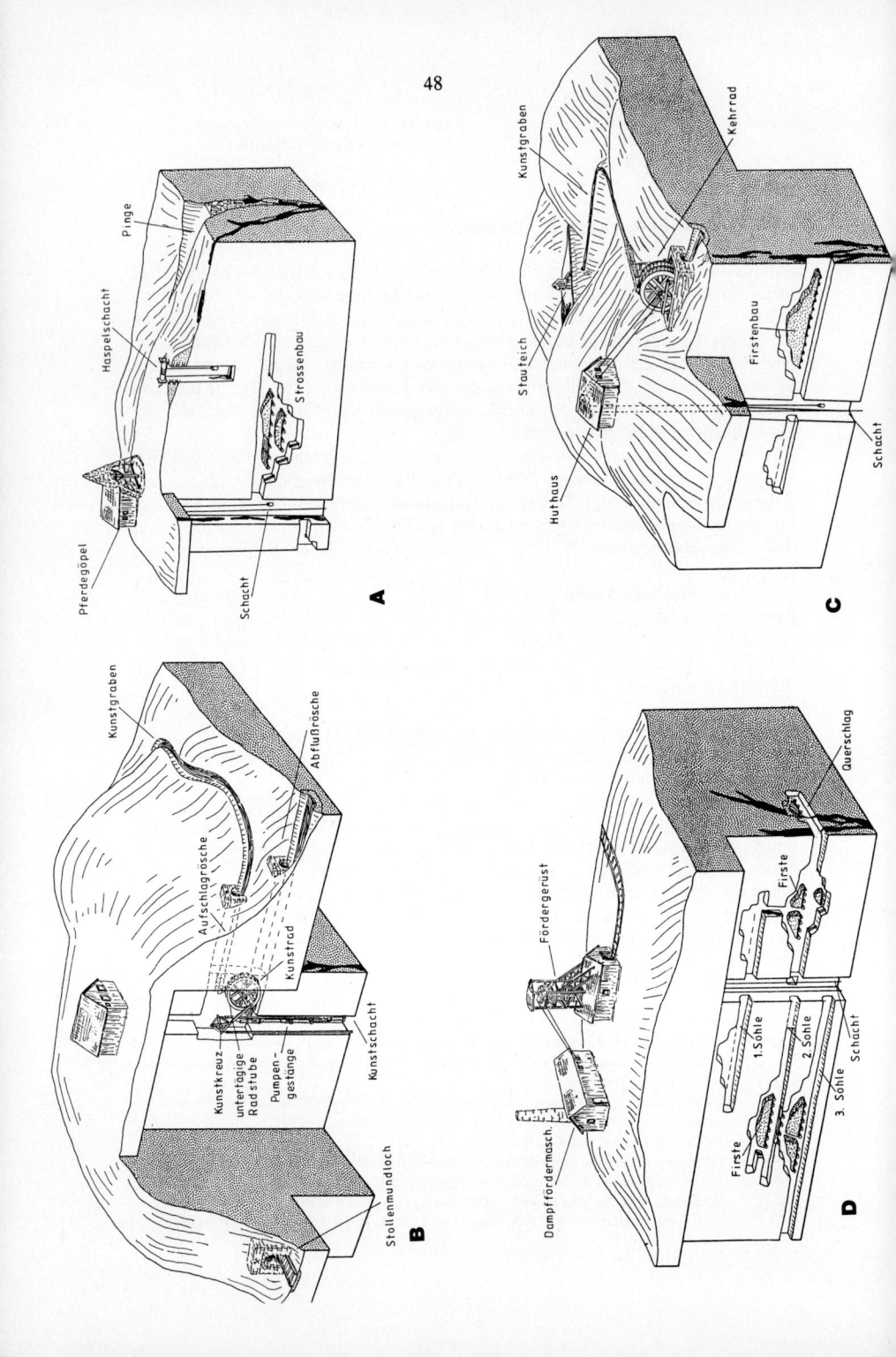

5.1 Von Markscheidern und Mutern

Bei den üblichen Würdigungen der Leistungen unserer Vorfahren auf dem Gebiete des Bergbaus findet die bergmännische Vermessungstechnik, **Markscheidewesen** genannt, meist nur geringe Beachtung. Dabei war es gerade die Kunst der Markscheider, die wesentlich zur Entwicklung des modernen Bergbaus beitrug. Schon im 16.Jahrhundert bestand die Hauptaufgabe der Vermessungsbeamten darin, die Ausdehnung der Gruben kartenmäßig zu erfassen und ein Rißwerk aller Grubenbaue anzulegen. Dieses möglichst exakt zu tun war wichtig, damit die Grubenbetreiber wußten, wann sie mit ihrem Abbau an die Grenze (**Markscheide**) zum Nachbarfeld stießen.

Die Instrumente waren bis ins vorige Jahrhundert hinein recht simpel, eine **Messingkette mit einem Hängekompaß**, ein **Gradbogen** sowie ein **Lot** dienten dazu, ausgehend von einem festen Punkt über Tage einen "Polygonzug" durch die Tiefbaue zu legen, und dazu maßstabsgetreue **Sohlen-**, **Seigerrisse** bzw.flache **Risse** zu erstellen.

Bedenkt man, wie schief und winklig damals die engen Grubenräume beschaffen waren, so wird deutlich, welche Mühen es erforderte, ein größeres Grubensystem zu vermessen. Besondere Ansprüche an die Arbeit der Markscheider ergaben sich wenn es darum ging, einen längeren Wasserlösungsstollen von mehreren Stellen aus gleichzeitig in Angriff zu nehmen. Man arbeitete, um schneller vorwärtszukommen, im **Gegenortsbetrieb** aufeinander zu. Neben der genauen Richtungsvorgabe war es von größter Wichtigkeit, die Neigung der Stollensohle exakt zu berechnen, damit das Wasser später auch wirklich von selbst durch den Stollen abfließen konnte und trotzdem nicht zu viel Teufe eingebüßt wurde. Befährt man heute alte Stollen, die vor der Mitte des 18.Jahrhunderts aufgefahren worden sind, so bemerkt man oft die Durchschlagstellen an einer markanten S-förmigen Biegung infolge ungenauer Einhaltung der Richtung. Auch Sohlenabweichungen von bis zu 1 m, über die heute das Wasser kaskadenförmig hinunterbraust, können beobachtet werden.
Ein wahres Wunderwerk Oberharzer Markscheidekunst ist der international berühmt gewordene **Ernst-August-Stollen** (siehe Kap.8). Der feierlich ausgeführte letzte Durchschlag am 22.Juni 1864 hatte nur eine Abweichung von wenigen Millimetern.

Von den Lochsteinen

Um über Tage die Grenzen der einzelnen Gruben deutlich zu markieren und für weitere Vermessungen feste Bezugspunkte zu erhalten, stellte man seit dem 16.Jahrhundert markante **Lochsteine** an den Feldesgrenzen auf. Der Name beruhte darauf, daß auf der Oberseite des Steinblocks früher ein Kreuz mit einem Loch in der Mitte eingemeißelt war, von dem aus eingemessen werden konnte.
Die Ausgestaltung der Lochsteine änderte sich im Laufe der Zeit erheblich. Bei den ältesten bekannten Harzer Lochsteinen hatte man sich damit begnügt, quaderförmige Steine von 20 x 30 cm Kantenlänge in den Erdboden einzulassen und in die Stirnfläche ein Loch einzumeißeln.
Im Laufe des 18.Jahrhunderts setzte man häufig bis 80 cm breite und 150 cm hohe, aufrechtstehende Granitmonolithen mit Inschriften. Besonders schöne Exemplare sind heute noch im Gebiet des ehemaligen "Communion Oberharzes" zu finden. Am

Beispiel zweier solcher steinernen Bergbauzeugen sei die für Laien etwas rätselhafte Beschriftung kurz erläutert.

Abb. 16: Zwei typische Oberharzer Lochsteine

> Bild a zeigt einen Lochstein der Grube **Regenbogen** auf dem Zellerfelder Gangzug. Der Stein steht heute umgesetzt auf der oberen Fläche der Ringer Halde.
> Bild b zeigt den Lochstein der Grube **Glücksrad**, die im Schulenberger Revier auf dem Bockswieser Gangzug baute. Von Oberschulenberg aus ist er bequem erreichbar über einen schmalen Fußpfad, der hinter dem nördlichsten Haus von dem zum Schalker Teich führenden Fahrstraße nach rechts abzweigt. Wenig oberhalb des Steins befindet sich ein bemerkenswerter Tagesausbiß des mächtigen Erzgangs.

Die am Anfang der Inschriften stehenden Worte "**al hier wendet**" leiten sich von "Wand" ab und bezeichnen die Grenze eines verliehenen Grubenfeldes. Der Begriff **Fundgrube** steht hier nicht als Synonym für das Bergwerk, wie fälschlicherweise oft angenommen wird, sondern ist eine bergmännische Längeneinheit, genau wie **Maß** und **Lachter** (Ltr), die im Harz gebräuchlich war, um die Längen von Grubenfeldern anzugeben. Eine Übersicht der wichtigsten alten Harzer Maße findet sich im Anhang unter III.

Die auf dem Stein in Abb.16a angegebene Feldeslänge der Grube Glücksrad bei Oberschulenberg betrug 1726 1 Fundgrube (=42 Ltr) + 6 Ltr und 4 Maßen (=112 Ltr), zusammen also 160 Ltr, ca 308 m.
Neben dem Erzgang selbst gehörten noch 3 1/2 Ltr vom Hangenden und 3 1/2 Ltr vom Liegenden mit zum Feld.
Eine Erstverleihung umfaßte im Normalfall "**1 Fundgrube und die 2 nächsten Massen**, also 188 m; kam die Zweitverleihung hinzu, so betrug diese **1 Normalgrube** bzw. 107 m. Danach folgen auf der Inschrift die Namen und abgekürzten Dienstbezeichnungen der beim feierlichen Akt der **Verlochsteinung** anwesenden Bergbeamten, und das Datum. **V.O.B.M** steht für **Vizeoberbergmeister**, **U.B.M** für Unterbergmeister und **GESW** bedeutet **Geschworener**.

Wie lief nun die Verleihung eines Grubenfeldes in früherer Zeit ab?
Mit der Ausrufung der Bergfreiheiten erhielt jedermann das Recht, auf herrschaftlichem Territorium nach Erzen zu schürfen (siehe Kap.3). Zur Sicherung seiner Rechte an einem eventuell erfolgversprechenden Erzfund mußte der Finder beim Bergamt **Mutung** einlegen. Nach Erhalt eines **Mutungsscheins** hatte der **Muter** (oder die neugegründete **Gewerkschaft**) binnen 14 Tagen "seinen" Gang oberflächlich freizuschürfen und dem Bergmeister zur Besichtigung zu zeigen, dann konnte sein **Lehen** bestätigt werden. Wurden beim anschließenden Abteufen eines Versuchsschachts wirklich gewinnbar Erze angetroffen und die neue Grube als **maßwürdig** eingestuft, so konnte das Bergamt die feierliche Vermessung des Feldes und das **Setzen der Lochsteine** veranlassen.
Der Muter mußte zuvor, wie LÖHNEYSS (1617) berichtet, "mit heller Stimme diesen Eyd schweren:"

> Ich N. schwere bey Gott und allen Heiligen/
> und nimb sie zu Zeugen/
> daß dieser Gang mein sey/
> und also/ wenn dieser Gang nicht mein ist/
> daß weder dieß mein Häupt noch diese meine
> Hände hinforder ihr Ampt mehr thun.

Die recht kleinen Abmessungen der damaligen Felder führten auf den reichen Gangabschnitten zu einer großen Zahl kleiner, nebeneinander bauender Einzelgruben. So gab es beispielsweise im relativ kleinen St.Andreasberger Revier Mitte des 16.Jahrhunderts etwa 110 kleine Zechen!
Später wurden die Felder durch Zusatzmutungen erweitert bzw. zwei oder mehrere Einzelgruben zusammengelegt (**konsolidiert**). So entstand 1867 im Andreasberger Revier das (**preußische**) **Normalfeld** der "**Vereinigten Gruben Samson**" mit 2,189 Mill. m², das den ganzen "Inwendigen Zug" umfaßte (siehe Kap.12).

5.2 Des Bergmanns Geleucht

Bei der schweren Grubenarbeit, die der Harzer Bergmann vergangener Zeiten tagtäglich zu verrichten hatte, spielte das künstliche Grubenlicht, **Geleucht** genannt, die Rolle eines guten Freundes.

Die ewige Finsternis, die den Bergmann in seiner untertägigen Arbeitswelt auf Schritt und Tritt umgab, brachte erhöhte Unfallgefahr, ja vielleicht sogar den Tod mit sich. Für den Menschen, der im Dunkeln völlig hilflos ist, hatte die Lichtquelle, war sie auch noch so kümmerlich, eine starke psychologische Bedeutung. Als fahler Ersatz für das Sonnenlicht ermöglichte sie erst den Aufenthalt tief im Inneren des Gebirges. So ist es nicht verwunderlich, daß in vielen Harzer Sagen und Dichtungen das bergmännische Geleucht zu einem mystischen Symbol wurde.

Heute, im Zeitalter lichtstarker elektrischer Kopflampen, die dem Bergmann überall ein sicheres Fahren und Arbeiten gewährleisten, vermag man sich nur schwer vorzustellen, wieviel schwieriger die ohnehin schon harte Arbeit beim trüben Schein eines Öllichts war!

Seit dem 16.Jahrhundert hatte sich im Harzer Bergbau ein Lampentyp durchgesetzt, der wegen seiner flachen, ovalen Form allgemein als **Frosch** bezeichnet wurde. In der älteren Zeit wurden als Brennstoffe vorwiegend tierische Fette verwendet, im Harz als **Unschlitt** oder **Inselt** bezeichnet. Ein solches **Inseltlicht** bestand aus einer offenen, etwa 15 cm langen, 12 cm breiten und etwa 2 cm tiefen Schale, die entweder aus Gußeisen oder aus dickem Blech gefertigt war. In der längsovalen Schale befand sich ein loses Blechstück, das wie ein gekrümmtes Schaufelbrett geformt war und längs über den Docht gelegt wurde. Mit einem Kettchen war dann die sog. Räumernadel befestigt, die zum Aufrichten, Auflockern und Putzen des Dochtes und zum Nachschieben des Brennstoffs diente. Zum Tragen und Hinhängen war die Lampe mit einem starken, geschmiedeten Haken versehen, der über ein Kettenglied so am starren Lampenbügel (**Stuhl** genannt) befestigt war, daß die Schale beim Anheben in der Waagerechten lag. Beim **Fahren** hängte der Bergmann das Licht mit dem Haken zwischen Daumen und Zeigefinger über die rechte Hand.

Im früheren Bergbau verursachte die Beschaffung von Lampenbrennstoff beträchtliche Kosten. Nach BORNHARDT (1931) mußten hierfür auf einigen Rammelsberger Gruben des 16.Jahrhunderts etwa 10-12% der Gesamtbetriebskosten aufgewendet werden! Deshalb spielte die Versorgung mit Unschlitt in den Akten eine große Rolle, da gerade hier leicht Unredlichkeiten stattfanden, weshalb eine besonders strenge Überwachung notwendig war.

Seit dem 18.Jahrhundert setzten sich flüssige Brennstoffe, wie das aus Rapskörnern hergestellte **Rüböl**, weitgehend durch. Die nun mit einem Deckel versehenen, geschlossenen **Frösche** hatten etwa die gleichen Abmessungen wie die offenen Inseltlichter, sie waren nahezu unverändert bis zum Anfang unseres Jahrhunderts auf den Harzer Bergwerken im Einsatz (Abb.17a u.b).

Aus Messingguß gefertigte offene Fettlichter waren später den Bergbeamten vorbehalten. Oft wurden sie auch als Ehrengeschenke für besondere Verdienste an einfache Bergleute wie auch an andere Personen verliehen. Bekanntestes Beispiel hierfür sind die gravierten Messinglampen, die anläßlich der Fertigstellung des Ernst-August-Stollens im Jahre 1864 an 17 Personen überreicht wurden, die von Anfang an mitgearbeitet hatten (Abb.17c).

Eine entscheidende Wende auf dem Gebiet der untertägigen Beleuchtung brachte um das Jahr 1900 die Einführung des Karbidlichts. Eine Karbidlampe besteht im unteren Teil aus einem topfförmigen Gasentwickler zur Aufnahme des **Calciumcarbids**, durch Auftropfen von Wasser aus einem darüber befindlichen Tank bildet sich brennbares **Acetylengas**, das nach Austritt aus einer feinen, keramischen Brennerdüse entzündet wird. Damit das gleißend-gelblichweiße Acetylenlicht den Lampenträger nicht blendete, war hinter dem Brenner ein kreisrunder metallischer Reflektor angebracht. Auf manchen kleineren Harzer Gruben waren Karbidlampen noch um 1970 im Gebrauch, bis auch hier die elektrische Akkukopflampe ihren Einzug hielt. In vielen Oberharzer Sagen spielt das Grubenlicht eine bedeutsame Rolle, meist in Zusammenhang mit einem unheimlichen Grubendämon -im Oberharz **Bergmönch** genannt- dessen **silbernes Geleucht** einen blendenden Glanz verbreitet. Während er braven Bergleuten Öl oder Unschlitt auf die verlöschende Lampe gibt, die von nun an die Kraft besitzt, ewig zu brennen, werden faule oder neidische Kameraden auf das Fürchterlichste bestraft. Als kleine Kostprobe sei hier eine der zahlreichen Sagen wiedergegeben.

Die Sage vom Bergmönch

In den Harzbergwerken um Clausthal und Andreasberg hat sich sonst ein Geist sehen lassen, den man den Bergmönch nannte. Er hat sich wie ein Mönch getragen, ist aber von riesiger Größe gewesen und hat stets ein großes Grubenlicht in der Hand gehabt, das nie erlosch. Wenn die Bergleute des Morgens eingefahren sind, hat er mit seinem Licht über dem Fahrloch gestanden und sie unter sich durchfahren lassen. Aber auch in den Schächten sind sie ihm oft begegnet, und zwar ist er da wie ein Geschworener einhergefahren.-
Zwei Bergleute arbeiteten immer gemeinschaftlich. Einmal, als sie anfuhren und vor Ort ankamen, sahen sie an ihrem Geleucht, daß sie nicht genug Öl zu einer Schicht auf den Lampen hatten. "Was fangen wir da an?" sprachen sie miteinander, "geht uns das Öl aus, so daß wir im Dunkeln sollen zu Tag fahren, sind wir gewiß unglücklich, da der Schacht schon gefährlich ist. Fahren wir aber jetzt gleich aus, um von zu Haus Öl zu holen, so straft uns der Steiger, und das mit Lust, denn der ist uns nicht gut."
Wie sie also besorgt standen, sahen sie ganz fern in der Strecke ein Licht, das ihnen entgegenkam. Anfangs freuten sie sich; als es aber näher kam, erschraken sie gewaltig, denn ein ungeheurer, riesenhafter Mann ging ganz gebückt in der Strecke
herauf. Er hatte eine große Kappe auf dem Kopf und war auch sonst wie ein Mönch angetan, in der Hand aber trug er ein mächtiges Grubenlicht. Als er bis zu den beiden, die in der Angst still dastanden, geschritten war, richtete er sich auf und sprach:"Fürchtet euch nicht; ich will euch kein Leids antun, vielmehr Gutes", nahm ihr Geleucht und schüttete Öl von seiner Lampe darauf. Dann aber griff er ihr Gezäh und arbeitete ihnen in einer Stunde mehr, als sie selbst in der ganzen Woche bei allem Fleiß herausgeschafft hatten. nun sprach er: "Sagt's keinem Menschen je, daß ihr mich gesehen habt", und schlug zuletzt mit der Faust links in die Seitenwand. Sie tat sich auseinander, und die Bergleute erblickten eine lange Strecke, ganz von Gold und Silber schimmernd. Und weil der unerwartete Glanz ihre Augen blendete, so wendeten sie sich ab; als sie aber wieder hinschauten, war alles verschwunden. Hätten sie ihren Spitzhammer oder sonst irgend etwas von ihrem Gezäh hineingeworfen, so wäre die Strecke offen geblieben und ihnen viel Reichtum und Ehre zugekommen; aber so war es vorbei, weil sie die Augen davon abgewendet hatten.
Doch blieb ihnen auf ihrem Geleucht das Öl des Berggeistes, das nicht abnahm und darum noch immer ein großer Vorteil war. Aber nach Jahren, als sie einmal am Sonnabend mit ihren guten Freunden im Wirtshaus zechten und sich lustig machten, erzählten sie die ganze Geschichte, und am Montagmorgen, als sie anfuhren, war kein Öl mehr auf der Lampe, und sie mußten nun jedesmal wie die andern frisch aufschütten.-
Jetzt hat man lange nichts mehr vom Bergmönch gesehen, und einige sagen, er sei ins Mönchstal bei Clausthal gebannt. Auch soll als Wahrzeichen dort ein Mönch in den Stein gehauen sein, den man heute noch sehen könne; wer freilich nicht recht Bescheid weiß, findet ihn nicht.
Nach Kuhn, Schwarz und Grimm

(aus HENNIGER und VON HARTEN (1973)

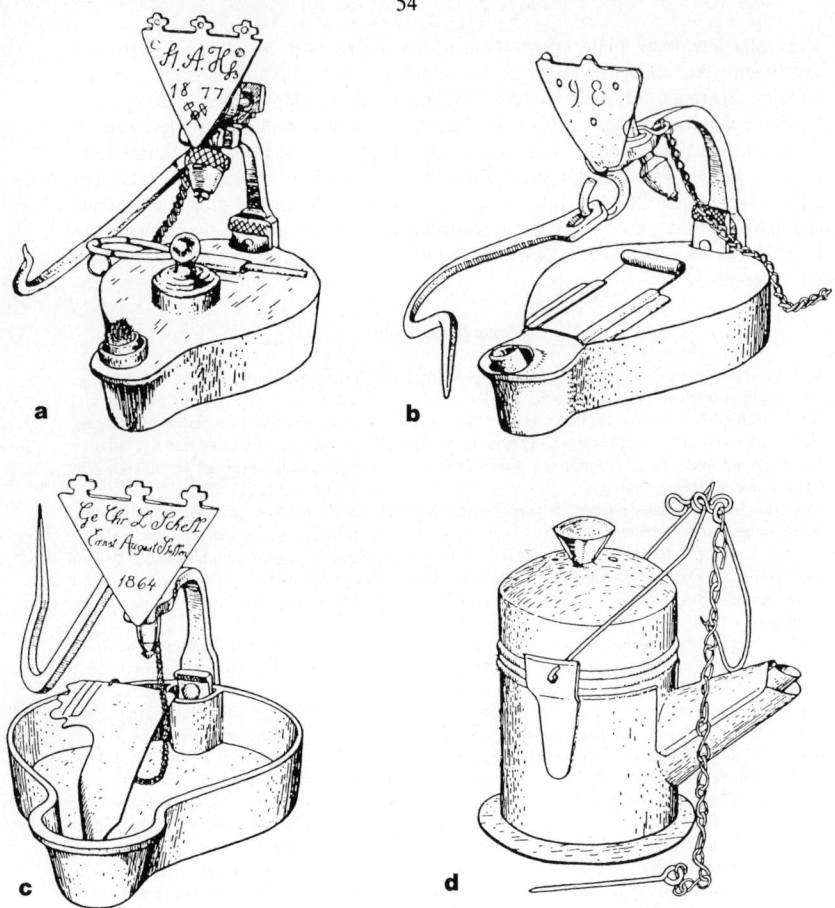

Abb. 17: Alte Harzer Grubenlampen (aus WILSON, 1982)

- a) Typischer Harzer Frosch aus Eisenblech mit einem aus Messing gefertigten Kreuzschild, auf dem die Initialen des Besitzers, die Jahreszahl und das Bergmannswappen eingraviert sind. Die Kreuze symbolisieren die heilige Dreifaltigkeit.
- b) Andere Bauform eines Harzer Froschs aus der Mitte des 19.Jahrhunderts. Statt des Schraubverschlusses, wie ihn a) zeigt, dient hier ein Schieber zum Verschluß der Nachfüllöffnung.
- c) Offenes Messing-Inseltlicht. Etwa 17 dieser sog. "Paradefrösche" wurden anläßlich der Vollendung des Ernst-August-Stollens 1864 an besonders verdiente Bergleute verliehen. Das hier abgebildete Exemplar gehörte dem Gedingehäuer Georg Christian Ludwig Schell aus Zellerfeld. Offene Messinglichter wurden damals ausschließlich von den Beamten getragen.
- d) Andere Bauart von Öllampe, wie sie Ende des 19.Jahrhunderts im Harzer Bergbau verwendet wurde. Hauptsteller war die Firma Wilhelm Seippel in Westfalen. Sie war ziemlich leicht und konnte, wie es im Kupferschieferbergbau üblich war, als "Kopfschelle" am Hut getragen werden.

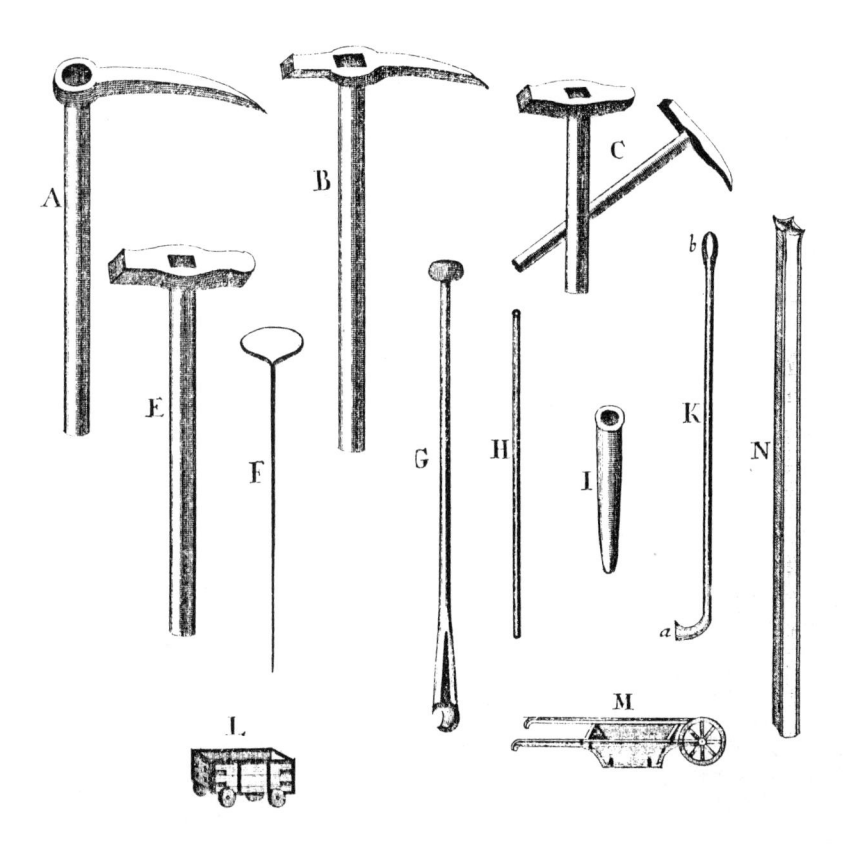

Abb. 18: Bergmännisches Handwerkszeug (Gezähe)

A = Keilhaue, B = Spitzhammer, C = Schlägel und Bergeisen, E = Bohrfäustel, F = Schießnadel, G = Stampfer, H = Ladestock, I = Pulverpatrone, K = Räumer (zum Auskratzen der Bohrlöcher), L = hölzerner Hunt, M = Grubenschubkarren, N = Kronenbohrer
(aus CALVÖR, 1763)

5.3 Die Erzgewinnung
-Von Schlägel und Eisen zum Dynamit

Schrämarbeit und Feuersetzen

Wohl zum ältesten bergmännischen **Gezähe** gehören **Schlägel** und **Eisen**, jene beiden gekreuzten "Hämmer", die noch heute ganz allgemein das Symbol des Bergbaus sind (Abb.18). Der nach rechts weisende "Hammer" mit der meißelförmigen Spitze ist das **Bergeisen**. Es wurde lose auf den Stiel gesteckt, um schnell auswechselbar zu sein, da es oft wieder neu geschärft werden mußte. Beim fäustelartigen **Schlägel**, der nach links zeigt, ist der Stiel fest verkeilt und schließt darum mit seiner oberen Fläche ab. Das Bergeisen wurde an das Gestein gehalten und mit dem Schlägel darauf geschlagen. Diese Art Grubenbaue herzustellen hieß Schrämarbeit. Es gehört nicht viel Phantasie dazu, sich vorzustellen, wie mühsam es war, mit "Hammer und Meißel" Grubenbaue auszuhauen.
War das Gestein oder Erz sehr fest **(klemmig)**, wie z.B. am Rammelsberg, mußte die Methode des **Feuersetzens** angewendet werden (Abb.19). Vor Ort wurden, wie der Holzschnitt von AGRICOLA zeigt, Scheiterhaufen angezündet, deren Hitze dazu führte, daß das Gestein schalenförmig abplatzte oder Risse bekam, und nun mit Schlägel und Eisen oder Brechstangen gelöst werden konnte. Feuer unter Tage waren immer mit besonderen Gefahren verbunden und setzen eine gute Wetterführung voraus, da sauerstoffreiche Luft zugeführt und die giftigen Rauchgase abgeführt werden mußten.
Im Harzer Gangbergbau fand diese Methode nur bis ins 16.Jahrhundert Anwendung, beim ganz anders gearteten Rammelsberger Bergbau (siehe Kap.7) hingegen hielt sich diese mittelalterliche Arbeitsweise bis 1879! Die Leistungen, die mit Schlägel und Eisen vollbracht wurden, waren erstaunlich. Bis 1606 wurden so allein im Oberharz mehr als 20 km Stollen aufgefahren, nur um die Wasser aus den Gruben abzuleiten (Wasserlösung). Hinzu kam vielleicht das 5-10fache an ausgehauenen Schächten, Gesenken, Strecken und Abbauen!
Die Schichtleistung beim Vortrieb eines Ortes von ca 2 m^2 Querschnittfläche betrug je nach Gesteinsbeschaffenheit zwischen 1 und 2 cm pro Mann und Schicht.
Solche geschrämten Örter zeigen meist einen kasten- oder trapezförmigen Querschnitt und sehr ebenmäßige seitliche Begrenzungen, deren eigentümliche Rauheit auf die Bearbeitungsspuren der Bergeisen zurückgeht (Abb.20). Hin und wieder gönnten sich die Alten sogar den "Luxus", eine kleine Nische zum Hinhängen ihres Grubengeleuchts in die Stollenwand zu schrämen.
Die Schrämmethode war sehr gebirgsschonend, selbst nach vielen Jahrhunderten stehen diese Baue ohne jeden Ausbau so sicher, wie kurz nach ihrer Auffahrung.

Strossen- und Firstenbau

Im Gangerzbergbau, der darauf ausgerichtet war, steil stehende, scheibenförmige Erzlinsen (**Mittel**) von geringer horizontaler Mächtigkeit aber oft großer vertikaler Erstreckung zu gewinnen, entwickelten sich schon zu Beginn der Neuzeit ganz spezielle Abbaumethoden.
Nur dort, wo die Gangmittel unmittelbar zu Tage ausstrichen und sich durch

auffällige "**Huterze**" sowie durch eigentümliche Vegetation verrieten, begann manchenorts eine mittelalterliche Erzgewinnung. Lagen die Ausbisse an flachen Hängen oder auf Hochebenen, so erfolgte der Abbau zunächst ohne größere Probleme durch einfache Gräberei in Schürfgruben (Pingen). Allerdings setzte das zufließende Grundwasser dem frühen Kleinbergbau rasch eine Grenze, Teufen von mehr als 10-20 m dürften kaum erzielt worden sein. Befand sich ein erzführender Gangausbiß an einer steileren Talflanke, so trieb man dem Gang folgend kleine **Stollenörter** horizontal in den Berg hinein und gewann das dabei anfallende Erz (**Örterbau**).

Im 16.Jahrhundert, als die Erzgewinnung in großem Umfang systematisch wiederaufgenommen wurde, begann man auf den Gängen **Schächte abzuteufen**, als vertikale Zugänge zu den Erzmitteln. Von den nächsten Eintalungen aus angesetzte, längs der der Gänge getriebene und mit den einzelnen Schächten zum Durchschlag gebrachte Stollen, sorgten zunächst für eine Wasserlösung.

Jede **Gewerkschaft** war nun darauf bedacht, so schnell wie möglich an das begehrte Erz zu kommen. So ließ man die Schächte den Erzmitteln in die Tiefe folgen und begann, von ihnen aus nach rechts und links das Erz aus der Gangspalte auszuhauen. Es entwickelte sich der sogenannte **Strossenbau**, der später im 18.Jahrhundert durch den viel effektiveren **Firstenbau** bzw.**Firstenstoßbau** fast vollständig ersetzt wurde.

Das angezündete Holz A. Bärte B. Der Stollen C.

Abb.19: Darstellung des Feuersetzens in einem Holzschnitt aus AGRICOLA (1556)

Abb.20: Geschrämtes Ort aus dem 16.Jahrhundert im Beerberger Revier / St.Andreasberg. Typisch für solche mit "Schlägel und Eisen" aufgefahrene Grubenbaue ist das rechteckige Streckenprofil ("Kastenschram").

Bohr- und Schießarbeit

Die sogenannte **Schießarbeit**, das Sprengen von Gestein mit Schwarzpulver, wurde 1632 im Harzer Bergbau eingeführt. Damit war der Harz das erste deutsche Bergbaugebiet, wo diese aus Ungarn kommende, bahnbrechende Neuerung zur Anwendung kam.
Anfänglich stellte man die zur Aufnahme des Pulvers dienenden Bohrlöcher in sog. **zweimännischer Bohrarbeit** her. Ein Bergmann hielt und drehte den Bohrer, während sein Kamerad mit einem schweren Bohrfäustel daraufschlug (siehe Abb.23). Die knapp 3 Zoll weiten und etwa 0,5 m tiefen Löcher wurden mit losem Schießpulver gefüllt und durch Hineintreiben eines etwa 6 Zoll langen hölzernen Pflocks fest verschlossen. Zur Zündung hatte das Holzstück seitlich eine Nut, in die vor Verschluß des Loches loses Pulver gestreut wurde, um die Ladung mit der von außen aufgesteckten Lunte zu verbinden. Dieses **Pflockschießen** war eine äußerst gefährliche Technik, da es nicht selten vorkam, daß die beim Eintreiben des Pflocks entstehende Reibungshitze eine vorzeitige Detonation der Ladung auslöste. Abhilfe schuf die nach 1687 eingeführte Verdämmung mit Ton **(Lettenbesatz)** und die

[Figure: Schnitt durch einen Strossenbau — Labels: Strecke; anstehender Gang; anstehender Gang ca. 30m; tonnlägiges Absinken; Strossenbau]

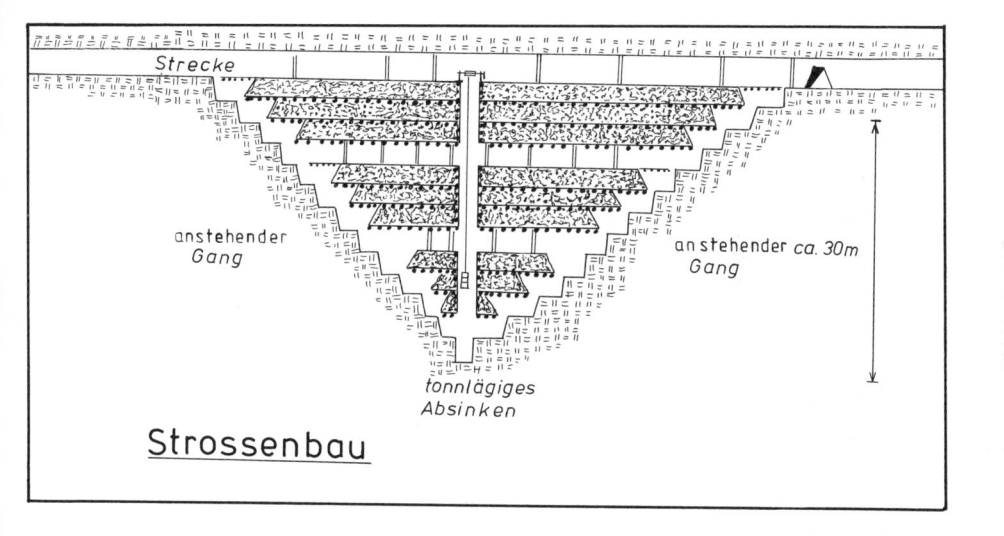

Abb.21: Schnitt durch einen Strossenbau

Bis ins ausgehende 18.Jahrhundert hinein war der Strossenbau das wichtigste Abbauverfahren auf den Harzer Erzgängen. Von einem tonnlägigen Schacht oder Absinken aus erfolgte gleichzeitig mit dem Abteufen die Gewinnung der Erze, indem der Gang von den schmalen Stößen des Gesenks aus nach beiden Seiten in das Feld hinein abgebaut wurde.
Die Erzgewinnung in den Strossen geschah also von oben nach unten. Mit fortschreitendem Abbau entstand so eine große, aufrechtstehende Treppe im anstehenden Gang. Um den entstandenen Hohlraum nicht zu groß werden zu lassen, mußte mit jedem neuen Stoß ein fester Ausbau eingebaut werden. In diese "Strossenkästen" wurde taubes Geisteinsmaterial als Bergeversatz eingebracht. Zur Förderung des gewonnenen Erzes blieb jeden 2. oder 3. Stoß eine Strossenstrecke offen.
Obgleich der Strossenbau keine besonderen Vorrichtungsarbeiten erforderte und sogleich mit Erzgewinnung begonnen werden konnte, hatte dieses Verfahren viele gravierende Nachteile. Neben einem massenhaften Holzverbrauch und einer komplizierten und damit kostspieligen Erzförderung ist die schwierige Bewetterung zu nennen. Eine rentable Steigerung der Abbauleistung, wie sie nach 1800 angestrebt wurde, war praktisch unmöglich. So setzte sich in der ersten Hälfte des 19.Jahrhunderts der viel leistungsfähigere Firstenbau immer mehr durch.
Unter ganz besonderen Verhältnissen allerdings konnte der Strossenbau auch sehr vorteilhaft sein, z.B. wenn sehr reiche Erze absetzig im Gang verteilt vorkamen, wie es auf den Gängen von St.Andreasberg oft der Fall war. Beim Firstenbau würden auch bei sorgfältigster Arbeit immer kleine Mengen des Haufwerks im Bergeversatz verloren gehen. Beim Strossenbau dagegen konnte alles nicht erfaßte Erzklein beim Auffahren der nächst tieferen Strosse mitgenommen werden.

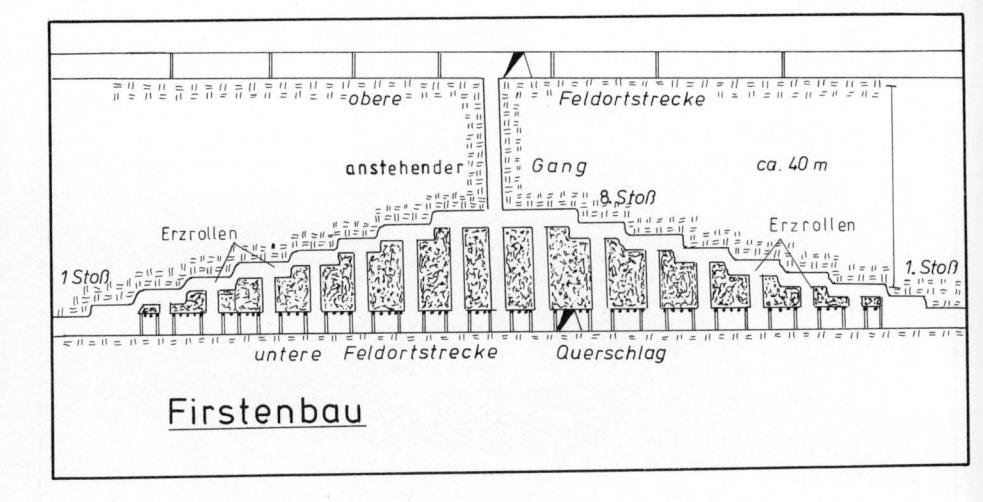

Abb.22: Schnitt durch einen Firstenbau

Seit dem Ende des 18.Jahrhunderts hatte sich dieses Verfahren nahezu überall auf den Oberharzer Gängen durchgesetzt, nur in St.Andreasberg betrieb man noch bis nach 1850 den Strossenbau.
Im Abstand von zuerst 20 m und später 40 m wurden vom Schacht aus sogenannte Feldortstrecken horizontal im Erzgang aufgefahren. Zwei solcher Sohlen verband man durch blinde, ebenfalls auf dem Gang abgeteufte Gesenke (auch Überhauen genannt), von denen aus die Gewinnung der Erze begann.
Von der unteren Strecke ausgehend, fing man an, nach beiden Seiten hin eine Scheibe von etwa 3 m Höhe durch Bohr- und Schießarbeit hereinzugewinnen. Das Haufwerk lud man in schienengebundene Förderwagen, in denen es auf der Feldortstrecke zum Füllort des Schachts transportiert wurde. Zum Verfüllen des beim Abbau entstandenen Hohlraums mußten taube Gesteinsmassen eingebracht werden, die stets reichlich beim Vorsortieren des Erzes oder bei Auffahrungen im Nebengestein anfielen. Dieser Bergeversatz ruhte auf starkem Türstockausbau unmittelbar über der Grundstrecke. War der 1.Abbaustoß eine gewisse Länge ins Feld vorangetrieben, nahmen die Bergleute, nun auf dem Versatz stehend, wiederum vom Absinken aus den 2.Stoß in Angriff, darüber später den 3.,4. usw. Im Bergeversatz ließ man in bestimmten Abständen sog. Rollen ausgespart. In diese unten verschlossenen Sturzlöcher kippten die Bergleute von oben das losgebrochene Erz hinein. Zur Förderung wurde die "Rollochschnautze" geöffnet, so daß das Haufwerk in einen darunter geschobenen Wagen rutschte. Da bei dieser Gewinnungsmethode stets die "Decke" oder Firste streifenförmig abgebaut wurde, heißt sie Firstenbau bzw. Firstenstoßbau. Das Abbaufeld hat die Form einer umgekehrten Treppe.
Auch im modernen, stark mechanisierten Gangbergbau blieb der Firstenstoßbau in etwas abgewandelter Form die gängigste Gewinnungsmethode (z.B. im Erzbergwerk Grund, siehe Kap.11, Abb.80).
Der Firstenbau ist ein sehr leistungsfähiges Verfahren und ist auch bei größeren Gangmächtigkeiten gut anwendbar ohne das der Verbrauch von Holz zu sehr ansteigt. Von Nachteil sind vor allem die nicht vermeidbaren Abbauverluste, die entstehen, wenn Haufwerk in den nicht vollständig eingebrachten Bergeversatz fällt.

Verwendung von gepichten Patronen, in denen das Pulver etwas gegen die Gebirgsfeuchtigkeit geschützt war.
Zur Herstellung eines Zündkanals diente eine genaue konisch ausgefeilte und polierte, eiserne **Schießnadel** (seit 1868 nur noch aus Kupfer gefertigt, Abb.18). Durch das Loch wurde die Zündschnur, **Schwärmer** (oder **Schwedel**) genannt, bis ins Pulver hinein geführt.
Seit Mitte des 18.Jahrhunderts setzte sich dann die sog. **einmännische Bohrarbeit** immer stärker durch, bei dieser Methode führte der Bohrhauer in der Linken einen relativ leichten Meißelbohrer und in der Rechten den etwa dreipfündigen Fäustel

Abb.23: Ein Firstenbau auf der Grube Caroline bei Clausthal. Dargestellt sind ein- und zweimännische Bohrarbeit. In der Bildmitte wird gerade Haufwerk in eine Rolle geworfen. Links aus der Strecke kommt ein Steiger angefahren.
(Stahlstich nach einer Zeichnung von W.Ripe um 1850)

Bei Auffahrungen im Nebengestein arbeiteten die Hauer im sog. **Zollgedinge**, also im Akkord, dessen Festlegung sich nach dem Vortriebserfolg richtete. Die Grubenuntersteiger wiesen den Männern an, wo sie zu bohren hatten, maßen nach und übernahmen auch das **Wegtun**, wie im Harz das Schießen genannt wurde.
Bei Arbeiten im **kubischen Gedinge** - meist im Erzabbau - überließ man den Bohrhauern selbst das Ansetzen und Wegtun ihrer Bohrlöcher. Seitens der Bergbehörde hatte man eine übertriebene Angst vor Verschwendung und Veruntreuung von Schießpulver. Die Untersteiger erhielten stets ein festbemessenes, karges Pulverquantum, egal ob die Löcher stark oder schwach angesetzt werden mußten. Noch um 1850 mußten die im kubischen Gedinge angelegten Hauer ihr Pulver zum doppelten Marktpreis aus fiskalischen Beständen selbst kaufen! Diese merkwürdige Politik schadete dem Bergbau erheblich, man verkannte völlig, daß gerade die Herstellung von Bohrlöchern die größeren Kosten erzeugte, wohingegen

Vorsichts-Maasregeln
beim Schießen in der Grube.

1) Die Räumnadel muß beim jedesmaligen Gebrauche, besonders aber die Spitze derselben, welche abgerundet seyn muß, mit Oel gut bestrichen werden.

2) Wenn die Räumnadel in die mit Pulver gefüllte Patrone gesteckt wird, so darf nie mit dem Fäustel auf dieselbe geschlagen, sondern sie muß sanft in das Pulver gesteckt werden.

3) Bei dem ersten und zweiten Bunde des Besatzes muß immer etwas guter Letten mit eingestampft werden, wobei zu beobachten ist, daß die ersten Bunde nur lose, die übrigen Bunde aber, so viel als möglich, fest gestampft werden müssen.

4) Wenn der Schwedel nicht hineingehauet und das Pulver nicht gezündet hat; so muß der Bergmann jedesmal eine halbe Stunde warten, ehe er nach dem Loche geht, und wenn das Loch nach Aufsetzung eines neuen Schwedels, auch zum zweitenmale nicht abgeht, so soll, nach dem der Bergmann wieder eine halbe Stunde gewartet hat, dasselbe mit Wasser rein gebohrt werden. Dagegen soll ein über sich gebohrtes trocknes und vorschriftsmäßig besetztes Loch, wenn dasselbe, nach zweimaliger Aufsetzung des Schwedels, nicht los gehen will, wegen der Gefahr, nicht rein gebohrt, sondern ein anderes Loch neben dem besetzten gebohrt werden.

5) Muß stets mit einer Patrone geschossen werden.

6) Ein jedes Loch muß mit gutem Grand, in welchem sich kein Quarz befindet, oder mit Dachziegel- auch alten Gipskalkstücken, in welchen kein Sand befindlich ist, besetzt werden.

7) Kein Loch darf mit dem Grubenlichte, sondern jederzeit muß das aufgesetzte Männchen, mit einem brennenden Schwefelfaden angezündet werden.

Wenn vor einem Orte oder Baue mehrere Geding- oder Weilarbeiter zu gleicher Zeit arbeiten, so soll ein Bergmann den andern erinnern, obige Vorschriften zu befolgen, und deshalb ein Camerad für den andern verantwortlich seyn, so daß, wenn ein Arbeiter bei Nichtbefolgung der obigen Vorsichts-Maasregeln durch einen Schuß verletzt wird, die mit oder neben ihm arbeitenden, mit Ablegung auf unbestimmte Zeit bestraft, oder auch von der Gedingarbeit ganz weggenommen werden sollen.

Alle Revier-Bediente, Steiger und Untersteiger sollen, so oft als thunlich, prüfen, ob obige Vorschriften befolgt werden; diejenigen Arbeiter aber, welche gegen dieselben handeln, sollen sofort ernstlich bestraft, und von dem Bohren und Schießen genommen und zu andern Ledigenschichter-Arbeiten gebraucht werden.

Clausthal, den 9ten August 1828.

Im Königl. Berg-Amte.

W. A. J. Albert.

ein etwas erhöhter Verbrauch an Sprengmitteln kaum zu Buche schlagen würde! Erwähnt sei in diesem Zusammenhang auch, daß es um 1800 herum üblich war, das ohnehin wegen seines zu hohen Holzkohlegehalts schwache Schießpulver durch Beimengungen von bis zu einem Viertel Sägespänen zusätzlich abzuschwächen. Um 1860 ersetzte man das bisher allein gebräuchliche Schwarzpulver weitgehend durch das viel effektivere **Sprengöl** (Nitroglyzerin). Die Gefahr einer ungewollten Zündung ergab sich häufig, wenn in Risse eingesickertes Sprengöl mit dem Bohrer angeschlagen wurde. 1866 kam der Clausthaler Obergeschworene FRIEDRICH SCHELL - uns schon bekannt durch seine Unfallstatistik - auf die geniale Idee, in Papphülsen gefüllten **Pochsand** mit Nitroglyzerin zu tränken. Dadurch wurde der gefährliche Sprengstoff wesentlich handhabungssicherer, ohne merkliche Beeinträchtigung der Sprengkraft.

Als der schwedische Chemiker ALFRED NOBEL(1833 - 1896) zu dieser Zeit den Oberharz bereiste, war er stark beeindruckt von dieser wirkungsvollen Sprengmethode. Er ersetzte den Pochsand durch Kieselgur* aus der Lüneburger Heide und nannten den "erfundenen" Sprengstoff Dynamit. Dieses Patent machte ihn weltberühmt und brachte ihm das Millionenvermögen ein, aus dem die Nobelpreisstiftung entstand.

FRIEDRICH SCHELL hingegen - der geistige Vater dieser Erfindung - gewann durch sie keinen zusätzlichen Taler. Nach 55(!) Dienstjahren im Oberharzer Bergwesen ging er 1883 als Bergrat in Pension und starb 6 Jahre später im Alter von 71 Jahren.

Das Herstellen der Bohrlöcher von Hand blieb unverändert bis in unser Jahrhundert hinein in Anwendung. Erste Versuche mit einer **"pneumatischen Bohrmaschine"** **(Patent Jordan)** wurden nach 1875 auf der Grube "Hilfe Gottes" in Grund unternommen. Das Gerät erwies sich für die Arbeit vor Ort als zu schwer und zu unhandlich, so daß man dieses Verfahren zunächst wieder einstellte. Am Rammelsberg hingegen, wo man wegen des harten Massiverzes weitgehend auf manuelle Bohrarbeiten verzichtete und dem bewährten Feuersetzen den Vorrang gab, brachte erst das maschinelle Bohren (ab 1876 eingeführt) den gewünschten Erfolg. Auch beim Abteufen des Kaiser Wilhelm Schachts in Clausthal wurde das maschinelle Bohren seit 1882 erfolgreich eingesetzt. Nach 1890 fanden hier druckluftgetriebene Bohrmaschinen auch im Abbau Verwendung. Abb.24 zeigt ein solches, von zwei Bergleuten bedientes Bohrgerät auf dem Kaiser Wilhelm Schacht in Clausthal.

Wegfüllarbeit und Erzscheidung

Nach dem **Schießen** folgte die Arbeit des **Hartmachens**, so bezeichnet man noch heute das Abklopfen der Firste mit Spitzhammer oder einer langen Brechstange **(Beraubestange)**, um lose hängende Gesteinsschalen zu entfernen, die bei einem nachträglichen unvermuteten Herabstürzen die dort arbeitenden Männer gefährden würden.

Schon vor Ort im Abbau fand eine grobe Scheidung des Erzes vom tauben Nebengestein statt. Große Blöcke aus der Gangmasse wurden mit schweren Vorschlaghämmern vorzerkleinert (Abb.25).

*erdige Substanz aus den kieselsäurehaltigen Schalen von kleinen Meerestieren (Diatomeen)

Abb. 24: Bohrmaschinenbetrieb im Firstenstoßbau auf der 20.östl.Strecke des Kaiser Wilhelm Schachts in Clausthal, 811 m unter Tage. Die damals verwendeten Bohrhämmer hatten noch keinen Wasseranschluß, so daß ein zweiter Bergmann mit einem Wasserschlauch den Bohrer kühlt und gleichzeitig den gefährlichen Quarzstaub (Silikose!) bindet. Sehr schön sieht man auf dieser Aufnahme die Bänderung des hier sehr reichen Erzganges (hell Kalkspat und Quarz, dunkel Zinkblende und Bleiglanz).

Abb. 25: Erzscheidung im Abbau, auf der 19.Strecke, 640 m westlich vom Kaiser Wilhelm Schacht, 769 m unter Tage. Mit einem schweren Vorschlaghammer werden die großen Erzstücke zerkleinert, anschließend wird das erzhaltige Haufwerk mit "Kratze und Trog" in den Föderwagen geladen (linke Bildhälfte). Rechts steht ein Steiger mit Frosch und Fahrstock in der Hand.

Brocken, die nur aus Gangart oder Nebengestein bestanden, kippte man als Versatz in die entstandenen Hohlräume zurück. Das erzhaltige Material wurde bis in unser Jahrhundert hinein mit **Kratze und Trog** in Schubkarren oder Grubenwagen geladen und beim Firstenbau zur nächstgelegenen **Rolle** transportiert und hineingestürzt. Unten auf der Grundstrecke war die Öffnung des Stürzloches mit einem Schieber und einer darunter befindlichen Rutsche versehen (**Rollochschnauze**). Zum Abziehen der Rolle öffnete man den Verschluß über einen Hebel und ließ das Roherz in einen vor die Rolle geschobenen Förderwagen rutschen. Der Weitertransport fällt unter die Rubrik Streckenförderung.

5.4 Schacht- und Streckenausbau

Die klassischen Harzer Erzschächte, die **tonnlägig** den meist verruschelten, brüchigen Gangstörungen folgten, hatten rechteckige Querschnitte von ca 3 x 6 m. In den abbauwürdigen Partien ging man, ohne Bergfesten zur Sicherung stehen zu lassen, gleich von den kurzen Schachtstößen aus zum Strossenbau über (Abb.21). So waren die meisten Schächte einem mehr oder minder starken Gebirgsdruck vom Hangenden her ausgesetzt. Einen solchen Hohlraum über längere Zeit offen zu halten, war früher nur durch einen starken hölzernen Ausbau (Grubenzimmerung) möglich.
Der im Harz übliche "blockhausartige" Schachtausbau trug den Namen **Bolzenschrotzimmerung**. Dabei wurden ausnahmslos nur runde Hölzer verwendet ("ganze Zimmerung"). Abb.26 zeigt das Prinzip dieser Ausbaumethode.
Bedenkt man, daß es allein im Oberharz an die 400 Gruben gab, so wird deutlich, welche gigantischen Holzmengen hier verbraucht wurden (Hinzu kamen natürlich noch die zum **Feuersetzen** und zur **Köhlerei** benötigten Holzkontingente!).
Zwar ließ sich Holz gut verarbeiten und war genügend druckstabil, doch da es früher nicht konserviert wurde, setzte, begünstigt durch die feuchtwarme Grubenluft, rasch der Fäulnisprozeß ein. Nur in günstigen Fällen hielt ein Rundholz länger als 10 Jahre. Besserung trat ein, als gegen 1810 der Schachtausbau mit Wasser berieselt wurde, um den Verrottungsprozeß zu verlangsamen. So waren ständig viele **Holzarbeiter** damit beschäftigt, schadhafte Hölzer gegen neue auszuwechseln, was angesichts des druckhaften Gebirges stets sehr gefahrvoll war.
Auch die horizontalen Grubenbaue mußten in der Nähe von Störungen oder im Abbaubereich durch festen Ausbau gesichert werden. Die einfachste und bewährteste Methode war der **deutsche Türstock**, der im Gegensatz zum **polnischen Türstock**, der nur zur Aufnahme von senkrecht wirkendem Gebirgsdruck ausgelegt ist, noch Seitendruck abfangen kann (Abb.27 a und b).
Zum untertägigen Streckenausbau fand im Oberharz vorwiegend Fichtenholz Verwendung, da es im Gegensatz zu den haltbareren Buchen- oder Eichenhölzern langfaserig war und bei plötzlichem Anstieg des Gebirgsdruckes den Bergmann durch Knistern warnte, bevor es brach. Eine Ausnahme stellt die Grube Glasebach im Straßberger Revier (Unterharz)(siehe Kap.15.1) dar, hier verwendete man im 17. und 18.Jahrhundert ausschließlich eichene Vierkanthölzer zur Grubenzimmerung. Auch nach mehr als 200 Jahren in der Grube ist dieses Holz noch vollkommen kernig!

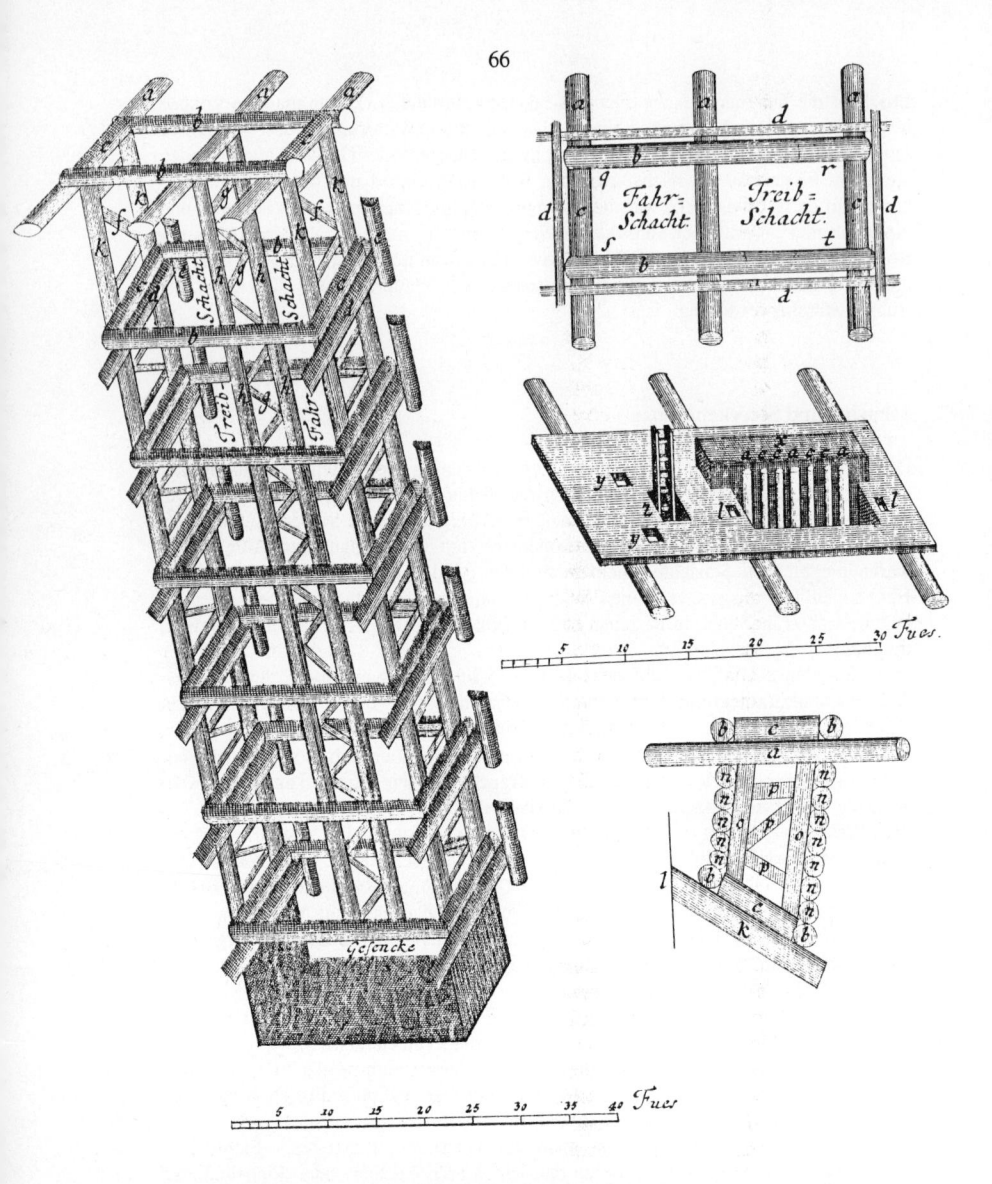

Abb.26: Typischer Ausbau eines tonnlägigen Schachts im Oberharzer Bergbau
(Bolzenschrotzimmerung)(aus CALVÖR, 1763)
Durch die Verwendung sehr dicker Fichtenstämme war dieser Ausbau zum Abfangen starken
Gebirgsdrucks, wie er im Gangbergbau häufig auftrat, gut geeignet. Diese Darstellung
verdeutlicht, welche enormen Holzmengen allein die Schachtzimmerungen verschlangen!

Der sehr viel haltbarere und kräftigere **Eisenausbau** wurde im Oberharzer Bergbau erst seit 1864 verstärkt eingesetzt, nach Aufhebung der vom Staat dem Bergbau gewährten Holzberechtigung. Sehr bewährt hat sich ein aus Grubenschienen gefertigter **Bogenausbau** (Abb.27c), der mit einer Packung aus flachen Bruchsteinen hinterfüllt wurde. Jede Art von Ausbau kann nur dann ihren Zweck erfüllen, wenn sie "kraftschlüssig" mit dem Gebirge verbunden ist, d.h. sämtliche Hohlräume zwischen dem **Verzug** und den zum Nachbrechen neigenden Gesteinsmassen müssen sorgfältig hinterfüllt werden. Offene kuppelartige Räume über einer Strecke werden durch kreuzweise übereinandergestapelte Hölzer **ausgeschrankt**, um jedes Loslösen von Geisteinsschalen schon im Keim zu unterbinden. Käme das Gebirge erst einmal in Bewegung, so könnte auch der stärkste stählerne Ausbau diesen Kräften nicht widerstehen.

An Stellen, wo ein besonders starker Gebirgsdruck herrschte, z.B. beim Durchörtern eines mächtigen Gangs, war die Herstellung einer **Streckenmauerung** notwendig. Neben Grauwacke-Bruchsteinen fanden hier nach 1845 auch aus flüssiger Schlacke gegossene, quaderförmige Kunststeine Verwendung. Als Mörtel bewährte sich ein Gemisch aus Löschkalk, Schlackensand und Ziegelsand. Wie haltbar eine gut gesetzte, gewölbeförmige Schlackensteinmauerung ist, beweist der im Clausthaler Revier vor 130 Jahren so ausgebaute Ernst-August-Stollen noch heute!

5.5 Streckenförderung

Hierunter versteht man ganz allgemein den Erztransport vom Gewinnungsort (Abbau) über die horizontalen Sohlen (im Harz **Strecken** genannt) zum Förderschacht.

Im ältesten Bergbau geschah dieses wohl meist mit Körben oder Kiepen, später auch mit hölzernen Schubkarren (Abb.28 a). Im Harz war die Karrenförderung zumindest in den Abbaustrecken bis weit ins vorige Jahrhundert hinein gebräuchlich. Die länglichen einrädrigen Karren wurden mit einem breiten Lederriemen entweder über der Schulter, oder, wie im Oberharz typisch, über der Kreuzgegend getragen und geschoben.

Die Arbeiter, die bei der Streckenförderung angelegt waren, hießen **Zuförderer**. Nur sehr kräftige, junge Männer konnten diese harte Arbeit verrichten, denn oft hatte eine beladene Schubkarre ein Gewicht von 4-5 Zentnern!

Innerhalb der Grubenbelegschaft bildeten die Zuförderer gewissermaßen eine eigene Zunft, wie der Bergrat FRIEDRICH SCHELL (1882) sehr anschaulich berichtet:

> "Wenn ein Neuling an das Fördern kam, so wurde ihm von den eigenen Kameraden die Arbeit so schwer wie möglich gemacht, was man durch Überladen der Karren und übermäßig lange Förderschichten zu erreichen strebte. Es kam alles darauf an, den Mann wohlmöglich schon in der ersten Schicht dahin zu bringen, daß er erklärte, er könne die Arbeit nicht ausführen. Trat aber dieser Fall nicht ein, hatte vielmehr der betreffende Zuförderer die ersten Schichten hinter sich, ohne daß ihn die Kameraden hatten mürbe machen können, dann war er gewissermaßen in die Zunft aufgenommen und als Mitglied derselben geehrt und geachtet.... Wie aber dem jungen Arbeiter dabei zu Muthe gewesen ist, das konnte man früher von alten Bergleuten erzählen hören. Der Tragriemen hätte nämlich den Rücken des Anfängers erst wund, und wenn die Schicht lange dauerte, blutig gerieben, so daß der Kittel nicht selten am Körper festklebte. Kam der Mann am Abend nach Hause, dann wurden auf die kranken Stellen Branntweinlappen gelegt, oder es wurde doch wenigstens der Rücken mit Branntwein eingerieben. Man kann leicht ermessen, welchen Schmerz es verursachte, wenn am anderen Tage der Tragriemen wieder auf dieselben wunden Stellen gelegt werden mußte. Wer es überwand, der bekam nach und nach auf dem Rücken eine feste Hornhaut und war dann freilich gegen alles Wundwerden durch den Förderkarren gefeit."

Vierrädrige Förderwagen hießen im Bergbau ganz allgemein **Hunte**, manchmal auch Hund oder Hundt geschrieben.
Zur Förderung auf den Hauptstrecken oder Stollen wurden schon im 16.Jahrhundert **Hunte mit Spurnagel** verwendet (Abb.28 b). Sie bestanden aus einem rechteckigen Kasten mit vier niedrigen Holzrädern, die auf starken Fichtenbohlen liefen, und hatten im Boden einen abwärts gerichteten starken Spurnagel. Zwischen den Bohlen war ein etwa 5 cm breiter Spalt frei, in dem der Nagel zur Führung lief. Wegen der starken Reibung auf den schnell ausgefahrenen Bohlbahnen war die Fortbewegung auch mit zwei Mann - einem Zieher und einem Schieber - eine Quälerei.

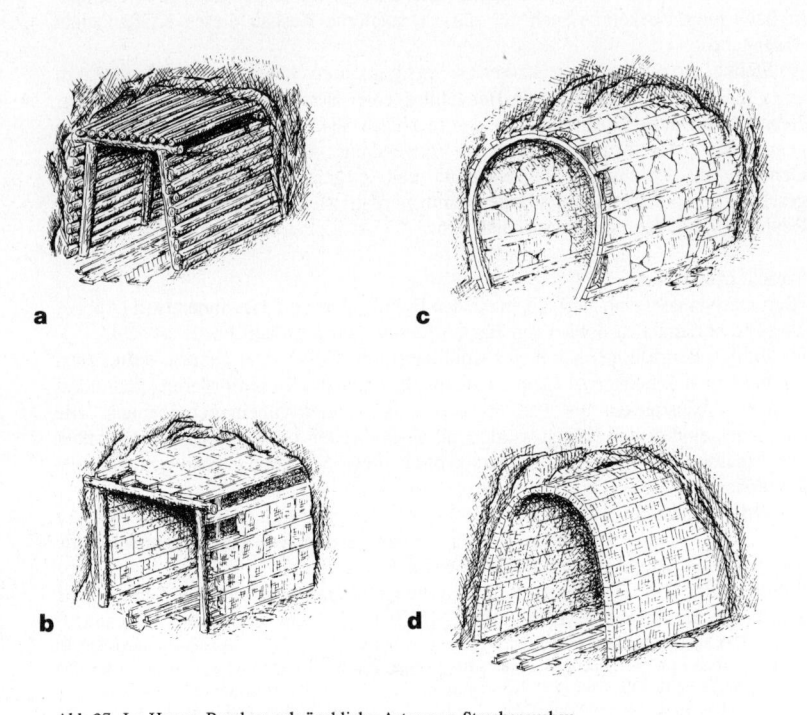

Abb.27 Im Harzer Bergbau gebräuchliche Arten von Streckenausbau.
    a) deutscher Türstock - kann senkrecht und seitlich wirkenden Gebirgsdruck abfangen;
    b) polnischer Türstock - kann starken senkrechten Gebirgsdruck abfangen
    Die etwa senkrecht stehenden Hölzer heißen **Stempel** (im Oberharz auch **Bein**), die quer zur Strecke ruhenden Balken sind die **Kappen**, und auf ihnen, längs zur Strecke, liegen die Läufer. Die Seitenwände der Strecken sind mit horizontal hinter die Baue gepackten dünnen Rundhölzern (**Verzug**) gegen seitliches Hereinbrechen von Gestein gesichert.
    c) Rundbogenausbau mit Bruchsteinverzug, seit der zweiten Hälfte des 19.Jahrhunderts verwendet, ist sehr viel dauerhafter als a) und b).
    d) In Mauerung (Gewölbe) gesetzte Strecke. Neben Grauwacke-Bruchsteinen fanden im Clausthaler Revier seit dem vorigen Jahrhundert häufig auch quaderförmige Schlackensteine hierfür Verwendung.

69

eisernen Bänder des Hundes A.   *Die eisernen Stäbe B.*   *Die kleine eiserne Achse C.*
Die hölzernen Scheiben D.   *Die kleinen eisernen Nägel E.*   *Der Leitnagel F.*
Ein umgekehrter Hund G.

Der Rundbaum A.   *Die geraden Stäbe, auch Haspelwinden genannt B.*
Das Haspelhorn C.   *Die Speichen des Rades D.*   *Die Felgen E.*

c Pferdegöpel

Huthaus

Seilscheiben

Seilkorb

Schacht

Abb.28: a) Ein von drei Bergleuten bedienter Handhaspel mit Schwungrad. Das Seil war so um die horizontale Achse gewickelt, daß die eine Tonne sich nach unten bewegte, während die andere Tonne emporgezogen wurde. (Holzschnitt aus AGRICOLA, 1556)
b) Aus Holz gefertigter, mit Eisen beschlagener "Spurnagelhunt".
(Holzschnitt aus AGRICOLA, 1556)
c) Typischer Harzer Pferdegöpel. Die Abbildung zeigt die senkrecht stehende, von zwei Pferden gedrehte Achse mit dem Seilkorb, von dem das Hanfseil über die Seildrift zu den über der Schachtöffnung befindlichen Seilscheiben läuft.

Deshalb ging man im Harzer Bergbau bald zur Verwendung des sog. **ungarischen Hunts** über, der frei auf Laufbrettern lief und sich über seine Hinterachse, die wenig hinter dem Mittelpunkt des Kastens angebracht war, lenken ließ.
Die Einführung der untertägigen Schienenförderung erfolgte im Harz erst erstaunlich spät. Auf Kohlengruben in England, dem Mutterland der industriellen Revolution, waren bereits in den 70er Jahren des 18.Jahrhunderts gußeiserne Spurschienen im Einsatz. Seit 1789 wurden hier die ersten gußeisernen Stegschienen (rail roads) in Kombination mit Wagen, deren Laufräder Spurkränze besaßen, eingeführt.
1806 verlegte man zwischen der Dorotheer Halde und der etwa 500 m entfernt liegenden Dorotheer Erzwäsche einen solchen Schienenstrang. Damit war in Clausthal die erste "Eisenbahn" auf dem europäischen Festland entstanden.
Untertage wurden die Schienenläufe erst nach 1830 in größerem Umfang eingesetzt. Die im Harz wegen ihrer Form **Hammelpfoten** (Abb.29) genannten, etwa 80 cm langen Schienenteile wurden nicht, wie heute üblich, auf querliegenden Schwellen montiert, sondern auf etwa 6 m lange Längsschwellen genagelt, die dann den **Huntslauf** bildeten. Um 1833 wurden die Erze aus den Schächten Silbersegen und Alter Segen bei Clausthal in sogen. **englischen Wagen**, die je 15 Zentner faßten, auf Eisenschienen zu den Pochwerken transportiert. Durch den Bau dieser Eisenbahn wurden 40 Pferde entbehrlich.
Die noch heute verwendeten, nach Art der Eisenbahnschienen gewalzten Grubenschienen fanden erst um 1860 im Harzer Bergbau Eingang.
Die Hauptförderstrecken waren in der Regel mit etwas Gefälle zum Schacht hin aufgefahren, so floß einmal das Wasser besser ab und andererseits machte es jetzt nur wenig Mühe, die vollen Wagen zum Füllort zu rollen. Um so anstrengender war es aber, die Hunte leer oder gar mit Ausbaumaterial bzw.Versatzgut beladen auf der Rückfahrt "bergauf" schieben zu müssen.

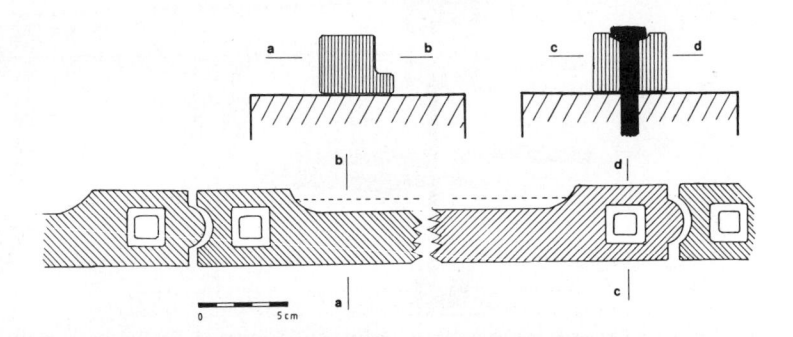

Abb.29: Hammelpfoten in Profil und Draufsicht. Mit diesem Namen bezeichnete man im Harz gußeiserne Schienenteile, die auf Längsschwellen zu Huntsläufen hintereinandergefügt waren. Nachdem sie durch Stegschienen ersetzt wurden, fanden die ausgemusterten Hammelpfoten oft noch Verwendung im Streckenausbau. (Schienenverzug mit Bruchsteinhinterfüllung).

Die schwere Arbeit der **Huntsstösser** bei der Streckenförderung wurde zumindest auf den größeren Gruben seit 1890 von elektrischen **Akkumulatoren-** oder **Fahrdrahtlokomotiven** übernommen. Eine sehr elegante horizontale Fördermethode war die Einrichtung eines **untertägigen Schiffahrtsweges** 400 m unter Clausthal auf der 6,5 km langen **Tiefen Wasserstrecke**, die von 1835 bis 1905 zu diesem Zweck genutzt wurde (siehe Kap.8).

5.6 Schachtförderung und -fahrung

Die im Harzer Gangerzbergbau üblichen, auf den Erzgängen niedergebrachten rechteckigen Schächte schwankten in ihrem Einfallen zwischen 60 und 90°. Wegen dieser Schieflage mußte die im Schacht auf- und niedergehende Fördertonne an einer Schachtwandung aufliegen, daher bezeichnete man solche **flachen Schächte** auch als **tonnlägig**. Zum besseren Gleiten auf dem unebenen Schachtstoß war die Unterseite der Tonne mit Kufen und der Schachtstoß entweder mit Rundhölzern (Abb.30 b) versehen oder mit Laufplanken (**Pfosten**) (Abb.30 c) getäfelt.

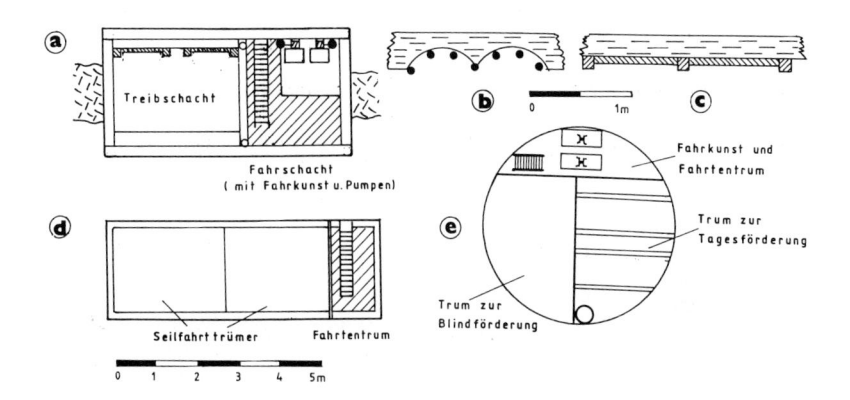

Abb.30: Querschnitte einiger Harzer Schächte.
a) Der tonnlägige Samsonschacht in St.Andreasberg
b) Tonnenleitung aus Rundhölzern auf dem Liegenden eines Treibschachts
c) mit Laufplanken (Pfosten) getäfelter Treibschacht
d) Ottiliae Schacht in Clausthal
e) Schacht Kaiser Wilhelm II in Clausthal
Die klassischen rechteckigen Schächte, früher ausschließlich tonnlägig (a), seit etwa 1830 dann meist senkrecht (d) wurden erst gegen 1890 durch die heute allgemein üblichen runden Schachtquerschnitte (e) abgelöst. An die Stelle der alten Bolzenschrotzimmerung trat der aus vorgefertigten eisernen Segmenten zusammengesetzte Tübbingausbau, oft in Kombination mit Ziegelsteinmauerung.

In sehr flach einfallenden Schächten benutzte man eine aus Freiberg im Erzgebirge stammende Art der Tonnenleitung, hier war auf dem liegenden Schachtstoß ein Schienenstrang verlegt war, auf dem die mit vier Rädern versehene Tonne wie ein Förderwagen lief. Allerdings bewährte sich diese Art der Förderung nicht, da das Einfallen der Schächte sehr ungleichmäßig war und die Tonnen leicht zu entgleisen pflegten. Aus diesem Grund gab es auch erhebliche Probleme bei der Seilführung, insbesondere, wenn der Schacht **sich stürzte**, wie man sagte, wenn die Einfallsrichtung sich plötzlich ins Gegenteil umkehrte. An solchen Buckeln mußte das Förderseil über horizontale, drehbar gelagerte Trommeln gelenkt werden, um dem Seilverschleiß vorzubeugen.

Erst Mitte des 19.Jahrhunderts ging man zur Anlage von neuen senkrechten **Richtschächten** über, in denen die freihängenden Fördergefäße störungsfrei bewegt werden konnten.

Zu Beginn des Bergbaus stand zur Förderung nur die menschliche Muskelkraft zur Verfügung. Als Grundlage aller Vertikalförderung diente seit den Anfängen bis ins 19.Jahrhundert hinein der traditionelle **Handhaspel** (Abb.28a). Eine solche einfache Winde mit einer horizontalen, über dem Schacht liegenden Welle mit zwei Kurbeln wurde meist von 2 oder 4 Haspelknechten bedient. Das Förderseil war so um den Haspelbaum geschlungen, daß bei seiner Drehung der eine Kübel leer in die Tiefe fuhr, während der andere gefüllt heraufgezogen wurde. Mit dieser Methode war eine Förderung aus bis zu 30 m Tiefe möglich, durch Benutzung einer Tretscheibe konnte das Erz sogar 50 m emporgezogen werden.

Mit dem Einsatz von Pferden an sogenannten **Pferdegöpeln** (Abb.28c) konnte noch aus 200 m tiefen Schächten gefördert werden. Neben den Schachtöffnungen errichtete man zu diesem Zweck die bekannten kegelförmigen, mit Holzschindeln gedeckten Gebäude, in denen die Pferde im Kreis herumliefen. Im Harz hießen die über den Schächten stehenden **Huthäuser** in Anlehnung an das Wort **Göpel** ganz allgemein **Gaipel**.

Das vertikale Fördern nannte man "**Treiben**", die Schachtfördereinrichtungen hießen "**Treibwerke**", unter einem "**Treiben Erz**" verstand man eine geförderte Roherzmenge von etwa 11 t.

Die wichtigste, im Bergbau genutzte natürliche Energiequelle blieb bis Ende des 19.Jahrhunderts das Wasser. Seit dem 16.Jahrhundert wurde die Kraft des Wassers bei der leistungsfähigen **Kehrradförderung** eingesetzt, mit der Tiefen von mehr als 500 m überwunden werden konnten. Diese für damalige Verhältnisse geniale Erfindung löste das Problem der diskontinuierlichen Förderung, die eine ständige Umkehrung der Drehrichtung verlangte (Abb.31a).

Die von oben mit Wasser beaufschlagten (**oberschlächtigen**) hölzernen Räder mit einem Durchmesser von 6-8 m hatten zwei Schaufelkränze, deren 60-80cm breite Zellen entgegengesetzt gerichtet waren. Die Laufrichtung des Rades bestimmte der **Schützer** durch das wechselweise Ziehen der beiden **Schütze**, womit er einmal auf den einen, dann wieder auf den anderen Zellenkranz Wasser aufschlagen ließ.

Mittels eines zusätzlichen, meist seitlich angebrachten Radkranzes und eines über Hebel beweglichen Bremsklotzes konnte der Maschinist das Kehrrad einigermaßen exakt stoppen.

Zur Verständigung mit den **Anschlägern**, die unten im Schacht das Füllen der Tonne besorgten, dienten per Seilzug übermittelte Klopfzeichen (Schachtglocke). Am Förderseil angebrachte Markierungen zeigten dem Schützer an, wann das

Fördergefäß die gewünschte Tiefe erreicht hatte.
1773 entwickelte der geniale Clausthaler Oberbergmeister GEORG ANDREAS STELTZNER (1725-1802, siehe Abb.61) den ersten mechanischen Teufenzeiger - im Harz **Weiszeug** genannt -, der auf dem Caroliner Schacht zuerst Anwendung fand. Über einen Spindelantrieb, der mit der Kehrradachse verbunden war, wurde ein Zeigerwerk gesteuert, das dem Schützer auf einem uhrähnlichen Zifferblatt den jeweiligen Stand der Tonnen im Schacht wies.

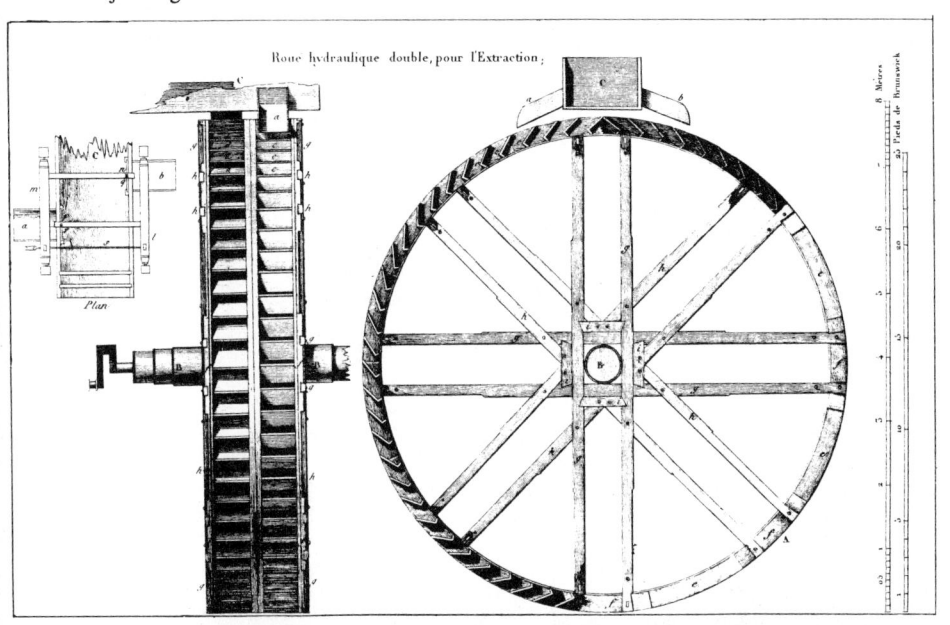

Abb.31a: Darstellung eines typischen Harzer Kehrrads, wie es bis Anfang des 20.Jahrhunderts zum Antrieb der Schachtförderung (Treibwerk) Verwendung fand. Das hier abgebildete Rad der Grube Herzog August bei Bockswiese hatte einen Durchmesser von 8 m. Links ist der Wasserkasten, von dem aus durch Ziehen der entsprechenden Schütze die beiden Schaufelkränze wechselweise beaufschlagt wurden, in Aufsicht dargestellt.
(aus dem Atlas zu VILLEFOSS, 1822)

Sehr umständlich gestaltete sich der Wechsel des Förderniveaus, weil dann jedesmal an den Seiltrommeln das Seil auf- oder abgenommen werden mußte, bis die benötigte Länge eingestellt war und die Tonnen wieder angehängt werden konnten.

Die hölzernen Tonnen, die gefüllt etwa 230-280 kg wogen, hingen entweder an **geschmiedeten Ketten** (Kettenseilen), oder an **dicken Hanfseilen**. Für Tiefen über 400 m kamen die recht dauerhaften Kettenseile wegen ihres zu hohen Eigengewichts nicht mehr in Frage. Die stattdessen verwendeten gedrehten Hanfseile waren sehr teuer und nur begrenzt haltbar, da sie schnell mechanisch verschlissen und außerdem in der feuchten Grubenluft leicht zum Verrotten neigten.

Anfang des 19.Jahrhunderts, als die Förderung oft aus mehr als 500 m Teufe erfolgte, waren Treibseilbrüche und das damit verbundene Abstürzen der Tonne

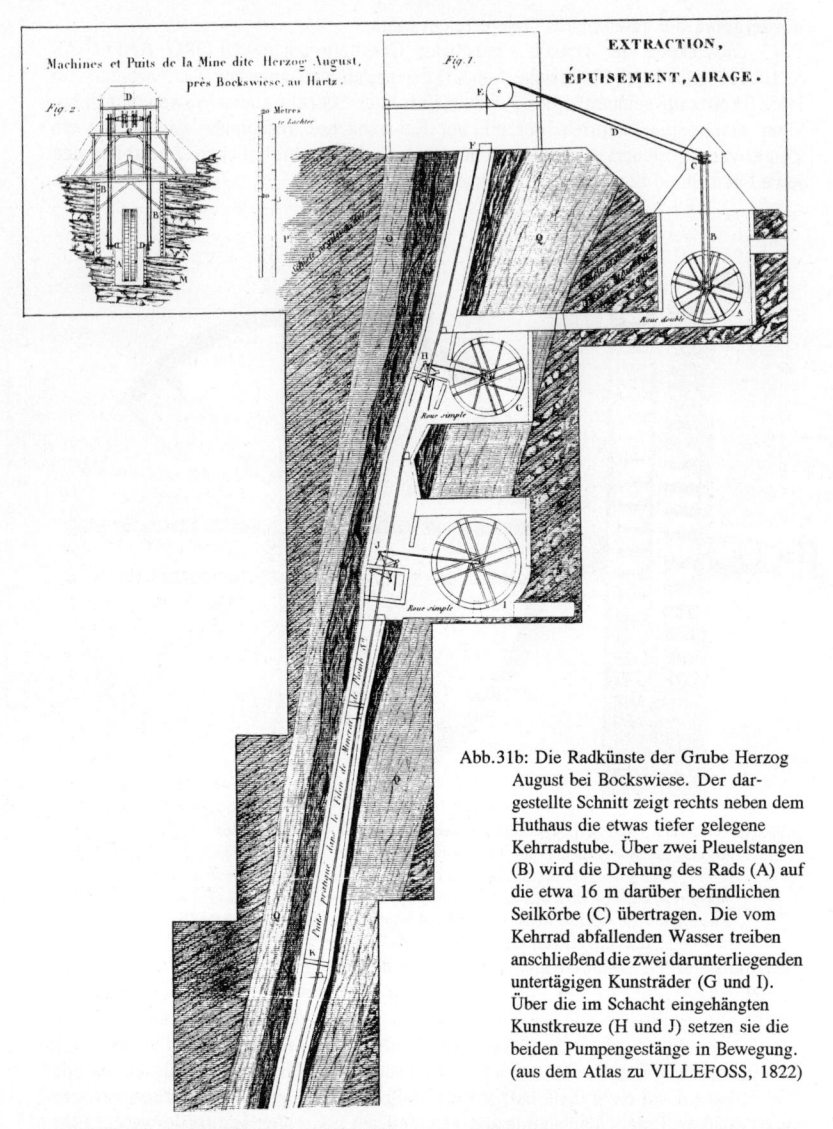

Abb. 31b: Die Radkünste der Grube Herzog August bei Bockswiese. Der dargestellte Schnitt zeigt rechts neben dem Huthaus die etwas tiefer gelegene Kehrradstube. Über zwei Pleuelstangen (B) wird die Drehung des Rads (A) auf die etwa 16 m darüber befindlichen Seilkörbe (C) übertragen. Die vom Kehrrad abfallenden Wasser treiben anschließend die zwei darunterliegenden untertägigen Kunsträder (G und I). Über die im Schacht eingehängten Kunstkreuze (H und J) setzen sie die beiden Pumpengestänge in Bewegung. (aus dem Atlas zu VILLEFOSS, 1822)

eine alltägliche Erscheinung, die leider auch häufig Menschenleben forderte. Es ist leicht vorstellbar, welche Verwüstungen eine hunderte von Metern hinabstürzende Tonne in einem Schacht anrichten kann! Doch dieses, für den Bergbau existenzielle Problem wurde von einem hervorragenden Harzer Bergingenieur gelöst.

Die Erfindung des Drahtseils (1834)

Zu den ganz großen Persönlichkeiten des Harzer Bergbaus gehört ohne Zweifel WILHELM AUGUST JULIUS ALBERT (1787-1846), der als Erfinder des Eisendrahtseils weltberühmt wurde (Abb.61d). Der aus Hannover stammende Sohn des damaligen Bürgermeisters der Neustadt begann nach dem Jurastudium in Göttingen 1806 den Dienst als "Beamter von der Feder" beim Clausthaler Berg- und Forstamt. Zunächst als **Auditor** und Führer der Bergamts-Protokolle entwickelte der junge Jurist rasch eine Vorliebe für das Bergfach und seine technischen Belange. Während der bald folgenden französischen Besatzungszeit avancierte er zum Bergschreiber und bewies sich in vielerlei Hinsicht als sehr befähigter Verwaltungsbeamter.

Wieder unter hannoverscher Hoheit (1813) übertrug ihm Berghauptmann VON MEDING den verantwortungsvollen Posten des **Zehntners**. Dieser verwaltete nicht nur die Hauptkasse, sondern führte auch die Oberaufsicht über den gesamten Bergwerks- und Hüttenhaushalt. Nach MEDINGS Berufung an das Finanzministerium in Hannover übernahm ALBERT kommissarisch die Geschäfte der Clausthaler Berghauptmannschaft. Trotz seiner unzweifelhaften Befähigung ließ man ihn nicht auf die Stelle des Berghauptmanns rücken, da nach hannoverschem Grundsatz die leitenden Beamtenstellen dem Adel vorbehalten waren. Statt dessen setzte man den nicht sonderlich befähigten FRIEDRICH OTTO BURCHARD VON REDEN* als "zweiten" Berghauptmann ein. ALBERT bekam die neugeschaffene Stelle eines **Bergrats** (1817) und leitete faktisch das gesamte Bergwesen. Berufen zum **Ersten Oberbergrat** im 1825 neueingesetzten "**Berghauptmannschaftlichen Kollegium**", konnte er nun verstärkt seinen Einfluß auf den Bergbau gegenüber VON REDEN durchsetzen.

Nebenbei beschäftigte sich ALBERT intensiv mit der Verbesserung der Treibseile bei der Schachtförderung, damals größtes Sorgenkind des Oberharzer Bergbaus. Sämtliche Bemühungen, dieses Problem zu lösen, hatten sich bis dahin auf eine Verbesserung der Kettenfertigung, Ausgleich des Eigengewichts sowie Versuche mit Endloskettenseilen konzentriert. Als erster erkannte ALBERT, daß es nötig war, ein Seil zu entwickeln, das frei von einer Teilung in Glieder und von Schweißstellen war. Anfang Februar 1834 kam ihm die geniale Idee, die sogleich in die Tat umgesetzt wurde.
Aus zunächst dreimal drei Drähten mit je 3,5 mm Durchmesser ließ er nach Art der Hanfseile ein neuartiges Seil drehen, das, wie sich bald herausstellte, enormen Zugkräften standhielt und trotzdem so biegsam war, daß es selbst beim Aufwickeln auf den stark gekrümmten Seiltrommeln keinen Schaden litt. Nach ersten Vorversuchen auf dem St.Elisabether Schacht bei Clausthal wurden Mitte Juli die beiden ersten, je 630 m langen Seile im bis dahin mit Hanfseilen ausgerüsteten Caroliner Schacht aufgelegt (BORHNARDT, 1934). Ein solches Drahtseil bestand aus drei Litzen zu je vier Drähten von 3,5 mm Durchmesser und war im **Gleichschlag** (heute noch **ALBERT-Schlag** genannt) zusammengedreht. Die Herstellungsweise geht aus Abb.32 hervor.

* der Sohn von C.F.v.Reden, siehe Abb.61, S.137

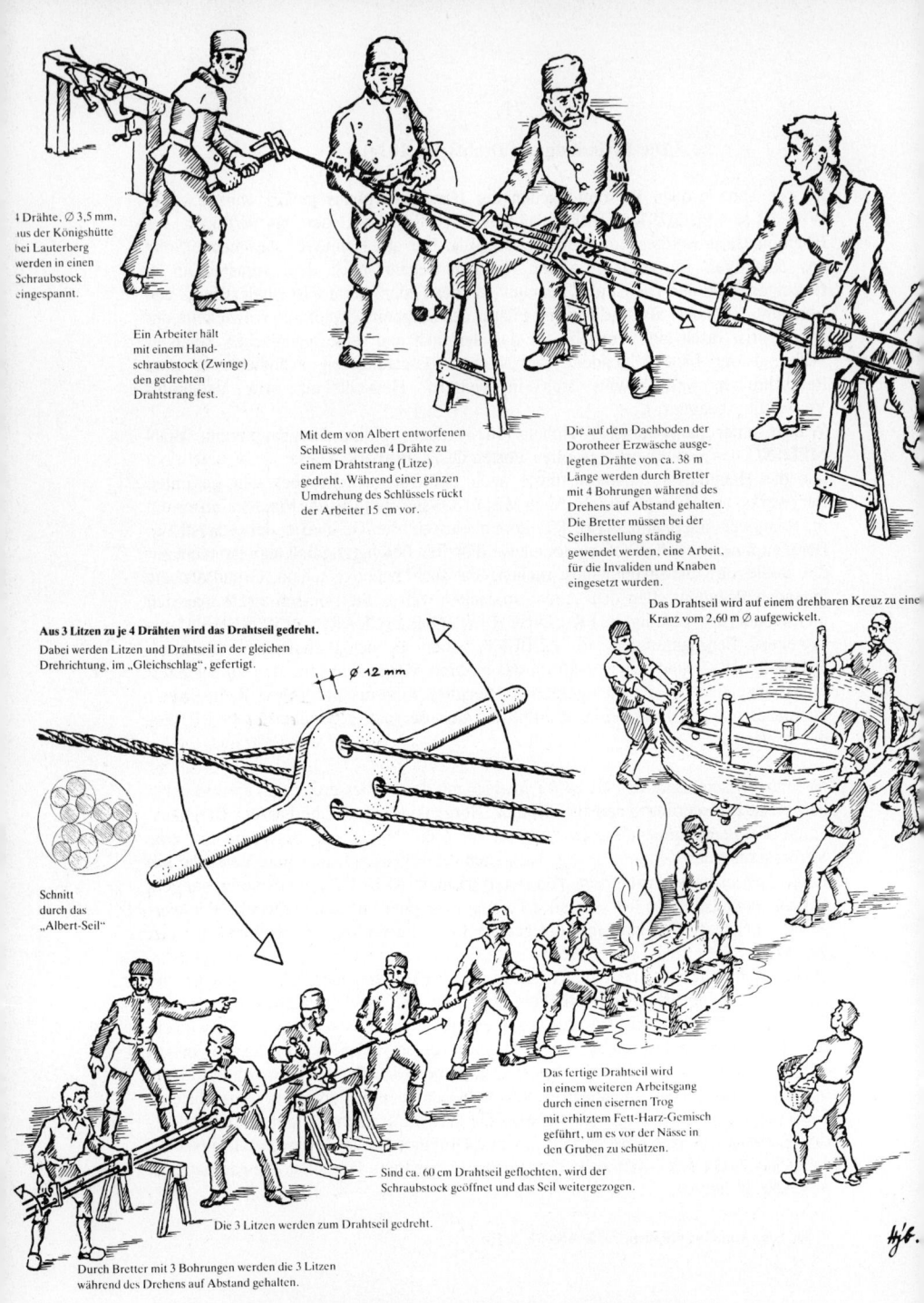

4 Drähte, ⌀ 3,5 mm, aus der Königshütte bei Lauterberg werden in einen Schraubstock eingespannt.

Ein Arbeiter hält mit einem Handschraubstock (Zwinge) den gedrehten Drahtstrang fest.

Mit dem von Albert entworfenen Schlüssel werden 4 Drähte zu einem Drahtstrang (Litze) gedreht. Während einer ganzen Umdrehung des Schlüssels rückt der Arbeiter 15 cm vor.

Die auf dem Dachboden der Dorotheer Erzwäsche ausgelegten Drähte von ca. 38 m Länge werden durch Bretter mit 4 Bohrungen während des Drehens auf Abstand gehalten. Die Bretter müssen bei der Seilherstellung ständig gewendet werden, eine Arbeit, für die Invaliden und Knaben eingesetzt wurden.

Das Drahtseil wird auf einem drehbaren Kreuz zu einem Kranz vom 2,60 m ⌀ aufgewickelt.

Aus 3 Litzen zu je 4 Drähten wird das Drahtseil gedreht. Dabei werden Litzen und Drahtseil in der gleichen Drehrichtung, im „Gleichschlag", gefertigt.

⌀ 12 mm

Schnitt durch das „Albert-Seil"

Das fertige Drahtseil wird in einem weiteren Arbeitsgang durch einen eisernen Trog mit erhitztem Fett-Harz-Gemisch geführt, um es vor der Nässe in den Gruben zu schützen.

Sind ca. 60 cm Drahtseil geflochten, wird der Schraubstock geöffnet und das Seil weitergezogen.

Die 3 Litzen werden zum Drahtseil gedreht.

Durch Bretter mit 3 Bohrungen werden die 3 Litzen während des Drehens auf Abstand gehalten.

Abb. 32: Skizzen zur Drahtseilherstellung nach Oberbergrat ALBERT (1834). (Gezeichnet von Hans-Jürgen Boyke, Oberharzer Bergwerksmuseum Clausthal-Zellerfeld 1987, mit freundlicher Genehmigung)

Als erste Fertigungsstätte diente ein 40 m langer Raum mit einem Ausgang ins Freie auf dem Dachboden der Dorotheer Erzwäsche. Die besten Drähte hierfür lieferte die Lauterberger Königshütte (siehe Kap.13.2), dort war erst 1833 ein neues Drahtziehverfahren eingeführt worden. Als Ausgangsmaterial war besonders das aus manganhaltigem Brauneisenstein vom Iberg bei Grund gewonnene Eisen vorzüglich geeignet.

Schon der Prototyp bewährte sich rasch vortrefflich. Als einzige Schwachstelle, die öfterer Erneuerung bedurfte, erwies sich die Öse am Seilende, an der die Tonne mit einer kurzen, starken Kette angeschlagen war. Beim "Unterfassen", wie man das Verklemmen der Tonne im Schacht nannte, riß das Seil gelegentlich an dieser Stelle.

Die neuen, billig herstellbaren Seile hatten Standzeiten von bis zu einem Jahr, in der gleichen Zeit riß ein entsprechendes Hanfseil durchschnittlich 17 mal! Sein Gewicht betrug mit 0,8 kg pro Meter nur etwa ein Drittel der herkömmlichen Hanfseile, gleichzeitig lag die Zerreißfestigkeit eines 200 m langen Seils bei 120 Zentnern.

Bis 1838 waren fast alle tiefen Oberharzer Schächte mit Drahtseilen ausgestattet, auch im damals jungen Ruhrbergbau fand das neue Seil schon 1835 Eingang. Der Siegeszug dieser Erfindung im Harz wäre noch schneller verlaufen, wenn die Herstellung des Drahts nicht so viel Zeit erfordert hätte und das Bergamt nicht auch Rücksicht auf die Seilermeister genommen hätte, die nach Wegfall der Hanfseillieferungen Zeit zur Umstellung finden sollten. Allein im Jahre 1838 betrug die Ersparnis durch Minderausgaben für die Seilbeschaffung 12.758 Rthlr ohne Berücksichtigung der finanziellen Vorteile durch die vermiedenen Schachtschäden (BORNHARDT, 1934).

ALBERT selbst sah davon ab, aus seiner Erfindung finanziellen Gewinn zu ziehen, sondern überließ sie der allgemeinen Benutzung. Nach dem Tod des Berghauptmanns VON REDEN (1838) lag die oberste Direktion des hannoverschen Harzes in den Händen von ALBERT, der nun den Titel **Oberbergrat mit Obersten-Rang** führte-der höchste Titel blieb ihm weiter verwehrt!

Auch im Ausland, wo seine Erfindung rasch zur Anwendung kam, wurden ALBERTS Verdienste durch zahlreiche Auszeichnungen gewürdigt, so ernannte ihn der Kaiser von Rußland zum "Ritter des St.Annen Ordens".

Beim großen Clausthaler Stadtbrand 1844 hatte sich ALBERT durch Überanstrengung schwere gesundheitliche Schäden zugezogen, von denen er sich nicht wieder erholen sollte. Am 4.Juli 1846 starb der "um das Wohl des Harzes hochverdiente und unermüdet tätige Beförderer des Bergbaus" im 59.Lebensjahr. Sein Grabmausoleum steht noch heute auf dem alten Friedhof in Clausthal.

Fahrkünste

Die großen Teufen, in die der Oberharzer Bergbau in den ersten Jahrzehnten des 19.Jahrhunderts vorgedrungen war, brachten noch andere Probleme mit sich. Die einzige Möglichkeit für die Bergleute, ihren Arbeitsplatz tief im Gebirge zu erreichen, war das Steigen auf hölzernen **Fahrten** (Leitern) in den Fahrschächten. Zwei Stunden und länger mußten selbst geübte Bergleute auf den rutschigen Fahrten klettern, um in 600 - 700 m Teufe vor Ort zu kommen. Mehr als die doppelte Zeit benötigten sie nach verfahrener Schicht für die mühevolle Ausfahrt (siehe Kap.4.3). Ältere Bergleute waren solchen Strapazen nicht mehr gewachsen und auch junge kräftige Männer waren in verhältnismäßig kurzer Zeit gesundheitlich verbraucht, "bergfertig", wie es hieß.

Seitens der Bergbehörde wurde erwogen, an geeigneten Orten in den tiefen Gruben Schlafkammern einzurichten, um den Bergleuten wenigstens zweimal in der Woche das beschwerliche Ein- und Ausfahren zu ersparen. Doch ein so langer Aufenthalt in der schlechten feuchtstickigen Grubenluft hätte deren Gesundheit nur noch mehr beeinträchtigt. (Schlafstätten unter Tage gab es im Harz nur im Rammelsberg, allerdings aus ganz anderen Gründen, siehe Kap.7.)

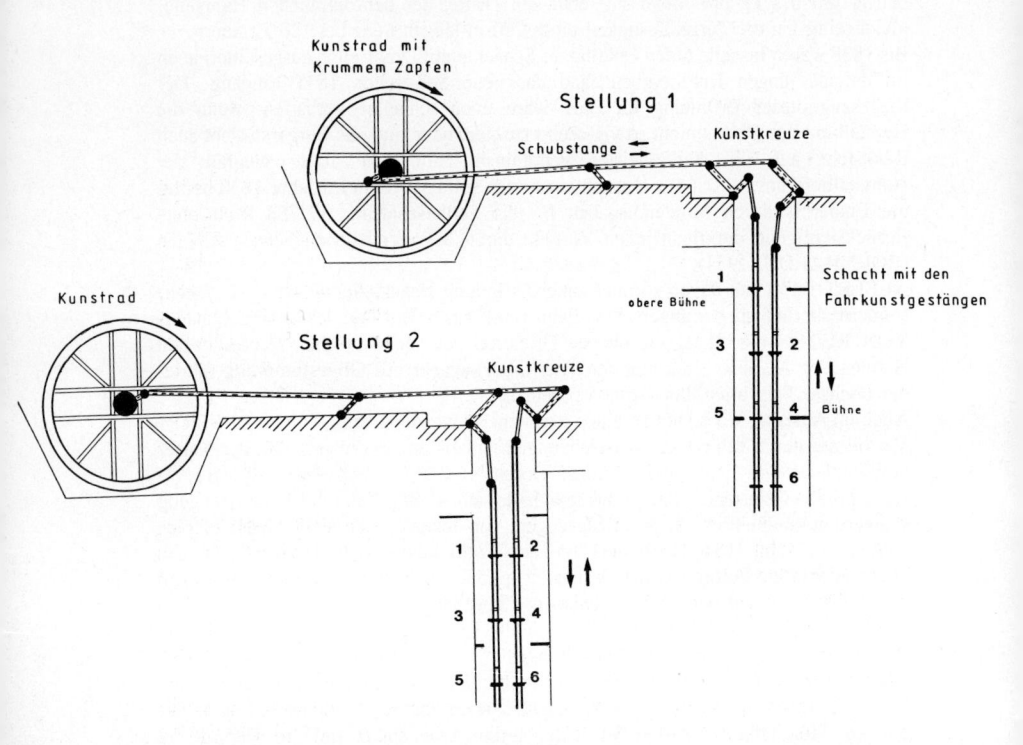

Abb.33: Funktionsprinzip einer Harzer Fahrkunst.
 Die beiden von einem Kunstrad über Schubstangen und Kunstkreuze angetriebenen Holzgestänge gingen abwechselnd im Schacht auf und nieder. An ihnen waren im Abstand von ca.3 m Trittbretter angebracht. Jeweils im Moment, wenn die Umkehrung der Bewegungsrichtung erfolgte und die Gestänge für einen Augenblick stillstanden, mußte der Fahrende zur anderen Stange hinüberwechseln. So wurde er jeweils um eine Hubhöhe nach oben- oder, wenn er im umgekehrten Sinne übertrat, nach unten gebracht.

Retter in dieser schwierigen Situation wurde der damalige Geschworene und spätere Oberbergmeister GEORG LUDWIG WILHELM DÖRELL (1793 - 1854) aus Zellerfeld. Er erfand 1833 die berühmt gewordene **Harzer Fahrkunst**, sie ermöglichte den Bergleuten ein schnelles, sicheres Ein- und Ausfahren ohne größeren Kraftaufwand.
Das Prinzip dieser Einrichtung zeigen die in Abb.33 wiedergegebenen beiden Skizzen. Die ursprünglich gebauten Fahrkünste bestanden aus zwei parallel in den Schacht eingehängten Balkenkonstruktionen. Diese beiden aus Vierkanthölzern (15 x 15cm) gefertigten Gestänge wurden von einem Wasserrad (Kunstrad) über eine Kurbelwelle ("krummer Zapfen"), eine Schubstange und zwei über dem Schacht befindlichen Winkelhebel ("Kunstkreuze") in eine gegeneinandergerichtete Auf- und Abwärtsbewegung versetzt. Die Hubhöhe der meisten Künste lag zwischen 1,6 - 4m.
In Abständen, die der einfachen Hubhöhe entsprachen, waren an beiden Gestängen hölzerne Trittbretter angebracht, die eine Fläche von 20 bis 30 cm im Quadrat hatten (Nummern in der Skizze). Etwa 1,3 m über jedem Tritt war in Reichhöhe ein eiserner Handgriff am Gestänge angeschraubt. Im Augenblick des Stillstandes während eines Hubwechsels befanden sich die gegenüberliegenden Trittbretter eine kurze Zeit hindurch auf gleicher Höhe. Ihr horizontaler Abstand betrug etwa 50 - 70 cm, so daß man bequem von einer Seite zur anderen übersteigen konnte.
Zum Einfahren stellte sich der Bergmann oben am Schacht auf Tritt 1 desjenigen Gestänges, das im Begriff war, niederzugehen (Stellung 1). Durch eine halbe Umdrehung des Kunstrades gelangte er um den Betrag der Hubhöhe abwärts, gleichzeitig hob sich das andere Gestänge, bis die Trittbretter sich wieder gegenüberstanden (Stellung 2). Im Augenblick der Bewegungsumkehr (2 - 3 Sek) stieg der Mann hinüber auf Tritt 2 des benachbarten Gestänges und fuhr sogleich weiter hinab, während das erste Gestänge wieder emporging. Beim nächsten Hubwechsel stellte er sich dann auf Tritt 3 usw. Durch einfaches Übertreten konnte der Bergmann ohne besondere Kraftanstrengungen in den Schacht einfahren. Gleichermaßen gestaltete sich das Ausfahren, wobei der Bergmann in umgekehrter Richtung immer auf das jeweils sich aufwärtsbewegende Gestänge übertrat.
Pro Minute machten die Fahrkunstgestänge zwischen 6 und 10 Hüben. Abb.34 zeigt eine typische Oberharzer Balkenfahrkunst.
Auf der 1837 im damals schon über 700 m tiefen Samson-Schacht eingebauten Fahrkunst dauerten Ein- oder Ausfahrt zur tiefsten Sohle nun nur noch 45 Minuten. Statt an hölzernen Balken sind hier Tritte und Griffe an jeweils zwei starr verbundenen 30 mm Drahtseilen angebracht.
Diese Fahrkunst - die letzte ihrer Art - ist bis zum heutigen Tag in Betrieb, allerdings dient zum Antrieb kein Wasserrad mehr, sondern ein Elektromotor. Mehr zu dieser interessanten Schachtanlage finden Sie in Kapitel 12.
Auch in ausländischen Bergbaurevieren fand diese Harzer Erfindung bald Eingang. Als Beispiel seien hier nur die damals unter deutschem Einfluß betriebenen Silbererzgruben von Kongsberg in Südnorwegen genannt. Auf der dortigen Kongensgrube, die heute als Museum betrieben wird, ist noch eine Fahrkunst Oberharzer Bauart vorhanden.
Im Oberharz blieben die Fahrkünste noch bis ins 20.Jahrhundert hinein gebräuchlich. Die neuen seigeren Schächte (Königin Marien Schacht und Kaiser Wilhelm Schacht in Clausthal) erhielten Fahrkünste mit eisernen Gestängen, die von einer Dampfmaschine bzw. einer Wassersäulenmaschine angetrieben wurden (siehe Kap.8).

Die Fahrkunst des Marienschachts war so ausgelegt, daß die Belegschaft einer Schicht ausfahren und die der nächsten gleichzeitig einfahren konnte. Insgesamt gab es in 19 Harzer Schachtanlagen Fahrkünste.
Seit den 20er Jahren des 19.Jahrhunderts setzte vor allem in England die Dampfkraft zunehmend neue Maßstäbe bei der Schachtförderung.
Dampffördermaschinen wie auch Dampfpumpen hielten erst um 1870 Einzug in den Oberharzer Bergbau und wurden bereits wenige Jahrzehnte später durch die neu aufkommenden leistungsfähigeren elektrischen Fördermaschinen verdrängt. An die Stelle der Holztonnen traten in den neuen seigeren Schächten nun spurlattengeführte "**Förderkörbe**", die auch der **Seilfahrt** dienten.
In der Bergpolizeiverordnung des Oberbergamts Clausthal ist noch 1911 folgende Bestimmung enthalten: "Kein Arbeiter darf gezwungen werden, sich des Seils zu Fahren zu bedienen." So schwer waren damals noch die Bedenken der Bergbehörde, den Bergleuten die moderne Seilfahrt zur Pflicht zu machen!
Grund für die offensichtliche Meidung der Dampfkraft war hauptsächlich die fehlende Versorgung mit Steinkohlen wegen der noch nicht vorhandenen Anbindung an das Eisenbahnnetz. Im Oberharz war man auf die Anwendung der Wasserkraft gut eingeübt, außer für die effektiven Wassersäulenmaschinen zum Antrieb der Pumpen ließ sich das zur Verfügung stehende Schachtgefälle später auch zur billigen Stromerzeugung mittels Turbinen und Generatoren nutzen. Die beiden Turbinenstationen im St.Andreasberger Samsonschacht, sowie das Grubenkraftwerk im Achenbachschacht, das möglicherweise auch nach Stillegung des Erzbergwerks Grund noch weiterbetrieben werden kann, sind die letzten untertägigen Harzer Wasserkraftwerke!

Abb.34: Ein Bergmann auf der Fahrkunst im tonnlägigen Rheinischweiner Schacht auf dem Zellerfelder Gangzug. Der Schacht steht in schwerer Bolzenschrotzimmerung, rechts im Vordergrund ist die Öffnung des Treibschachts erkennbar (aus BAUMGÄRTEL, 1912)

Abb.35: Fahrkunst im Dorotheer Schacht auf dem 19-Lachter-Stollen
Rechts daneben das Fahrtentrum und im Hintergrund der Treibschacht mit einer Fördertonne.
Diese 65 Lachter (etwa 130 m) unter Tage befindliche Sohle war die sog. Fremdenstrecke,
auf ihr wurden die Besucher hinüber zur Nachbargrube Caroline geführt.
(Stahlstich nach Zeichnung von W.Ripe um 1850)

5.7 Wasserhebung

Wasser hebt Wasser - diese Kurzformel beschreibt sehr treffend die seit der Wiederaufnahme des Harzer Bergbaus im 16.Jahrhundert praktizierte Methode der Wasserwältigung. Daraus ergab sich die auf den ersten Blick paradoxe Situation, daß der Wassermangel in trockenen Sommern zum "**Absaufen**" der Grubengesenke führte.
Im mittelalterlichen Bergbau - etwa am Rammelsberg - löste man die Grubenentwässerung auf denkbar einfache Weise, Dutzende von **Wasserknechten** bildeten übereinander auf Fahrten stehend eine Kette und reichten sich wassergefüllte Ledereimer zu.
Eine andere Methode war das Wasserziehen mit Ledergefäßen, sog. **Bulgen**, die wie Fördertonnen im Schacht hochgezogen wurden.
Anfang des 16.Jahrhunderts stellte die sog. **Heinzenkunst** (Abb.36a) eine wichtige

Neuerung dar. Sie bestand aus einer vom Schachtsumpf bis zum vorgesehenen Wasserabflußniveau reichenden Folge aufeinandergesetzter Holzrohre, die mit Eisenringen bewehrt und mit Eisenklammern am Schachtausbau befestigt waren. Durch diese Rohrtour und über den Kettenkorb einer horizontalen Welle oberhalb des Schachts wurde eine endlose Kette geführt, an der im Abstand von 1 - 2 m lederne Bälle (**Püschel**) befestigt waren. Jeder der dem Rohrdurchmesser genau angepaßten Bälle nahm nun beim Umlauf der Kette die darüberstehende Wassersäule mit nach oben. AGRICOLA gibt die Förderhöhe der Heinzenkunst mit 60 - 70 m an.

Im Harz wurde diese, aus dem sächsisch-böhmischen Erzgebirge übernommene Technik um 1535 eingeführt. Sehr erfolgreich war ihr Einsatz seit 1546 auf der Zeche **Wildemann's Fundgrube**, bereits nach einer Woche konnten die Hauer wieder "im Tiefsten der Zeche" arbeiten.

Zur selben Zeit waren auch bereits einfache Kolbenpumpen im Einsatz, im Bergbau bekannt als die "**Kunst mit dem krummen Zapfen**" (Abb.36b). Angetrieben wurde die Pumpenkunst von einem einfachen, oberschlächtigen Wasserrad, an dem eine Kurbelwelle (**krummer Zapfen**) angebracht war, die die Drehbewegung der Achse in eine Hubbewegung des im Schacht hängenden Pumpengestänges umsetzte. Mit diesem hölzernen Gestänge waren die Kolbenstangen der einzelnen Pumpensätze durch Hebelarme verbunden.

Die **Kunst mit dem krummen Zapfen** wurde im Harz nachweislich zuerst 1564 am Rammelsberg erfolgreich eingesetzt. Die Zylinder der Saugpumpen waren damals ganz aus aufgebohrten Baumstämmen gefertigt, sie wurden allgemein im Harz als **Piepen** bezeichnet.

Die im Harz verwendeten Kunsträder hatten Durchmesser von 8 - 12 m und Zellenweiten von 60 - 80 cm (Abb.37a).

Das Verhältnis von Aufschlagwasser zu Pumpwasser betrug 18 : 1.

Die später im Gangbergbau ausschließlich verwendeten sog. "**niedrigen Kunstsätze**" waren Tauchkolbenpumpen von etwa 9 m Länge mit gußeisernen Zylindern und hölzernen Ansaugrohren.

Auf den Gangzügen wurden besondere **Kunstschächte** angelegt, in denen manchmal bis zu 20 übereinander angeordnete Pumpensätze das Grubenwasser bis auf das Niveau des tiefsten Wasserlösungsstollens hoben (Abb.37b): Durch gemeinsame **Wasserstrecken** konnte die Last der Wasserhebung gleichmäßig auf verschiedene Gruben verteilt werden.

War es nicht möglich, Aufschlagwasser direkt zum Schacht zu leiten, weil dieser auf einer Anhöhe lag, verlegte man das Kunstrad weiter nach unten und übertrug dessen Kraft mittels **Feldgestänges** (oder **Stangenkunst**) (Abb.38).

Mit dieser nach 1550 auch im Harz eingeführten Übertragungsmethode war es möglich, mechanische Bewegungsenergie über Distanzen bis zu 1000 m - wenn auch mit erheblichen Reibungsverlusten - zu transportieren. Zur Umlenkung der Übertragungsrichtung, z.B. von der Horizontalen in die Vertikale, hatte man das **Kunstkreuz** ersonnen (Abb.37c). Abb.34 zeigt im Detail die Wasserkunst der Clausthaler Grube Dorothea um das Jahr 1800 (siehe auch Kap.8).

Um das kostbare Aufschlagwasser mehrmals zu verwenden, setzte man die Wasserräder gewöhnlich übereinander. Dazu war es notwendig, unter Tage in Schachtnähe Kammern zur Aufnahme der Wasserräder auszuhauen (**Radstuben**). Oft nutzten mehrere Gruben nacheinander das gleiche Wasser, bis es über den tiefsten Wasserlösungsstollen, gemeinsam mit dem aus den Tiefbauen emporgepumpten Wasser, abfloß (Abb.39).

Das Rad A. Die Welle B. Der Zapfen C. Die Ringlager D. Der Kettenkorb E.   Die obere Welle A.   Das Wasserrad, das durch das Bachwasser getrieben wird B.
Die eisernen Klammern F.   Die Kette G.   Die Schachthölzer H.   Die Bälle I.   Das Zahnrad C.   Die untere Welle D.   Das Getriebe E.   Die Krummzapfen F.
Die Rohre K.   Das Aufschlaggerinne L.   Die Gruppen von Pumpensätzen G.

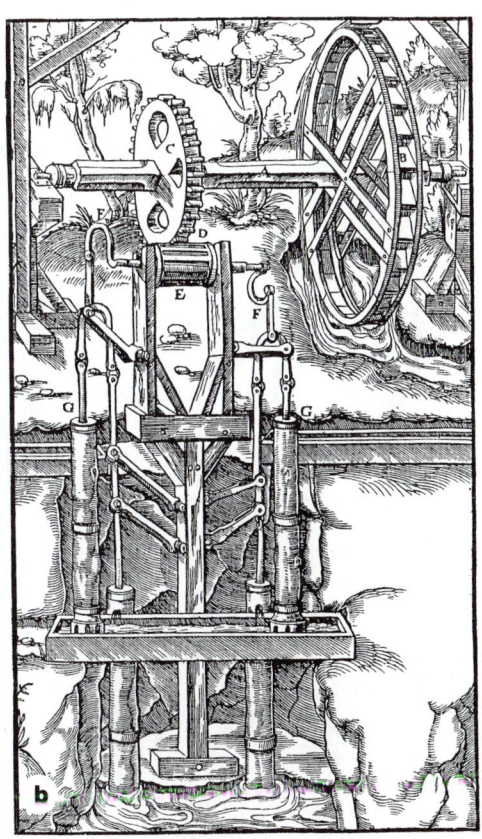

Abb.36: Frühneuzeitliche Methoden der bergbaulichen Wasserhebung
(aus AGRICOLA, 1556)
a) eine wasserkraftgetriebene Heinzenkunst: an einer Endloskette angebrachte Lederbälle werden durch ein Holzrohr gezogen und heben dabei eine gewisse Wassermenge.
b) eine "Kunst mit dem krummen Zapfen", die über ein Vorgelege von einem Kunstrad angetrieben wird. Dieses Modell ist praktisch Vorläufer der bis ins 19.Jahrhundert hinein im Harz verwendeten "Pumpenkünste".

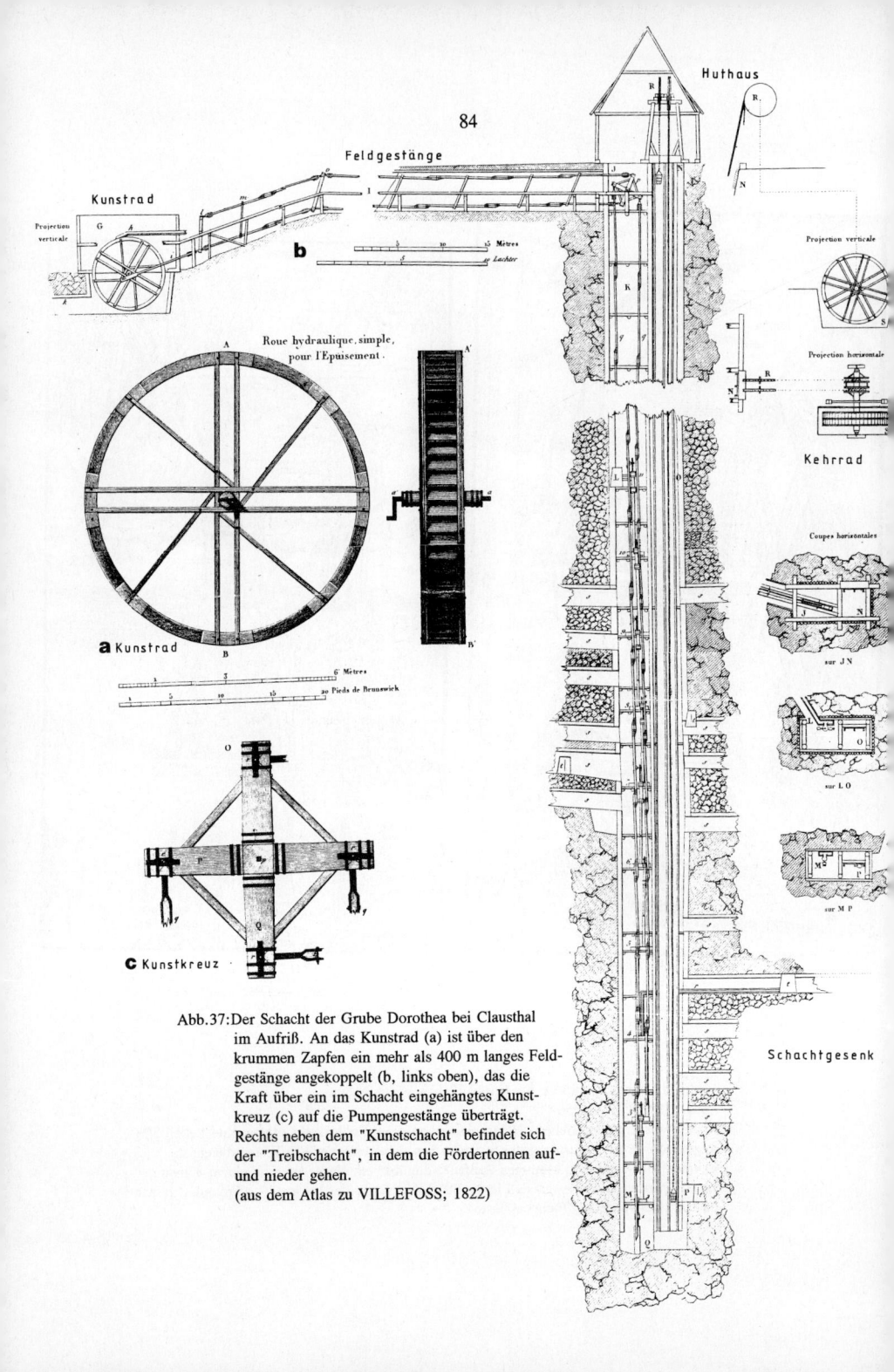

Abb.37: Der Schacht der Grube Dorothea bei Clausthal im Aufriß. An das Kunstrad (a) ist über den krummen Zapfen ein mehr als 400 m langes Feldgestänge angekoppelt (b, links oben), das die Kraft über ein im Schacht eingehängtes Kunstkreuz (c) auf die Pumpengestänge überträgt. Rechts neben dem "Kunstschacht" befindet sich der "Treibschacht", in dem die Fördertonnen auf- und nieder gehen.
(aus dem Atlas zu VILLEFOSS; 1822)

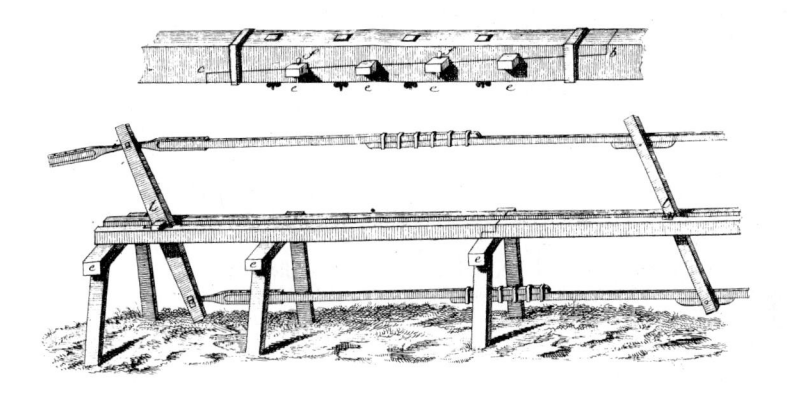

Abb.38: Ein Feldgestänge, auch Stangenkunst genannt, konnte in Kombination mit krummen Zapfen und Kunstkreuz durch "Hin- und Herschwingen" die Bewegung eines Wasserrades über große Entfernungen übertragen. Etwa um 1600 im Harzer Bergbau eingeführt, war es dank dieser Erfindung möglich, auch die Kunst eines hoch am Berg gelegenen Schachts durch ein im Tal aufgestelltes Wasserrad anzutreiben. Es gibt Beispiele von mehr als 1000 m langen Stangenkünsten. Die Verluste durch mechanische Reibung waren allerdings beträchtlich! (Kupferstich aus FREIESLEBEN, 1795)

Wassersäulenmaschinen

Wasser war im Harz eine wertvolle Energie, für die es keinen Ersatz gab. Versuche, die Windenergie auszunutzen, wie sie der berühmte Mathematiker und hannoversche Hofrat GOTTFRIED WILHELM LEIBNIZ (1641 - 1716) auf einigen Clausthaler Gruben durchgeführt hatte, blieben ohne praktischen Erfolg. Wenn auch einzuräumen ist, daß die eigenwilligen Harzer Bergbeamten dem "bergfremden" Gelehrten einigen Widerstand entgegensetzten und ihm die Arbeit nicht gerade leicht machten.

Die Wasserhebung aus den Tiefbauen erfolgte Mitte des 18.Jahrhunderts noch genauso wie im 16.Jahrhundert mit einfachen Saugpumpensätzen, die von Kunsträdern aus über Feldgestänge angetrieben wurden. Der Wirkungsgrad, d.h., das Verhältnis von eingesetztem Aufschlagwasser zum letztendlich emporgehobenen Grundwasser war gering. Ein oberschlächtiges Kunstrad erbrachte eine Leistung von ca 5 PS. Zur Bestimmung des Wasserverbrauchs benutzte man die Maßeinheit "**Rad**".

Unter **1 Rad Wasser** verstand man die mittlere Wassermenge, durch die ein normales Wasserrad in Bewegung gehalten wurde; das waren immerhin etwa 5 - 6m^3 pro Minute!

Viele Erfinder und Ingenieure ersannen im Laufe der Zeit andere, effektivere Wasserhebemaschinen. Es entstanden interessante Konstruktionen, die wegen ihrer oft sehr komplizierten Mechanik meist nur als Modell funktionierten und sich im Großen als nicht robust genug für den Grubenbetrieb erwiesen.

Erst die von dem Artilleriemajor GEORG WINTERSCHMIDT (1722 - 1770) im Jahr 1748 für den bergbaulichen Einsatz weiterentwickelte **Wassersäulenmaschine** setzte neue Zeichen. Die Anregung hierfür erhielt Winterschmidt, als er im Jahr zuvor mit anderen Harzer Delegierten nach Schweden gereist war, um dort die von CHRISTOPHER POLHEM (1661 - 1751) entwickelte **Syphonmaschine** zu studieren. Allerdings gebührt ihm nicht der Ruhm des Erfinders, da das Prinzip dieser Maschine schon seit dem 17.Jahrhundert bekannt war: Der Druck einer Wassersäule setzt einen Kolben in einem Arbeitszylinder in Bewegung. Allerdings war hierzu eine komplizierte Ventilsteuerung notwendig, die den hohen Wasserdrücken standhalten mußte (Abb.40).

Im Gegensatz zum Wasserrad benötigte eine solche Maschine im Verhältnis zur Leistung relativ wenig Wasser, dafür aber mußte sie mit entsprechend höherem Gefälle beaufschlagt werden. Es war daher praktisch, die Wassersäulenmaschinen auf Schächten im Niveau des tiefen Wasserlösungsstollens einzubauen, um so das gesamte Gefälle von der Tagesoberfläche aus nutzen zu können.

Um 1760 wurden im Bockwieser Revier einige der Winterschmidt'schen Maschinen eingebaut. (Der Lautenthaler Hoffnungstollen war damals noch nicht durchgetrieben). In der Praxis stellten sich dann aber doch erhebliche Mängel heraus, insbesondere an den Ventilen traten starke Wasserverluste auf. Statt, wie berechnet 4 m^3, wurden zum Heben von 1 m^3 Grundwasser gut 9 m^3 Aufschlagwasser benötigt. Allerdings brauchte ein herkömmliches Kunstrad für eine vergleichbare Hebeleistung immerhin 18 m^3. Während des Siebenjährigen Kriegs wurden die Maschinen stillgelegt und verfielen, auch später kamen sie nicht wieder zum Einsatz, da ihre Instandsetzung zu teuer erschien.

Im Jahre 1786 besucht JAMES WATT (1736-1819) - der berühmte Erfinder der gleichnamigen Dampfmaschine - den Oberharz. Ziel seiner Reise war es, sich über die Einsatzmöglichkeiten seiner Dampfpumpen im hiesigen Bergbau zu informieren. Wesentlichstes Argument gegen den Betrieb solcher Maschinen war der enorm hohe Verbrauch an Steinkohle, die es im weiten Umkreis nicht gab.

Die erste deutsche Dampfmaschine Wattscher Bauart wurde am 23. August 1785 auf dem König-Friedrich-Schacht im damals preußischen Kupferschieferrevier von Mansfeld in Betrieb genommen. Ein originalgetreuer Nachbau dieser Anlage ist die Hauptattraktion des Mansfeld-Museums in Mettstedt.

Dampfkraft zum Antrieb von Pumpen kam im Harzer Bergbau erstmalig 1829 auf der Grube Albertine bei Harzgerode im Anhaltischen Teil des Unterharzes zur Anwendung. Die zum Heizen der Kessel verwendeten Kohlen kam aus dem Ilfelder Revier am Südharzrand (siehe Kap.16.1).

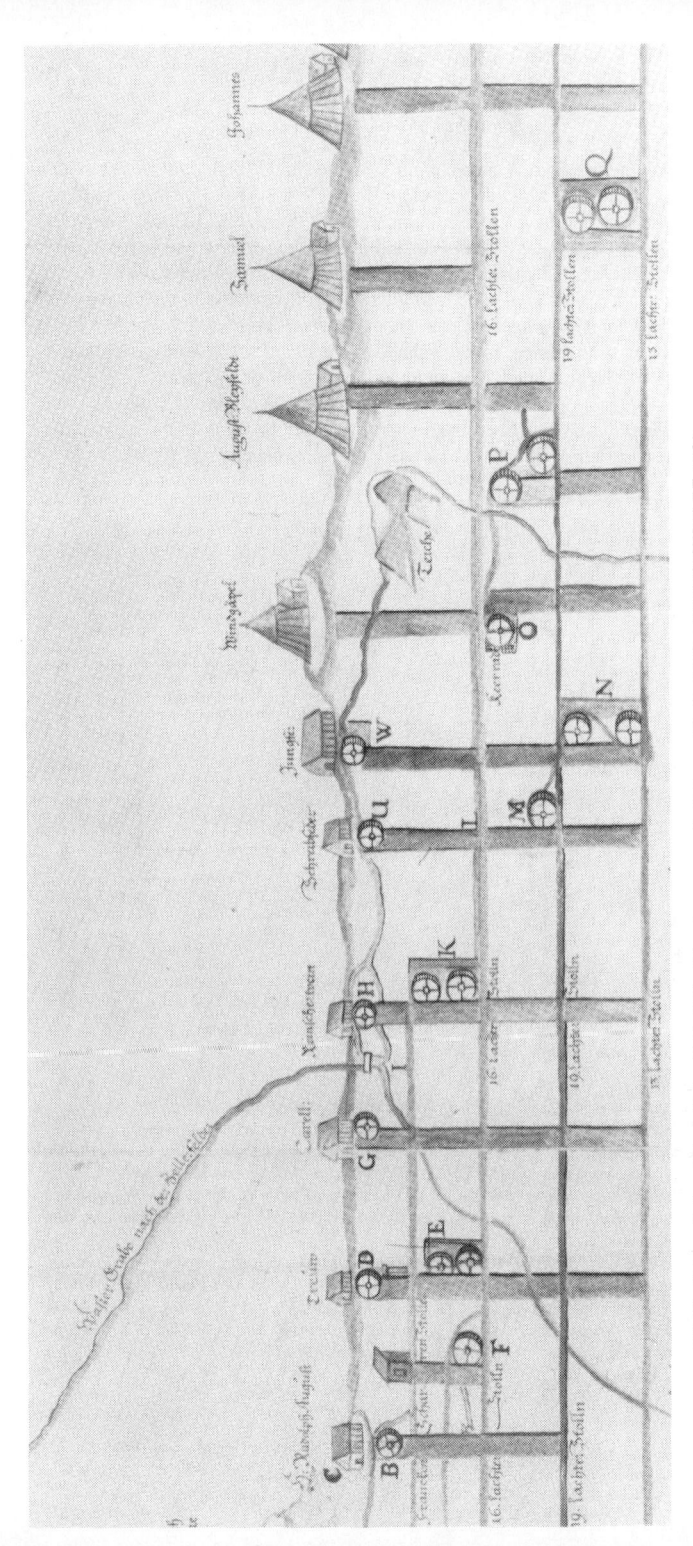

Abb. 39: Schematischer Seigerriß des Zellerfelder Hauptzuges; angefertigt vom Markscheider J.C.BUCHHOLTZ 1680. Die Grube Rudolph-August am linken Bildrand befand sich etwa im Gebiet des ehemaligen Clausthaler Bahnhofs im Zellbachtal. Der Riß zeigt, wie intensiv damals bereits die Wasserkraft über und unter Tage auf den Gruben ausgenutzt wurde. 13- und 19-Lachter-Stollen waren damals bereits über die Communiongrenze hinaus bis ins Burgstätter Revier im "hannoverschen Harz" durchgetrieben. Damals hatten die östlich gelegenen Gruben bereits kehrradgetriebene Treibwerke, während die auf der Hochfläche weiter westlich bauenden Zechen noch mit Pferdegöpeln förderten, wie an den kegelförmigen Gaipeln zu sehen ist.

Neuen Aufschwung erhielt die Winterschmidt'sche Idee in den ersten Jahrzehnten des 19.Jahrhunderts durch den Maschinendirektor JOHANN KARL JORDAN (1789 - 1861). Beraten durch den bayerischen Salinenrat GEORG VON REICHENBACH (1772 - 1826), der sich längere Zeit in England mit solchen Maschinen befaßt hatte, entwarf er eine wesentlich effektiver arbeitende **Zwillingswassersäulenmaschine**. Sie wurde in den Jahren 1830 - 1835 erstmals im neugeteuften **Silbersegener Richtschacht** bei Clausthal eingebaut und hat sich hier außerordentlich gut bewährt. In späteren Jahren wurde eine Jordan'sche Maschine auf dem **Königin Marien Schacht** (1866) zur Hebung der Wasser im östlichen Teil des Clausthaler Reviers eingebaut. Auch der 1892 eingeweihte **Schacht Kaiser Wilhelm II** erhielt zwei große Wassersäulenmaschinen, die eine zum Antrieb der Fahrkunst, die andere für die sog. Blindförderung. Mehr über diese wichtige Schachtanlage in Kap.8.

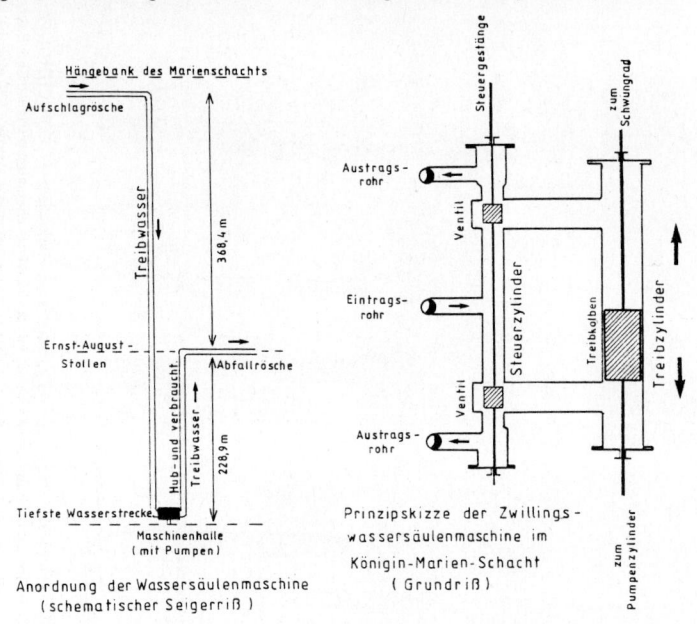

Abb.40: Funktionsprinzip einer JORDAN'schen Wassersäulenmaschine (neue Bauart) am Beispiel der Wassersäulenpumpe im Königin Marien Schacht bei Clausthal (erbaut 1875).
Bei dieser modernen Art der Wasserkraftnutzung wird ein in einem liegenden Treibzylinder geführter Kolben durch Auffüllen mit Druckwasser (593,3 m Wassersäule ≙ 59,3 Atmosphären) in Bewegung gesetzt. Nach Öffnung der Ventile (Kolbensteuerung) wird das Wasser durch den zurücksetzenden Kolben wieder aus dem Zylinder gedrückt und das Spiel beginnt von neuem.
Die Schubbwegung der Treibkolbenstange wird direkt auf den Pumpkolben (kombinierte Saug-Druckpumpen) übertragen. Hubwasser und verbrauchtes Treibwasser gelangten durch eine Röhrentour gemeinsam auf die Ernst-August-Stollensohle. Über ein Schwungrad waren zwei Treibzylinder-Pumpen-Kombinationen miteinander gekoppelt. Bei 12 Spielen in der Minute und einem Verbrauch von 1,6 m^3 Aufschlagwasser hob diese Maschine 1,9 m^3 Grubenwasser (FICKLER, 1878).

> wir treiben Stollen
> und lebens nicht ab, daß sie inkommen.
> (Herzog Heinrich der Jüngere von Braunschweig-Wolfenbüttel)

5.8 Wasserlösungsstollen

Die Gewinnung von Erzen in größeren Tiefen war in früheren Jahrhunderten nur möglich, wenn gleichzeitig getriebene Stollen den Schächten "Wasserlösung" brachten. Die Tiefe, in der ein solcher Wasserlösungsstollen in einen Schacht einmündete, nannte man die **Einbringteufe**, alle über diesem Niveau befindlichen Grubenbaue konnten so auf natürliche Weise, der Schwerkraft folgend, entwässern. Aus den darunterliegenden Bauen sammelten sich die Wasser in den Schachtgesenken und mußten, wie im vorigen Kapitel beschrieben, auf die Stollensohle emporgehoben werden.

Der älteste im Harz bekannte und noch heute befahrbare Wasserlösungsstollen ist der um 1140 angelegte, etwa 1000 m lange **Ratstiefste Stollen** am Rammelsberg (siehe Kap.7). Beim Wiederaufblühen des Montanwesens im 16.Jahrhundert wurden in allen Revieren solche Stollenbauwerke in Angriff genommen. Da solche kostspieligen Anlagen die finanziellen Möglichkeiten der einzelnen Gewerkschaften weit überfordert hätte, wurde ihr Bau vom Landesherrn vorfinanziert, der später über den sog. **Stollenneunten**, den die Grubenbetreiber zu entrichten hatten, wieder davon profitierte. Das sogenannte **Erbstollenrecht**, das diese Belange regelte, gehört zu den ältesten Grundpfeilern der Berggesetzgebung und findet sich in ähnlicher Form in allen europäischen Bergbaugebieten.

Die Anlage solcher Stollen dauerte oft viele Generationen, Geldmangel oder unlösbare technische Probleme führten nicht selten zur jahrzehntelangen Stagnation manch eines Projekts.

Planung und Ausführung des Erbstollenbaus erforderten viel Weitsicht, wie der an den Anfang dieses Kapitels gestellte Ausspruch von Herzog HEINRICH d. JÜNGEREN verrät, der nicht zu Unrecht von seinen bergverständigen Zeitgenossen als "glücklicher Stöllner und Ausbund eines sorgsamen Bergherrn" bezeichnet wurde. Beim Festlegen des Ansatzpunktes galt es, einen geeigneten Kompromiß zu finden, um mit einer möglichst kurzen Stollenlinie die denkbar größte Einbringteufe zu erzielen. In diese Überlegungen mußte besonders die Geländemorphologie einbezogen werden, z.B. hinsichtlich der Anlage von notwendigen **Lichtlöchern**, oder der Heranführung von Aufschlagwasser für die dort eingesetzten Pumpen.

Allein im Oberharzer Revier wurden bis 1606 rund 20 km Wasserlösungsstollen nur in Schlägel- und Eisenarbeit aufgefahren. Bis 1865 erhöhte sich ihre Gesamtlänge auf mehr als 95 km!

Die von Hand getriebenen Stollen des 16. und 17.Jahrhunderts hatten in der Regel Querschnitte von 1,5 bis 2 m². Bei einer Vortriebsleistung von etwa 2 cm pro Mann und 8-Stunden-Schicht resultierte bei dreischichtiger Belegung ein jährlicher Auffahrungserfolg von ca. 18 m. Durch ganz spezielle Vortriebsmethoden war es möglich, diese Leistung noch erheblich zu steigern, wie das Beispiel des 1585 am Rammelsberg vollendeten **Tiefen-Julius-Fortunatus-Stollens** zeigt (Abb.41c).

Nach längerer Stundung des Vortriebs wurden in 17 Jahren 820 m Stollen in reiner Schrämarbeit aufgefahren, das entspricht einer Leistung von 48 m pro Jahr und 10 cm pro Tag.

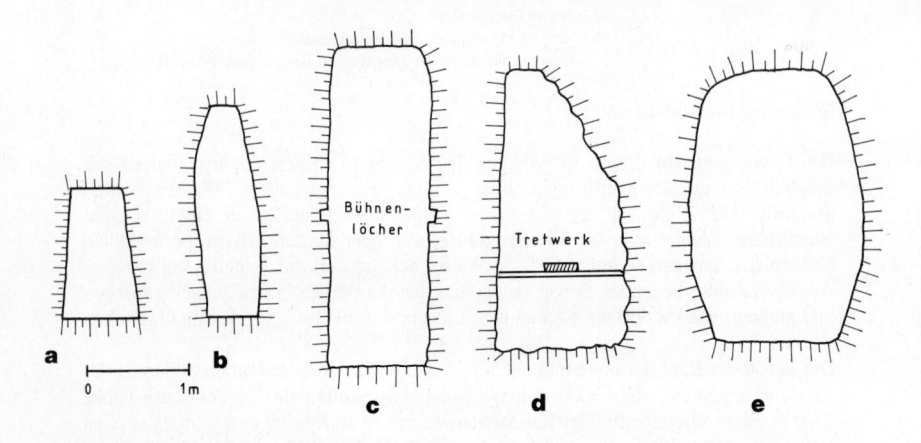

Abb.41: Profile einiger Harzer Stollen
a) Geschrämtes Suchort des St.Jürgen Stollens am Beerberg bei St.Andreasberg (Mitte 16.Jahrhundert).
b) Geschrämter Wasserlösungsstollen, St.Annenstollen (1550 angefangen) am Beerberg bei St.Andreasberg.
c) Tiefer Julius-Fortunatus-Stollen am Rammelsberg bei Goslar (1585 vollendet). Beispiel für einen mit "Wetterscheider" aufgefahrenen langen Wasserlösungsstollen.
d) Geschrämtes (linker Stoß) und nachgeschossenes Stollenort im Sieberstollen (um 1720), St.Andreasberger Revier.
e) Ernst-August-Stollen (1851-64) im Oberharz, Beispiel für einen rein in Bohr- und Schießarbeit aufgefahrenen Wasserlösungsstollen.

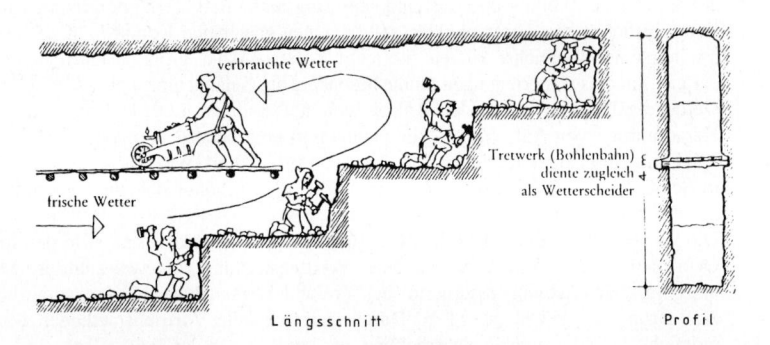

Abb.42: Vortrieb eines großen Wasserlösungsstollens mit Schlägel und Eisen im 16.Jahrhundert. Durch die stufenförmige Ortsbrust konnten gleichzeitig 4 Hauer vor Ort arbeiten. Der horizontale "Wetterscheider" bewirkte einen schwachen Wetterstrom.
(aus DENNERT, 1986)

Ganz bewußt wählte man ein Stollenprofil doppelter Höhe (ca 3,5 - 4 m), so daß der Einbau eines horizontalen **Wettertragwerks** (siehe Kap.5.9) bequem möglich war. Die Stollenbrust wurde, wie Abb.42 zeigt, vierfach stufenförmig unterteilt, wodurch gleichzeitig 4 Hauer vor Ort arbeiten konnten. Zusätzliche Beschleunigung erfuhr der Vortrieb durch die Einführung von 4 sechsstündigen Schichten und der Ablösung vor Ort, so daß für jedes Teilort ein Fortschritt von 1 -2 cm pro Mann und Schicht erreicht wurde.

Im Verlaufe des 18.Jahrhunderts war das Profil einiger der alten, geschämten Wasserlösungsstollen zu klein geworden, um die nun verstärkt aus den Tiefbauen emporgehobenen Wasser aufzunehmen. Man schuf Abhilfe, indem durch das **Nachschießen** eines Stoßes der Stollenquerschnitt entsprechend erweitert wurde.

Dort, wo die Alten mit einem Stollen direkt dem Erzgang gefolgt waren, legte man später im Liegenden sogenannte **Umbruchstrecken** an, die leichter zu unterhalten waren als die oft unter Abbaudruck stehenden Strecken auf dem Gang. Auch die Schächte wurden so mit den Stollen umfahren (Schachtumbrüche).

Die Wasserlösungsstollen dienten auch als Ausgangspunkte zur Auffahrung von querschlägig zu den Gangstrukturen angesetzten **Suchörtern**, mit deren Hilfe Erzvorkommen auf Begleitgängen im Hangenden oder Liegenden aufgefunden werden sollten. Bis zur Erfindung des Kernbohrverfahrens galt die alte bergmännische Weisheit: "Hinter der Hacke ist der Stoß dunkel". So wurden zu Erkundungszwecken allein von den Stollen des Clausthaler- und Zellerfelder Reviers aus im Laufe der Jahrhunderte etwa 12800 m Suchstrecken im tauben Gestein aufgefahren, ohne nennenswerte neue bauwürdige Mittel anzutreffen!

Im Harz fand das **Feuersetzen** bei der Auffahrung von Stollen nur ganz selten Anwendung. Bei dieser alten Methode entstanden ganz charakteristische spitzovale Stollenprofile. In Bergbaurevieren mit vorwiegend kristallinen Nebengesteinen, wie Freiberg im Erzgebirge oder Kongsberg und Skuterud in Südnorwegen, wurden die Stollen bis ins 19.Jahrhundert hinein mittels des Feuersetzens hergestellt.
Die Entwicklung des Harzer Stollenbaus läßt sich am besten am Beispiel des Clausthaler- und Zellerfelder Reviers studieren (siehe Kap.8).
In der Grube Caroline, östlich von Clausthal, bringen insgesamt 5 Wasserlösungsstollen ein (Abb.43). Bis heute erfolgt die Entwässerung der Gruben von Grund, Wildemann, Lautenthal, Bockswiese, Zellerfeld und Clausthal über den insgesamt 33 km langen **Ernst-August-Stollen**, der auf der oben genannten Grube immerhin 392 m Teufe einbringt.

5.9 Wetterlösung

Während es einerseits notwendig war, die zufließenden Grundwasser aus den Tiefbauen herauszupumpen, war andererseits wichtig, frische, sauerstoffreiche **Wetter** hineinzuleiten.
Zur Schaffung einer natürlichen **Bewetterung** in den Grubenbauen war man darauf bedacht, die Abbaustrecken mit mehreren Schächten durchschlägig zu machen. Sehr vorteilhaft waren Verbundsysteme von tiefen Wasserlösungsstollen und Tagesschächten. Nach dem "Kaminprinzip" zieht im Winter die kalte Außenluft durch

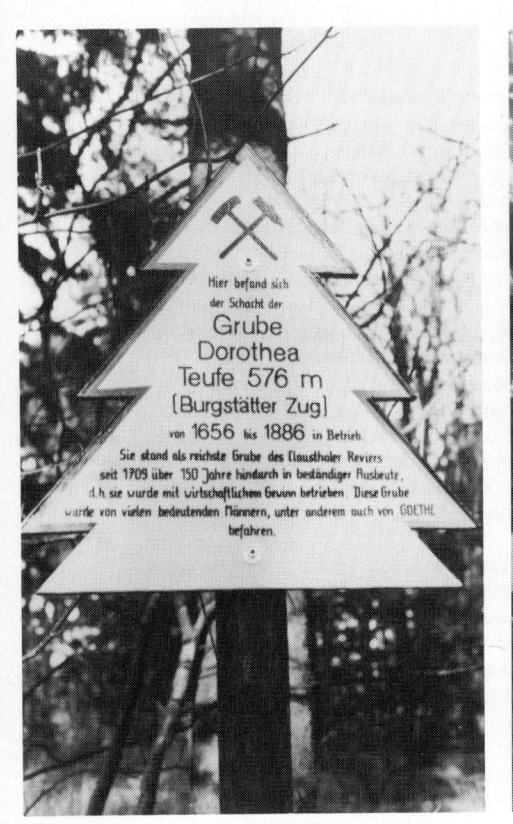

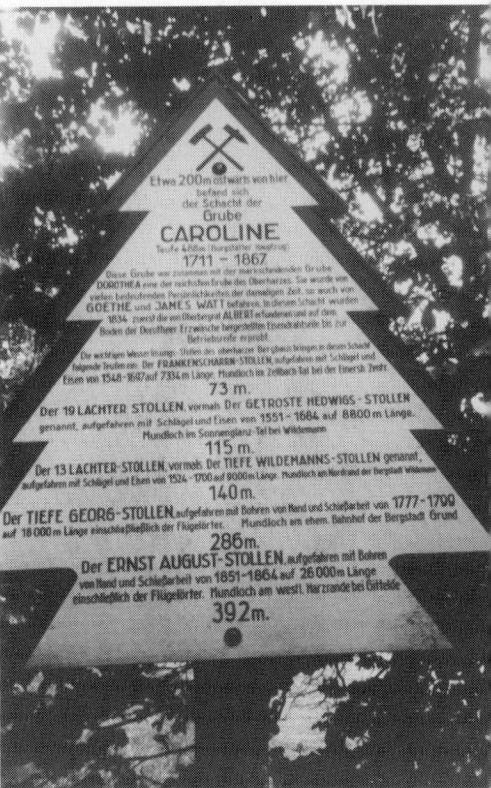

Abb. 43: Erinnerungstafeln der berühmten Clausthaler Gruben Dorothea und Caroline, die in der Nähe des heutigen TU-Sportplatzes, östlich der Bergstadt lagen. Im ganzen Harz weisen heute einige hundert solcher gelben Tafeln auf montangeschichtlich interessante Stellen hin. Sie sind bekannt als "Dennert-Tannen".

die Stollen ein und die wärmere (verbrauchte) Grubenluft durch die Schächte hinaus, im Sommer kehrt sich die Wetterführung um.

Problematisch war die Bewetterung beim Vortrieb langer Stollenörter und in den Schachtgesenken. Die Versorgung der Arbeiter vor Ort mit hinreichend frischen Wettern war bei großen Stollenprojekten nur durch die teure Anlage von

Hilfsschächten, sog. **Lichtlöchern**, zu gewährleisten. Der Bau des Tiefen Georg Stollens zwischen Grund und dem Clausthaler Revier erforderte 6 Lichtlöcher, die im Abstand von etwa 1000 m niedergebracht wurden.
Schon die Alten bemühten sich, durch geeignete Maßnahmen künstliche Wetterströmungen zu erzeugen, um Lichtschächte einzusparen. Eine Möglichkeit war das Einziehen einer horizontalen Trennwand, wozu der Stollen aber mindestens 3 m hoch ausgehauen sein mußte. Die als **Wettertragwerk** bezeichnete künstliche Zwischendecke bestand aus Holzbohlen, deren Zwischenräume mit Lettenton oder Lehm "wetterdicht" verputzt waren (Abb.42).
In dem so unterteilten Grubenraum stellte sich vom Mundloch oder einem Lichtloch aus von selbst ein schwacher Wetterstrom ein, der ausreichte, um vor Ort arbeiten zu können.
Auf diese Weise gelang es z.B., den **Tiefen Schultaler Stollen** im Altenauer Revier etwa 800 m weit vorzutreiben. Schwieriger war es, den Tiefbauen weit unter den Stollensohlen Wetterlösung zu bringen. Seit Anfang des 18.Jahrhunderts gab es im Harzer Bergbau wiederholt Versuche, sogenannte **Wettermaschinen** zu entwickeln. Der Einsatz von Blasebälgen nach Art der Hüttenwerke erwies sich als zu uneffektiv. Eine wichtige Neuerung war die nach Plänen des Clausthaler Gelehrten HENNING CALVÖR (1689-1766) gebaute **Wassertrommel**, sie erzeugte strömende Druckluft aus fallendem Wasser (Abb.44 a). Das Gerät besteht aus einem oben offenen, einem seitlichen Ausfluß versehenen Holzkasten, in dem ein zweiter steht, der unten offen ist (Glocke genannt). In diese Glocke mündet von oben ein langes hölzernes Rohr ein, das unten mit zahlreichen Löchern versehen ist. Ein durch das Rohr eingeleiteter Wasserstrom zerstäubte beim Austritt aus den Bohrlöchern auf einem Holzklotz, der sich im Inneren der Glocke befand. Die beim Zerstäuben des Wassers freiwerdende Luft sammelte sich unter der Glocke und trat als frischer Wetterstrom durch einen im Deckel der Glocke angebrachten Stutzen aus. Eine angeschlossene Holzrohrleitung führte die leicht komprimierte Luft dem wetternötigen Ort zu.

Auf einem ähnlichen Prinzip beruhten die später im Harz vielfach eingesetzten Hydrokompressoren, die durch herabfallendes Wasser Druckluft erzeugten.

Die 1716 von dem Zellerfelder Maschinendirektor JOHANN JUSTUS BARTELS konstruierte und nach ihm benannte **Feuerwettermaschine** (Abh.44b) fand Einsatz bei Nichtverfügbarkeit von Aufschlagwasser. Das Grundprinzip bestand darin, durch Feuer in einem Kamin Auftrieb zu erzeugen, so daß dadurch eine nachfolgende Luftbewegung erreicht wurde. Der erste dieser **Wetteröfen** wurde 1716 beim Vortrieb des **Pelicanerorts** (heute **Schultestollen** genannt) auf dem Silbernaaler Gangzug im Innerstetal erfolgreich eingesetzt.
Später fanden beim Strecken- und Stollenvortrieb vor allem die bekannten "**Harzer Wettersätze**" (Abb.44 c) Verwendung, sie ermöglichten das Bewettern von Strecken bis 1000 m Länge.
Ein solcher Wettersatz besteht aus einem feststehenden, mit Wasser gefüllten Holzfaß, in das von unten durch den Boden eine Röhre eingeführt ist, die über dem Wasserspiegel endete. Das andere Ende der Röhre war mit der Luttentour verbunden, die zum "wetternötigen" Ort führte. In diesem Unterfaß wurde ein zweites Faß geringeren Durchmessers (Glocke genannt) mit Hilfe eines Pumpengestänges auf- und abgeführt. Beim blasenden Wettersatz war die Glocke im oberen Boden mit nach

innen sich öffnenden Klappenventilen versehen, während sich die in der Rohrleitung befindlichen Ventile nach außen öffneten. Beim Anheben der Glocke gingen die Klappenventile der Glocke auf und die Luft strömte ein. Beim Niedergehen schlossen sich die Ventile, so daß ein Überdruck unter der Glocke entstand, der durch die Luttentour bis vor Ort gelangte. Das Wasser diente praktisch nur als Abdichtung.

Mit der Einführung von elektrischer Energie im Bergbau sorgten starke Ventilatoren (Lüfter genannt) für nötige Bewetterung, indem große Mengen Frischluft angesaugt und durch dicke Rohrleitungen aus Zinkblech (Luttentouren) in die Grubenbaue geblasen wurden.

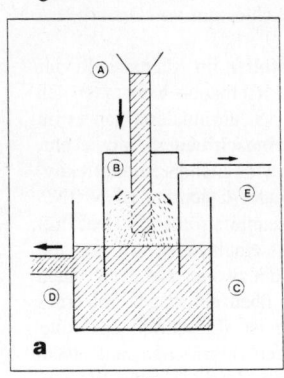

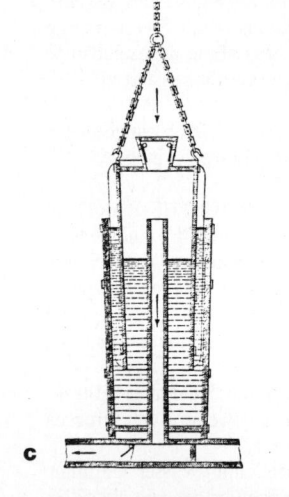

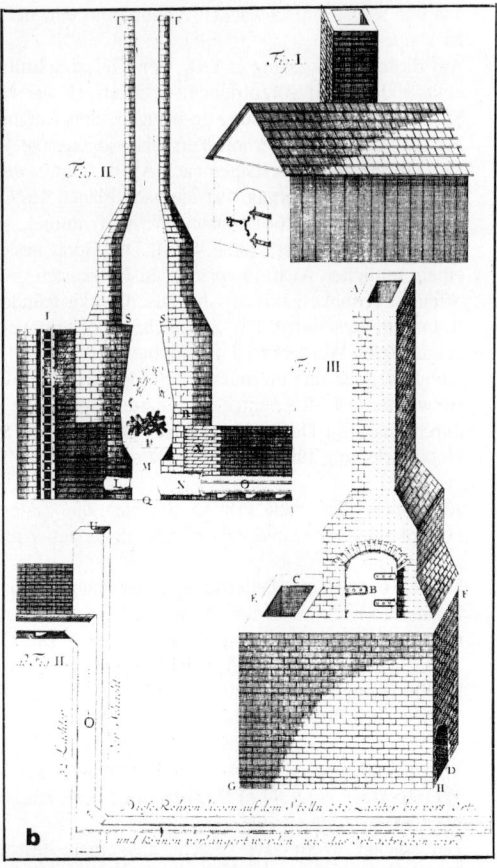

Abb.44: Wettermaschinen im alten Harzer Bergbau.
a) Prinzip der Calvör'schen Wassertrommel A=Fallrohr, B=Glocke, C=Unterfaß, D=Wasserabfluß, E=strömende Luft
b) Bartels'sche Feuerwettermaschine, die erstmals 1716 auf dem Pelicaner Stollen des Silbernaaler Gangzuges eingesetzt wurde (aus CALVÖR, 1763).
c) Harzer Wettersatz (aus KÖHLER, 1892)

> Es ragen dunkle Tannen zum Himmel ohne Zahl,
> und weißer Nebel hebt sich empor aus tiefem Tal;
> es riecht so schweflig sauer und tötet Baum und Strauch,
> das ist des Harzes Herold, "der biedre Hüttenrauch!"
> Kein Mensch kann ihm entfliehen! Ein jeder muß dran riechen"
> und räuspern sich und pusten und fluchen laut und husten.
>
> Liedtext von Carl Schnabel
> (Professor für Metallurgie in Clausthal)

6. Die Gewinnung der Metalle

Von den geförderten Roherzen bis hin zum vermünzbaren Feinsilber war es noch ein langer Weg. Auch die reichsten Gangerze hatten selten mehr als 0,1 % des begehrten Edelmetalls, sie mußten daher notwendigerweise Veredelungsprozessen unterzogen werden.

Man unterscheidet hier zwei wichtige Verfahrensgänge, die **Aufbereitung**, bei der auf mechanische Weise Erzminerale und taube Gangarten separiert wurden, und die **Verhüttung**, bei der sich die Erzminerale in der Hitze eines Kohlenfeuers zersetzten und die in Schmelze überführten Wertmetalle anschließend durch geeignete metallurgische Prozesse voneinander getrennt wurden.

6.1 Pochen - Schlämmen - Setzen - das Aufbereitungswesen

Die klassische Aufbereitung läßt sich prinzipiell in drei Arbeitsgänge gliedern: **Zerkleinern, Klassieren** und **Sortieren**.

Rein theoretisch muß das Erz zunächst soweit zerkleinert werden, bis Erzminerale und Gangarten nicht mehr miteinander verwachsen sind, sondern als Einzelkörner "aufgeschlossen" vorliegen. Unter **Klassierarbeit** versteht man ganz allgemein die Trennung nach Korngrößen (Sieben, Stromklassieren) und unter **Sortierarbeit** die eigentliche Separierung des Gutes nach Mineralarten. Aus physikalischen Gründen sind beide Vorgänge eng miteinander verbunden. Eine gute Sortierung ist im Prinzip nicht möglich ohne eine vorherige Klassierung.

Schon im Mittelalter entwickelten sich interessante Separierungstechniken, die auf den gleichen physikalischen Grundprinzipien basierten wie die heute verwendeten modernen Aufbereitungsmethoden.

Allerdings brachten die früher nur unvollkommen durchführbaren Trennungsverfahren enorme Metallverluste mit sich. Erst die modernen Aufbereitungsanlagen unseres Jahrhunderts mit den ausgefeiltesten physikalisch-chemischen Trennmethoden ermöglichen selbst aus feinverwachsenem Erz die nahezu verlustfreie Gewinnung von relativ reinen Konzentraten. Das **Ausbringen**, wie man den Erfolg eines solchen Trennprozesses nennt, liegt heute meist bei über 98 %.

Schon unter Tage schloß sich eine erste grobe Vorscheidung unmittelbar der Gewinnung an. Abb.25 zeigt, wie mit einem schweren Hammer die gröbsten Brocken vorzerkleinert werden. Das erzhaltige Material wird abgefördert, während die unhaltigen Berge als Versatz im Abbau bleiben.

Seit dem Mittelalter bis Mitte des 19.Jahrhunderts gab es zur Erzzerkleinerung nur die sogenannten **Pochwerke** (oder Puchwerke), die in großer Zahl an Bachläufen

nahe der Gruben standen. Zur Beaufschlagung der Wasserräder, die, wie Abb. 45 zeigt, die Pochsätze antrieben, nutzte man häufig auch die von den Wasserkünsten der Gruben abfallenden Wasser aus. Die Nocken auf der horizontalen Welle hoben die schweren, unten mit eisernen Pochschuhen versehenen Stempel eine bestimmte Distanz an und ließen sie sogleich wieder niederfallen.
Die von den niederfallenden Stempeln zerstoßenen Erzstückchen wurden als Pochtrübe mit Wasser weggespült. Der Zerkleinerungsgrad wurde bei diesen Naßpochwerken schon frühzeitig der Art der Erze angepaßt. Waren Erzminerale und Gangarten sehr innig miteinander verwachsen (**Pocherze**), mußte bis auf Sandfeinheit zerkleinert werden.
Bei den oft recht grobkristallinen Gangerzen - **Stufferze** genannt - war das nicht immer notwendig. Zunächst bediente man sich der sogenannten **Klaubearbeit**, um die Erze nach ihrem Verwachsungsgrad vorzusortieren. Dieses war die Aufgabe von Invaliden, Frauen und Kindern (siehe Kap. 4.3), die an langen Scheidebänken standen und mit geübten Blicken und schnellen Griffen die faust- bis nußgroßen Erzstücke nach den vorgegebenen Kategorien verlasen. Auf 1000 Bergleute kamen um das Jahr 1700 etwa 330 Pochjungen im Alter von 10 -16 Jahren.
Die größten Metallverluste ergaben sich naturgemäß bei der Aufbereitung von feinverwachsenen Erzen. Noch um 1820 betrugen die Bleiverluste bis zu 25 %, weit über die Hälfte davon entfielen auf die feinen Schlämme, die vom Poch- oder Waschwasser weggeführt wurden. Zur Trennung der schweren Erzpartikel von den leichten Gangartkörnchen machte man sich die Schwerkraft und das strömende Wasser zunutze (**Wascharbeit**).

Der Pochtrog A.   Die Pochsäulen B.   Die Querhölzer C.   Die Stempel D.
Die Pochschuhe E.   Die Welle F.   Der Hebling G.   Der Däumling H.

Abb.45: Ein einfaches wasserkraftgetriebenes Stempelpochwerk, wie es bis ins 19.Jahrhundert hinein im Harzer Bergbau verwendet wurde.
(Holzschnitt aus AGRICOLA, 1556).

Schlämmgräben für die sandförmigen Partikel und **Planherde** für die noch feineren Korngrößen waren bis nach 1800 die verbreitetsten Sortiereinrichtungen. Ein Schlämmgraben ist ein wasserdurchströmter, geneigter Holzkasten, dort sanken die schwereren Erzteilchen schon in dessen oberen Teil zu Boden, während die leichteren Berge mit dem Wasser abflossen (Abb.46a). Im unteren Teil setzte sich ein Mittelgut ab, das anschließend einem zweiten Kasten aufgegeben wurde.

Das nach dem Pochvorgang in sogenannten **Sümpfen** aufgefangene feine Korn verarbeitete man auf **Planherden**. Sie bestanden aus viereckigen , etwas geneigt stehenden Tischen, die mit Leinentüchern belegt waren. Im rauhen Gewebe blieben die Erzpartikel haften, während die Gangartkörnchen mit der übrigen Trübe davonflossen. Hatte sich genügend Niederschlag gebildet, mußten die Tücher entfernt und abgespült werden. Diese nasse Tätigkeit war bevorzugt Aufgabe der Pochkinder. Die so gewonnenen, feinkörnigen Konzentrate nannte man **Schliege** (oder Schlieche). Mehrere Jahrhunderte hindurch wurden die Erze auf diese recht primitive Weise behandelt.

Im 18.Jahrhundert traten dann **Kehrherde** an die Stelle der Planherde. Die Herdflächen waren nicht mehr mit Tuch belegt, sondern bestanden aus gehobelten Brettern, die unter Zufluß von Frischwasser abgekehrt wurden, sobald sich ein genügend starker Niederschlag gebildet hatte. Damit entfiel die mühselige Arbeit des Auswaschens der Planen.

Aus den Bemühungen, die viel Handarbeit erfordernde diskontinuierliche Sortierung der Erzschlämme zu verbessern, entwickelte man Mitte des 19.Jahrhunderts die **Rund-** und die **Stoßherde** (Abb.46b). Diese mechanisch bewegten Herde arbeiteten kontinuierlich und hatten einen wesentlich größeren Durchsatz. Ein Harzer Rundherd hatte die Form eines sehr flachen Kegels, der sich langsam um eine zentrale Welle drehte. Die Trübe wurde von oben aufgegeben; das Körnergemisch verteilte sich unter Zusatz von Wasser spiralförmig über die Herdfläche. Während die spezifisch leichteren Gangartteilchen über die geneigte, rauhe Herdoberfläche abliefen, sammelten sich die spezifisch schwereren Erzkörner dort an und wanderten in Spiralform zum Außenrand, wo sie abgezogen wurden. Obwohl ein Harzer Rundherd einen Durchmesser von etwa 5 m besaß, war seine Leistung gering und lag nur bei einigen 100 kg pro Stunde.

Einen großen Schritt vorwärts bedeutete die Einführung der **Setzarbeit** um 1732. Es ist erstaunlich, daß dieses anderswo schon im 16.Jahrhundert bekannt gewesene Verfahren erst so spät Einzug ins Harzer Montanwesen hielt. Der erste Setzapparat war ein **Stauchsetzsieb**, bestehend aus einem Handsieb und einem mit Wasser gefüllten Unterfaß. Das auf dem Sieb liegende, relativ große Gut (Graupen genannt) wurde durch rhythmische Stauchbewegungen unter Wasser aufgerüttelt, die leichteren Gangartstücke passierten dabei leicht einen Überlauf, während die trägeren schweren Erzstücke auf dem Siebboden verharrten (Abb. 46c).

Die Einführung **wasserkraftgetriebener Setzmaschinen** (erstmals 1820 im 10. Talpochwerk bei Clausthal, siehe Abb. 47 u. 48) machte die Setzarbeit wesentlich rationeller. Eine beträchtliche Verbesserung brachten die seit 1832 zur Zerkleinerung eingesetzten **Walzwerke** (Walzenmühlen), sie ergaben ein gleichkörnigeres Gut als die Stempelpochwerke, und vor allem entstanden hierbei nur geringe Mengen feinster Schlämme, was sich auf das Metallausbringen sehr günstig auswirkte. Man erkannte auch, daß es für die Setzarbeit von großem Vorteil war, nur Material von etwa derselben Korngröße gleichzeitig zu verarbeiten, durch vorangehendes Absieben

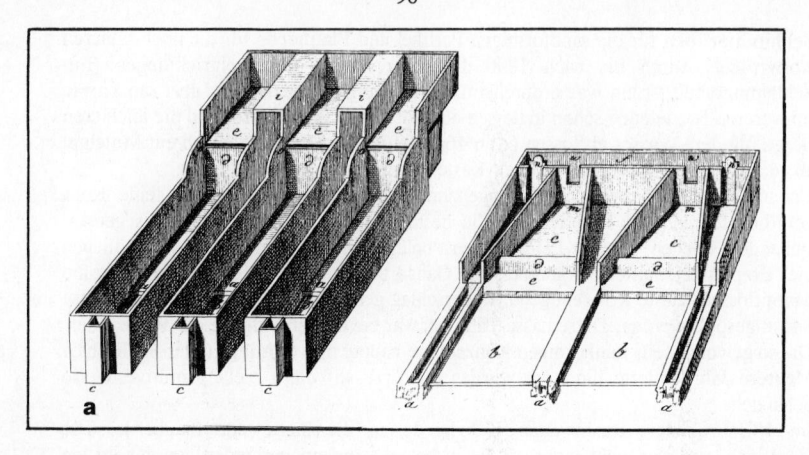

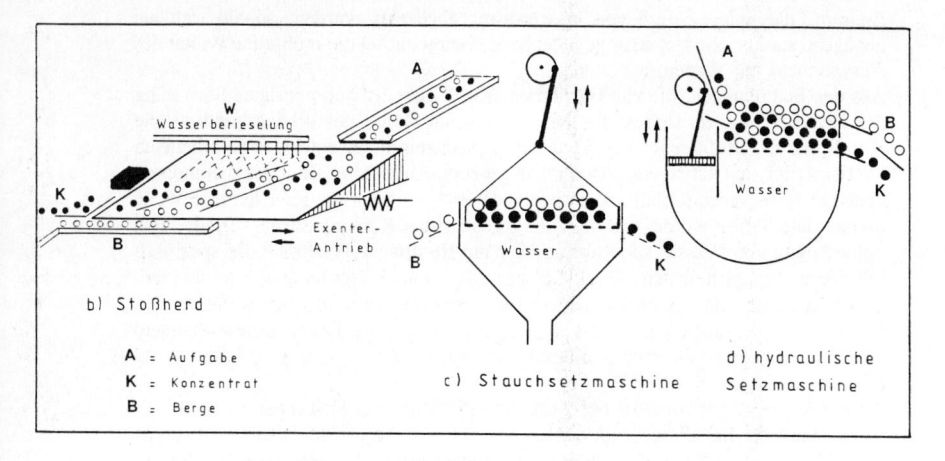

Abb.46: Klassische Methoden der Schwerkraftaufbereitung
a) sog. "Schlämmgraben", kastenförmige Rinnen zur Sortierung etwa "sandfeiner" Erzpartikel unter Einwirkung von strömendem Wasser. (aus FREIESLEBEN, 1795)
b) Prinzip eines Stoßherdes: auf der schwach nach vorne geneigten, stoßweise bewegten Platte trennen sich die Mineralteilchen unter Wasserberieselung (W) nach ihrer Dichte. Die spezifisch leichteren Partikel (B) rutschen zuerst nach unten, während die schwereren Partikel (K) aufgrund ihrer größeren "Trägheit" weiter nach links außen wandern und dort getrennt aufgefangen werden.
c) Prinzip einer Stauchsetzmaschine: das Setzsieb mit dem daraufliegenden Trenngut (etwa erbsengroß) wird unter Wasser rhythmisch auf- und niederbewegt. Das aufgelockerte Gut trennt sich durch Einwirkung der Auftriebskraft.
d) Prinzip einer hydraulischen Setzmaschine. Wirkungsweise wie c), nur das Setzsieb befindet sich hier in Ruhe, während das Wasser von einem mechanisch angetriebenen Kolben "hindurchgepulst" wird.

wurde das Gut erst "eng klassiert" und dann gesetzt. Den nächsten Entwicklungsschritt charakterisiert die um 1850 konstruierte **hydraulische Setzmaschine** (Abb.46d). Man legte die Siebe fest und drückte mit einem beweglichen Kolben Wasser stoßweise durch die Siebe hindurch. Noch heute heißen solche wassergepulsten Setzmaschinen im Englischen **"Harz jig"**. Nach Aufstellung der ersten Setzmaschine (1852 im 1. Hilfe-Gottes-Pochwerk bei Grund) mit kontinuierlichem Austrag wurde diese Technik zum wichtigsten Sortierverfahren im Harzer Erzaufbereitungswesen.

In den letzten Jahrzehnten des 19.Jahrhunderts traten an die Stelle der zahlreichen kleinen Pochwerke und Erzwäschen wenige große Zentralaufbereitungsanlagen. Die letzte Vervollkommnung der Setztechnik war die Einführung der **Feinkornsetzmaschine mit Gutbett**, auch **Aftersetzmaschine** genannt. Sie ermöglichte es auch, feinste Graupen bis 1 mm Korndurchmesser mit gutem Erfolg zu trennen und ersetzte die alten Schlämmgräben.

Um 1860 arbeiteten im Oberharz insgesamt fast 40 Pochwerke, die jährlich 100.000 t Roherz durchsetzten. Die 1870 auf der Bremerhöhe bei Clausthal errichtete **Zentralaufbereitung** hatte allein einen Jahresdurchsatz von 80.000 t. Sie bestand aus mehreren Einzelgebäuden, die am Berghang terrassenartig übereinander lagen, aber dennoch so weit auseinandergezogen waren, daß das Erz während der Verarbeitung fast 500 m weit transportiert werden mußte. Als Neuheit stellte man die 1858 von BLAKE erfundenen, dampfkraftgetriebenen **Backenbrecher** auf, um die Vorzerkleinerung der "groben Wände" zu besorgen, die vorher mit der Hand zerschlagen wurden. Ähnliche Anlagen entstanden im Innerstetal bei der **Grube Bergwerkswohlfahrt**, auf der **Grube Hilfe Gottes** bei Grund, sowie in Lautenthal. Der Einsatz von Dampfkraft und die vollständige Ablösung der alten Pochsätze durch Brecher und Mühlen sowie der Einsatz von Klassiergeräten kennzeichneten den Sprung ins moderne Industriezeitalter. Das Bleiausbringen betrug nun durchwegs über 90 %.

Als 1905 eine neue Zentralaufbereitung an der Stelle ihrer Vorgängeranlage auf der Bremerhöhe entstand, war es längere Zeit die modernste Anstalt zur Verarbeitung von Blei-Zink-Erzen in Europa (Abb.67)

Die größte, ja revolutionäre Neuerung auf dem Gebiet der Mineraltrennung war in unserem Jahrhundert die Entwicklung der **Flotationstechnik**(Schwimmaufbereitung), die heute aus keiner modernen Erzaufbereitung mehr fortzudenken ist. Das Verfahren wurde bereits 1877 in Deutschland patentiert und nach 1905 in den USA ausgebaut. Auf der Grube Hilfe Gottes entstand 1930/31 eine erste Anlage zur selektiven Flotation, die ein Blei- und ein Zinkkonzentrat erzeugte. Am Rammelsberg hielt mit Errichtung der neuen Aufbereitungsanlage (1936) ebenfalls die Flotationstechnik Einzug. Aus dem sehr feinverwachsenen Komplexerz erzeugte man 4 verschiedene Konzentrate (Blei-Kupfer-K., Zink-K., Schwefelkies-K. und Schwerspat-K.). Der Flotationsprozeß etwa im Erzbergwerk Grund gestaltete sich wie folgt:

Das Erz wird in mehreren Stufen, erst mit Brechern (**Backen- und Kegelbrechern**), dann mit Mühlen (**Stab- und Kugelmühlen**) bis zu einer Feinheit von weniger als 0,2 mm zerkleinert. Dann wird das mit Wasser gemischte Mahlgut als Trübe auf die bottichartigen Flotationszellen gegeben. Beim Flotationsverfahren nutzt man die unterschiedliche Benetzbarkeit von Erzmineralen und Gangarten zur Trennung aus.

Durch Zugabe eines sogenannten **Sammlers** (Kaliumxanthogenat, kurz Xanthat), der sich bevorzugt an der Bleiglanzoberfläche anlagert, wird das Mineral wasserabstoßend gemacht (hydrophobiert). Ein spezielles Rührwerk saugt selbständig Luft an, die dann als Bläschenstrom durch die Trübe aufsteigt. Die hydrophobierten Bleiglanzpartikel lagern sich jetzt bevorzugt an diesen Bläschen an und steigen, wie an einem Luftballon getragen zur Trübeoberfläche auf. Weitere zugesetzte Chemikalien (**Schäumer** genannt, z.B. Pineoil) sorgen dafür, daß ein kurzfristig stabiler Schaum entsteht, der im Idealfall ausschließlich Bleiglanz enthält! Durch eine Abschöpfvorrichtung wird der aufgeschwommene Bleiglanzschaum ausgetragen, anschließend eingedickt und entwässert. Das so erzeugte Bleikonzentrat enthält neben ca. 86 % Bleiglanz fast alle Silberträger sowie den größten Teil des im Roherz vorhandenen Kupferkieses. In einer zweiten Flotationsstufe wird die Zinkblende abgetrennt. Durch Zugabe von speziellen Chemikalien, **Beleber** genannt, wird die Oberfläche der schwerer flotierbaren Zinkblende zur Anlage des Sammlers aktiviert, die nun separat aufschwimmt. Der Zusatz von **Drückern** inaktiviert störende Stoffe (z.B. Pyrit, Gangartminerale) und verhindert, daß sie mitflotiert werden. Das ausgebrachte Zinkkonzentrat hat einen Zinkgehalt von etwa 60%.

Abb.47: Das Anfahren der Pocharbeiter im Clausthaler-Tal-Pochwerk. Rechts im Hintergrund die Stadt Clausthal und einige Gruben des Rosenhöfer Reviers.
(Stahlstich nach einer Zeichnung von W.Ripe um 1850)

6.2 Rösten - Schmelzen - Treiben
das Hüttenwesen

Das letzte Glied in der langen Kette der Metallerzeugung ist die Verhüttung. Die Konzentrate, früher auch Schliege (oder Schlieche) genannt, kamen von den Aufbereitungsanstalten in die Schmelzhütten. Das feine, angereicherte Erzpulver enthielt - wir betrachten hier nur die Blei- und Silbergewinnung - neben 60 - 80% Blei, 15 - 30% Schwefel sowie Kupfer, Zink, Eisen, Arsen, Antimon und natürlich Silber, außerdem Reste von Gangartmineralen wie Quarz und Kalkspat. Zur Gewinnung von reinem Silber und reinem Blei mußten beide Metalle getrennt und von störenden Verunreinigungen befreit werden. Da es sich bei den Erzmineralen um sehr stabile chemische Verbindungen von Metallen mit Schwefel (=Sulfide) handelt, mußte zu deren Zerstörung Energie in Form von Wärme zugeführt werden. Energielieferant blieb bis zur Einführung des Steinkohlenkokses Mitte des 19.Jahrhunderts (1816 auf der Clausthaler Hütte) die Holzkohle.

Abb.48: Das Innere des Pochhauses im zweiten Clausthaler-Tal-Pochwerk. Rechts im Bild die Pochsätze, in der Bildmitte ein Schüttelsieb (Rätter genannt), links an der Wand stehen Setzmaschinen.
(Stahlstich nach einer Zeichnung von W.Ripe um 1850)

Die große Zunft der **Köhler** lebte davon, die Schmelzhütten mit dem wichtigen Energieträger zu versorgen.
Riesige Wälder wurden hierfür abgeholzt, der Harz war gebietsweise baumleer, erst die Einführung systematischer Forstwirtschaft seit Anfang des 18.Jahrhunderts brachte eine Besserung.
Das Grundprinzip des Metallschmelzens blieb seit dem Altertum dasselbe, nur bei der Durchführung änderten sich mit der Zeit die Techniken hin zu immer effektiveren Verfahren mit weniger Metallverlusten.
Die Arbeit des Hüttenmanns gliederte sich in zwei verschiedene Prozesse:

I. Die Röst- und Reduktionsarbeit

Erster Schritt dieses Verfahrens war das Entfernen von Schwefel und Arsen durch das **Rösten** der Konzentrate auf Holzkohle. Im Mittelalter geschah dieses in Scheiterhaufen, in die hinein man die Erzstücke warf (**Haufenröstung**). Später benutzte man vor allem für die Schliege gemauerte **Schachtöfen** (Abb.49a, 50a), die mit Erz und Kohle wechselweise beschickt wurden. In der Gluthitze bei 800 - 900° verbindet sich der Sauerstoff aus der eingeblasenen Luft (hüttenmännisch **Wind** genannt) mit dem Schwefel des Bleisulfids und entweicht als Schwefeldioxidgas mit dem Rauch. Das zurückbleibende Blei verbindet sich ebenfalls mit Sauerstoff zu Bleioxid (PbO), **Glätte** genannt.

An die Röstarbeit schloß sich die **Reduktionsarbeit** an, darunter versteht man ein reduzierendes Verschmelzen der porösen Röstprodukte unter Einblasen von kalter Luft. Im sogenannten **Windofen** reagierte der Sauerstoff mit dem Kohlenstoff der Holzkohle bzw. des Kokses unter Bildung von gasförmigem Kohlenmonoxid und -dioxid, wobei eine Temperatur von 1000 - 1200°C entstand. Das Kohlenmonoxid ist sehr reaktionsfreudig und verbindet sich rasch mit dem Sauerstoff des Bleioxids (**direkte Reduktion**) zu Kohlendioxid. Es gibt auch noch eine **indirekte Reduktion**, bei der feinverteilter Kohlenstoff das Bleioxid reduziert und Kohlendioxid freigesetzt wird. Übrig bleibt schließlich metallisches Blei und in ihm gelöst das ebenfalls freigesetzte Silber sowie etwas Kupfer, Antimon und Zink. Bei den herrschenden Temperaturen war das Blei (Schmelzpunkt 327°C) natürlich geschmolzen, es sammelte sich unten im Schmelzofen. Die übrigen Erzbestandteile bildeten zusammen mit den zugesetzten Zuschlägen (Kalk, Eisenoxid, Flußspat) eine zähflüssige silikatische Schlacke, die aufgrund ihrer niedrigen Dichte auf der Metallschmelze schwamm. Das Rohblei - hüttenmännisch **Werkblei** genannt - wurde von Zeit zu Zeit abgestochen und in Barren gegossen (Abb.50a). Je nach verschmolzener Erzart hatte das Werkblei Silbergehalte von 0,2 - 0,3%.

II. Die Konzentrationsarbeit

Im nächsten Schritt mußte das Blei von den anderen darin gelösten Metallen getrennt werden. Wir wollen an dieser Stelle nur die **Entsilberung** betrachten, die seit der Antike bis zu Beginn unseres Jahrhunderts ausschließlich im klassischen **Treibprozeß** (**Kupellation**) erfolgte:

Das zuvor vom Antimon befreite Werkblei wurde im sogenannten Treibherd in einem großen eisernen Kessel* geschmolzen (Abb.49b u.50b). Auf die etwa 1100°C heiße Bleischmelze wurde ein starker Luftstrom geleitet, der die oberste Bleischicht zu Bleioxid (Bleiglätte) oxidierte. Da sich die Glätte in flüssiger Form auf der Bleioberfläche sammelte, konnte sie bequem mit dem **Glätthaken** zum Ablaufen gebracht werden. Das im Blei gelöste Silber war zu "edel", um vom Luftsauerstoff oxidiert zu werden, es konzentrierte sich daher in der Metallschmelze. Durch Zugabe immer neuen geschmolzenen Werkbleis wurde über einen längeren Zeitraum hindurch kontinuierlich die Glätte abgetrieben, bis sich eine größere Menge flüssigen Silbers unten im Treibkessel angesammelt hatte. Nun entfernte man sämtliche überstehende Glätte, bis plötzlich die letzte dünne Schicht aufriß und den Blick auf

---

* Einige der auf den Hütten ausgemusterten Entsilberungskessel fanden später als Brunnenbecken Verwendung. Im Stadtgebiet von Clausthal-Zellerfeld sind heute wieder etwa 10 solcher Brunnen vorhanden.

die gleißend helle Silberschmelze freigab. Diesen für alle Beteiligten stets von neuem faszinierenden Moment nannte man den **Silberblick**. Flüssiges Silber hat bei hohen Temperaturen die gefährliche Eigenschaft, große Mengen Sauerstoff physikalisch zu lösen und dann unterhalb des Erstarrungspunktes (962°C) explosionsartig wieder abzugeben. Um solches Unheil zu verhindern wurde die letzte Glättehaut mit Fichtenholzscheiten abgezogen, wobei das verkohlende Holz den gelösten Sauerstoff aufnahm.
Der einige Zeit am Rammelsberg tätig gewesene Münzmeister LAZARUS ERCKER (1528 - 1594) brachte die Quintessenz des Treibprozesses in folgendem Spruch zum Ausdruck:
  Heiß abgetrieben und kalt geblickt,
  so wird's ein Meisterstück.

In der Silberschmelze verbliebene Schwefelreste entfernte man durch Zugabe von **Granuliereisen** (kleine Eisenperlen), das für diesen Zweck auf einigen Harzer Eisenhütten hergestellt wurde. Das unedle Metall Eisen band den störenden Schwefel als unlösliches Eisensulfid.
Früher ließ man das **Blicksilber** im Treibherd erstarren und brach es anschließend in groben Stücken heraus. Sorgsam abgewogen und in gepanzerten Kisten verpackt wurde es zur **Münze** geschafft, um dort daraus **Ausbeutetaler, Löser, Dukaten** und andere Geldmünzen zu prägen (siehe Abb.92).
Aus der angefallenen Bleiglätte gewann man durch erneutes reduzierendes Schmelzen auf glühender Kohle das sogenannte **Feinblei**, das dann in Barren von je 50 kg gegossen wurde.
Auf einigen Lagerstätten war das Silber nicht an Bleierze gebunden, sondern trat mit Kupfererzen zusammen auf, so etwa am Rammelsberg bei Goslar oder im Kupferschiefer am südlichen und südöstlichen Harzrand.
Hier erfolgte die Silbergewinnung seit dem ausgehenden Mittelalter im sogenannten **Seigerprozeß**, auch **Niederschlagsarbeit** genannt:
Dieses Verfahren beruhte zum einen auf der bereits beschriebenen guten Löslichkeit des Silbers in einer Bleischmelze und zum anderen auf den sehr unterschiedlichen Schmelzpunkten von Kupfer und Blei. Das in einem separaten Hüttenprozeß hergestellte silberhaltige Rohkupfer wurde zusammen mit einem bestimmten Quantum Blei in einem **Gebläseschachtofen** zu einer Kupfer-Blei-Silber-Legierung geschmolzen. Aus dieser Legierung wurden dann runde Scheiben, die **Seigerstücke** gegossen, die anschließend auf einen **Seigerherd** ins offene Holzkohlenfeuer gelegt wurden. Die Scheiben erhitzte man gerade so stark, daß das Blei mit dem darin gelösten Silber schmolz und durch eine Rinne aus dem Seigerherd in Pfannen lief. Kupfer blieb als poröse Masse übrig. Das so erzeugte Reichblei wurde mittels der oben geschilderten Treibarbeit entsilbert.
Seit Ende des 19.Jahrhunderts ersetzten bzw. ergänzten neue Verfahren die alte Hüttentechnik und senkten sowohl die Metallverluste als auch die Energieaufwendungen. Die Entsilberung erfolgte nun in mehreren Stufen. Beim bis zuletzt auf den Harzer Hütten angewandten sogenannten **PARKES-Verfahren** wurde das Silber zuerst mit Hilfe von flüssigem Zink aus der Werkbleischmelze extrahiert und dann als **silberreicher Zinkschaum** weiterverarbeitet. Nachdem ein Teil des anhaftenden Bleis zuvor ausgeseigert worden war, ging der 25-28% Silber enthaltende Reichschaum in einen **Destillationsofen**. Bei Temperaturen von etwa 1200°C

verdampfte das Zink (Siedepunkt 907°C) in eine luftgekühlte Vorlage, wo es wieder kondensierte. Das im Ofengefäß zurückgebliebene Reichblei mit etwa 70% Silber gelangte nun in den Treibofen, wo es auf klassische Weise entsilbert wurde. Das gewonnene **Blicksilber** goß man zu etwa 0,5 kg schweren Platten (Silberanoden), aus denen durch anschließende elektrolytische Raffinierung hochreines **Feinsilber** entstand.

Im Jahre 1967 stellten sowohl die **Clausthaler Bleihütte**, als auch die mit ihr zusammen betriebene **Lautenthaler Silberhütte** die Produktion endgültig ein.

Am 24. Dezember diesen Jahres wurden die letzten 3½ t Silber - eine Monatsproduktion - in Anodenplatten gegossen, das entsprach einem damaligen Wert von 950.000 DM (LEHNE & WEINBERG, 1980).

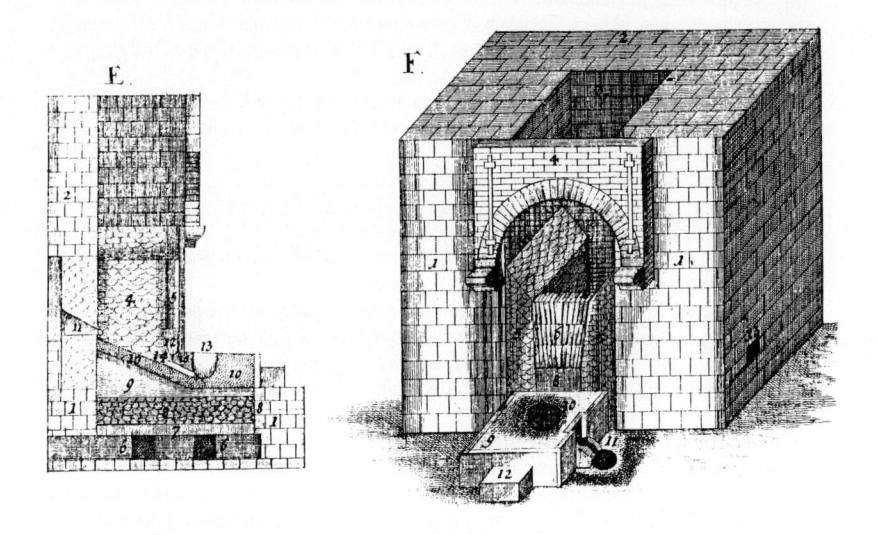

Abb.49a: Ansichten eines gemauerten Schmelzofens aus dem Oberharz. In der rechten Darstellung (F) erkennt man rechts unten das abgestochene Werkblei.
(Aus CALVÖR 1763)

Die Clausthaler Bleihütte lag im oberen Innerstetal, unterhalb der damaligen Bahnstation **Frankenscharrnhütte**. Die Anlagen wurden später fast komplett abgerissen und eingeebnet. Nur die ringsherum nahezu baumlosen, lediglich mit Heidekraut und Gras bewachsenen Berghänge zeugen von der jahrhundertelangen Einwirkung des "biedren Hüttenrauchs".

Die Hüttenkatze - Fluch des Metalls

War die Arbeit der Bergleute schon gefährlich und ungesund, so traf letzteres auf die Tätigkeit der Hüttenleute noch viel mehr zu. Bei ihrer Arbeit ständig Zugluft ausgesetzt, atmeten sie beim Umgang mit den geschmolzenen Metallen täglich die giftigen Blei-, Zink-, Arsen- und Schwefeldämpfe ein. Außer nassen Tüchern vor Mund und Nase gab es keinen Atemschutz. Wer längere Zeit auf den Hütten arbeitete, litt zwangsläufig bald unter einer chronischen Bleivergiftung. Bekannt wurde diese Krankheit unter der Bezeichnung **Hüttenkatze**, da die auftretenden kolikartigen Schmerzen so heftig waren, als würden "die Eingeweide von einer Raubkatze zerrissen werden!"

Auch die Hüttenleute waren eine verschworene Gemeinschaft. Im Gegensatz zu den schwarz gekleideten Bergleuten trugen sie eine weiße Arbeitstracht und das "Leder" in Form einer langen Schürze vor dem Bauch (Abb.9b). **Furkel** (Röstgabel), **Glöthaken** oder Glätthaken (zum Abziehen der Bleiglätte) und **Kelle** (zum Auskellen des geschmolzenen Silbers) kreuzförmig übereinander gelegt waren das Symbol der Metallhüttenleute (siehe S.110)

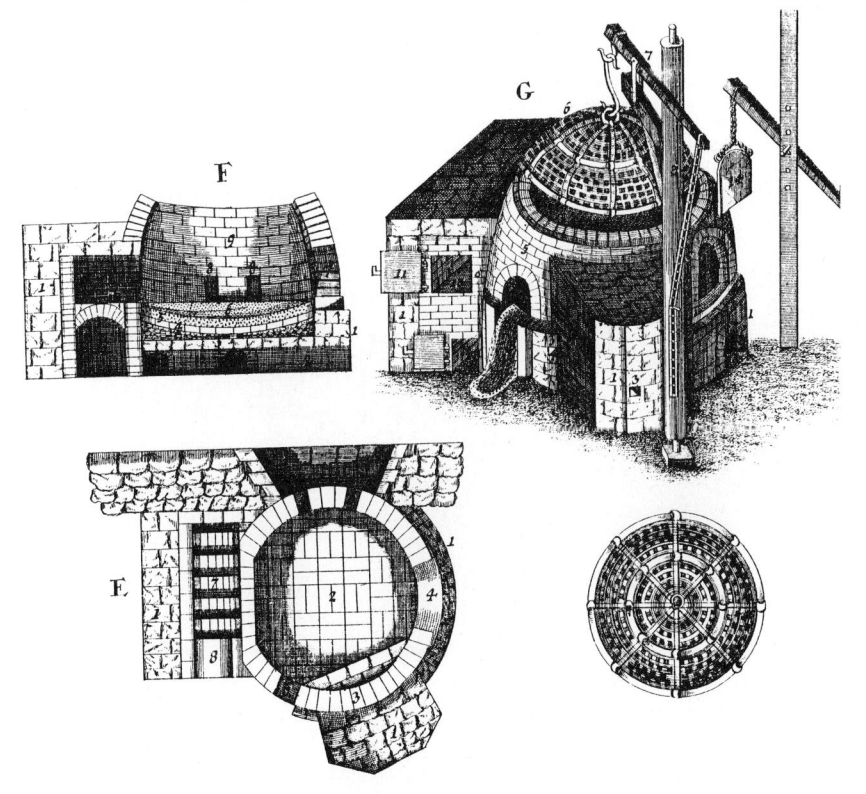

Abb.49b: Ansichten eines Treibofens mit einem eisernen Deckel, der mit einem Kran entfernt werden kann. Der hier abgebildete Ofen ist 15 Fuß lang und 13 ½ Fuß breit, sein Innendurchmesser beträgt 8 Fuß. Solche Öfen wurden seit 1689 auf der Clausthaler Hütte verwendet. Bild G zeigt das Glättloch (15 x 16 Zoll) mit der abgezogenen Glätte. (Aus CALVÖR, 1763)

Abb.50a: Das Innere einer Schmelzhütte auf der Clausthaler Hütte. Dargestellt sind zwei Schachtöfen, an denen gerade der Abstich stattfindet. Ganz links im Bild tritt das geschmolzene Blei aus, während über die beiden rampenartigen Rinnen die Schlacke aus höher gelegenen Öffnungen der Öfen ausfließt. Der unifomierte Mann im Vordergrund ist ein Hüttenmeister.
(Stahlstich nach einer Zeichnung von W.RIPE um 1850)

Abb.50b: Das Innere einer Treibhütte auf der Clausthaler Hütte. Dargestellt sind zwei Treiböfen, an denen Silberabtreiber mit Glätthaken die Bleiglätte abziehen. Links im Bild bringt ein Schürknecht ein Bündel Fichtenäste, die bei der Verbrennung eine sehr starke Hitze erzeugen.
(Stahlstich nach einer Zeichnung von W.RIPE um 1850)

Das Eisenhüttenwesen

Völlig andersartig als die geschilderten "**Metallhüttenprozesse**" lief die Erzeugung von Gußeisen und Stahl im sog. **Eisenhüttenprozeß** ab. Im wesentlichen als Zulieferungsindustrie für die Buntmetallgewinnung etablierte sich im Harz seit dem 16.Jahrhundert ein schnell aufblühendes Eisenhüttenwesen (siehe Abb.101). Die zahlreichen, teils bedeutenden heimischen Eisensteinvorkommen lieferten hierfür gut geeignete Rohstoffe. In den Kapiteln 11.2, 13.2 und 14 wird hiervon noch die Rede sein.

Die oxidischen Eisenerze waren größtenteils sehr schwefelarm, so daß ein Abrösten nicht unbedingt nötig gewesen wäre. Allerdings ist Schwefel auch in geringer Konzentration für das schmiedbare Eisen ein so schädlicher Stoff, daß die Stückerze im allgemeinen vorweg im Röstfeuer erhitzt wurden, um außerdem auch Wasser und Kohlensäure auszutreiben. Die Eisenerze waren hauptsächlich **Roteisenstein** (Hämatit, Fe_2O_3), **Brauneisenstein** (Limonit, FeOOH), **Spateisenstein** (Siderit, $FeCO_3$) und seltener auch **Magneteisenstein** (Magnetit, Fe_3O_4), also alles Minerale, in denen das Eisen an Sauerstoff bzw. an Sauerstoff und Kohlenstoff gebunden ist. Zur Gewinnung von metallischem Eisen mußte diesen Erzen durch reduzierendes Schmelzen der Sauerstoff geraubt werden.

Schon im ausgehenden Mittelalter benutzte man hierfür **Hochöfen** mit **wasserkraftgetriebenen Gebläsen**, die an die Stelle der vorher benutzten einfachen **Rennfeueröfen** traten. Der schachtförmige, 6 -10m hohe Ofen wurde von oben wechselweise mit Holzkohle, Eisensteinstücken und je nach Erzart zusammengestellten Zuschlägen (Kalkstein, Flußspat) beschickt. Während des Verhüttungsprozesses reagierte der Sauerstoff aus der eingeblasenen Luft (Wind) mit der glühenden Holzkohle unter Bildung von Kohlenmonoxid (CO). Dieses reaktionfähige Gas verband sich in der Hitze mit dem Sauerstoff der Eisenoxide zu Kohlendioxid und entwich oben aus dem Schacht als **Gichtgas**. Das anfallende Eisen (Schmelzpunkt 1535°C) verflüssigte sich bei der im Hochofen herrschenden Temperatur von über 1700°C und seigerte nach unten durch. Die Zuschläge halfen, die tauben Bestandteile der Erze (z.B. Quarz) zu verschlacken. Die spezifisch leichtere Schlackenschmelze sammelte sich oberhalb der Eisenschmelze. In bestimmten Zeitabständen ließ man durch Öffnen von in verschiedener Höhe angebrachten Löchern Eisen und Schlacke getrennt abfließen. Besonders in der frühen Zeit, als die Blasebälge noch nicht hinreichend effektiv waren, um gleichmäßig genügend hohe Temperatur zu erzeugen, geschah es häufig, daß größere Mengen metallischen Eisens als Einschlüsse in den Schlacken auftraten. Zur Gewinnung dieser nicht unbeträchtlichen Eisenmengen betrieb man Schlackenpochwerke und Schlackenwäschen. Das hier produzierte Granuliereisen fand, wie beschrieben, bei der Silbergewinnung Verwendung.

Da das flüssige Eisen während des Schmelzvorgangs im Hochofen zwischen 2,5 und 4 % Kohlenstoff aufnahm, war das so erzeugte Roheisen sehr spröde und konnte höchstens als Gußeisen verwendet werden. Zur Herstellung von geschmeidigem Schmiedeeisen (Stahl) mußte der Kohlenstoffanteil gesenkt werden. Bei diesem Vorgang, hüttenmännisch "**Frischen**" genannt, mußte das Eisen in einem Herdfeuer, das einer Schmiedeesse ähnlich war, wieder eingeschmolzen und oxidierend behandelt werden, so daß der überschüssige Kohlenstoff, in Kohlendioxid überführt, entwich. Das aufgefrischte Roheisen (0,05 - 1,7% Kohlenstoff) hieß auch "**zweimal** geschmolzenes Eisen" und war jetzt schmiedbar, schweißbar und härtbar. In früheren Jahrhunderten war nicht bekannt, daß durch Zugabe bestimmter Metalle wie Chrom, Mangan, Nickel oder Vanadium ein Stahl veredelt werden konnte. Allerdings wußte man, daß Erze bestimmter Fundorte besser als andere zur Erzeugung von Werkzeugstählen geeignet waren, hier spielte besonders der in manchen Eisenerzen ("Stahlerze") vorhandene Mangangehalt eine wesentliche Rolle.

In fast allen Harzer Tälern sowie an den Flußläufen des Harzvorlandes entstanden seit Beginn der Neuzeit zahlreiche kleine und mittelgroße Eisenhütten (siehe Abb.101). Zum Teil gingen die alten Hütten in unserem Jahrhundert in eisenverarbeitende Betriebe über, wie die **Königshütte** (siehe Kap.13.2, Abb.97 und 98) in Bad Lauterberg, die **Zorger Eisenhütte**, die **Rothehütte** in Königshütte oder die Hüttenwerke von **Ilsenburg** und **Thale** am Nordharzrand. Einen guten Einblick in die Geschichte des Harzer Eisenhüttenwesens vermitteln die Schriften von WEDDING (1881) sowie HILLEGEIST (1974 und 1983).

Weiterführende Literatur zu den Kap.5 und 6:

Zur Bergbautechnik: Agricola (1556), Bartels (1992), Baumgärtel (1912), Bischoff (1981), Bornhardt (1934), Calvör (1763), Dennert (1984, 1986), Geschichtskommission der TU Clausthal (1986), Heindorf (1993, 1994), Lommatzsch (1974), Nietzel (1993), Riechers (1975), Schell (1882), Skiba (1974), Slotta (1983), Wilson (1982).
Zur Hüttentechnik: Bode (1928), Denecke (1978), Henseling (1984), Hillegeist (1974), Hoppe (1883), Kaufhold (1992), Laub (1991), Lehne & Weinberg (1980), Mehner (1991), Rosenhainer (1968), Spier (1992), Stünkel (1803), Wedding (1881).

Ein Lebensbild

FRIEDRICH WILHELM HEINRICH VON TREBRA (1740-1809) war eine der herausragendsten Persönlichkeiten des damaligen deutschen Erzbergbaus (Abb.61). Nach einem naturwissenschaftlichen Studium an der Universität von Jena ließ sich der junge VON TREBRA als 1.Student an der 1765 gegründeten Freiberger Bergakademie einschreiben, um sein Wissen auf dem Gebiet der Berg- und Hüttentechnik zu vertiefen. Trotz anfänglicher Vorbehalte entschloß er sich dann, die Laufbahn eines sächsischen Bergbeamtens einzuschlagen und trat bereits mit 27 Jahren die Stelle eines Bergmeisters in Marienberg im Erzgebirge an. Während seines 12jährigen Wirkens gelang es ihm durch neue Ideen und geschickte Amtsführung, den niederliegenden Bergbau zu einem neuen Aufschwung zu bringen. 1779 übernahm VON TREBRA den Posten des Vize-Berghauptmanns im Zellerfelder Communion-Bergamt. In dieser Zeit verfaßte er einige bemerkenswerte bergbaukundliche und mineralogische Werke, berühmt wurde sein 1785 erschienenes Buch "Erfahrungen vom Inneren der Gebirge". Nach dem Tod des hannoverschen Berghauptmanns C.F.VON REDEN (Abb.61) übernahm er 1791 dessen Amt und leitete nun das gesamte Oberharzer Berg- und Hüttenwesen.

Bereits 1776 hatte VON TREBRA anläßlich einer Gutachtertätigkeit in Weimar J.W. VON GOETHE kennengelernt, der im Auftrag des Herzogs von Weimar mit Untersuchungen zur Wiederaufnahme des Ilmenauer Kupferschieferbergbaus (Thüringer Wald) betraut war. Eine lebenslange Freundschaft resultierte aus dieser Begegnung. Er begleitete den Freund auf dessen berühmten Harzreisen. 1795 wurde VON TREBRA nach Freiberg zurückgerufen und erhielt hier als Krönung seiner Laufbahn den Posten eines sächsischen Oberberghauptmanns. Das Wirken VON TREBRAS ist ein schönes Beispiel für die engen Beziehungen zwischen dem Harzer- und dem erzgebirgischen Bergbau und deren wechselseitigen Beeinflussung.

Der hier wiedergegebene "Gevatterbrief" (aufgefunden von Berghauptmann BORNHARDT, zitiert nach DENNERT, 1986), gibt uns einen Eindruck vom äußerst geistreichen Humor, der VON TREBRA zu eigen war!

Gevatterbrief
des Berghauptmanns von Trebra an den Berghauptmann von Veltheim

Aus dem Ew.Hochwohlgeborn während Dero Hierseins vorgelegten alten Generalbefahrungberichten wird noch erinnerlich sein, daß die auf meiner Eigenlöhnerzeche "Friederike Philippine" gewonnenen edlen Geschicke nur nesterweise und auf kurze Mittel führenden Gängen gebrochen haben, und daß der Hauptgang von einer Ruschel abgeschnitten und ganz in's Liegende verworfen wurde. Nachdem ich aber auf dieser eine Zeitlang in tauben Mitteln verhauenen Fundgrube einige anscheinend edle Gänge mit der Ruthe begangen, solche bergmännisch belegt, darauf mit gutem Muthe abgesunken, das Liegende durch Querschläge untersucht, besonders aber das einmännische Bohren zur Hand genommen, so hat es sich nach zugefallenen Morgenklüften höfflicher angelegt und baldigen reichen Anbrüchen den Anschein gewonnen. Man hat in dieser Zeit das Feld genauer untersucht, weiter ausgelängt, das Gestein fleißig durchfahren, worauf dann endlich in der vergangenen Nacht vor Ort sich einige Wasser spüren ließen. Diesen Wasserklüften wurde mit großer Behutsamkeit nachgedrungen und weil man reiche Erze vermutete, auf dem liegenden Salbande ziemlich weit hineingeschränkt. Endlich gefiel es dem Höchsten, als dem obersten Bergherrn, mich mit einem zierlichen Neste von derben Glaserzen, auch etwas Rothgültig mit Haarsilber und also mit einem gesunden Töchterlein zu erfreuen, welche edle Schaustuffe heute morgen 6 Uhr den 1.Juni durch den Kübel der Bademutter aus der "Friederike Philippine" vorderem Hauptschachte glücklich und ohne Gefahr über die Hängebank zu Tage gefördert wurde. Da nun mir, dem regelr. Obersten dieses höffl.Bergbaues, die Pflicht obliegt, diese reichen Anbrüche von den mit einbrechenden tauben Gangarten der Erbsünde und den strengflüssigen Bergarten des Gottseibeiuns zu scheiden, darauf durch die Wäsche der heiligen Taufe zu Schliegen zu ziehen und solchergestalt in die Schmelzhütte des Lebens abzufahren zu lassen, damit solche nach vorangegangener Pocharbeit der zarten Jugend, der Verklärung in dem Hochofen, den Trübsalen dieses Lebens auf dem Treibherde, das letzten Endes endlich auf den Testen des ewigen Lebens auf die höchste Feinheit (zu 15 Loth 16 Grän) gebracht werden möge, so habe ich denn Ew.Hochwohlgeboren als einen erfahrenen Aufbereiter und wahren Bergmann hierdurch geziemend ersuchen wollen, bei diesem wichtigen Aufbereitungsprozesse den Oberschlämmer eines Gevatters abgeben zu wollen. Obgleich Ew.Hochwohlgeboren bis jetzt noch keine Eigenlöhnerzeche gemuthet und aufgenommen und keine überzeugende Proben von einem regelmäßig und recht bergmännisch eingerichteten Baue abgelegt haben, sondern bis jetzt nur auf Raub gebaut, in edlen Mitteln abgebaut und darauf wieder jederzeit in's Freie haben fallen lassen, so hoffe ich doch, Dieselben wollen aus bergmännischer Freundschaft und Gewohnheit mir dieses Freigedinge nicht versagen, sondern vielmehr durch den Abschlagszettel einer beifälligen Antwort, den vollen Lohn in feinen ⅔ Stücken meiner Dankbarkeit entgegen nehmen.

Sollte Ew.Hochwohlgeboren durch die mir zugefallene Ausbeute selbst baulustig werden und in einem unverritzten Felde edle Gänge ausrichten wollen, so wünsche ich von Herzen, daß der von Ew.

Hochwohlgeboren noch nicht gefundene "Glücker Stolln" sich zu dem mit einer edlen Frau anschaaren und sich durch viele Fundgruben und Maaßen dieses Lebens langschlagen möge; um jedoch auf einem solchen fündigen Gange einen bergmännischen Bau vorzurichten, ist es nötig, daß Dieselben ein in solcher Grube befindliches Stollnmundloch aufsuchen, daselbst mit gehöriger Rösche auffahren, recht fleißig die Wasserseige schlämmen, damit das Tragewerk nicht höher geschlagen werden muß, auf dem Gange mutig auslängen, Hangendes und Liegendes durch Querschläge untersuchen, in der Nachtschicht muthig bohren und nasse, keine trockenen Löcher anweisen, solche in der gesetzten Zollzahl richtig abbohren, gehörig besetzen und wegthun, nicht zu früh ausfahren und überhaupt das Tagewerk, wie solches einem ordentlichen Bergmanne sich eignet und ziemt, herausschlagen, damit der Nachfahrer Dieselben nicht als einen unerfahrenen Bohrhäuer ab- und einen anderen Doppelhäuer anlegen möge. - Weil nun aber, wie verlautet, Ew.Hochwohlgeboren das sämmtliche Gezähe in den immer zu Raub gebauten Zechen abgemeißelt haben, so ist es nöthig, daß Dieselben den verschlagenen Kolbenbohrer wieder neu verstählen und schweißen lassen, auch alles Uebrige, was nach bergmännischem Gebrauch zur guten Einrichtung und Fortsetzung eines ordentlichen Bergbaus erfordert wird, auswechseln und herbeischaffen. Nur will ich hierbei aus bergmännischer Freundschaft angerathen haben, daß Ew.Hochwohlgeboren nicht alte verlassene Gebäude wieder anfahren mögen, indem sonst gar leicht der Alte Mann die edlen Mittel schon verhauen haben und das Abbauen der Überreste die sämmtlichen Berg-, Poch- und Hüttenkosten nicht decken würde, oder bei aufgelöstem Gebirge und gebrochenem Gesteine der Bau leicht zu Bruche gehen oder endlich gar die Ausbrüche der gesammelten Wasser und bösen schlagenden Wetter Dieselben austreiben und auf die Halde setzen würde.
Dagegen wenn Ew.Hochwohlgeboren eine Eigenlöhnerzeche wirklich zu muthen gedächten, rathe ich vielmehr, sie in einem friedlichen, jungfräulichen, unverritzten Felde anzulegen, durch Absinken, Auslängen, Übersichbrechen den gefundenen Gang zu untersuchen und das Gebirge aufzuschließen und dadurch den Bau zu reicher Ausbeute und gutem Vorrathe vorzurichten.
Schließlich wünsche ich von Herzen, daß der oberste Bergfürst des Himmels und der Erde Ew.Hochwohlgeboren vor allen faulen Ruscheln die Krankheits- und Unglücksfälle bewahren, auch durch Bergstempel, Jöcher, Wandruthen, Unterzüge und Anpfähle alle gefährlichen Brüche und Läste abfangen und endlich bis in die Erbteufe der späteren Jahre, wo der Bergkobold des Todes alle Gänge in den Erzteufen auskeilt, erhalten wolle. Hingegen, daß nach vieler reicher Ausbeute die auseinander gefahrenen Trümmer endlich in dem himmlischen Leben durch zufallende edle Klüfte der Auferstehung sich wieder zu Gange legen und in der ewigen Teufe der Seligkeit fortsetzen mögen.

Glückauf!

Clausthal, den 1.Juni 1785

Schlägel und Eisen
-Symbol des Bergbaus

Furkel, Glöthaken und Kelle
-Symbol des Metallhüttenwesens

111

> Wer will Bergwerck baven,
> der muß Gott und dem Glück vertrawen.
>
> alter Harzer Bergmannsspruch aus dem 17.Jahrhundert

7. Der Rammelsberg
- mehr als 1000 Jahre Bergbaugeschichte -

Am 30. Juni 1988 stellte das Erzbergwerk Rammelsberg bei Goslar am Harz für immer seine Förderung ein. Der Stillegungstermin hatte sich schon lange abgezeichnet, denn bis auf einige wirtschaftlich nicht gewinnbare Erzreste (ca. 400 000 t) war die Lagerstätte vollständig erschöpft. Damit endete eines der interessantesten Kapitel europäischer Montanindustriegeschichte, das bereits in grauer Vorzeit, vermutlich vor mehr als 17 Jahrhunderten, seinen Anfang genommen hatte.

Abb.51: Die Tagesanlagen des Erzbergwerks Rammelsberg mit dem Rammelsberg Schacht im Hintergrund (im Sommer 1992)

Eine Lagerstätte der Superlative

Die beiden Haupterzkörper, das **Alte-** und das **Neue Lager** genannt, hatten zusammen eine Tonnage von 27 - 30 Mio t (Abb.52). Die durchschnittlichen Metallgehalte der recht feinkörnigen Lagererze betrugen nach SPERLING (1986): **14% Zink, 6% Blei, 1% Kupfer, 120 g/t Silber,** ca. **1g/t Gold** sowie etwa **20% Schwerspat.** Außerdem fanden sich etwa 30 weitere Spurenelemente, darunter **Selen, Tellur, Gallium, Indium, Germanium** sowie einige **Platingruppenmetalle**, in den komplexen Erzen überdurchschnittlich angereichert.
Die massigen Lagererze sind, je nach Anteil der vorherrschenden Erzminerale,

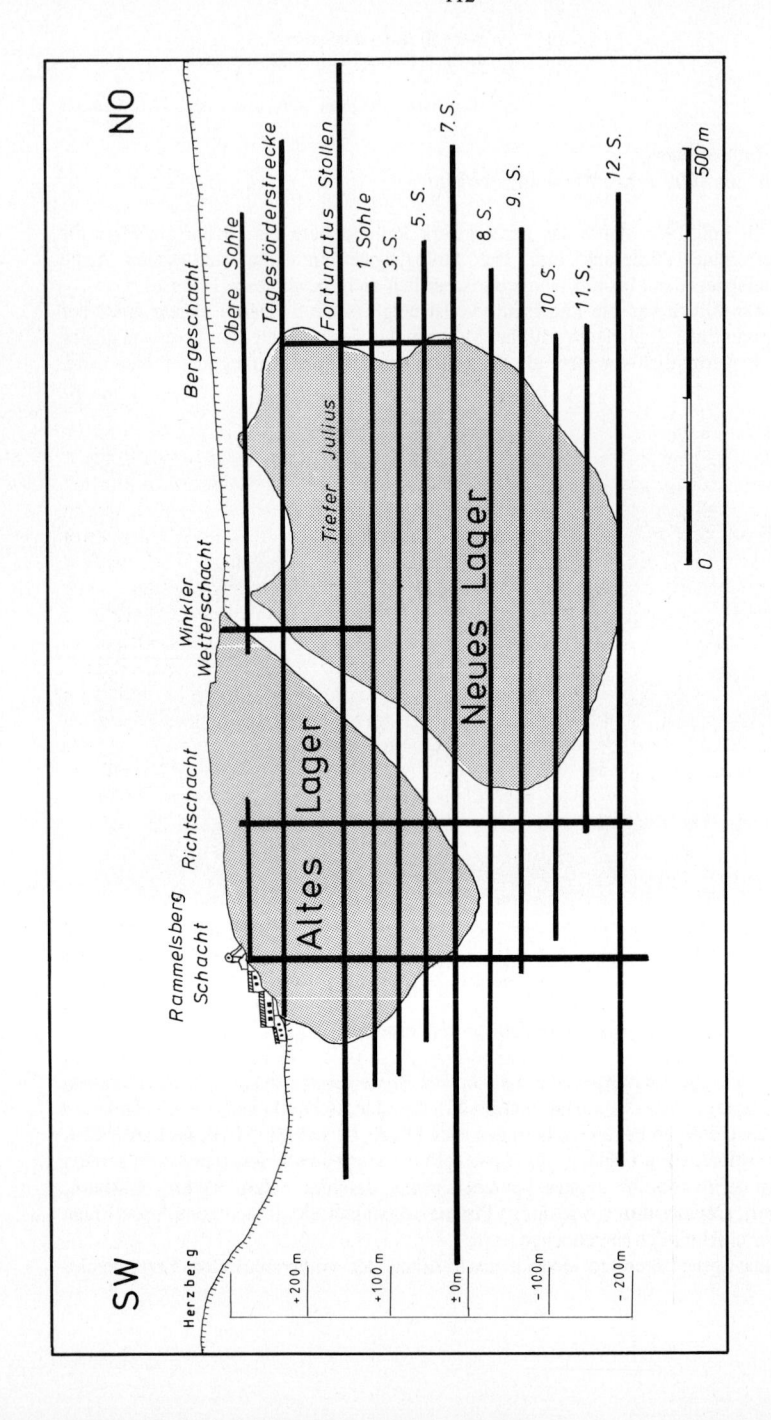

Abb. 52: Schematischer Seigerriß durch das Erzbergwerk Rammelsberg mit dem Alten- und dem Neuen Lager (umgezeichnet nach KRAUME, 1955)

graubraun bis gelblichgrau gefärbt und zeigen oft recht eigentümliche Schichtungsstrukturen. Besonders hübsch anzuschauen sind die nur lokal auftretenden **Melierterze** (Abb. 53a). In einer graubraunen Zinkblende-reichen Grundmasse bildet gelber Kupferkies unregelmäßig große, parallel eingeregelte Schlieren. Charakteristisch sind auch die feingefältelten **Banderze**, sie bestehen aus Wechsellagerungen von dunklen Tonschiefer- und hellen karbonatreichen Erzlagen, die als noch weiches Sediment durch Rutschungen ganz merkwürdig deformiert worden sind (Abb. 53b). Die buntmetallarmen Banderze stellen den Übergang zwischen den reichen Lagererzen und dem unvererzten Nebengestein (Wissenbacher Schiefer) dar.

Die Rammelberger Lagerstätte gehört mit zu den größten und reichsten Massivsulfidervorkommen (auch Kieserzlagerstätten genannt) der Welt.

Im Sprachgebrauch der Geologen und Lagerstättenkundler ist der "Typus Rammelsberg" ein international bekannter Begriff. Jahrhundertelang blieb es den Gelehrten ein Rätsel, welche metallogenetischen Prozesse solche gewaltigen Metallkonzentrationen auf einem vergleichsweise kleinen Areal bewirkt haben könnten. Es entwickelten sich sehr unterschiedliche Theorien, die teilweise erbittert von ihren Anhängern verteidigt wurden. Erst nach 1950 konnte der gröbste Streit beigelegt werden, aufgrund eingehender erzmikroskopischer Untersuchungen (RAMDOHR, 1953) wurde sicher bewiesen: die Erze entstanden im Mitteldevon vor etwa 350 Mio. Jahren "**submarin - synsedimentär - exhalativ**" aus heißen, metallreichen Thermen, die beim Austritt am Grund des Ozeans mit dem kalten Meerwasser reagierten und dabei ihre gelöste Fracht ausfällten. Der gebildete feinkörnige Sulfiderzschlamm sammelte sich in Depressionen auf dem Meeresboden, wurde später von tonigen und sandigen Sedimenten bedeckt und entwässerte langsam, so daß Massivverzlinsen entstanden. Die Auffaltung des Harzes im Oberkarbon bewirkte eine intensive tektonische Überprägung, sowohl der plastischen Erzlinsen als auch der umgebenden schiefrigen Nebengesteine. Der größte Teil der Rammelsberger Lagerstätte gehört zum überkippten Schenkel einer großen Falte, d.h. was vor der Faltung oben lag, liegt jetzt unten, gewissermaßen "auf den Kopf" gestellt (inverse Lagerung).

Die Entdeckung

Der Sage nach soll das Pferd eines jagenden Ritters namens Ramm beim Scharren mit dem Huf eine "Silberader" freigelegt haben. Urkundlich belegt ist die Erzgewinnung seit dem Jahr 968 während der Regierungszeit Kaiser **Ottos des Großen** (936-973), entsprechend fanden 1968 Feierlichkeiten zum 1000-jährigen Bestehen des Rammelsberger Bergbaus statt.

Der weithin sichtbare, vegetationslose Ausbiß des **Alten Lagers** am Südwesthang des Berges war sehr wahrscheinlich schon viel früher bekannt gewesen und hatte die Menschen zu Schürfversuchen veranlaßt. Man glaubte bislang, daß die komplexen Erze wegen ihrer schwierigen Verhüttbarkeit kaum in größeren Mengen Verwertung fanden. Archäologische Ausgrabungen in Düna bei Osterode am südlichen Harzrand in den Jahren 1981-85 legten eine Wüstung mit einem alten Verhüttungsplatz frei. Die gefundenen Schlacken und unverschmolzenen kupferreichen Erzstücke sind, wie archäometrische Untersuchungen bewiesen haben, Rammelsberger Ursprungs. Nach den vorliegenden Datierungen stammen die Schichten mit den Verhüttungsrelikten aus dem 3. - 4. Jahrhundert n. Chr. (KLAPPAUF, 1985). Aus welchen Gründen die Erze etwa 40 km weit über den Harz hinweg nach Düna gebracht wurden, blieb bisher unklar.

Die Erzgewinnung begann, wann auch immer, mit Sicherheit am Ausgehenden des Alten Lagers als einfache Gräberei in kleinen Tagespingen. Als Folge von Verwitterungsprozessen waren die obersten 10-20 m des Erzkörpers verhältnismäßig aufgelockert und einfach abzubauen. Vermutlich hatten damit einhergehende Zementationserscheinungen zur Ausbildung einer gewissen Reicherzzone geführt, in der besonders die Edelmetalle sowie Kupfer konzentrierter vorkamen. Galt der frühgeschichtliche Bergbau im wesentlichen dem Kupfer (Legierungsmetall für Bronze), so war es später im Mittelalter vor allem das Münzmetall Silber, dem man nachgrub. Den reichen Silbererträgen des Rammelsberges verdankt **Goslar** seinen frühen Glanz als Zentrum kaiserlicher Macht, mit der berühmten romanischen Pfalz und den Aufstieg zur **freien Reichsstadt**.

Abb.53: Zwei typische Erze vom Rammelsberg
    a) Feinmeliertes Blei-Zink-Erz mit groben Pyrit-Kupferkies-Schlieren (helle Partien)
    b) Banderz - ehemalige sedimentäre Wechselschichtung von dunklen Schieferlagen und hellen karbonatischen Erzlagen, durch Rutschungsprozesse fein gefältelt.

Bergwerk steigt - Bergwerk fällt

Die erste Blütezeit dauerte bis Mitte des 12.Jahrhunderts, als kriegerische Auseinandersetzungen zwischen Kaiser **Friedrich Barbarossa** und dem Welfen **Heinrich der Löwe** schließlich (1181) zur Einstellung der Erzgewinnung führten. Ab 1235 unterstand der erneut aufgenommene Rammelsberger Bergbau den Herzögen von Braunschweig, die ihre Rechte der Stadt Goslar als Pfand übertrugen, deren Bürger jetzt stärker in den Genuß der Ausbeute kamen, die nun wieder reichlicher

floß! Seit 1281 gehörte die Stadt zur **Hanse**, der mächtigen mittelalterlichen Handelsorganisation, und besaß ein knappes Jahrhundert lang das Monopol im Kupferhandel.
In dieser Zeit bauten vermutlich mehr als 100 Einzelgruben nebeneinander auf dem etwa 500m langen Ausbiß des Alten Lagers. Von kleinen Schächten und Tagesstollen aus ging man nun verstärkt zur Gewinnung der dichten, zähen Primärerze über. Mit dem Fortschreiten der Abbaue zur Teufe hin nahmen die Wasserhaltungsprobleme naturgemäß zu, obwohl aufgrund des undurchlässigen Nebengesteins (Tonschiefer) die Wasserzuflüsse verhältnismäßig gering blieben. Zuerst geschah die Sümpfung durch **Wasserknechte**, die auf Fahrten übereinander standen und sich wassergefüllte Ledereimer zureichten. Zeitweise waren 200 von ihnen am Rammelsberg beschäftigt.
Überliefert ist auch der Einsatz von ledernen Wassersäcken, sog. **Bulgen**, die man mit Handhaspeln in den Schächten emporzog.

Schon Mitte des 12.Jahrhunderts war der Bau eines tiefen Wasserlösungsstollens unbedingt erforderlich geworden, um alle auf dem Lager bauende Gruben gleichzeitig zu entwässern. Der um 1150 begonnene "**Ratstiefste Stollen**" wurde auf 1000 m Länge aufgefahren und brachte im Lager etwa 35 m Teufe unter der Talsohle ein. Dieses Bauwerk gilt heute als der älteste befahrbare Großstollen im Harz.
Ganz anders als beim Gangbergbau, wo die Abbaurichtung durch das Streichen und Einfallen der Lagerstätte vorgegeben war, entwickelte sich im mehrere 10er m mächtigen Lager ein regelloser **Örter**- und **Weitungsbau**, bei dem in erster Linie die reichsten Erzpartien wie Rosinen herausgepickt wurden. Die ärmeren Lagerteile blieben zunächst als Schweben oder Festen stehen und sorgten für die nötige Stabilität der immer größer werdenden Abbauhohlräume.

Der Berg, der nicht erkalten durfte

Während **Schlägel- und-Eisen-Arbeit** in den angewitterten Erzpartien ausreichten, erforderten die äußerst harten Primärerze die Anwendung der "**Feuersetztechnik**" (Abb.54, Kap.5.3). Im Tiefbau war eine ausgefeilte Wettertechnik erforderlich, zum einen, um genügend frische Wetter heranzuführen, damit die Feuer nicht erstickten, zum anderen mußte auch das Abziehen der giftigen Rauchgase gewährleistet sein, um die Bergleute nicht zu gefährden. Große Vorsicht war stets erforderlich, um die Entstehung von Grubenbränden zu verhindern. Im Verlauf vieler Jahrhunderte brachten es die Rammelsberger Bergleute zu einer wahren Meisterschaft in dieser Technik, die auch nach Einführung der Bohr- und Schießarbeit im späten 17.Jahrhundert beibehalten wurde.
Nach einer alten bergmännischen Regel durfte der Rammelsberg nie erkalten, damit auch zukünftige Generationen noch Erze gewinnen können. Die Hitze der Feuer verstärkte die Bildung von Vitriolen (siehe S.120), die, auf Klüften und Spalten ausgeschieden, die Wasserzuflüsse verminderten und gebräches Gebirge wieder verfestigten. Erst als 1876 nach Einführung des maschinellen Bohrens (siehe Abb.66) und der Verwendung brisanterer Sprengmittel eine effektivere Erzgewinnung möglich wurde, konnte auf das mittelalterliche Feuersetzen ganz verzichtet werden.
Für bergfremde Besucher stellte das Abbrennen der Scheiterhaufen in der Tiefe des Berges eine faszinierende Attraktion dar (Abb.54).

Hier ein Augenzeugenbericht aus der Zeit der Romantik, geschildert von
BREDERLOW (1851):
"Weder mit Fäustel und Schlägel, noch mit Bohren und Schießen allein geht man hier dem
Berggeiste zu Leibe, sondern durch die uralte Gewinnungsart, durch Feuersetzen, wird er
gezwungen, seine Gaben zu spenden; die Erze werden förmlich losgebrannt und dazu jährlich
über 100,000 Cubikfuß Holz verbraucht. Der eingewachsene Hornstein und unverwüstliche
Spathtrümmer haben die Erze so umklammert, daß sie nur durch die größte Gewalt zu
gewinnen sind. Wer Zeuge dieses prachtvollen Schauspiels sein will, muß Freitags sich in
Goslar einfinden, sich an demselben Tage die Erlaubniss auswirken und Sonnabends früh mit
einfahren; die senkrecht an den Erzwänden aufgestellten Scheiterhaufen werden Tags zuvor
aufgebaut, der Feuerwächter legt den Spahn an den Holzstoss; diese Beleuchtung im tiefen
Schoosse der Erde macht einen wunderbaren Eindruck; die dicken Rauchwolken, welche sich
nach den Zugschächten wälzen, das Knistern des Feuers, das Knacken des Holzes, das
Krachen der Steingewölbe, die glänzenden Vitriolgrotten, die darin schillernden Eiszapfen des
Jöckel, die funkelnden Drusen des Rosengutes, der Farbenglanz des Baryts, des Bergkrystalls
und überall die flimmernden Kiese und Erze, - und dazu die nackten Cyklopen mit mächtigen
Schürbäumen,- es ist die geheimnissvolle Unterwelt der Berggeister mit aller Herrlichkeit und
allen Schrecknissen. - Wenn durch die Macht des Feuers bis Montag früh die Steinmuskeln
gelöst sind, bröckelt das Gestein auseinander und wird durch Brechstangen abgetrieben.
Montag Morgen nach der Andacht und dem Gebete fährt der Bergmann wieder ein. -
Obgleich die Festigkeit des Gesteines diesen ganz eigenthümlichen Abbau und die
Zugutemachung fordert, so sind die Gewinnungs- und Bergkosten dennoch nicht
unverhältnissmässig hoch; durchschnittlich betragen sie für einen Scherben (4 Ctr.Erz) 8 ½
Gr., während der Metallwerth eines Scherben wohl 2 ⅔ Thlr. beträgt."

Abb.54: Feuersetzen in einer Weitung im Rammelsberg - jahrhundertelang die
einzige effektive Gewinnungsmethode der zähen Massiverze.
(aus KOCH, 1837)

Mitte des 14.Jahrhunderts leiteten neue kriegerische Auseinandersetzungen das Ende
der mittelalterlichen Bergbauepoche ein. Ein weiterer schwerer Schlag war die
verheerende Pestepidemie, die 1347-49 den Harz heimsuchte. Doch auch die
Grubenverhältnisse selbst hatten sich nach 400-jährigem Raubbau sehr ungünstig
entwickelt. Der versatzlose Weitungsbau, der inzwischen bis 70 m unter die

Stollensohle vorgedrungen war, hatte das Gebirge instabil werden lassen. Insbesondere in schlechteren Zeiten hatte man vom Reicherz keine oder nur ungenügend mächtige Pfeiler und Schweben zurückgelassen. So geschah es immer wieder, daß große Weitungen zu Bruch gingen, **Tretungen** nannte man das. Aus der Mitte des 14.Jahrhunderts wird von einem großen Unglück berichtet, bei dem nach AGRICOLA (1556) etwa 400 Bergleute umgekommen sein sollen, vermutlich ist diese Zahl jedoch weit übertrieben. Das Zusammenbrechen der oberen Lagerteile und des angrenzenden Nebengesteins verursachte steigende Wasserzuflüsse. 1360 ersoffen die Baue unter dem Ratstiefsten Stollen. In den folgenden 100 Jahren blieben alle Versuche, diese Tiefbaue zu entwässern, erfolglos.

Erst 1455 gelang es durch den kostspieligen Einbau einer wasserkraftgetriebenen **Heinzenkunst** (siehe Abb.36), die alten Baue bis 42 m unter den Stollen zu sümpfen. Bald bauten wieder 19 gewerkschaftlich organisierte Gruben auf dem Lager, die ihren Zehnten an den Rat der Stadt Goslar, als Inhaber der Berghoheit, abzutreten hatten. Um den jetzt wieder aufblühenden Bergbau auch langfristig zu sichern, war die Anlage eines tieferen Stollens unumgänglich.

Bereits 1486 begann unter Leitung des aus Krakau stammenden Bergmeisters JOHANN THURZO der Bau dieses Stollens, der etwa 45 m unterhalb des Ratstiefsten Stollens einbringen sollte. Als Ansatzpunkt wählte er das Breite Tor in Goslar, doch bereits wenige Jahre später führten diverse Schwierigkeiten zur Stundung dieses Projekts.

Erneut bedrohten politische Unruhen die Erzgewinnung. HERZOG HEINRICH DER JÜNGERE forderte nach Zurückzahlung der ausstehenden Pfandsumme an die Stadt Goslar seine Rechte am Rammelsberger Bergbau zurück, was langwierige kriegerische Auseinandersetzungen zur Folge hatte. Erst der 1552 vom Herzog diktierte **Riechenberger Vertrag** schuf wieder klare Verhältnisse, Goslar verlor fast alle seine Rechte an den starken Welfenfürsten.

Nächster Schritt war die Verbesserung der Wasserwältigung. 1566 ersetzte eine von dem aus Meißen stammenden HEINRICH VON ESCHENBACH konstruierte "**Kunst mit dem krummen Zapfen**" (Pumpenkunst) die alte Heinzenkunst im Bulgenschacht. Pferdegöpel (siehe Abb. 28c) dienten auf der zahlreichen Tageschächten zur Förderung der Erze. Als Wasserreservoir für die Künste legte man 1561 den 25 000m^3 fassenden **Herzberger Teich** im Tal der Abzucht oberhalb der Gruben an.

HERZOG HEINRICH ließ 1568 die Arbeiten am eingestellten tiefen Stollen wieder aufnehmen und forcieren (siehe Kap. 5.8, Abb.42). Nach Auffahrung im Gegenortsbetrieb erfolgte nach 17 Jahren der Durchschlag des 2600 m langen **Tiefen Julius Fortunatus Stollens**, der bis heute das Erzbergwerk entwässert.

Anfänglich zogen diese Neuerungen eine günstige Betriebsentwicklung nach sich, die Förderleistungen stiegen auf 16 - 20.000 t Erz im Jahr. Doch der weiterhin massiv betriebene Raubbau wirkte sich sehr negativ auf den Gebirgsdruck aus und führte zum Niedergehen ganzer Abbaubereiche. Oft waren solche Tretungen den Bergleuten sogar willkommen, brachten sie doch viel vorgebrochenes Erz, das nun einfacher zu gewinnen war ("Bruchbau").

Der Dreißigjährige Krieg brachte die nächste Zäsur, jahrelang ruhte der Abbau, da die Hütten durch kriegerische Einwirkungen zerstört waren. Nach 1650 erholte sich der Bergbau, wie auch anderswo im Harz, nur sehr langsam. Es fehlte vor allem an Arbeitskräften, so betrug um 1700 die jährlich geförderte Erzmenge noch weniger als 8000 t ! Negativ wirkte sich auch der akute Holzmangel auf die Montanwirtschaft aus, immerhin verschlangen Feuersetzen und Verhüttung enorme Mengen davon. Zur Gewinnung von 2-5 t Erzhaufwerk waren rund 2 Malter Kluftholz, also 2 Raummeter erforderlich! Die schon stark abgeholzten Wälder der Umgebung wurden durch Stürme und Borkenkäferbefall weiter geschädigt, so daß die Preise erheblich anstiegen. Es war unumgänglich, einen Teil der Erze zu weit entfernten Hütten zu transportieren, wo noch billige Holzkohlen zur Verfügung standen.

Die angesichts der schlimmen wirtschaftlichen Lage erforderlich werdende Verlängerung der Arbeitszeiten führte am Rammelsberg zu einer eigentümlichen Schichtenordnung: die Bergleute fuhren am frühen Dienstagmorgen an und blieben bis Sonnabendmorgen auch zum Schlafen in der Grube bzw. in den Zechenhäusern. Die Gesamtaufenthaltszeit im Bergwerk betrug 86 Stunden, wovon 30 Stunden zum Schlafen und Essen, 4 Stunden zu Andachten und 52 Stunden zur Arbeit dienten. Das Anstecken der Hauptbrände erfolgte am Sonnabend, so daß die Brandgase übers Wochenende ausziehen konnten. (BORNHARDT, 1931).

Das Schlafen in der Grube, auf einfachen Lagern aus Strohsäcken, war relativ unproblematisch, da der ganze Berg durch das fortwährende Abbrennen der Feuer angenehm warm und hinreichend gut bewettert war. Den Bergleuten war diese seltsame Regelung, die bis nach 1830 bestand, nicht unrecht, da ihnen viermal in der Woche die Anfahrwege erspart blieben, und außerdem brauchten sie sich nur einmal in der Woche zu waschen!*

Die ROEDER'schen Reformen

Mitte des 18.Jahrhunderts hatte sich der Bergbau zwar weitgehend stabilisiert, doch die unsystematische Abbauführung und die veralteten, seit dem 16.Jahrhundert unveränderten Förder- und Wasserhaltungsmethoden gestatteten keine Steigerung der Grubenproduktion. Erst die durchgreifenden technischen Reformen des tüchtigen Bergmeisters JOHANN CHRISTOPH ROEDER (1730-1813) verbesserten die Wirtschaftlichkeit des Bergwerks. Wenige Jahre nach Antreten seines Dienstes am Rammelsberg (1763) ließ er die bislang offenstehenden Weitungen mit Versatzmaterial verfüllen, um weiteren Tretungen vorzubeugen. Als Grundlage für eine langfristig kontinuierliche Erzgewinnung wurden in 20m-Abständen Sohlenstrecken parallel zum Lager im Nebengestein aufgefahren, von denen aus man das Erz im Firstenbau gewann. Zuerst stehengelassene Sicherheitspfeiler konnten nach Einbringen des Bergeversatzes nun ebenfalls abgebaut werden. Nächstes Ziel ROEDERS war die Reformierung der Schachtförderung. 1768 wurde zunächst der Damm des Herzberger Teichs erhöht, so daß sein Volumen nun auf 100.000 m^3 stieg. Ein unterhalb des Teichs errichtetes Kehrrad trieb über ein 360 m langes Feldgestänge das Treibwerk des hangaufwärts liegenden, 200 m tiefen **Kanekuhler Schachts**, der jetzt die Hauptförderung übernahm. Bei steigender Produktion reichte dieser Schacht allein nicht aus, außerdem waren auch die spätmittelalterlich gestalteten Wasserhebeeinrichtungen dringend erneuerungsbedürftig. So entwickelte ROEDER zwischen 1800 und 1805 ein geniales System, das bis heute erhalten, als Kernstück des Rammelsberger Bergbaumuseums für Besucher zugänglich ist (Abb.55).

*Die Kosten für Seife und Warmwasserbereitung waren damals (1832) wichtige Argumente der Bergleute für die Beibehaltung der alten Regelung. Die Männer waren vom Schweiß und Brandstaub so stark verschmutzt, daß "einfaches kaltes Waschen" zur Reinigung nicht genügt hätte!

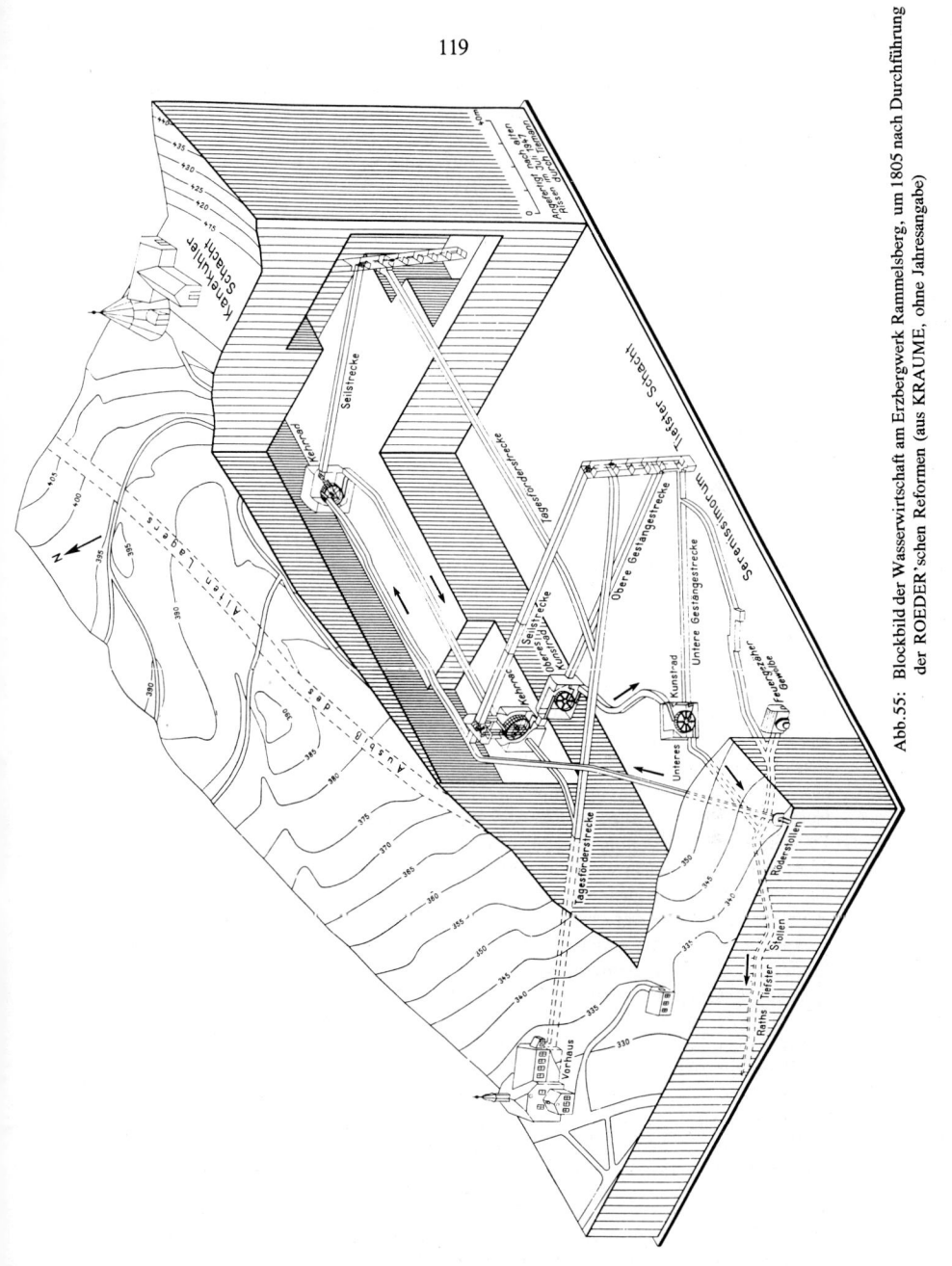

Abb. 55: Blockbild der Wasserwirtschaft am Erzbergwerk Rammelsberg, um 1805 nach Durchführung der ROEDER'schen Reformen (aus KRAUME, ohne Jahresangabe)

Durch die Auffahrung einer **Tagesförderstrecke** vom Fuß des Berges aus konnten etwa 80-100 m Förderhöhe eingespart werden, da die Tagesmündungen der Schächte entsprechend hoch über der Talsohle lagen. Mit dem Abteufen des blinden **Neuen Serenissimorum Tiefsten Schachts** vom Niveau der Tagesförderstrecke aus, entstand ein zweiter leistungsfähiger Förderschacht (205 m tief), in den zusätzlich zwei Pumpenkünste eingehängt wurden, die nun das ganze Bergwerk sümpften. In vier neu ausgehauenen untertägigen Radstuben waren, wie die Abb. 55 und 56 zeigen, zwei Kehrräder und zwei Kunsträder so übereinander angeordnet, daß die Aufschlagwasser des Herzberger Teichs nacheinander gleich viermal genutzt wurden, bevor sie über den Ratstiefsten Stollen abflossen. Die Zuführung des Betriebswassers erfolgte über einen neu aufgefahrenen Stollen, den **ROEDER-Stollen**, durch den heute die Besucher in die Grube einfahren. Dank der Neuerungen, die ROEDER - zuletzt Oberbergmeister - in seiner 45-jährigen Dienstzeit (!) am Rammelsberg eingeführt hatte, war eine gut funktionierende Erzgewinnung für fast 100 Jahre gesichert.

Kupferrauch und Vitriole

Eine Besonderheit des Rammelsberger Bergbaus, die nicht unerwähnt bleiben soll, war zusätzlich zum Erzabbau die Gewinnung von **Kupferrauch** und **Vitriolen**, deren wirtschaftliche Bedeutung nicht unterschätzt werden darf.
Ihre Entstehung ist eine Folge des intensiv betriebenen Feuersetzens, da hierbei nicht nur Stückerz anfiel, sondern auch größere Mengen von Erzklein, das vermengt mit Asche und Holzkohle als **Brandstaub** in den Weitungen zurückblieb. Die darin reichlich vorhandenen Sulfide reagierten nun aufgrund ihrer großen spezifischen Oberfläche und den feuchtwarmen Grubenwettern rasch mit dem einsickernden Oberflächenwasser unter Bildung von schwefelsauren Lösungen, die größere Mengen Eisen, Zink, Kupfer und Mangan in gelöster Form mit sich führten. Chemisch gesehen handelt es sich um einen Oxidationsprozeß, bei dem zusätzlich Wärme freigesetzt wird. So gab es noch bei der Stillegung des Erzbergwerks 1988, mehr als 100 Jahre nach Einstellung des Feuersetzens, einige Stellen im "Alten Mann", wo Temperaturen von mehr als 30°C herrschten! Aus diesen sauren Lösungen schieden und scheiden sich an geeigneten Stellen wasserhaltige Sulfate (**Vitriole**) aus.
Berühmt ist heute der hintere Teil des Ratstiefsten Stollens wegen seiner farbenprächtigen Vitriolminerale (siehe Titelbild). Weißes Zinkvitriol (**Goslarit**), grünes Eisenvitriol (**Melanterit**) und tiefblaues Kupfervitriol (**Chalkanthit**) kleiden hier gemeinsam mit braunen Eisen-Mangan-Hydroxiden in filigraner Pracht die Stollenwände aus. Oft bildeten sich bunte zapfenartige Gebilde, **Jökkel** genannt.
Entwässerten diese Minerale unter Einwirkung der Feuer, entstanden harte Krusten von **Kupferrauch**, auch **Atramentenstein** genannt. Seine Gewinnung geht bis ins Mittelalter zurück.
Durch Einweichen des zuvor fein zerkleinerten Kupferrauchs in Wasser und nachfolgendes Eindampfen und Auskristallisieren der geklärten Lauge gewann man in den sog. **Vitriolsiedereien** große Mengen **grünen Vitriols**, eines durch Kupfer- und Zinksalze verunreinigten Eisensulfatpulvers. In der zweiten Hälfte des 16.Jahrhunderts wurden davon jährlich zwischen 500 und 900 t produziert (ROSENHAINER, 1968). Die Nachfrage war damals besonders groß, da aus Vitriol zusammen mit Salpeter das sog. Scheidewasser (Salpetersäure) dargestellt wurde, das

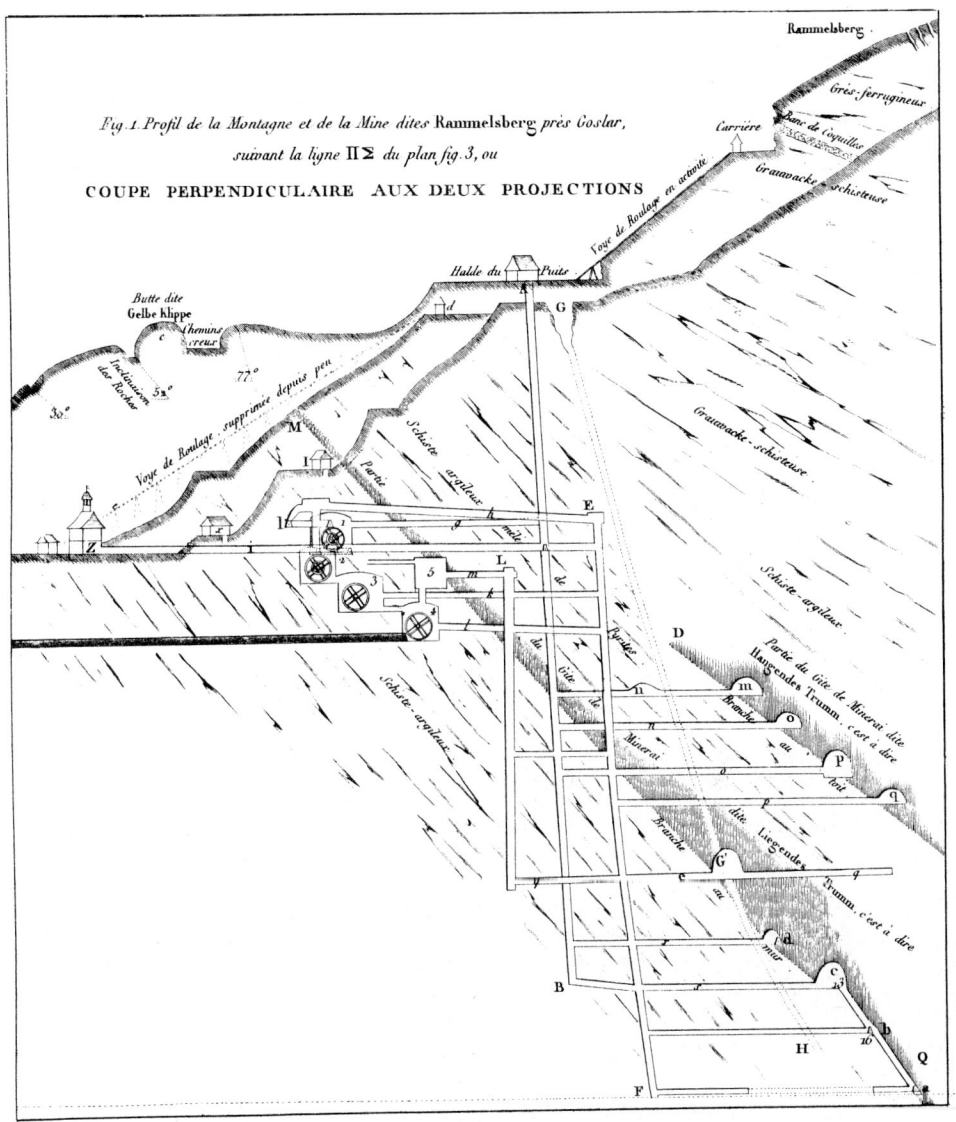

Abb.56: Profilriß durch die Grubenbaue des Rammelsbergs um 1820.
A= Kanekuhler Schacht, E= Neue Serenissimorum Tiefster Schacht,
L= alter Kunstschacht, Z= Tagesförderstrecke mit dem Vorhaus,
(aus dem Atlas zu VILLEFOSS, 1822)

zur Trennung von Gold und Silber (daher der Name!) unersetzbar war. Auch sog. Vitriolöl (rauchende Schwefelsäure) gewann man durch Destillation von Eisenvitriol.

In den sauren Grubenwässern sulfatisch gelöstes Kupfer wurde seit Anfang des 17.Jahrhunderts auf denkbar einfache Weise gewonnen: hineingelegter Eisenschrott überzog sich rasch mit einer immer dicker werdenden Kruste von **Zementkupfer**. Die Bildung erfolgt gemäß einer elektrolytischen Austauschreaktion zwischen dem "unedlen" Eisen, das in Lösung geht, und dem "edleren" Kupfer, das sich ausscheidet:

$$\text{Eisenmetall} + \text{Kupfersulfat} \longrightarrow \text{Kupfermetall} + \text{Eisensulfat}$$

So wurden allein zwischen 1901 und 1930 am Rammelsberg etwa 388 t Zementkupfer erzeugt.

Das Neue Lager

Ein bedeutendes Ereignis für die Geschichte des Rammelsberges war im August 1859 die Entdeckung eines zweiten großen Erzkörpers, des **Neuen Lagers**. Eine alte, bereits 1739 gestundete Suchstrecke, das **Schürfer Suchort**, wurde damals auf Anraten des Bergrats HERMANN KOCH (Vater des in Clausthal geborenen Bakteriologen und Nobelpreisträgers ROBER KOCH) neu belegt, und nach nur 10 m traf man auf ein 7 m mächtiges Erzlager. Erst im Verlauf der nächsten Jahrzehnte zeichnete sich ab, daß hier ein gewaltiger linsenförmiger Massiverzklotz von fast 20 Mio t angefahren worden war. Darin steckten 1,2 Mio t Blei, 2,7 Mio t Zink und 0,2 Mio t Kupfer (SPERLING, 1986).

1875 hielt die Dampfkraft am nun unter preußischer Berggesetzgebung (Berginspektion) stehenden Rammelsberg Einzug. Der **Kanekuhler Schacht**, bis zur 7.Sohle niedergebracht, erhielt eine Dampffördermaschine. Bis 1905 wurden alle Wasserkünste der ROEDER'schen Anlage abgeworfen und durch elektrische Pumpen ersetzt - das moderne Industriezeitalter hielt Einzug. Nächster Schritt des umfangreichen Reformprogramms war 1911 das Abteufen eines seigeren Blindschachts von der Tagesförderstrecke aus zunächst bis zur 9., später bis zur 12.Sohle. Dieser **Richtschacht** erhielt gleich eine elektrische Fördermaschine und ersetzte den unverzüglich abgeworfenen Kanekuhler Schacht. Bis zur Betriebsstillegung diente dieser 447 m tiefe Schacht zur Personenseilfahrt und zum Materialtransport.

Das moderne Preussag-Bergwerk

Seit 1924 war die neugegründete **Unterharzer Berg- und Hüttenwerke GmbH** - ein Teil der **Preussag** - Betreiber des Bergwerks. Die Grubenförderung stieg rapide an und überschritt 1926 erstmals die 100 000 Jahrestonnen. Der entscheidende Schritt zum modernen Erzbergwerk Rammelsberg wurde 1934 - 36 mit dem Bau der neuen Flotationsaufbereitung (Abb.51, vergl.Kap. 6.1) vollzogen. Die nach Plänen des berühmten Zechenbaumeisters FRITZ SCHUPP errichtete Anlage gilt noch heute als ein Meisterwerk der Industriearchitektur, sie verbindet in idealer Weise Zweckmäßigkeit und Einpassung in das Landschaftsbild, ganz im Gegensatz zu den meisten heutigen Industriebauwerken! Direkt oberhalb der neuen Anlage wurde im selben Jahr der heute 499 m tiefe **Rammelsberg-Schacht** - als neuer Hauptförderschacht abgeteuft.

Nach dem Krieg erfolgte die Erzgewinnung fast ausschließlich im "**Kammer-Pfeiler-Abbauverfahren**", bei dem die quer zum Lager aufgefahrenen Kammern nach dem Auserzen mit einem Magerbeton-Blasversatz verfüllt wurden, um später die stehengelassenen Pfeiler hereingewinnen zu können. Diese Methode wurde mit der Zeit so perfektioniert, daß die Lagerstätte fast vollständig und mit nur geringen Verlusten abgebaut werden konnte.

In der Nachkriegszeit belief sich die Grubenförderung auf 250 - 300.000 Jahrestonnen, Rekordjahr war 1960 mit 320.000 t (BARTELS, 1989).

Während die Gesamtbelegschaft in den 50er und frühen 60er Jahren 900 - 1100 Personen zählte, sank die Zahl aufgrund zunehmender Mechanisierung des Grubenbetriebs bei etwa gleichbleibender Förderung ständig. Um 1980 waren es noch 500, davon arbeiteten etwa 250 unter Tage. Gleichzeitig stieg die Abbauleistung von 190 t/Mann und Jahr 1950 auf 674 t/Mann und Jahr 1987.

Wegen des lange voraussehbaren Endes der Erzgewinnung verringerte sich die Zahl der Beschäftigten durch altersmäßiges Ausscheiden und Versetzungen in andere Unternehmensbereiche der Preussag allmählich, so daß bei der Produktionseinstellung am 30.6.1988 nur noch 285 Menschen auf dem Erzbergwerk Rammelsberg beschäftigt waren.

Es ist kennzeichnend für die Belegschaftsstruktur im Rammelsberg, daß allein seit dem 2.Weltkrieg 212 Bergleute hier ihr 40jähriges Dienstjubiläum begehen konnten. Es gab Männer, deren Vorfahren schon seit Generationen hier gearbeitet hatten, sie fühlten oft eine tiefe Verbundenheit mit "ihrem Berg", man war stolz darauf, ein echter "Rammelsberger" zu sein!

Die systematische Suche nach einem imaginären "3.Lager" blieb trotz eines gewaltigen Aufwands an Kernbohrungen erfolglos, lediglich die geologischen Wissenschaften profitierten dabei durch die hier gewonnenen Kenntnisse vom Aufbau des Nordharzes.

Das Rammelsberger Bergbaumuseum*

Nirgendwo auf der Welt ist ein Bergwerk über eine derart lange Zeitspanne so kontinuierlich betrieben worden wie der Rammelsberg. Der Bergbau hier hat eine große Zahl von technikgeschichtlich und kulturhistorisch überragenden Denkmälern entstehen lassen. Diese zu pflegen und zu bewahren hat sich das seit 1987 von einer GmbH betriebene "Rammelsberger Bergbaumuseum" zur Aufgabe gemacht.

*Anschrift: Rammelsberger Bergbaumuseum, Bergtal 19, 38640 Goslar, Tel.: 05321/34360
Öffnungszeiten täglich 9.00 - 18.00 Uhr

Nach Abschluß der Sicherungs- und Verwahrungsarbeiten sind die Wasser im Grubengebäude inzwischen bis unterhalb der 1. Sohle aufgegangen. Nachdem der Tiefe Julius Fortunatus Stollen mit einem Damm abgesperrt,wird das Grundwasser bis zur Sohle des Ratstiefsten Stollens ansteigen. Große Probleme bereitet das auch weiterhin aus dem Alten Mann austretende **Sauerwasser**, eine schwermetallreiche Dünnsäure, die erst nach ausgiebiger Klärung (Neutralisation) in die Vorflut gelassen werden darf.

Inzwischen erhielt das komplett unter Denkmalschutz gestellte Bergwerk gemeinsam mit der Goslarer Altstadt von der UNESCO das besondere Prädikat "**Weltkulturerbe der Menschheit**".Im Hinblick auf die Weltausstellung Expo 2000 entsteht mit nicht geringem finanziellen Aufwand das größte Harzer Montanmuseum.
Neben Ausstellungen in der nahezu im Originalzustand belassenen großen Mannschaftskaue, vermitteln instruktive Videofilme lebendige Eindrücke von der Arbeit des Bergmanns im modernen Erzbergbau, der hier bis 1988 lief.
Die anschließende Befahrung des eindrucksvollen **Roederstollen-Systems** mit den z.T. noch originalen Wasserradkünsten und prächtigen bunten Vitriolbildungen ist ein montanhistorisches Erlebnis ganz besonderer Qualität. Eine große Attraktion stellt dabei die Vorführung des 1996 rekonstruierten **Kanekuhler Kehrrades** dar.
Eine weitere Führung, bei der es per Grubenbahn auf der Tagesförderstrecke zum Richtschacht geht, bietet Einblick in die Maschinentechnik des modernen Bergbaus.
Seit Anfang 1997 kann auch die fast vollständig erhaltene, z.Z. renovierte **Aufbereitungsanlage** besichtigt werden. Der Besucher erfährt dabei viel Wissenswertes über die Zerkleinerung der Erze und die schwierige Trennung der innig miteinanderverwachsenen Minerale. Demonstriert werden Brecher, Mühlen, Klassierer, Flotationszellen, Filter und Eindicker.

Aber auch im weiteren Umfeld des 1000-jährigen Bergwerks gibt es zahlreiche lohnenswerte Sehenswürdigkeiten. Etwa der **Maltermeisterturm**, ein übertägiges Relikt aus der mittelalterlichen Bergbauepoche, der oberhalb der heutigen Bergwerksanlagen thront. Darüber befindet sich der alte **Communion Steinbruch**, der seit dem 18.Jahrhundert das Material für den Bergversatz geliefert hat. Ausgeschilderte Rundwanderwege laden ein zu interessanten Exkursionen nicht nur für Bergbaufreunde.

Weiterführende Literatur zu Kap.7:
Kaum eine andere Lagerstätte ist sowohl geologisch- lagerstättenkundlich, als auch montangeschichtlich so ausführlich behandelt worden wie der Rammelsberg. Aus dem umfangreichen Schriftum seien genannt:
Bartels (1989), Bornhardt (1931 und 1939), Koch (1837), Kraume (1955), Ramdohr (1953), Riech et al.(1987), Rosenhainer (1968), Roseneck (1992), Slotta (1983), Sperling (1986), Spier (1988).

Hoch der Harz und tief das Erz
Jedweder Anbruch erhebt das Herz

(alter Oberharzer Bergmannsspruch)

8. An Silber und an Bleien reich...
Der Bergbau im zentralen Oberharz

Zentren des historischen Oberharzer Silber-Blei-Zink-Erzbergbaus waren die Bergstädte **Clausthal** und **Zellerfeld** und deren Umgebung (Abb.57). Drei bedeutende Gangzüge führten hier außergewöhnlich reiche Erzmittel, die in den früheren Jahrhunderten vor allem ihrer beträchtlichen Silbermengen wegen intensiv abgebaut wurden. Im Zellerfelder Revier betrug Mitte des 16.Jahrhunderts der Anteil des wertmäßigen Ertrags an Silber 96% und der an Blei 4%, mengenmäßig jedoch kam auf 97% Blei nur etwa 3% Silber! Zink erhielt erst nach 1840 eine wirtschaftliche Bedeutung. Kupfer fiel sporadisch als Nebenprodukt mit an.

8.1 Die wichtigsten Oberharzer Erzgänge

Jeder **Gangzug** umfaßt zahlreiche, entweder parallel, diagonal oder bogenförmig verlaufende **Einzelgänge**, die wiederum aus einzelnen **Trümer** bestehen, deren Mächtigkeiten zwischen wenigen Millimetern und einigen Metern schwanken. Die Vererzungen sind in der Regel recht unregelmäßig über die Gangfläche verteilt, zeigt ein Gang über größere horizontale und vertikale Erstreckungen eine mehr oder weniger konstante bauwürdige Erzführung, so spricht man von einem **Erzmittel**. Der **Zellerfelder Gangzug** führte zwischen Wildemann im Westen und dem Stadtgebiet von Zellerfeld im Osten zahlreiche, teilweise sehr reiche Erzlinsen (Abb.58). Der **Burgstätter Gangzug** ist praktisch die südöstliche Verlängerung des Zellerfelder Zuges. Der Hauptgang und einige seiner Begleitgänge sind zwischen dem ehemaligen Bahnhof im Westen und dem Oberen Pfauenteich im Osten reich vererzt (Abb.59). Die bis 1000 m hinabsetzenden **Wilhelmer-** und **Kranicher Erzmittel**, sowie das berühmte **Dorotheer Erzmittel** ganz im Osten, stellten die bedeutendsten Metallkonzentrationen des zentralen Oberharzer Gangreviers dar.
Der **Rosenhöfer Gangzug** beginnt im Westen am Iberg bei Bad Grund, wo bedeutende Mengen an Eisenerzen, jedoch nur sporadisch Buntmetallerze auftraten (siehe Kap.11). Erst unmittelbar westlich von Clausthal "blättert der Gangzug auf", d.h. die Gangspalte geht über in ein ellipsenförmiges, reich vererztes Gangnetz, das sich etwa 300 m in Nord-Süd-Richtung und bis 1700 m in Ost-West-Richtung erstreckt. Besonders edel waren die Vererzungen an den Kreuzungspunkten der erzführenden Gangstörungen (**Rosenhöfer Revier**, Abb.60). In seiner weitgehend tauben östlichen Verlängerung schart sich der Rosenhöfer Zug am Schacht Dorothea mit dem Burgstätter Zug.
Der **Silbernaaler Gangzug**, auf dessen außergewöhnlich mächtigen Erzmitteln im Westen das Erzbergwerk Grund bis vor kurzem baute (siehe Kap.11), streicht in seiner östlichen Verlängerung vom Innerstetal her südlich an Clausthal vorbei, ohne jedoch nennenswerte Mineralisationen zu führen.

Abb.57: Das Bergbaugebiet von Clausthal-Zellerfeld ▶

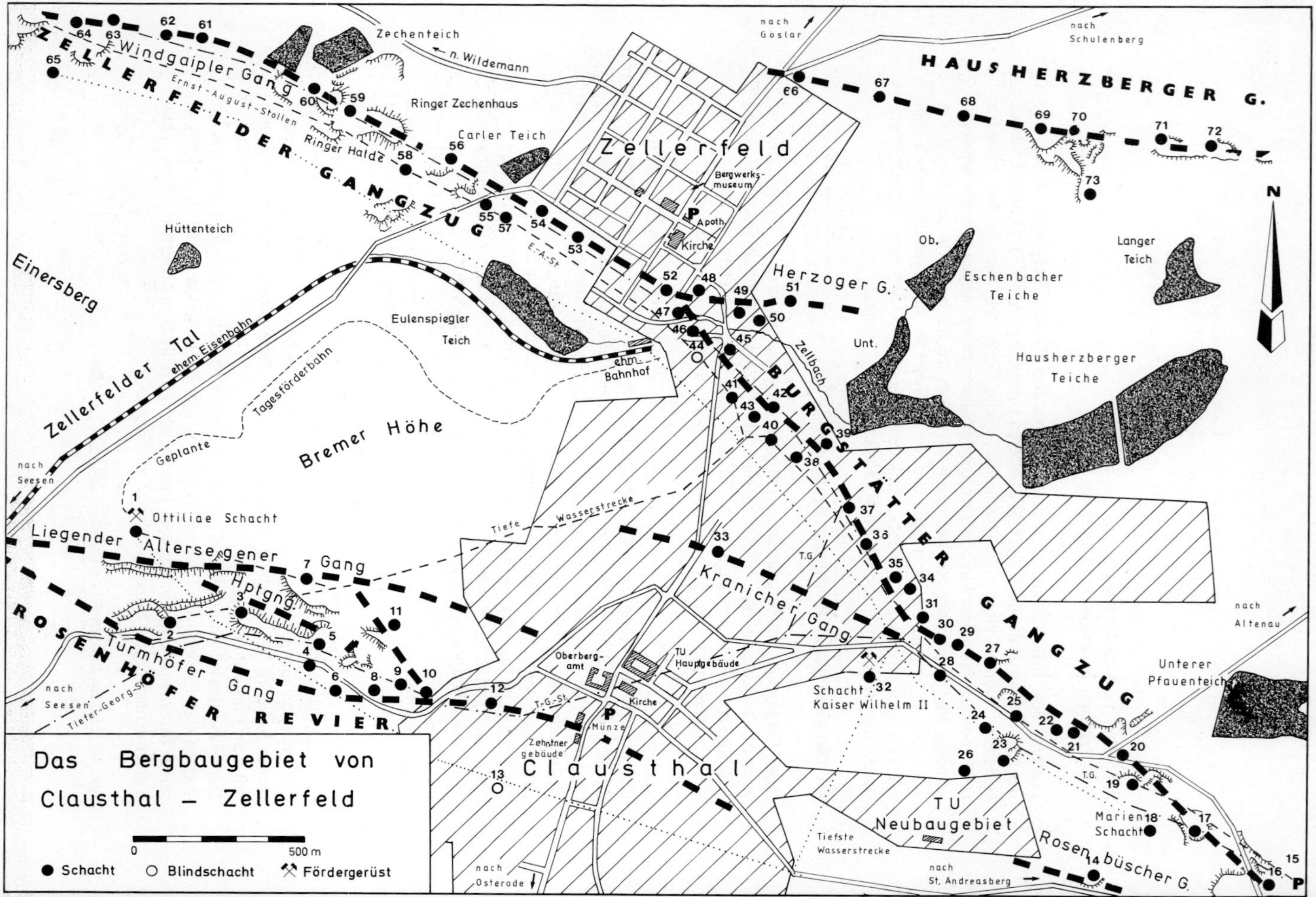
Das Bergbaugebiet von
Clausthal – Zellerfeld
0
500 m
Schacht
Blindschacht
Fördergerüst
HAUSHERZBERGER G.
ZELLERFELDER GANGZUG
BURGSTÄTTER GANGZUG
ROSENHÖFER REVIER
Windgaipler Gang
Ernst-August-Stollen
Herzoger G.
Liegender Alterseegener Gang
Hptgng.
Turmhöfer Gang
Kranicher Gang
Rosenbüscher G.
Zellerfeld
Clausthal
Zechenteich
n. Wildemann
Ringer Zechenhaus
Carler Teich
Ringer Halde
Hüttenteich
Einersberg
Zellerfelder Tal
ehem. Eisenbahn
Eulenspiegler Teich
ehm. Bahnhof
Tagesförderbahn
Geplante
Bremer Höhe
Ottiliae Schacht
Tiefe Wasserstrecke
Bergwerks-museum
Apoth.
Kirche
Ob. Eschenbacher Teiche
Unt.
Langer Teich
Hausherzberger Teiche
Zellbach
Oberberg-amt
TU Hauptgebäude
Münze
Zehntner gebäude
Schacht Kaiser Wilhelm II
TU Neubaugebiet
Tiefste Wasserstrecke
Marien Schacht
Unterer Pfauenteich
nach Goslar
nach Schulenberg
nach Altenau
nach Seesen
nach Osterode
nach St. Andreasberg
N
E-A-St.
T.G.
T-G-St.
Tiefer-Georg-St.

Verzeichnis der wichtigsten Schächte im Stadtgebiet von Clausthal-Zellerfeld (zur Karte Abb.57).

a) **Rosenhöfer Gangzug**

Nr.	Schacht	Betriebszeit	Teufe
1	Ottiliae-Schacht	1868 - 1930	594 m
2	Silbersegener Richtschacht	1817 -1930	420 m
3	Himmlisch Heerer Schacht	1591-1779	73 m
4	St.Anna Schacht	1554-1645	170 m
5	Alter Segener Schacht	1591-1930	430 m
6	Heilige Drei Königer Schacht	1631-1817	370 m
7	Liegender Alter Segener Schacht	um 1689-1817	ca 280 m
8	St.Johannis Schacht	1640-1817	170 m
9	Unterer Rosenhöfer Schacht	1649-1928	708 m
10	Oberer Rosenhöfer Schacht	1588 aufgenommen	ca 400 m
11	Braune Lilier Schacht	1681-um 1818	430 m
12	Drei Brüder Schacht	1560-1818	230 m
13	Thekla-Blindschacht	1905-1930	250 m v. tiefster Wasserstrecke
14	Rosenbüscher Schacht	1708-1864	100 m

b) **Burgstätter Gangzug**

15 a	Caroliner Schacht	1711-1867	488 m
15b	Caroliner Wetterschacht	1867-1930	294 m
16	Dorotheer Schacht	1656-1886	576 m
17	Bergmannstroster Schacht	1594-1893	280 m
18	Königin Marien Schacht	1856-1912	769 m
19	Heinrich Gabrieler Schacht	1573-1819	210 m
20	St.Elisabether Schacht	1625-1885	551 m
21	Alter Herzog Christian Ludwiger Schacht	vor 1638	ca 100 m
22	Neuer Herzog Christian Ludwiger Schacht	1638-1817	ca 300 m
23	Oberer Landeswohlfahrter Schacht	1591-1819	ca 160 m
24	Unterer Landeswohlfahrter Schacht	1591-1819	ca 160 m
25	St.Margarether Schacht	1554-1894	310 m

26	Georg Ludwiger Schacht	um 1590-1819	ca 150 m
27	Sophier Schacht	1591-1819	250 m
28	Anna Eleonorer Schacht	1638-1908	728 m
29	Haus Israeler Schacht	1591-1709	250 m
30	Herzog Georg Wilhelmer Schacht	1644-1904	750 m
31	Englische Treuer Schacht	1591-1813	356 m
32	Schacht Kaiser Wilhelm II (+ Blindschacht)	1880-1930	942 m (1023 m)
33	Sarepta Magdalener Schacht	1677-1755	ca 100 m
34	Englische Grußer Schacht	1588-1836	160 m
35	Gegentrumer Schacht	1588-1767	80 m
36	Charlotter Schacht (später Fortuner Schacht)	1620-1818	340 m
37	Dorothea Landeskroner Schacht	1563-1720	190 m
38	St. Ursulaer Schacht	1672-1746	265 m
39	Haus Braunschweiger Schacht	1668-1818	260 m
40	König Josaphater Schacht	1550-1714	275 m
41	Josuaer Schacht	1740-1818	ca 120 m
42	St. Lorenzer Schacht	1550-1840	420 m
43	Moseser Schacht	1670-1713	ca 200 m
44	Königin Charlotter Blindschacht	um 1820-1870	ca 300 m
45	Erzengel Gabrieler Schacht	1563-1594	ca 100 m
46	Rudolph Auguster Schacht	—	—
47	Johann Friedricher Schacht	1550-1745	ca 340 m

c) **Zellerfelder Gangzug**

50	Grube Cron-Calenberg und Silberkrone	1668-1818	120 m
51	Herzoger Schacht	1668-1818	140 m
52	Haus Celler Schacht	1535-1817	260 m
53	Treuer Schacht	1548-1746	350 m
54	St. Salvatoris Schacht	1548-1679	150 m
55	Carler Schacht	1542-1664	145 m
56	Rheinischweiner Schacht der Grube Ring und Silberschnur	1558-1910	565 m

57	Ringerschacht der Grube Ring und Silberschnur	vor 1678	120 m
58	Freudensteiner Schacht	–	–
59	Silberne Schreibfeder Schacht der Grube Regenbogen	1561-1930	535 m
60	Jungfrauer Schacht der Grube Regenbogen	1560-1816	475 m
61	Neuer St.Joachimer Schacht	–	–
62	Windgaipler Schacht	1572	360 m
63	Bleifelder Schacht (Herzog August Friedrich Bleifeld)	1569-1676	240 m
64	Samueler Schacht	1676-1814	335 m
65	Neuer Johanneser Schacht	1926-1930	628 m

d) **Haus Herzberger Gangzug**

66	Haus Wolfenbütteler Schacht	1670-1676	ca 80 m
67	Großer Christopher Schacht	1688-1768	ca 80 m
68	Weiße Tauber Schacht	1671-1768	ca 60 m
69	Prinz Christianer Schacht	1684-1729	ca 300 m
70	Prinz Carler Schacht	1684-1749	ca 200 m
71	Oberer Haus Herzberger Schacht	1588-1768	ca 130 m
72	Unterer Haus Herzberger Schacht	1588-1768	ca 130 m
73	Neuer Haus Herzberger Schacht	1925-1928	631 m

Der **Spiegeltaler Gangzug** beginnt im Hüttschental nordwestlich von Wildemann, und verläuft etwa 1000 bis 1500 m nördlich des parallel streichenden Zellerfelder Hauptganges bis nördlich von Zellerfeld, wo in seiner östlichen Fortsetzung der **Haus-Herzberger Gangzug** aufsetzt. Bedeutende Erzmittel fanden sich nur im Westabschnitt zwischen dem Hüttschental und dem Spiegeltaler Zechenhaus. Auf dem Haus Herzberger Zug beschränkte sich der bis Mitte des 18.Jahrhunderts geführte Bergbau auf eine 1400 m lange, oberflächennahe Vererzungszone und lieferte nur zeitweise gute Erträge.
Der etwa 2000 m weiter nördlich verlaufende **Bockswieser Gangzug** ist auf 12 km Länge nachgewiesen. Insbesondere im **Bockswieser Revier** fanden sich verhältnismäßig reiche Blei-Zink-Erze, die von den beiden, 1681 vereinigten Gruben **Johann Friedrich** (470 m Teufe) und **Herzog August** (460 m Teufe) bis 1931 abgebaut wurden. Zur Wasserlösung wurde 1719 - 1730 der 1824 m lange **Grumbacher Stollen** vom Grumbachtal aus vorgetrieben, er brachte 59 m Teufe ein. Wegen des starken Wasserzudrangs mußte bereits 1746 ein tieferer Stollen vom Tal der Laute aus in Angriff genommen werden, der **Lautenthaler Hoffnungsstollen**

erreichte nach kriegsbedingten Unterbrechungen 1799 nach 2821 m die Bockwieser Hauptgrube und brachte darin 146 m Teufe ein. Später wurde er auf 4000 m Länge erweitert. Im 19.Jahrhundert wurde das Bockwieser Revier über Flügelörter an den **Tiefen-Georg-Stollen** und den **Ernst-August-Stollen** angeschlossen.
Getrennt durch eine taube Zwischenzone setzten 3 km östlich im **Festenburg-Schulenberger-Revier** wieder reiche Erzmittel auf. Der 1532 aufgenommene Bergbau erreichte eine Teufe von rund 250 m. Zur Wasserlösung des Reviers diente der im 16.Jahrhundert begonnene, 1704-1745 auf 2900 m weit aufgefahrene **Tiefe-Schulenberger Stollen**, der in der Festenburger Grube **Weißer Schwan** 120 m Teufe einbrachte. Der Schacht der ganz im Osten des Reviers seit 1710 betriebenen Grube **Juliane Sophie** wurde bis auf 440 m Teufe niedergebracht. Mit ihrer Einstellung im Jahre 1904 endete der Betrieb auf dem Schulenberger Gang.
Der 7 km lange **Lautenthaler Gangzug** ist der nördlichste der wirtschaftlich bedeutend gewesenen Oberharzer Erzgänge. Bergbau ging hier vor allem westlich und östlich der Bergstadt Lautenthal um, wo das Haupterzmittel bis in 600 m Teufe abgebaut wurde. (Erzbergwerk Lautenthal siehe Kap.8.3)

8.2 Die Geschichte des Clausthal - Zellerfelder Reviers

In der vermutlich ersten Periode des Oberharzer Bergbaus, etwa zwischen 1200 und 1350 beschränkte sich die Erzgewinnung auf die an manchen Stellen der Hochfläche zu Tage ausstreichenden Erzmittel. Aufgrund von Umlagerungsprozessen waren die erschürften Erze im Bereich des Grundwasserspiegels besonders silberreich (Zementationszone). Die unplanmäßig betriebene mittelalterliche Erzgräberei beschränkte sich auf Tiefen von kaum mehr als 10 - 20 m, die primitive Art der Wasserhebung verhinderte ein Fortschreiten des Tiefbaus.

Zellerfelder- und Burgstätter Gangzug

Erst als unter dem Schutz des Landesfürsten der Oberharzer Bergbau Anfang des 16.Jahrhunderts wieder rege gemacht wurde und zunächst viele kleine Gruben nebeneinander auf den Gängen bauten, erkannte man, daß es zur längerfristigen Wasserlösung unumgänglich war, **gemeinschaftlich genutzte Erbstollen** anzulegen. Im wolfenbüttelschen Oberharz, wo sich die Erzgewinnung auf den Zellerfelder Gangzug konzentrierte, setzte man kurz hintereinander gleich 4 bedeutende Wasserlösungsstollen an, die in späteren Jahrhunderten auch das Burgstätter Revier im grubenhagenschen Oberharz mit lösten. Drei dieser im 16.Jahrhundert aufgefahrenen Stollen hatten ihren Anfang im Innerstetal bei Wildemann, wo mit der Grube **Wildemanns Fundgrube** im Jahre 1524 der Bergbau wiederaufgenommen worden war.

* **Tiefe Wildemanns-Stollen** (heute **13-Lachter-Stollen** genannt)
  1524 begonnen, 9000 m lang, Teufe im Caroliner-Schacht: 140 m

* **Gestroste Hedwigstollen** (heute **19-Lachter-Stollen** genannt)
  1551 begonnen, 8800 m lang, Teufe im Caroliner-Schacht: 115 m

* **Glückswardstollen** (heute **16-Lachter-Stollen** genannt)
  1551 begonnen, 3200 m lang, Teufe ca. 90 m

Im Zellerfeldertal (nahe der ehemaligen Einersberger Zentrale) wurde ein vierter Stollen angesetzt:

* **Frankenscharrn-Stollen**
  1548 begonnen, 8500 m lang, Teufe im Caroliner-Schacht: 73 m

Die Auffahrung des **Tiefen Wildemanns-Stollen** mußte nach etwa 20 Jahren infolge fehlender Wetterverbindungen zu höher gelegenen Bauen gestundet werden. Ihm zur Hilfe wurde daher 13 Lachter (25 m) höher der **Obere Wildemanns-Stollen** (später **Getroster Hedwigstollen**, dann **19-Lachter-Stollen** genannt) angesetzt, der aber wegen des sehr festen "klemmigen" Gesteins bald wieder aufgegeben wurde. Als nächster Versuch war 19 Lachter (36 m) höher der Vortrieb eines dritten Stollens begonnen worden, der auch bald an der hohen Gesteinsfestigkeit scheiterte. Erst 1568 wurde dieser Stollen erneut belegt, und mit unermüdlicher Ausdauer in 38 Jahren bis zur Zellerfelder Grube **Rheinischer Wein** auf eine Länge von 3200 m durchgetrieben. Da dieser Stollen 16 Lachter (32 m) unter dem **Frankenscharrn-Stollen** lag, bekam er den Namen **16-Lachter-Stollen**.

Der für die Gruben des östlichen Zellerfelder Gangzuges 1548 begonnenen **Frankenscharrn-Stollen**, wurde in kluger Ausnutzung der Geländeverhältnisse unter der Sohle des Zellerfelder Tals mit Hilfe von 11 Lichtlöchern, also mit 24 gleichzeitig betriebenen Stollörtern in 14 Jahren auf 2500 m Länge querschlägig bis zum **Rheinischweiner-Schacht** getrieben und auf dem Gangzug nach Osten ausgelängt. Im Jahre 1606 umfaßte das auf dem Zellerfelder Zug getriebene Stollensystem insgesamt etwa 12 000 m Streckenlänge.
Zur Entlastung des 16-Lachter-Stollens wurden in weiteren 75 Jahren auch 13- und 19-Lachter-Stollen nach Zellerfeld bis an die Grenze des Communiongebietes durchgetrieben. So hatte es der harten Arbeit von fünf Generationen bedurft, den Zellerfelder Gangzug bis zu einer Teufe von etwa 120 m zu "verstollen". Erinnert sei daran, daß diese Stollen damals in reiner **Schlägel-und-Eisen-Arbeit** aufgefahren wurden! (siehe Kap. 5.8).

Schon im 17.Jahrhundert war die Ausnutzung der Wasserkraft im Oberharzer Bergbau sehr intensiv. Nach einem Riß aus dem Jahre 1680 (Abb.39) waren auf dem östlichen Zellerfelder Zug 7 Kehrräder und 17 Kunsträder installiert, deren mehrfach genutzte Aufschlagwasser gemeinsam mit den emporgepumpten Wassern der Tiefbaue letztendlich über den 13-Lachter-Stollen zur Innerste abflossen.
Anfang des 18.Jahrhunderts waren auch alle wichtigen Schächte des Burgstätter Zuges mit 13- und 19-Lachter-Stollen durchschlägig gemacht. Das planmäßige Vorgehen des fiskalischen Bergamts als nunmehr alleinigem Betreiber des Oberharzer Bergbaus hatte allen Gruben der beiden Gangzüge eine langfristige Wasserlösung gesichert. Der intensive Einsatz von Wasserkünsten ermöglichte ein Fortschreiten des Abbaus bis in Teufen von 200 m unter den 13-Lachter-Stollen. Im Laufe der Zeit wuchsen die kleinen, aus dem 16.Jahrhundert stammenden Gerechtsame zu größeren Einheiten zusammen. Von den 50 Gruben, die um 1570 auf dem Zellerfelder Zug bauten, gab es Mitte des 18.Jahrhunderts noch 15.

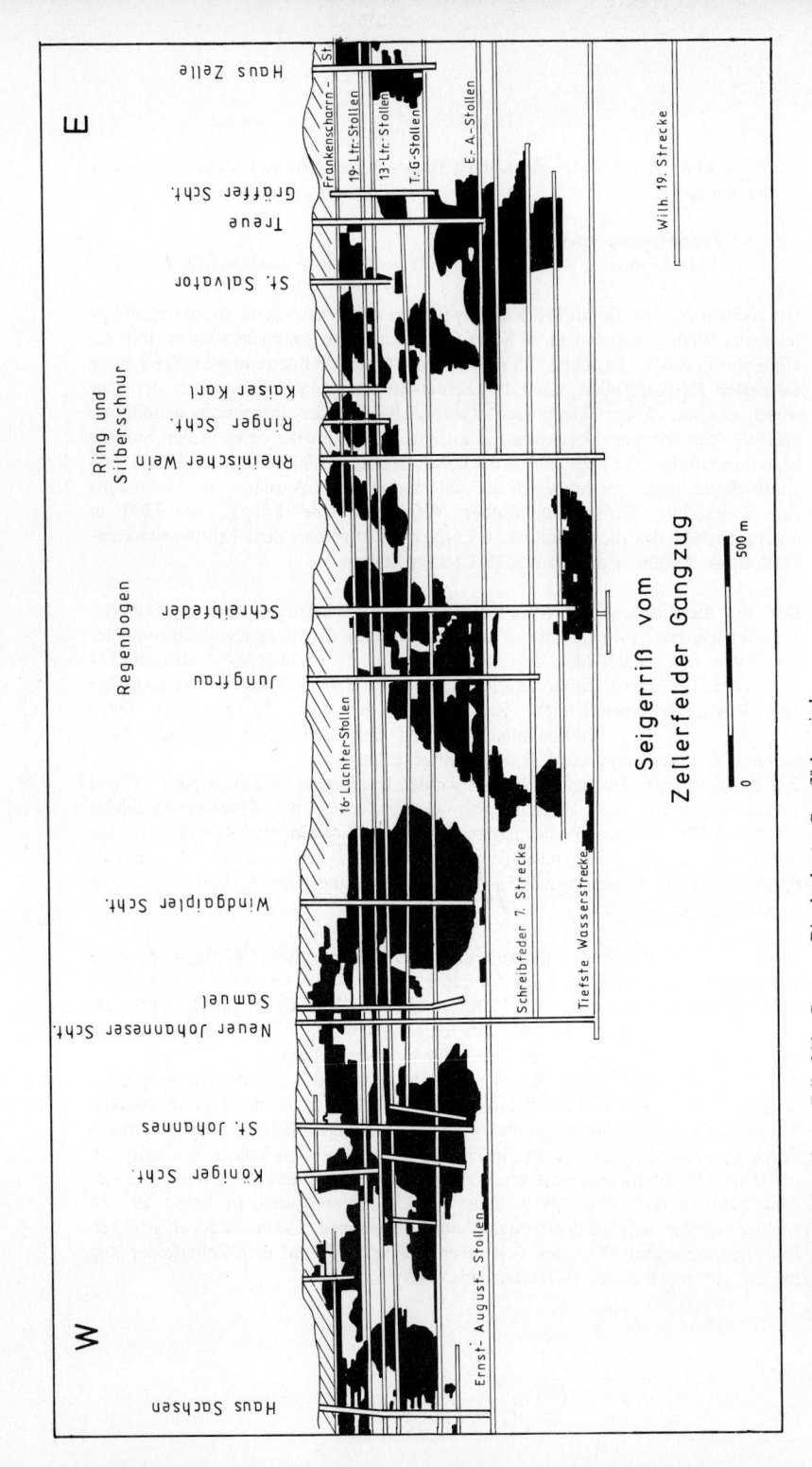

Abb. 58: Schematischer Seigerriß vom Zellerfelder Gangzug. Die abgebauten Gangflächen sind schwarz dargestellt.

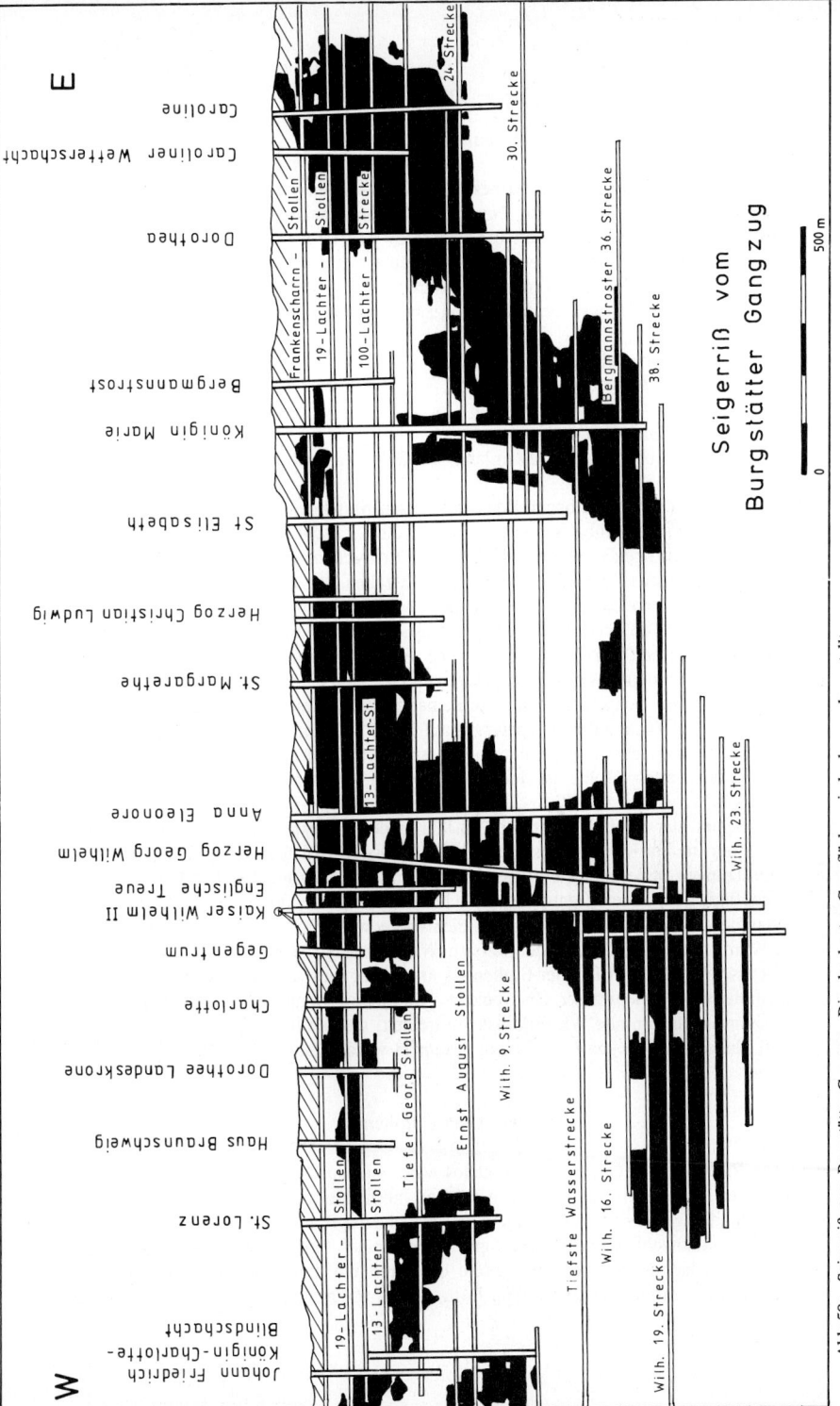

Abb. 59: Seigerriß vom Burgstätter Gangzug. Die abgebauten Gangflächen sind schwarz dargestellt.

Der Rosenhöfer Gangzug

Zunächst isoliert von den bisher besprochenen Revieren verlief die Entwicklung des Bergbaus auf dem **Rosenhöfer Zug** im grubenhagenschen Harzteil. Die bis zu Tage ausstreichenden reichen Mittel brachten 1554 die Grube **St.Anna**, und 1575 die Gruben **Thurmhof** und **Rosenhof** rasch in gute Ausbeute.

Der Begünstigt durch das nahe Clausthaler Tal und das im Südwesten davon gelegenen Rabental, war die Anlage von zwei wichtigen Wasserlösungsstollen relativ unproblematisch:

* **Fürstenstollen**
  1554 begonnen, 1100 m lang, Teufe im Rosenhöfer Schacht: 44 m

* **Rabenstollen**
  1573 begonnen, 2500 m lang, Teufe im Rosenhöfer Schacht: 63 m

Die Auffahrung des **Rabenstollens** von dessen Mundloch (an der Einmündung des Rabentals in den Zellbach) bis zum Rosenhöfer Schacht war 1617 nach 44 Jahren vollbracht. Infolge der geringen streichenden Erstreckung des Rosenhöfer Zuges hatte dieser Stollen das Ziel, allen hier bauenden Gruben Wasser- und Wetterlösungen zu bringen, bald erreicht und erfüllte seinen Zweck 170 Jahre lang.

Die schon um 1635 in den Besitz der Landesherrschaft übergegangene Grube **Thurm-Rosenhof** erhielt 1692-94 einen neuen Schacht (**Unterer Thurm-Rosenhöfer-Schacht**), mit dem das reiche Erzmittel zur Teufe hin erschlossen wurde. Bereits um 1744 hatte der Schacht eine für die damalige Zeit beträchtliche Teufe von 500 m erreicht. Die Tücken dieses, später bis auf 708 m niedergebrachten Schachts wurden bereits in Kapitel 4.5 geschildert. Die spannende Entwicklungsgeschichte dieser bemerkenswerten Grube ist von BARTELS (1987) sehr ausführlich beschrieben worden.

Zu Beginn der zweiten Hälfte des 18.Jahrhunderts steckte der Oberharzer Bergbau in einer tiefen Krise. Zum einen hatte der Siebenjährige Krieg (1756-63) mit Besetzungen, Kriegskontributionen und allgemeiner Teuerung dem Land viel Schaden zugefügt, zum anderen gab es erhebliche bergtechnische Probleme. Der Abbau der Haupterzmittel war rasch in große Tiefen vorgedrungen und lag nun bereits mehr als 250 m unter dem Niveau der tiefsten Wasserlösungsstollen. So reichte auch der Querschnitt des 13-Lachter-Stollens kaum mehr aus zur Aufnahme sämtlicher anfallender Grubenwasser. In trockenen Sommern, wenn die Aufschlagwasser zu knapp waren, um alle Wasserkünste zu treiben, mußten die tiefsten Schachtgesenke oft längere Zeit wegen Überflutung gestundet werden (siehe Kap.10)

Der Tiefe Georg Stollen

Die Probleme des Oberharzer Bergbaus waren nur durch die Anlage eines erheblich tieferen Erbstollens zu lösen. Ein solches Jahrhundertprojekt bedurfte jahrelanger Verhandlungen zwischen der Hannoverschen und der Braunschweigischen Regierung, um einen sowohl für den "einseitigen"- wie für den "Communionharz" - günstigen Stollenverlauf festzulegen. Vor allem der Streit um die Verteilung der immensen Baukosten verhinderte eine rasche Einigung der Regierungen. Der ursprünglich ins

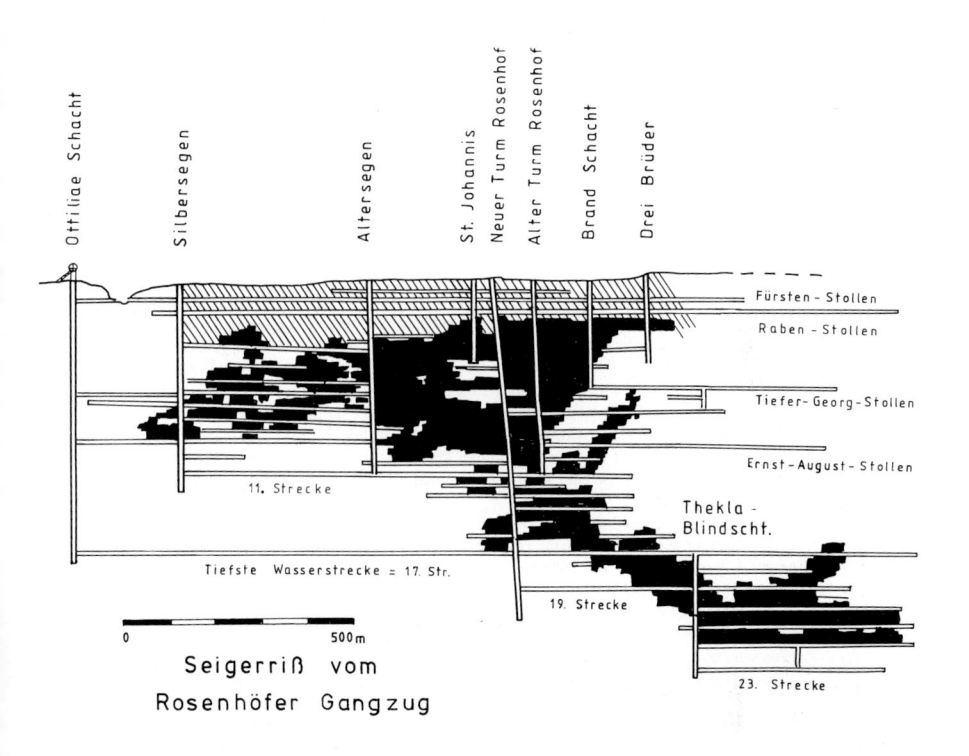

Abb.60: Seigerriß vom Rosenhöfer Gangzug westlich von Clausthal. Die abgebauten Gangflächen sind schwarz dargestellt.

Auge gefaßte Plan, einen tiefen Stollen von Lasfelde an der Söse bis zum Rosenhöfer Revier zu treiben, mußte wegen technischer Schwierigkeiten zurückgestellt werden. Es war in erster Linie der sehr geachtete Oberbergmeister G.A.STELTZNER (Abb.61), der sich vehement dafür einsetzte, daß der neue Stollen in der Nähe der Bergstadt Grund angesetzt und von hier aus nach Clausthal, Zellerfeld und Wildemann durchgetrieben werden sollte. Vorläufig scheiterte der Bau an den leeren Staatskassen. Die Clausthaler Bergleute, deren Sein oder Nichtsein von diesem Stollenbau abhing, verpflichteten sich auf Betreiben STELTZNERS zur Zahlung einer "Beysteuer" in Höhe von 1 Pfennig je verdientem Gulden zum Stollenprojekt. Am 26.Juli 1777 begann unter der Oberleitung STELTZNERS die Auffahrung des **Tiefen Georg Stollens**, der zu Ehren des hannoversch-englischen Königs GEORG III so benannt wurde. Als Ansatzpunkt wählte man den südlichen Ortsrand von Grund (gegenüber des späteren Bahnhofs) "an der Abgunst" (Abb.63 a). Zwischen hier und dem Rosenhöfer Revier waren erst 6 Lichtlöcher niederzubringen und mit Wasserkünsten zu versehen, bevor überall ein effektiver Gegenortsbetrieb aufgenommen werden konnte.

Nach 22 Jahren ununterbrochener Bohr- und Schießarbeiten und 15 Durchschlägen war der zunächst 10.500 m lange Stollen mit allen Clausthaler und Zellerfelder Gruben verbunden. Im **Caroliner Schacht** des östlichen Burgstätter Reviers brachte der Tiefe Georg Stollen eine Teufe von 286 m ein, also fast 150 m mehr als der 13-Lachter-Stollen, der nun "enterbt" war.

Es war dem damals bereits 74-jährigen STELTZNER noch vergönnt, den letzten Durchschlag "seines" Stollens am 5.September 1799 mitzuerleben.

In seiner 1801 herausgegebenen "Beschreibung von dem merkwürdigen Bau des Tiefen-Georg-Stollens am Oberharze" schildert J.C.GOTTHARD diesen historischen Augenblick wie folgt (S.234-238):

> Von den sämmtlichen Bergamtsbedienten vom Leder, die bey dem Anfange des Tiefen Georg-Stollen-Baues gegenwärtig gewesen waren, war der Herr Oberbergmeister Steltzner nur noch der Einzige, der den letzten Druchschlag des Tiefen Stollens, ein für den ganzen Harz so glückliches Ereigniß, erlebte. Auch war Derselbe noch so glücklich, nahe am Ziele seiner irdischen Laufbahn, in seinem 75 Lebensjahre, im besten Wohlseyn, mit der muntersten Laune und dem frohesten Muthe, an dem erwähnten Tage, mit dem damaligen Herrn Geschwornen, jetzigen Vice-Bergmeister, Steltzner, den Schacht des dritten Lichtloches, also zwischen 700 bis 800 Fuß tief unter der Erde, hinein auf den Tiefen-Georg-Stollen zu fahren und den letzten Durchschlag desselben, seinem eben so gerechten als sehnlichen Wunsche gemäß, selbst vollbringen zu können.
>
> Dieser Durchschlag geschah Nachmittags zwischen drey und vier Uhr. Sobald als derselbe nur einige Oeffnung bekommen hatte, soll der Herr Oberbergmeister Steltzner den, auf der entgegen gesetzten Seite sich befindenden, Stollenarbeitern und dem, neben ihm stehenden Bergmann, Namens Schmid, welcher vor 22 Jahren einer der ersten Arbeiter auf dem Tiefen-Georg-Stollen gewesen und nur der einzige war, der von allen seinen damaligen Cameraden noch lebte, die Hand gereicht haben und sein erster Ausruf ein lautes, freudiges Glückauf! gewesen seyn. Dieses sollen die Arbeiter und der Bergmann Schmid erwiedert und ein allgemeiner Jubel die so eben durchbrochene Felsenkluft durchdrungen haben.
>
> Dem Vernehmen nach hat der Herr Oberbergmeister Steltzner, bey dieser Gelegenheit, dem Bergmann Schmid ein kleines Geschenk gegeben und sich mit ihm des Glücks erfreut, den letzten Durchschlag in ihrem hohen Alter noch durchfahren zu können. Es muß für beyde ein behagliches Gefühl gewesen seyn, das unsterbliche Werk, an dem jeder in seiner Art mitwirkte, glücklich geendet zu sehen!
>
> ...Die Oeffnung des Durchschlags war nun etwas größer geworden, und der Herr Oberbergmeister Steltzner fuhr mit seinem Begleiter hindurch, nachdem diese den zurückbleibenden Arbeitern erst ein abermaliges frohes Glück auf! gewünscht hatten. Da sie in dem Stollen hinaufwärts gefahren sind, sollen denselben der damalige Berggegenschreiber, jetzige Zehntgegenschreiber, Herr Lunde, der damalige Herr Vice-Bergschreiber, jetzige Berggegenschreiber Ey, und der Herr Bergamtauditor Heinzmann, die hinunterwärts fahren wollten, begegnet seyn. Diesen soll der Herr Oberbergmeister Steltzner die frohe Begebenheit erzählt und gesagt haben: "Gottlob! die Thür ist geöffnet." - Derselbe fuhr darauf aus dem ersten Lichtloche, also 91 Ltr., welches mehr als 600 Fuß beträgt, zu Tage aus und versicherte: dies sey die freudigste Ein- und Ausfahrt, die er je gehabt habe...

Der Stollenbau war ein großer technischer und wirtschaftlicher Erfolg, leider währte die Freude im Königreich Hannover nicht sehr lange, denn durch die französische Besatzung während der napoleonischen Kriege (1803-1814) flossen die Gewinne des

Abb. 61: Vier Persönlichkeiten des Oberharzer Bergbaus
a) **Claus Friedrich von Reden** (1736 - 1791 Bergdrost in Clausthal ab 1762, Berghauptmann 1769 - 1791) b) **Friedrich Wilhelm Heinrich von Trebra** (1740 - 1819, Vize-Berghauptmann in Zellerfeld 1779 - 1791, Berghauptmann in Clausthal 1791 - 1795) (Original: OBA Clausthal) c) **Georg Andreas Steltzner** (1725 - 1802, seit 1766 "wirklicher Oberbergmeister bei den einseitigen Harzbergwerken in Clausthal", war maßgeblich am Bau des Tiefen Georg Stollens beteiligt) d) **Wilhelm August Julius Albert** (1787 - 1846, seit 1817 Bergrat, seit 1825 Oberbergrat im Clausthaler Bergamt, Erfinder des Drahtseils.)

Bergbaus nun in die Kassen des Königreichs Westfalen.

1835 wurde das 1821 am **Schreibfeder Schacht** begonnene, 2000 m lang **Bockswieser Flügelort** zum **Johann Friedricher Schacht** vollendet und später bis nach Hahnenklee weitergetrieben. Somit hatte der Stollen nun eine Gesamtlänge von 19 km und war längere Zeit das größte Tunnelbauwerk der Welt!

Die schiffbare Wasserstrecke

Bereits vier Jahre nach Vollendung des Tiefen Georg Stollens ging man daran, 115 m unter seiner Sohle eine gemeinsame **Tiefe Wasserstrecke** für das Rosenhöfer-, das Burgstätter- und das Zellerfelder Revier aufzufahren (siehe Abb.57). Auf diesem Niveau - 365 m unter Tage - sammelte man alle aus den noch tieferen Grubenbauen hochgepumpten Wasser, um sie dann zentral auf den Tiefen Georg Stollen zu heben. Der 1817 im Rosenhöfer Revier abgeteufte, mit der Tiefen Wasserstrecke durchschlägige **Silbersegener Richtschacht** erhielt 1826 zu diesem Zweck zwei JORDAN'sche Wassersäulenmaschinen (siehe Kapitel 5.7).

Im Jahre 1836 hatte die zwischen dem Schreibfeder Schacht im Nordwesten, dem Caroliner Schacht im Osten und dem Silbersegener Schacht im Südwesten totsöhlig, d.h. ohne Gefälle aufgefahrene Tiefe Wasserstrecke eine Länge von 6570 m. Seit 1833 diente diese Strecke auch zum Erztransport mit Holzkähnen (Abb.62). Eine billige und dennoch sehr effektive Methode, die sich bis zur Einführung der elektrischen Streckenförderung nach 1905 außerordentlich bewährt hat. Sehr anschaulich schildert BREDERLOW (1851) diese Erzverschiffung:

> Gewiß die merkwürdigste Transportart des Oberharzes ist die unterirdische Schiffahrt; auf schlankem Kahne schifft der Bergknappe mit Bergesbeute hinab, wobei das trübe Grubenlicht sein Polarstern und sein Compass ist; das kühnste Meisterstück der Bergbaukunst. Allerdings sollte anfänglich diese tiefe Wasserstrecke nur ein Wasserreservoir sein; um sie nun aber auch zur Schiffahrt zu benutzen, mußte die Strecke in Weite und Höhe größere Dimensionen erhalten und bis zu 1¼ Lachter Höhe und 1 Lachter Weite ausgebauet werden. Hin und wieder wurde das lose Gebirge nicht wie gewöhnlich ausgezimmert, sondern ausgemauert und auf einer Strecke von 520 Fuß wurden auf der zu rissigen Stollensohle, welche die Grundwasser fallen ließ, eiserne Gefluder gelegt.- Dem Querdurchschnitte des ganzen Orts wurde eine elliptische Form gegeben, der Wasserstand auf eine Höhe von 50-60 Zoll getrieben. Die unterirdischen Boote sind paralleliptische Wannen von ungefähr 30 Fuß Länge, 4 Fuß Breite und 34 Zoll Tiefe, an beiden Enden zugeschärft; zusammengesetzt und repariert werden sie auf einer unterirdischen Schiffswerfte; jedes Boot ladet 100 Ctr; der Bootsmann zieht sich an einer Kette, die längs der ganzen Wasserstrecke unter der Förste ausgespannt ist, mit seinem Boote fort. Die Geschwindigkeit bei voller Füllung ist ungefähr 6 Lachter minütlich; bei leerem Kahne geht's lustig und schnell weiter; die Bahn ist 2000 Lachter lang und von den Dorotheer Rollschächten bis zum Altenseegener Schachte dauert die Hin- und Rückfahrt 8 Stunden; die jährlich zu verschiffende Erzmasse beläuft sich auf circa 400,000 Ctr.-

In den ersten Jahrzehnten mußten die Erze zur Schachtförderung mühsam von Hand in die Fördertonnen umgeladen werden. Diese Arbeit entfiel später durch die Einführung eines **Kasten-Transportsystems**. Aus den Erzkähnen, die unmittelbar unter dem Silbersegener Schacht anlegten, konnten die gefüllten Erzkästen nun direkt an das Treibseil angehängt und zu Tage gefördert werden.
Auf dem Burgstätter Zug, wo vor allem das Wilhelmer Mittel die reichsten Erze

lieferte, erfolgte die Förderung auf den Schächten **Herzog Georg Wilhelm** und **Anna Eleonore** jetzt nur noch blind, d.h. bis zur Tiefen Wasserstrecke (=4.Sohle). Dort wurde das Erz auf sogenannten **blinden Stürzen** abgekippt und in bunkerartigen **Füllrollen** gesammelt. Über eine Abziehvorrichtung konnte deren Inhalt dann direkt in die Schiffskästen entleert werden.

Abb.62: Erztransport auf der "schiffbaren Wasserstrecke", 400 m unter der Stadt Clausthal (Stahlstich nach einer Zeichnung von W.Ripe, um 1850)

Der Ernst-August-Stollen

Um 1850 herum waren die Wasserhebeeinrichtungen auf der Tiefen Wasserstrecke bei starken Zuflüssen bis an die Grenze ihrer Leistungsfähigkeit belastet, zusätzlich war auch das Fassungsvermögen des Tiefen-Georg-Stollens annähernd erreicht.
So entschloß sich das Bergamt, die seit 25 Jahren existierenden Pläne zur Auffahrung eines noch tieferen Erbstollens in die Tat umzusetzen. Dank der Erfindungen von **Drahtseil** und **Fahrkunst**, sowie der verbesserten Wassersäulenmaschinen war nun eine rentable Erzgewinnung auch in Tiefen von mehr als 600 m möglich.
Durch die Einbeziehung der wiederaufgenommenen hoffnungsvollen Gruben des Silbernaaler Gangzugs fiel die Wahl auf eine westliche Stollenführung (Abb.63b).
Vom Mundloch am Harzrand bei Gittelde aus sollte der neue Stollen zur Grube **Hilfe Gottes** bei Grund führen, dann dem **Silbernaaler Gangzug** zur Grube **Bergwerkswohlfahrt** folgen, und querschlägig in nordöstlicher Richtung nach Wildemann getrieben werden.
Von dort aus sollte er auf dem **Zellerfelder Hauptzug** so weit aufgefahren werden, bis er in die vorhandene **Tiefe Wasserstrecke** am **Schreibfeder Schacht** einmündete.

Abb.63: Buntmetallerzeugung des Harzer Erzbergbaus. Würde man die insgesamt im Oberharz produzierten 4.700 t Silber zu einem großen Würfel gießen, hätte dieser eine Kantenlänge von 7,7 m. Für den ganzen Harz beliefe sich die Silbermenge auf etwa 7000 t, bei einem heutigen Silberpreis von etwa 250 DM/kg entspräche das einem Wert von 1,75 Mrd.DM!

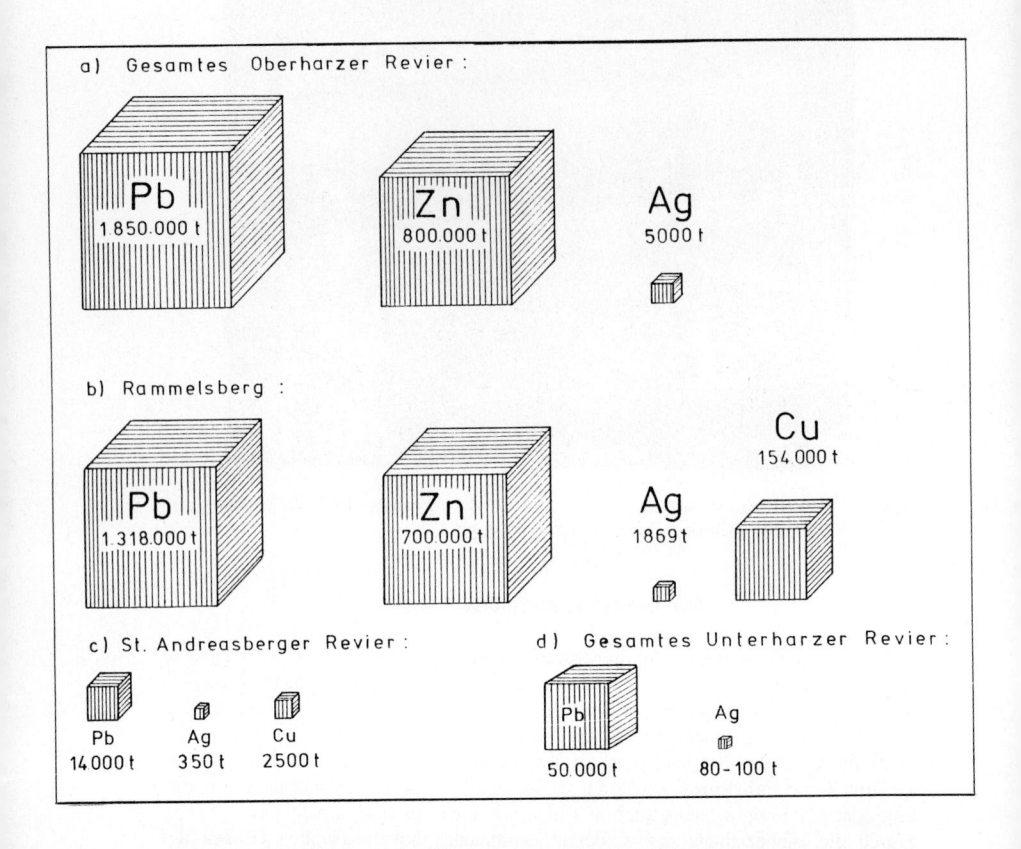

a) Gesamtes Oberharzer Revier:

Pb 1.850.000 t   Zn 800.000 t   Ag 5000 t

b) Rammelsberg:

Pb 1.318.000 t   Zn 700.000 t   Ag 1869 t   Cu 154.000 t

c) St. Andreasberger Revier:

Pb 14000 t   Ag 350 t   Cu 2500 t

d) Gesamtes Unterharzer Revier:

Pb 50.000 t   Ag 80-100 t

Im Juli 1851 begannen die Arbeiten an dem gigantischen Tunnelbauwerk, das, benannt nach dem regierenden hannoverschen König, als **Ernst-August-Stollen** weltberühmt werden sollte. Der Vortrieb erfolgte im Gegenortsbetrieb von 18 Ansatzpunkten aus, so daß sich die Mannschaften an 9 Durchschlagpunkten trafen. Der vorgeschriebene Stollenquerschnitt hat eine Höhe von 2,52 m, eine Mittenbreite von 1,68 m und eine Sohlenbreite von 1,32 m (Abb.41 e).

Durch das Ausnutzen der Nacht- und Feiertagsstunden und eine Verkürzung des Mannschaftswechsels von 8 auf 6 und später 4 Stunden bei gleichbleibender Hauerleistung (3 Löcher bohren und wegtun) wurde schließlich der bemerkenswerte Wochenvortrieb von 6 m pro Ort erzielt!
Die erfolgreiche Auffahrung des Stollens mit den exakt getroffenen Durchschlagpunkten waren auch ein Triumph für das Markscheiderteam, das unter Leitung des genialen EDUARD BORCHERS eine bis dahin kaum für möglich gehaltene Präzisionsarbeit vollbracht hatte. Nach 13 Jahren, am 22.Juni 1864, erfolgte östlich von Wildemann der 9. und damit letzte Durchschlag zwischen den Schächten **Ernst-August** und **Haus Sachsen**.
Der neu geschaffene Abfluß der tiefen Wasserstrecke hatte vom Mundloch bis zum **Schreibfeder Schacht** eine Länge von 5432 Lachtern (etwa 10,9 km). Hierzu waren ca. 1,5 Millionen Bohrlöcher, die zusammengesetzt etwa 475 km lang waren, erforderlich gewesen!
Die Kosten des Mammutprojektes beliefen sich auf 570.000 Taler.
Mit einem 1880 fertiggestellten **Flügelort** wurden auch die Gruben des **Bockswieser-** und **Lautenthaler Reviers** (siehe Kap.8.3) an den Stollen angeschlossen. Seine Gesamtlänge betrug nun 26 km, später aufgefahrene Untersuchungsstrecken und Querschläge erhöhten diese Zahl schließlich auf etwa 33 km.

Etwa zeitgleich mit der Vollendung des Ernst-August-Stollens begann für den Oberharz politisch und wirtschaftlich eine neue Zeit. An der Seite von Österreich hatte das Königreich Hannover 1866 den Krieg gegen Preußen verloren, die Welfenmonarchie verschwand, Hannover wurde in den preußischen Staat eingegliedert. Mit der Einführung des **preußischen allgemeinen Berggesetzes** von 1865 wurde das alte Direktionsprinzip praktisch aufgehoben und die Grubenverwaltung neu organisiert.
Damals beschäftigte das Oberharzer Montanwesen insgesamt 5250 Personen, davon arbeiteten 3300 in den Gruben, 1450 in den Aufbereitungen und 500 in den Hütten (HOPPE, 1883).

Die Berginspektion Clausthal

Clausthal wurde jetzt Sitz eine **preußischen Oberbergamts** (es gab im ganzen Staat 5 dieser Einrichtungen), ihm unterstanden 5 **Berginspektionen** (Clausthal, Silbernaal, Lautenthal, St.Andreasberg und Rammelsberg), denen nun die Leitung sämtlicher fiskalischer Gruben des Ober- und Unterharzes unterstellt war. Die **Berginspektion Clausthal** umfaßte 4 örtlich getrennte Grubenreviere (Burgstätter Revier, Rosenhöfer Revier, Zellerfelder Revier und das Schulenberger Revier mit der Grube Juliane Sophie). Nachdem der Ernst-August-Stollen für alle Oberharzer Gruben die Wasserlösung langfristig gesichert hatte, war nun eine Modernisierung und Zentralisierung des Grubenbetriebes dringend notwendig, um ein leistungsfähiges Erzbergwerk zu schaffen, das den Anforderungen des Industriezeitalters gerecht würde. Zunächst mußten die zahlreichen alten tonnlägigen Treibschächte des 17. und 18.Jahrhunderts durch einige moderne seigere Richtschächte ersetzt werden, um auch aus Tiefen von 800 m und mehr noch effektiv fördern zu können.
An die Stelle der nicht mehr zeitgemäßen Wasserkünste traten jetzt neben den bewährten Wassersäulenmaschinen, von denen Ende des 19.Jahrhunderts noch drei

in Betrieb waren, vor allem Dampfkraft und elektrische Energie.

Schon 1856 war im Hangenden des östlichen Burgstätter Gangzuges der seigere **Königin Marien Schacht** (Abb.67) angesetzt worden, von 5 Punkten aus gleichzeitig betrieben, erreichte er 1866 die Sohle der **Tiefsten Wasserstrecke** in 615 m Teufe. Gemäß dem Vorbild der Tiefen Wasserstrecke wurde diese Sohle im Niveau von ca.30 m unter NN zum gemeinsamen Sumpf aller Clausthaler- und Zellerfelder Gruben. Die zentrale Hebung der gesammelten Wasser auf dem Ernst-August-Stollen erfolgte von nun an im Marienschacht, der hierfür mit einer Wassersäulenmaschine ausgestattet wurde. Außerdem erhielt der Schacht eine neuartige, mit Dampfkraft angetriebene **eiserne Fahrkunst**, auf der die 400 Mann starke Belegschaft der hinteren Burgstätter Reviers bis zur Tiefsten Wasserstrecke ein- und ausfahren konnte. Da der Richtschacht nicht hauptsächlich der Förderung dienen sollte, erhielt er ein klassisches, kehrradgetriebenes Treibwerk.

Nächster Schritt der Modernisierung war die Schaffung eines zentralen Förderschachts im Westen des Reviers, der den nun überforderten Silbersegener Schacht entlasten sollte.

1868 begann das Abteufen eines nach dem amtierenden Berghauptmann ERNST HERMANN OTTILIAE (1821 - 1904) benannten Förderschachts auf der Bremerhöhe. Der **Ottiliae-Schacht**, mit einem Querschnitt von 2,32 x 6,51 m wurde 1876 in 364 m Teufen mit einem Querschlag des Ernst-August-Stollens durchschlägig gemacht. Als erster Oberharzer Schacht erhielt er ein eisernes Gerüst zur **doppeltrümigen Gestellförderung** und eine Dampffördermaschine (siehe Kap.9).

Zu Füßen des neuen Zentralförderschachts entstand 1870 die erste **Zentralaufbereitung**, sie ersetzte die zahlreichen alten Pochwerke im Clausthaler Tal (siehe Kap.6.1).

Verzeichnis der wichtigsten Oberharzer Wasserlösungsstollen (zu Abb.64)

	Name des Stollens	Gesamtlänge	max.Teufe
a)	Frankenscharrnstollen	8500 m	73 m
b)	19-Lachter-Stollen	8800 m	115 m
c)	13-Lachter-Stollen	9000 m	140 m
d)	Rabenstollen	2500 m	63 m
e)	Fürstenstollen	1100 m	44 m
f)	Tiefer-Georg-Stollen	19000 m	286 m
g)	Ernst-August-Stollen	33000 m	392 m
h)	Grumbacher Stollen	2000 m	59 m
i)	Lautenthaler Hoffnungsstollen	4000 m	146 m
j)	Tiefer-Sachsen-Stollen	1400 m	105 m
k)	Tiefer-Schulenberger-Stollen	2900 m	120 m

Verzeichnis der wichtigsten Oberharzer Schächte, die mit den tiefen Wasserlösungsstollen durchschlägig sind (zu Abb. 64):

Nr.	Schacht	Teufe
1	Hilfe Gottes Schacht	363 m
2	Achenbachschacht	719 m
3	Knesebeckschacht	499 m
4	Wiemannsbucht Schacht	762 m
4a	Tiefer Georg Stollen 4. Lichtloch	498 m
5	Haus Braunschweiger Schacht	504 m
6	Medingschacht	517 m
7	Silbersegener Schacht	420 m
8	Ottiliaeschacht	594 m
9	Thurm-Rosenhöfer Schacht	708 m
10	Kaiser Wilhelm II Schacht	1023 m
11	Herzog Georg Wilhelmer Schacht	750 m
12	Anna Eleonorer Schacht	728 m
13	Königin Marien Schacht	769 m
14	Dorotheer Schacht	576 m

Nr.	Schacht	Teufe
15	Caroliner Schacht	488 m
16	St. Lorenzer Schacht	420 m
17	Neuer Haus Herzberger Schacht	631 m
18	Treuer Schacht	350 m
19	Schreibfeder Schacht	535 m
20	Neuer Johanneser Schacht	628 m
21	Spiegeltaler Hoffnungs-Richtschacht	210 m
22	Johann Friedricher Schacht	471 m
23	Herzog Auguster Schacht	520 m
24	Haus Sachsener Schacht	360 m
25	Ernst August Blindschacht	261 m
26	Silberner Mond Blindschacht	128 m
27	Ostschacht Lautenthalsglück	458 m
28	Lautenthalsglück - Neuer Förderschacht und Blindschacht	722 m

Der Schacht Kaiser Wilhelm II

Die Verschiffung der Erze auf der Tiefen Wasserstrecke wurde nun bis zum Ottiliaeschacht ausgedehnt und bis 1898 beibehalten.

Zur Schaffung eines modernen Erzbergwerks fehlte jetzt noch ein leistungsfähiger Förder-, Material- und Personenfahrschacht im Unteren Burgstätter Revier, wo neben dem Hauptgang auch der Kranicher Gang sowie ein Diagonaltrum unterhalb von 700 m Teufe ausgedehnte reiche Vererzungen zeigten.

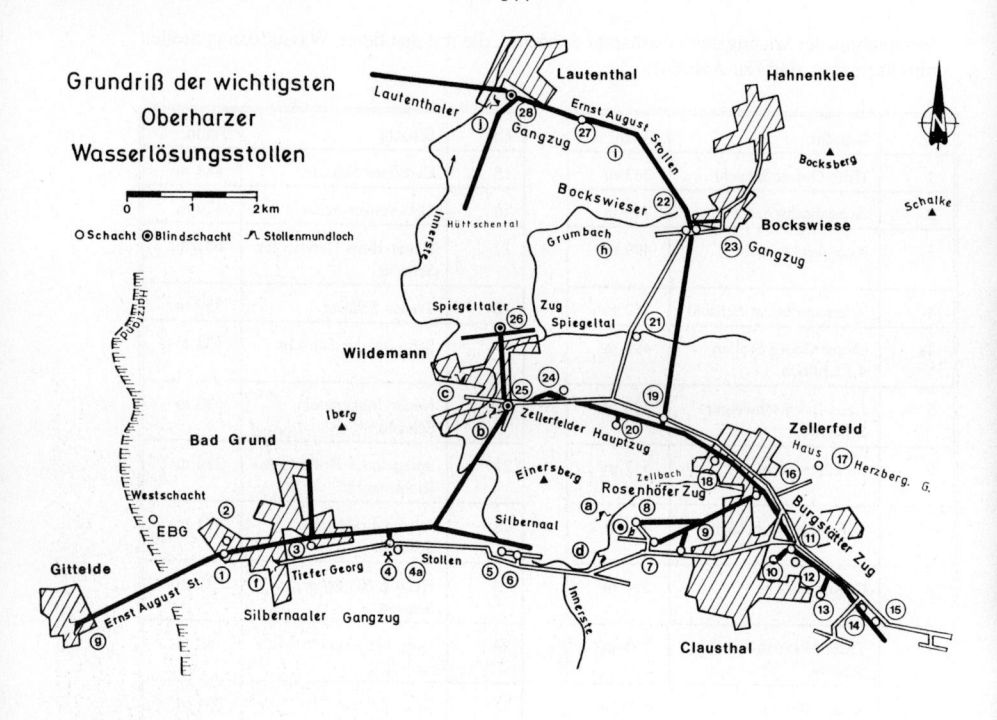

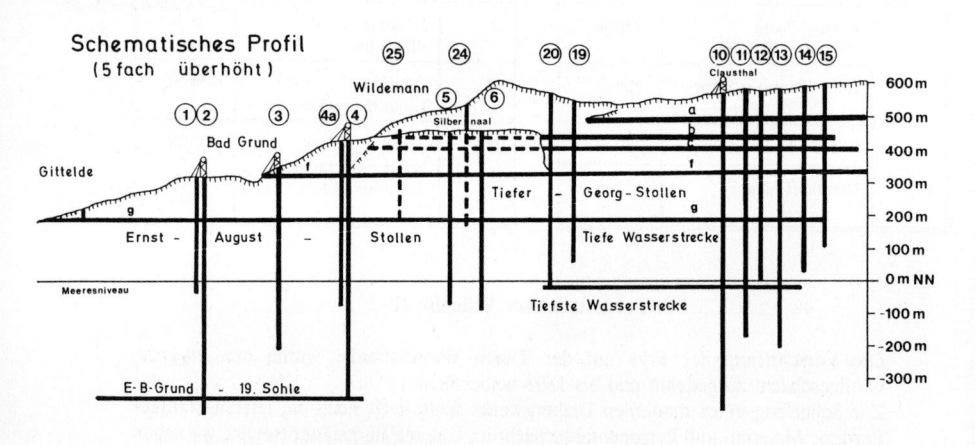

Abb.64: Die beiden wichtigsten Wasserlösungsstollen des Oberharzes (Tiefer-Georg-Stollen und Ernst-August-Stollen)
a) Grundriß, b) schematischer Seigerriß (5-fach überhöht)

Abb.65. Die Mundloch-Portale vom Tiefen-Georg-Stollen (1777-1799) in Bad Grund (a) und vom Ernst-August-Stollen (1851-1864) bei Gittelde (b)

Die Idee, einen Blindschacht von der Ernst-August-Stollensohle niederzubringen, ließ man wegen verschiedener technischer Einwände zugunsten eines seigeren Tagesschachtes fallen. Den Ansatzpunkt "schlug man so weit vor", d.h. man verlegte ihn so weit ins Hangende, daß der Schacht erst unterhalb der bisherigen Bausohlen, also in 800 m Teufe, den Kranicher Gang erreichte.

Am 1.April 1880 begann das Abteufen des neuen Schachts, der am 1.Oktober 1892 mit zunächst 863 m Teufe, als **Schacht Kaiser Wilhelm II** mit großem Einweihungsfeierlichkeiten in Betrieb genommen wurde. Als Novum im Harzer Bergbau erhielt der Kaiser-Wilhelm-Schacht eine kreisförmige Schachtscheibe von 4,75 m lichtem Durchmesser. Wie Abb.30e zeigt, wurde die größere Hälfte der Schachtscheibe vom zweigeteilten Fördertrum beansprucht, dessen eine Abteilung zur Tagesförderung (mit Dampfkraft), und dessen andere Abteilung zur Blindförderung bis auf die Ernst-August-Stollen-Sohle diente. Im kleineren Fahrtrum befanden sich die Fahrkunstgestänge, sowie die Eisenleitern für die Notfahrung.

Aus Sicherheitsgründen war dieses Trum im Abstand von jeweils 4 m verbühnt, außerdem bildete eine Wellblechverkleidung die Abgrenzung gegen den abgrundtiefen Förderschacht.
Übertage bekam der Schacht ein 16 m hohes, aus Stahl gefertigtes Bockgerüst, das die Nordhausener Maschinenfabrik Schmidt, Kranz und Co. lieferte (Abb.69).
Den Antrieb der Tagesförderung besorgte bis zur Umstellung auf elektrische Energie im Jahre 1924 eine Dampfmaschine.
Die beiden über 800 m langen Gestänge der Fahrkunst setzte eine speziell konstruierte Differential-Wassersäulenmaschine in Bewegung. Zur Aufnahme dieser komplizierten Maschinerie entstand eine große Halle im Niveau des Ernst-August-Stollens (Abb.40). Das zur Verfügung stehende Gefälle von 360 m verlieh dem Wasser einen Arbeitsdruck von 36 bar, den die Maschine nutzte, um die beiden Fahrkunstgestänge abwechselnd 4 m zu heben bzw. zu senken.
Eine zweite Wassersäulenmaschine, die in einer Halle auf der 10 m höher gelegenen, sog. "Oberen 4.Strecke" stand, diente zum Antrieb der Blindförderung. Die Maschine bestand aus drei separaten Systemen mit je vier Arbeitszylindern, die je nach leistungsbedarf zu- oder abgeschaltet werden konnten. So erzielte man bei der Blindförderung aus bis zu 500 m Teufe mit einer reinen Förderlast von 750 kg immerhin Geschwindigkeiten von max. 6 m pro sec.
Zur Aufnahme der blind geförderten Erze entstanden zwei große **Füllrollen** über der Ernst-August-Stollensohle, auf der sie wie bereits beschrieben verschifft wurden.
Doch schon 1898 wurde diese Art der Förderung unrentabel wegen der großen Abbauteufe - mehr als 600 m unter Tage mußte eine neue, wesentlich tiefere Hauptförderstrecke eingerichtet werden. Hierzu wurde die **Tiefste Wasserstrecke** über einen Querschlag mit dem nachgeteuften **Ottiliae-Schacht** verbunden. Ab 1905 verkehrte hier- 600 m unter Tage- eine elektrische Grubenbahn, die sämtliche Erze zum Ottiliae-Schacht transportierte, wo sie gefördert und direkt der modernisierten Zentralaufbereitung zugeführt wurden.
Im Burgstätter Revier ging nun der Abbau zwischen der 18. und 21.Strecke des Wilhelm-Schachts um. Auch im Rosenhöfer Revier fanden sich in mehr als 600 m Teufe noch bauwürdige Erzmittel, so daß von der tiefsten Wasserstrecke aus der **Thekla-Blindschacht** 250 m tief bis zur 23.Strecke niedergebracht wurde. Während des Ersten Weltkrieges erreichte die Erzförderung in Clausthal noch einmal einen Höhepunkt. Doch der kriegswirtschaftlich bedingte Raubbau unter Vernachlässigung der Aus- und Vorrichtungsarbeiten rächte sich in den schwierigen Jahren nach dem Krieg. 1924 wurde die Berginspektion Clausthal von der **Preussag** übernommen. Damals betrug die Belegschaft des Erzbergwerks Clausthal 1243 Mann. Aus rund 80.000 Jahrestonnen Roherz gewann man 1800 t Blei-Silber-Konzentrat und 9700 t Zinkkonzentrat.
Noch im Jahr der Übernahme wurde ein umfangreiches Explorationsprogramm gestartet, so setzte man den **Neue Johanneser Schacht** zur Tiefenerkundung des Zellerfelder Gangzugs an, und begann gleichzeitig auch den in der Teufe wenig erforschten Haus Herzberger Zug von einem neuen, im Hangenden angesetzten Schacht zu erkunden. Bis 1928 erreichten beide Schächte ihre Endteufe von 630 m und waren mit der Tiefsten Wasserstrecke durchschlägig.
Doch das Schicksal meinte es schlecht mit dem Erzbergwerk Clausthal! Die Weltwirtschaftskrise machte alle Hoffnungen auf Besserungen zunichte. Auch den Prospektionsarbeiten war kein Glück beschert. Als am 31.Januar 1930 der hölzerne

Förderturm des Neuen Johanneser Schachts abbrannte, sprach man in Bergmannskreisen angstvoll von "der Todesfackel des Oberharzer Bergbaus". So kam es dann auch, am 14.Juni 1930 endete nach jahrhundertelangem kontinuierlichem Betrieb der Erzbergbau in und um Clausthal-Zellerfeld, nicht weil die Lagerstätte erschöpft war, sondern weil die Wirtschaftspolitik es so bestimmte!
In Clausthal blieb die Abteilung **Kraft- und Wasserwirtschaft** (mit Fischereibetrieb und Pochsandabsatz). Die Anlagen der Oberharzer Wasserwirtschaft wurden weiter zur Erzeugung elektrischer Energie genutzt.

In der Halle der Fahrkunst-Wassersäulenmaschine entstand ein untertägiges Wasserkraftwerk, in dem 6 von großen Freistrahlturbinen angetriebene Generatoren zusammen bis zu 4556 Kilowatt erzeugen konnten! Die elegante Art der "sauberen Stromerzeugung" fand am 31.März 1980 ihr Ende, nachdem die Wassernutzungsrechte an das Land Niedersachsen zurückgegangen waren (siehe Kap.10).

8.3 Das Erzbergwerk Lautenthal

Im Gebiet der späteren Bergstadt wurden bereits im 13. und 14.Jahrhundert Rammelsberg-Erze verschmolzen. Ob damals bereits im Tal der Laute Bergbau umging, ist fraglich.
Die frühneuzeitliche Wiederaufnahme erfolgte 1524 mit der Grube **St.Johannes mit dem Güldenmunde**, der bis 1560 etwa 10 weitere folgten. Schwerpunkt der Erzgewinnung war der Südhang des Kranichbergs, der östlich des Innerstetals liegt (Abb.66). Zur Wasserlösung dieser Zechen begann man bereits 1549 den **Tiefen Sachsenstollen** vorzutreiben, der bis 1609 bereits 900 m weit aufgefahren war und später eine Gesamtlänge von 1400 m erreichte. Bis zum Anschluß an den Ernst-August-Stollen (1880) bewältigte dieser Stollen die Wasserhaltung allein.
Ende des 16.Jahrhunderts ging der Bergbau infolge Verringerung des wirtschaftlichen Ertrags erheblich zurück und ruhte zeitweise ganz.
1672 übernahm die Landesherrschaft die darniederliegende, früher von der Bergstadt betriebene Grube **St.Thomas**. Nach erfolgreichen Aufschlußarbeiten kam die nun (1681) als **Lautenthalsglück** bezeichnete Grube von 1685-1789 in Ausbeute. Wenige Jahre später wurde sie mit der im Osten anschließenden **Schwarzen Grube** und der westlichen Nachbargrube **Abendstern** zusammengelegt. Als selbständige Grube baute an der Innerste seit 1691 die Grube **Güte des Herrn**. Ebenfalls zeitweise reiche Ausbeute lieferten die Gruben **Segen des Herrn** (1740-1769) und **Segen Gottes** (1760-1766). Westlich des Innerstetals am Bromberg lagen die Gruben **Prinzessin Auguste Caroline** (1735) und **Lautenthaler Gegentrum** (1740), die allerdings nur auf unbedeutenden kleinen Mitteln bauten. Ende des 18.Jahrhunderts erschöpften sich die erschlossenen Erzvorkommen und die meisten Gruben wurden aufgelassen.
1817 wurde der gesamte Lautenthaler Bergbau vom Staat übernommen und zusammengefaßt, damit war der Grundstein für das spätere **Erzbergwerk Lautenthal** gelegt. Trotz umfangreicher Sucharbeiten blieben größere Neufunde von Blei-Silber-Erzen aus, so daß sich der Bergbau meist am Rande der Wirtschaftlichkeit bewegte. Besserung trat erst Mitte des 19.Jahrhunderts ein, als die bisher wertlose **"Blende"** zu einem wichtigen Zinkerz wurde. Sogleich begann ein umfangreicher Nachlesebergbau, der sehr erfolgreich war, da es in den tieferen Lagerstättenteilen reichlich stehengelassene Zinkblendetrümer gab. Im neuabgeteuften **Güte des Herrn-**

Richtschacht wurde 1849 eine JORDAN'sche Wassersäulenmaschine installiert, die das Grubenwasser von einer Wasserstrecke aus 160 m bis auf die Sohle des Tiefen-Sachsen-Stollens emporhob. Bis im Jahre 1880 das herangetriebene Flügelort des Ernst-August-Stollens die Wasserhaltung der Gruben entlastete, bewährte sich diese Maschine ganz hervorragend. Zur Erleichterung des Ein- und Ausfahrens erhielt der **Maaßener-Kunstschacht** - der nur eine geringe Tonnlage aufwies - eine Fahrkunst, die an das Pumpengestänge gekoppelt war und von einem untertägigen Wasserrad angetrieben wurde.

Die Übernahme des Betriebs durch die **Berginspektion Lautenthal** brachte weitere technische Verbesserungen, so entstand 1873 eine zentrale naßmechanische Aufbereitungsanlage, außerdem wurde bald darauf das maschinelle Bohren eingeführt. Günstig für den Betrieb des Bergwerks wirkte sich der 1876 erfolgte Anschluß an das Eisenbahnnetz aus.

Um auch die vertikale Förderung effektiver gestalten zu können, begann man 1909

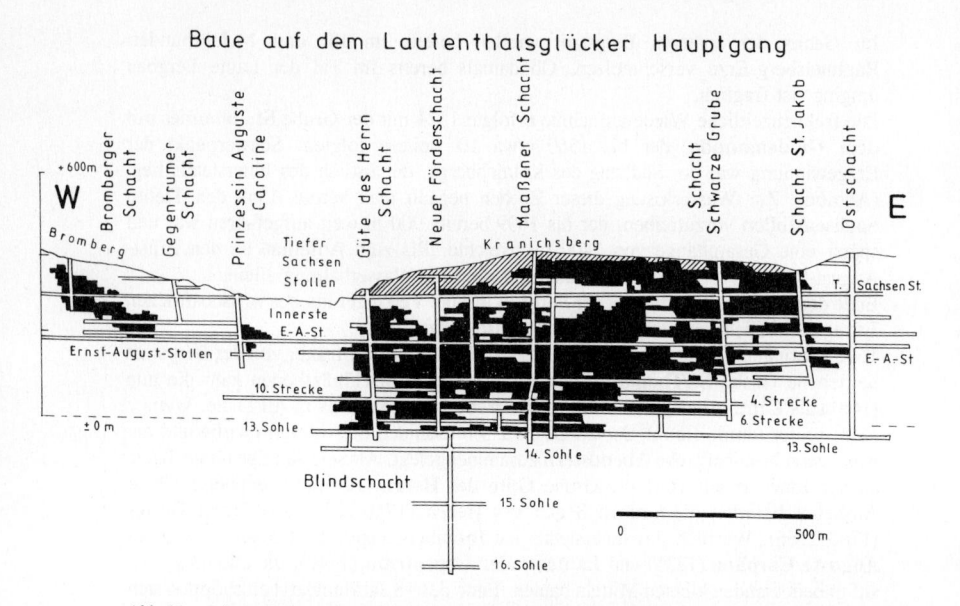

Abb.66: Schematischer Seigerriß durch den Lautenthalsglücker Hauptgang

mit dem Abteufen des seigeren **Neuen Förderschachts**, der bis zur 13.Sohle 380 m tief niedergebracht wurde und die alten tonnlägigen Schächte ersetzte. Zur weiteren Teufenerschließung der Lagerstätte folgte ein auf der 13.Sohle angesetzter, 1931-1935 340 m tief bis zur 16.Sohle niedergebrachter **Blindschacht**. Damit war die Lagerstätte bis 722 m unter Tage erschlossen. Allerdings war bei etwa 600 m Teufe die Unterkante des Lautenthaler Erzmittels erreicht. Der Abbau beschränkte sich bis 1945 auf Restmittel, z.B. über der 4.Förderstrecke im Osten.

Nach Ende des Zweiten Weltkriegs wurden im Erzbergwerk Lautenthal nur noch Untersuchungsarbeiten durchgeführt. Sowohl die Auffahrung einer Untersuchungsstrecke im Niveau des Ernst-August-Stollens rund 3 km weit nach Westen in Richtung Seesen so wie eines 2 km langen Südquerschlags auf der gleichen Sohle in Richtung Hüttschental, als auch Erkundungsarbeiten am Blindschacht blieben erfolglos. Nach Einstellung des Betriebs 1957 verblieb die Rückgewinnung der an Zinkblende angereicherten alten Haldenbestände. Die Verarbeitung erfolgte in der Flotationsanlage des Erzbergwerks Grund, sie wurde erst 1976 eingestellt.

Der Tiefe Sachsen-Stollen ist heute bis zum Neuen Förderschacht als Besucherbergwerk (Einfahrt mit Grubenbahn!) ausgebaut. In den Gebäuden der ehemaligen Silberhütte (1967 stillgelegt) und dem sie umgebenden Freigelände sind diverse Exponate sehr unterschiedlicher Herkunft ausgestellt. Eindrucksvoll ist ein großes übertägiges Kunstrad, das vom wiederaufgewältigten Lautenthaler Kunstgraben beaufschlagt wird.

Bekanntmachung

Demnach verschiedentlich zur Bemerkung gekommen, daß Harzreisenden, wenn sie die hiesigen Werke und Gruben besehen und befahren wollen, die dafür bestehende Ordnung nicht immer bekannt, dann aber auch nicht beobachtet ist: so wird hiermit bekannt gemacht, daß

1) für den sogenannten Jahrschein gar nichts bezahlt wird, keinerlei Gebühr und

2) daß in den Zechenhäusern Hutleute wohnen, denen Fremde beim Anfahren in die Grube ihre Effecten, zur sicheren Aufbewahrung, speziell zu überliefern haben.

Clausthal, den 15. September 1832.

Im Königl. Großbr. Hannoverschen Berg-Amte.

(unterz.) von Reden.

9. Montanhistorische Streifzüge rund um Clausthal-Zellerfeld

Eine Rundreise auf den Spuren des Oberharzer Bergbaus beginnen wir am besten in Clausthal-Zellerfeld, der Hauptstadt des alten Oberharzes. Die Stadt auf der Hochebene oberhalb des Innerstetals ist umgeben von einer großen Zahl künstlich angelegter Stauteiche, die der Landschaft hier eine so reizvolle Note verleihen.
So vertraut der Name Clausthal-Zellerfeld (bis Anfang der 70er Jahre Kreisstadt Autokennzeichen "CLZ") vielen Nichteinheimischen auch sein mag, die heutige Stadt, als Kern der Samtgemeinde Oberharz (21000 Einwohner) entstand erst 1924 aus der Zusammenlegung der beiden größten der 7 Oberharzer Bergstädte, die trotz ihrer benachbarten Lage eine sehr unterschiedliche und voneinander unabhängige Entwicklung genommen hatten.
Zellerfeld wurden 1532 durch HERZOG HEINRICH d.J. von Braunschweig-Wolfenbüttel Bergfreiheit und Stadtrechte verliehen (siehe Kap.3). Die größere Schwesterstadt Clausthal, getrennt durch den Zellbach, entstand 1554 und avancierte rasch zum Hauptbergbauort im grubenhagenschen Harzteil. Der Dreißigjährige Krieg unterbrach die Entwicklung beider Bergstädte, während Clausthal als Besitz der Herzöge von Braunschweig-Grubenhagen auf der kaiserlichen Seite stand, gehörte Zellerfeld zur feindlichen, antikaiserlich-protestantischen Seite. Die Straßenbezeichnung "An der Tillyschanze" auf der Bremer Höhe in Clausthal, zeugt noch heute davon, daß 1626 von hier aus Tilly's Truppen Zellerfeld beschossen.

In der zweiten Blüteperiode, nachdem die Folgen des verheerenden Krieges überwunden waren, avancierte Clausthal zum Zentrum des nun hannoverschen Oberharzes, wo der Berghauptmann, als direkter Vertreter des Königs, seinen Sitz hatte und die Fäden des gesamten Berg-, Hütten- und Forstwesens in seinen Händen hielt.
Gemäß dieser Tradition ist Clausthal noch heute Sitz des **Oberbergamts**, das als oberste staatliche Aufsichtsbehörde zuständig ist für den Bergbau in ganz Norddeutschland.

Bergmännische Traditionen und Mundart

Obwohl der Bergbau im Clausthaler Revier seit 1930 ruht, haben sich bergmännische Tradition und Brauchtum bis heute erhalten. Man begeht am 4.Dezember das **Barbarafest** zu Ehren der Schutzheiligen des Bergbaus. Zum Abschluß des Bergjahres wird am Sonnabend vor Fastnacht das traditionsreiche **Bergdankfest** mit einer **Bergparade**, einem anschließenden **Berggottesdienst** (an dem keine Frauen teilnehmen dürfen!) und einem rustikalen **Schärperfrühstück** gefeiert.
Seit einigen Jahren gibt es sehr erfolgreiche Bemühungen, den eigentümlichen Oberharzer Dialekt, kurz **Mundart** genannt, vor dem Verschwinden zu bewahren. Sächsische, böhmische und fränkische Dialekte kamen mit den Einwanderern aus diesen Regionen seit dem 16.Jahrhundert in den Harz. Durch die jahrhundertelange Isolierung der Oberharzer Bergbevölkerung vermischten sich die verschiedenen Sprachelemente zwar untereinander, nicht aber mit den niederdeutschen Dialekten, die im Harzvorland gesprochen wurden.
Eine gute phonetische Charakterisierung der Oberharzer Sprache gibt GÜNTHER (1924) in seiner ausführlichen Monographie der Harzgeschichte:

... "Das Oberharzische hat die bayerische Vokalverschiebung (mei haus), aber andern Konsonantenstand als die vorhin genannten drei mitteldeutschen Mundarten: im Anlaute ist das alte p in pf umgewandelt (also pfeng, nicht fennig). In ganz Deutschland hat nur noch die Mundart des oberen Erzgebirges diese Merkmale. In beiden hört man pfär für Pferde neben schtoppen für stopfen und napp für Napf; in beiden klingt kn im Anlaut fast wie gn (gnabe statt Knabe), wir mr (mer) für wir und für man gebraucht, rsch für rs im Auslaut gesetzt (des schteiersch = des Steiger), dasselbe helle a mit weitgeöffnetem Munde gesprochen (ahng = Augen). Bei weiterem Vergleiche zeigt sich die völlige Übereinstimmung des Oberharzischen gerade mit der Mundart des westlichen Erzgebirges (der sächsischen Städte Schneeberg und Annaberg und der böhmischen Stadt Joachimsthal). Nur hier, nicht im Osten desselben, wird z.B das n der Endung gen in die vorausgehende Silbe versetzt und als Nasenlaut gesprochen (morring Morgen, mit solling leitn mit solchen Leuten), der Infinitiv auf a (kumma kommen, brenga bringen) und das Adjektiv öfter auf et (narbet narbig, zacket zackig, lampet abgetrieben) gebildet. Diese gemeinschaftlichen Besonderheiten der westerzgebirgischen und der oberharzischen Mundart, die letztere allgemeiner festgehalten hat, als erstere, sind auf fränkische Einwirkung zurückzuführen. Fränkisch sind z.B. die erwähnte Adjektivendung et, die Verkleinerungssilbe le, la (heisl, Mehrzahl heisla Häuschen), das häufige ä für hochdeutsches ei (äch Eiche, gäst Geist, dräzen dreizehn, schrä Schrei usw.). Fränkisch sind auch viele oberharzische Wörter, die im Erzgebirge nicht mehr üblich sind (z.B. wallen gin spuken, zochen umziehen, zipperig furchtsam, porren reizen, käzen vor Übermut laut schreien, greina weinen).
Die fränkische Färbung der beiden Mundarten weist darauf hin, daß die Auswanderung aus dem Erzgebirge nach dem Oberharze in einer Zeit stattfand, in der dort fränkische Bergleute unter der aus dem Meißnischen zuströmenden Bevölkerung sich seßhaft machten; und der Umstand, daß diese Färbung im Oberharze stärker ist als im westlichen Erzgebirge, findet schon in der inselartigen Abgeschlossenheit des Oberharzes ausreichende Erklärung; daneben steht aber auch fest, daß bei der Aufnahme des oberharzischen Bergbaues einzelne Knappen direkt aus Franken zuwanderten..."

Heute ist man stolz auf diese "kleine Sprachinsel", Mundartabende und Mundartstammtische erfreuen sich wachsender Beliebtheit. Als Kostprobe sei hier ein kleines, in St. Andreasberger Mundart verfaßtes Gedicht wiedergegeben, daneben die hochdeutsche Übersetzung:

Dr Barkgähst lahbt*

Alles schtieht heit vrlohsn doh,
wos ähnst von Sillewer schwähr.
Vrfallne Schächt senn ringsumhahr,
Vor Ort is's tuht un laar.

Doch manchmohl, wenn dr Schtorremwind hauhlt,
In finstre Neimuhndnächt,
Dr Barkgähst im de Falsn schtreicht,
Denn riehrt sichs in de Schächt.

Denn giehn de altn Knappm im,
wie in vrgangne Tohng,
Die Silwerglans un Gilticharz
Aus unnere Barrich gegrohm.

Un aus dr Tief dringe an Uhr,
Saltsohm vrhaltne Wähsn,
Es nuh all lang vrgassne Lied
Von Schlehchl un von Ähsn.

Der Berggeist lebt

Alles steht heute verlassen da,
Was einst von Silber schwer.
Verfallene Schächt'sind ringsumher,
Vor Ort ist's tot und leer.

Doch manchmal, wenn der Sturmwind heult,
In Finstren Neumondnächten,
Der Berggeist um die Felsen steicht,
Dann rührt sich's in den Schächten.

Dann gehn die alten Knappen um
Wie in vergangenen Tagen,
Die Silberglanz und Gültigerz
aus unseren Bergen gegraben.

Und aus der Tiefe dringen ans Ohr,
Seltsam verhaltene Weisen,
Das nun schon lang vergessene Lied
Von Schlägel und von Eisen.

Dr Weidemeier Farschtr (1989)
* aus Glückauf Nr.11 (1991),
 dem Mitteilungsblatt des St.Andreasberger Vereins für Geschichte und Altertumskunde e.V.

Für den montangeschichtlich interessierten Reisenden bietet die Doppelstadt und ihre Umgebung eine Fülle von Sehenswürdigkeiten, die es geradezu herausfordern, erwandert zu werden. Auch der nicht speziell "bergverständige" oder "geschichtsbewußte" Tourist wird auf seinen Wegen immer wieder historisch interessanten Objekten begegnen. Für die nötige Kurzinformation sorgen an solchen Plätzen gelbe, tannenbaumförmige Hinweistafeln, die nach ihrem Stifter, dem pensionierten Oberbergrat und Bergbaugeschichtsforscher HERBERT DENNERT im Harz liebevoll ""Dennert-Tannen" genannt werden (siehe Abb.43).

Abb.67: Innenansicht des Gaipels vom Königin- Marien-Schacht bei Clausthal.
Links der Fahrschacht, rechts daneben der Treibschacht mit einer darüber hängenden Tonne. In der Bildmitte stehen ein Grubensteiger und ein Einfahrer.
(Stahlstich nach einer Zeichnung von W.RIPE um 1860)

Unterwegs auf den Spuren des Bergbaus...

Günstiger Ausgangspunkt für unsere Steifzüge durch Clausthal und seine Umgebung ist der ehemalige **Marktplatz** - heute eine Parkanlage - mit dem berühmten Gotteshaus, die evangelische **Pfarrkirche zum Heiligen Geist** gilt als größter sakraler Holzbau Deutschlands. Baubeginn war 1637, nachdem ihr Vorgänger dem verheerenden Brand von 1634 zum Opfer gefallen war.
Eine gelbe Tafel am Fußweg südlich der Kirche weist darauf hin, daß genau 137¾ Lachter (276 m) unter dem Gotteshaus der Tiefe-Georg-Stollen verläuft.
Das historische **Amtshaus**, heute Sitz des Oberbergamts, liegt am Hindenburgplatz, westlich der Kirche. Der holzverkleidete, als Geviert um einen Innenhof anglegte barocke Gebäudekomplex geht auf das Jahr 1727 zurück, nachdem das

Vorgängergebäude ein Raub des Stadtbrands von 1725 geworden war. Der entsetzliche Feuersturm zerstörte insgesamt 391 Wohnhäuser und etwa 300 Nebengebäude, sowie Münze und Rathaus. Nur die stolze Marktkirche konnte wegen ihrer etwas isolierten Lage vor den Flammen bewahrt werden. Das Innere des Amtshauses ist äußerst stilvoll ausgestattet. Im Foyer und Treppenhaus sind zahlreiche originale Ausbeutefahnen der Oberharzer Gruben ausgestellt. Ein Kuriosum ist ein aus derbem Stufferz gefertigter "Erzstuhl" aus dem frühen 18.Jahrhundert. Dieser Stuhl stand ehemals in der sog.Königsfirste der Grube Dorothea. Der Raum war eigens als Ruheplatz für Befahrungen von Anghörigen des regierenden Hauses bestimmt.

Ein umfangreiches, bis ins 16.Jahrhundert zurückreichendes Akten- und Rißarchiv sowie eine große montanwissenschaftliche Bibliothek machen das Oberbergamt zu einer wichtigen Basis der Harzer Geschichtsforschung.*

Schräg gegenüber, genau nördlich der Marktkirche, liegt das wuchtige **Hauptgebäude der Technischen Universität Clausthal**. Es entstand nach zahlreichen An- und Umbauten aus dem 1907 errichteten Haus der berühmten **Bergakademie**. Diese war 1864 aus einer im Jahre 1776 gegründeten **Bergschule** (Abb.70) hervorgegangen. Schon damals hatte die Berghauptmannschaft erkannt, daß eine leistungsfähige Bergbauindustrie gut ausgebildetes technisches Fachpersonal dringend benötigte.

Wissenschaftliche Theorien und praktische Erfahrungen aus dem Bergwerksbetrieb haben sich immer wieder gegenseitig befruchtet. Geowissenschaften und Bergbaukunde sowie Maschinen- und Hüttentechnik haben aus den im Harzer Montanwesen gewonnenen Erkenntnissen wesentliche Anregungen und Weiterentwicklungen erfahren.

Neben der einige Jahre früher gegründeten, berühmten Bergakademie in Freiberg/Sachsen entwickelte sich die Clausthaler Schwesteranstalt bald zu einer der wichtigsten europäischen Montanhochschulen. Beide Institutionen wurden Keimzellen der modernen Geowissenschaften, die klassische Lagerstättenlehre erhielt von hier wichtige Impulse.

Heute beherbergt das Hauptgebäude neben der Hochschulverwaltung nur noch das **Institut für Mineralogie und Mineralische Rohstoffe**. Die meisten anderen Institute befinden sich im Neubaugebiet am Feldgraben östlich der Stadt, das in den 60er und 70er Jahren längs der Andreasberger Straße entstanden ist.

Im traditionsreichen Hauptgebäude unter der Obhut der Mineralogen verblieben selbstverständlich die berühmten Sammlungen, deren Schwerpunkt, die **Hauptmineraliensammlung**, sich im 1.Stock des Südflügels dieses Hauses befindet. Die 5500 wohlsortierten Exponate repräsentieren einen faszinierenden Querschnitt durch die Welt der Mineralogie. Neben dieser Systematik stellen auch die einmalig schönen Erzstufen aus den Harzer Gängen einen Leckerbissen, nicht nur für Mineralogen, dar. Mehr von Interesse für Fachbesucher sind die lagerstättenkundlichen Sammlungen im Obergeschoß des Foyer, sowie die petrographische Sammlung, die in Vitrinen auf dem Flur untergebracht ist.

---

*Besichtigungen des Gebäudes sind nach Anmeldung möglich. Tel.: 05323-723200

Abb.68: Blick auf die Neue Zentrale Erzaufbereitung (1905 erbaut) auf der Bremer Höhe westlich von Clausthal. Nach ihrer Stillegung 1930 wurde die Anlage vollständig abgerissen. Nur das Fördergerüst des Ottiliae-Schachts und das ganz rechts im Bild zu sehende Wohnhaus blieben bis heute erhalten. (Foto von Zirkler um 1905)

Im Rosenhöfer Revier (siehe Abb.60)

Das Clausthaler Zentrum auf der nach Westen in Richtung Bad Grund führenden Silberstraße verlassend, gelangen wir nach wenigen hundert Metern ins **Rosenhöfer Grubenrevier**, das wegen seiner silberreichen Erzmittel weit bekannt war. An der Ecke Teichdamm/Zehntnerstraße erinnert das schöne alte **Zechenhaus** der **Grube Drei Brüder** an das östlichste der Rosenhöfer Bergwerke. Nahe dem Ortsausgang, nördlich der Hauptstraße, steht das Zechenhaus der **Grube Thurm Rosenhof**, deren berüchtigter 708 m tiefer Hauptschacht (s.Kap.4.5) sich gegenüber der Straße befand, wie uns eine gelbe Tafel mitteilt,
Von den **19** einst in diesem Revier bauenden Gruben zeugen nur noch mächtige, ins Clausthaler Tal hineingeschüttete Halden, die heute größtenteils von dichter Vegetation überwuchert sind. Die wichtigsten Gruben hießen **Rosenhof, Alterssegen** und **Silbersegen**. Einen Eindruck von dieser Bergbaulandschaft um 1850 herum vermittelt der Stahlstich nach Ripe (Abb.47). Leider sind die bis zur Betriebsstillsetzung 1930 erhalten gewesenen Tagesanlagen wenig später dem Abriß zum Opfer gefallen. Zufällig wieder aufgefundenes Filmmaterial aus den 20er Jahren zeigt diese und andere Oberharzer Anlagen noch in Betrieb! Das historisch so außergewöhnlich wertvolle Filmdokument ist heute in Obhut des Museumsvereins und wird gelegentlich vorgeführt.

Auf der gegenüberliegenden Talseite steht unübersehbar für jeden, der aus dem Innerstetal kommend nach Clausthal hinauffährt, das stählerne Fördergerüst des **Ottiliae Schachts**, mit dem Baujahr 1876 ist es das älteste eiserne Fördergerüst Deutschlands. Geplant und gebaut wurde es von der **königlichen Zentralschmiede in Clausthal**. Die ungewöhnlich breite, durch die Form des großen rechteckigen Schachts bedingte Form zusammen mit den filigranen Streben und Stützen dokumentiert gewissermaßen die erste Experimentierphase der Gerüstbautechnik mit Stahl (Titelbild). Leider wurde der einst 600 m tiefe, bis 1930 zur Erzförderung, später zur Stromerzeugung genutzte Schacht 1982 mit einer Betonplombe verschlossen. Dank der Bemühungen zahlreicher Harzer Bergbaufreunde blieben die Tagesanlagen erhalten und sind jetzt eine Außenstelle des Oberharzer Bergwerksmuseums. Dem Besucher werden hier vor allem Bergbaumaschinen aus der jüngeren Vergangenheit vorgeführt.

Als Besonderheit ist es durch einige technische Kniffe möglich, die große, 1905 installierte elektrische Fördermaschine in Bewegung zu setzen und aus Sicht des Fördermaschinisten eine Seilfahrt zu simulieren.

Während einer 5-jährigen Umbauzeit diente eine 1905 neuangelegte 3,6 km lange, übertägige **Schmalspurbahn** zum Transport der im Kaiser-Wilhelm Schacht geförderten Erze zur Zentralen Erzaufbereitung (siehe Abb.57). Heute hat es sich die **Arbeitsgruppe Tagesförderbahn Ottiliae-Schacht des Oberharzer Geschichts- und Museumsvereins e.V.** zur Aufgabe gemacht, ein 2,2 km langes Teilstück dieser Feldbahntrasse zwischen dem Ottiliaeschacht und dem ehemaligen Clausthaler Bahnhof wieder aufzubauen.

Nach langwierigen Erdarbeiten an einem Geländeeinschnitt konnten die fleißigen Eisenbahnfreunde im Sommer 1991 stolz die ersten 250 m des neugelegten Gleisstranges einweihen. Die inzwischen fertiggestellte Tagesförderbahn verkehrt im Sommer regelmäßig auf dieser Strecke.*

Der Ottiliaeschacht ist bequem über eine ausgeschilderte Zufahrtsstraße erreichbar, die am Rosenhof, nahe des westlichen Ortsausgangs von Clausthal nach rechts von der B 242 abzweigt (Berliner Straße, Wegweiser). Für den Rückweg kann man entweder über die Bremer Höhe wandern, oder aber der Schalspurbahntrasse bis zum ehemaligen Bahnhof folgen. Gleich an der Zufahrtsstraße zum Ottiliae Schacht liegt die alte bislang verschüttete Kehrradstube des **Oberen Thurmrosenhöfer Schachtes**. Auf Initiative des Oberharzer Geschichts- und Museumsvereins, wird das vor 1820 gebaute 10 m lange, 6 m breite und 22 m hohe in Mauerung gesetzte Gewölbe z.Zt. aufgewältigt, um dieses wichtige Bergbaudenkmal der Nachwelt zu erhalten.

Im Zellerfeld Revier (siehe Abb.58)

Guter Ausgangspunkt für eine Exkursion zur Bergbaugeschichte des Zellerfelder Reviers ist auch hier der Marktplatz. Der Blick auf den Stadtplan zeigt ein schachbrettartiges Straßenmuster, es entstand, als man nach einem verheerenden Stadtbrand im Jahre 1672 die Bergstadt vom Reißbrett aus großzügig neu gestaltete. Die rechtwinklig angelegten Häuserblöcke und Plätze werden durch breite, von Bäumen gesäumte Straßen begrenzt. Im Falle eines Feuers brannte so maximal ein Häuserfeld nieder, die Straßenbäume sollten außerdem die Gefahr des Funkenflugs mindern. Der vollständig erhaltene Stadtkern macht Zellerfeld über den niedersächsischen Bereich hinaus zu einer der baugeschichtlich bedeutendsten Stadtanlagen des Barocks. Am Marktplatz steht die 1674-83 errichtete steinerne

---

* Auskünfte für interessierte Besucher erteilt gerne das Oberharzer Bergwerksmuseum, Bornhardtstr. 16, 38678 Clausthal-Zellerfeld, Tel.: (05323)-98950

Abb.69: Fördergerüst des Schachts Kaiser Wilhelm II in Clausthal, errichtet im Jahre 1880. Es ist 15,6 m hoch, die beiden Seilscheiben besitzen Durchmesser von 3430 mm.

Kirche St. Salvator. Neben der Kirche steht die bekannte **Bergapotheke** ("**Fratzenapotheke**"), ein 1674 errichtetes, mit zahlreichen Stuckbildern versehenes zweigeschossiges Fachwerkgebäude. Schräg gegenüber, jenseits der Goslarer Straße in der Bornhardtstraße, befindet sich das berühmte **Oberharzer Bergwerksmuseum**, dessen Besuch zum Pflichtteil eines jeden Harzreisenden gehören sollte. Das schon seit 1892 bestehende Museum bietet einen hervorragenden Einblick in die Geschichte des Oberharzer Montanwesens. Nach der Besichtigung vieler, oft einzigartiger Exponate im Hause werden im originalgetreu nachgebauten Schaubergwerk mit einem etwa 250 m langen Streckensystem, die alten Methoden des Abbaus, Ausbaus sowie der Förderung der Wasserhaltung sehr realistisch demonstriert. Anschließend stehen im weiten Freigelände Schachtgaipel, Pferdegöpel, Bergschmiede und vieles mehr zum Anschauen bereit. Seit etwa einem Jahr ist das Museum um eine weitere Attraktion reicher, im prächtig restaurierten sog. **Dietzelhaus**, an der Ecke Bergstraße - Bornhardtstraße gelegen, sind eine umfassende Erzstufensammlung sowie eine systematische Harzmineraliensammlung, die von einem Privatsammler gestiftet wurde, ausgestellt.

Unser Weg folgt der Bornhardtstraße in westlicher Richtung zum Kurpark, der um den kleinen **Carler Teich**, benannt nach der Grube Unüberwindlicher Kaiser Carl, recht malerisch angelegt wurde. Hier befinden wir uns auf dem einst reich vererzten Zellerfelder Hauptzug, der in Wildemann beginnt und unweit des ehemaligen Bahnhofs an den Burgstätter Gangzug anschart. Unterhalb des Teichdamms steht seit

Abb.70: Die alte Bergschule (1811-1905) am Marktplatz von Clausthal. Rechts im Bild das Adolph-Roemer-Denkmal. Nach 1905 entstand an dieser Stelle das Haus der Bergakademie, aus dem nach verschiedenen Umbaumaßnahmen das heutige Hauptgebäude der TU hervorging. (Foto von Zirkler um 1900)

einigen Jahren ein maßstabsgetreues Modell eines **Kunstrads mit Feldgestänge und einem Harzer Hubsatz** (siehe Kap.5.7), wie es früher überall auf den Gruben im Einsatz war. Schöner und anschaulicher läßt sich diese Technik nicht vermitteln! (NIETZEL, 1993)
Von hier folgen wir einem alleeartigen Grabenweg vorbei am **Ringer Zechenhaus** - einem der ältesten Zechenhäuser im Oberharz, heute Gastwirtschaft - zur **Ringer Halde**, wo einst die **Grube Ring- und Silberschnur** baute (Abb.71).
Rechts des Fußwegs, unterhalb des **Mittleren Zechenteichs**, liegt die zu Wohnzwecken umgebaute "Schützbucht" des **Jungfrauer Schachts** der sich westlich anschließenden **Grube Regenbogen**. Auf dem ausgedehnten Haldenareal ist ein kleiner Bergbaulehrpfad eingerichtet, der in Abb.16b gezeigte Lochstein ist hier aufgestellt. Ein weiterer solcher Grenzstein steht am westlichen Ende der Halde, er markiert die 1750 festgesetzte Grenze zwischen der **Herzog August Friedrich Bleifelder Fundgrube** und der **Regenboger Fundgrube**.
Die Fortsetzung des Gangzugs in Richtung Wildemann markieren weitere Halden, etwas südlich des Wegs befand sich der erst 1924 abgeteufte **Neue Johanneser Schacht**, der 1983 verfüllt wurde.
Setzt man die Wanderung fort durchs Sonnenglantzer Tal hinunter nach **Wildemann**, der kleinsten der Oberharzer Bergstädte, so bietet sich neben einem Rundgang durch den hübschen Ort vor allem der Besuch des **19-Lachter-Stollens** an. Der für Besucher ausgebaute Stollen führt zum **Ernst-August-Blindschacht** (1845-1858 abgeteuft), von dem aus der mittlere Abschnitt des gleichnamigen Stollens in Angriff genommen wurde (Abb.64/65). Eindrucksvoll ist der Blick in den ausgeleuchteten

Schachtschlund, den man auf einem sicheren Gittersteg überschreiten kann. Eine bergbautechnische Besonderheit stellt die hier noch in Resten vorhandene Treibwerksanlage dar, deren Kernstück, ein 9 m großes Kehrrad leider sehr vom Verfall bedroht ist. Nachdem die bis 1910 im Schacht installierte Fahrkunst abgeworfen war, richtete man eine Personenseilfahrt ein, die mit diesem Wasserrad betrieben wurde. Um den vom Bergamt verlangten Sicherheitsanforderungen gerecht zu werden, erhielt die Anlage eine automatische Wasserregulierung und Bremsvorrichtung (NIETZEL, 1993), die eigens hierfür entwickelt wurde. Nach 1924 ersetzte ein elektrischer Förderhaspel dann die Wasserkraft. Der weitere Weg auf dem 8 km langen Stollen nach Clausthal ist durch aufgestautes Trinkwasser leider versperrt.

Empfohlen sei auch eine Wanderung ins stille, romantische **Spiegeltal**, entweder direkt von Wildemann aus, oder auch vom nördlichen Ausgang der Bergstadt Zellerfeld (Parkplatz am Sportplatz). Von hier aus zunächst über das Wiesengelände der Bockswieser Höhe nach Nordosten wandernd, erreicht man am Stadtweger Teich den **Zellerfelder Kunstgraben**, dem in Richtung Spiegeltal gefolgt wird. Ein ausgeschilderter Fußweg zweigt bald nach rechts ab und führt an zwei kleinen Teichen vorbei hinunter zur **Untermühle** (Gastwirtschaft) ins Spiegeltal. Von hier aus kann man talabwärts wandern, an den beiden Spiegeltaler Teichen mit ihren Grabenanlagen vorbei bis zum **Spiegeltaler Zechenhaus**, bzw. weiter nach Wildemann. Ein anderer sehr lohnender Wanderweg führt etwa 400 m unterhalb der Mühle nach rechts durchs Pißtal hinauf ins Bockswieser Bergbaurevier. Im Quellgebiet des Pißtaler Bachs zeugen zahlreiche, im Hochwald versteckt liegende Pingen, Halden und alte verfallene Gräben von einst reger Bergbautätigkeit.

Im Burgstätter Revier (siehe Abb.59)

Einen Streifzug durchs Burgstätter Grubenrevier kann man bequem vom ehemaligen Bahnhof (heute Stadtbibliothek und Touristeninformation) aus starten. Er beginnt südlich des Zellbachs und verläuft etwa in Richtung der Altenauer Straße nach Osten zum Sportplatz der TU und weiter bis zum Hirschler Teich.
Zunächst überqueren wir die Hauptstraße "Am Zellbach" und folgen dieser aufwärts bis zum Haus Nr.86, eine hier angebrachte gelbe Tafel weist auf die Grube **Erzengel Gabriel** hin, die hier auf dem **Josuaer Gang**, einem hangenden Begleittrum des Burgstätter Ganges, baute. Es folgten die Gruben **Josua**, **Moses** und **König Josaphat**, für die ebenfalls Hinweistafeln aufgestellt wurden. Man findet sie, wenn man einem kleinen Fußgängerweg nach links in Richtung Robert-Koch-Straße folgt. An der Ecke Robert-Koch-Straße/Kurze Straße steht das gut erhaltene Zechenhaus der Grube **St.Lorenz**, deren Schacht sich nördlich der Altenauer Straße auf dem Gelände der Wäscherei Hund befand. Auf dem Gelände westlich davon befand sich der ebenfalls durch eine Tafel gekennzeichnete ehemalige **Bauhof**, die spätere **Zentralschmiede**, hier wurden alle Maschinen für den alten Oberharzer Bergbau hergestellt, so auch das Fördergerüst des Ottiliae-Schachts.
Etwas weiter südöstlich zweigt ein Fußweg von der Altenauer Straße in Richtung der Eschenbacher Teiche ab. Im Wiesengelände sind die zahlreichen, inzwischen bewachsenen Halden der Burgstätter Gruben erkennbar. Nach starken Regenfällen brachen hier im Mai 1985 einige oberflächennahe Grubenbaue zusammen und hinterließen auf den Wiesen kraterähnliche Vertiefungen. Schweren Schaden erlitt ein Wohnhaus, das unmittelbar im Hangenden des Ganges stand. Auf der ehemaligen Bahntrasse oder einem der Fußwege wandern wir weiter nach Südosten zum

Galgensberg und folgen dem Hauptgang auf der Adolf-Ey-Straße bis wir gegenüber des Eisenhüttenkunde-Instituts wieder auf die Altenauer Straße gelangen. Etwa 200 m auf dieser Straße nach Osten treffen wir an der Abzweigung der Erzstraße auf das Zechenhaus der Grube **Englische Treue**, schräg gegenüber, östlich der Altenauer Straße, befindet sich das zur Grube **Herzog Georg Wilhelm** gehörende Zechenhaus. Hier erstreckte sich einst das reiche **Wilhelmer Erzmittel** bis 1000 m tief hinab. Südlich der Erzstraße liegt das weiträumige Gelände des ehemaligen **Kaiser-Wilhelm-II-Schachts**, dessen Tagesanlagen mit dem markanten Fördergerüst glücklicherweise erhalten geblieben sind (Abb.69). In den letzten Jahren wurden die lange Zeit leerstehenden Gebäude instandgesetzt und für neue Verwendungszwecke umgebaut. Die Schachthalle sowie das Fördermaschinenhaus werden derzeit vom Geschichts- und Museumsverein betreut und können besichtigt werden. Das Verwaltungsgebäude, auf der anderen Seite der Erzstraße beherbergt heute das Rechenzentrum der TU. Lohnend ist auch ein Abstecher ins Bergbauinstitut neben dem Wilhelm-Schachtgelände; im Foyer gibt ein großes, aus Drähten kunstvoll gefertigtes Blockmodell einen sehr plastischen Eindruck von der "Oberharzer Unterwelt".

Wir folgen nun wieder der Altenauer Straße nach Osten vorbei am Zechenhaus **Anna Eleonore** (links bei der VAG-Werkstatt), und 350 m weiter rechts das stolze **Ludwiger Zechenhaus**, wo 1679 - 1685 der Hofrat G.W.LEIBNITZ gewirkt hatte. Zahlreiche Tafeln nennen die hier einst betriebenen Gruben und weisen auf Lochsteine hin. An der Gabelung, wo es links nach Altenau und rechts nach St.Andreasberg geht, befand sich der Schacht **St.Elisabeth**. Eine kleine Senke deutet seine Lage an, ein Gedenkstein erinnert an ein schweres Grubenunglück im Jahre 1885 : drei Bergleute fanden hier in dem plötzlich zusammenbrechenden Schacht ihre letzte Ruhestätte!
Links der Straße liegen die Pfauenteiche, umgeben von zahlreichen Gräben und Wasserläufen (s.Kap.10). Etwa nach 400 m in Richtung St.Andreasberg führt eine kleine Schotterstraße nach rechts zum **Königin Marien Schacht** (Abb.67), dessen baumumsäumte Gebäude isoliert inmitten des Wiesengeländes stehen. Südlich davon treffen wir auf den vom TU-Neubaugebiet kommenden "Goethe-Weg", dem wir über die Wiesen nach Osten zum Universitätssportplatz folgen. Von weitem schon ist das berühmte **Dorotheer Zechenhaus** (Abb.72) zu sehen, Tafeln weisen auf die zwei reichsten Clausthaler Ausbeutegruben **Dorothea** und **Caroline** hin. Diese beiden Oberharzer Vorzeigegruben waren schon im 18.Jahrhundert regelrechte Besucherbergwerke. Auch damals schon gab es Harzreisende, die sich für die Erzvorkommen und die Tätigkeit der Bergleute in ihrer unterirdischen Welt interessierten. Im hannoverschen Oberharz ermöglichte die Bergbehörde auch bergfremden Personen, die Gruben zu befahren, wie die unten wiedergegebene Bekanntmachung zeigt. Damals waren es freilich nur wenige "Privilegierte", die sich solche Bildungsreisen überhaupt leisten konnten. Das erhaltene Fremdenbuch der Grube Dorothea umfaßt einige 1000 Eintragungen, neben Königen und Fürsten finden sich hier berühmte Wissenschaftler wie der Chemiker JOHANN FRIEDRICH GMELIN, JAMES WATT oder ALFRED NOBEL, sowie auch Dichter wie GOETHE und HEINE. Von letzterem stammt eine sehr originelle Beschreibung seiner Befahrung, die in der berühmten "Harzreise" geschildert wird (siehe S.161).

In diesem Zusammenhang mag eine sehr aufschlußreiche Episode nicht unerwähnt bleiben: Sie zeigt, daß die Harzer Bergleute scheinbar nicht ganz so abergläubisch waren, wie etwa ihre Berufskollegen aus den Kohlegruben, wo die Anwesenheit eines weiblichen Wesens angeblich Unglück heraufbeschwor.
Im Sommer 1786 hielt sich die damals 16jährige DOROTHEA SCHLÖZER (1770-1825) zu einem mineralogisch-bergbaukundlichen Praktikum im Oberharz auf und befuhr zahlreiche Gruben. Die bemerkenswert talentierte junge Dame - Tochter eines Göttinger Professors - war die erste Frau, der die philosophische Doktorwürde der Universität Göttingen verliehen wurde, im Alter von 17 Jahren!

Abb.71: Blick vom Carler Teich auf die Ringer Halde mit den Anlagen der Grube "Ring- und Silberschnur" im Mittelgrund. Das Ringer Zechenhaus ist durch Bäume verdeckt. Im Hintergrund die Tagesanlagen des Schreibfeder Schachts der Grube "Regenbogen", und ganz rechts hinten die heute noch vorhandene Schützbucht des Jungfrauer Schachts. (Aufnahme von Zirkler um 1905)

Abb.72: Die Tagesanlagen der beiden berühmten Clausthaler Gruben Dorothea (rechts im Vordergrund) und Caroline (links im Hintergrund) auf dem östlichen Burgstätter Gangzug um 1850. Ganz rechts im Bild das bis heute erhaltene Dorotheer Zechenhaus.

Bergbautourismus im Jahre 1824

In seinem berühmten Werk "Die Harzreise" beschreibt HEINRICH HEINE eine Befahrung der Clausthaler Gruben Dorothea und Caroline aus dem Jahre 1824:

"Eine halbe Stunde vor der Stadt gelangt man zu zwei großen, schwärzlichen Gebäuden. Dort wird man gleich von den Bergleuten in Empfang genommen. Diese tragen dunkle, gewöhnlich stahlblaue, weite, bis über den Bauch herabhängende Jacken, Hosen von ähnlicher Farbe, ein hinten aufgebundenes Schurzfell und kleine grüne Filzhüte, ganz randlos wie ein abgekappter Kegel. In eine solche Tracht, bloß ohne Hinterleder, wird der Besuchende ebenfalls eingekleidet, und ein Bergmann, ein Steiger, nachdem er sein Grubenlicht angezündet, führt ihn nach einer dunklen Öffnung, die wie ein Kaminfegeloch aussieht, steigt bis an die Brust hinab, gibt Regeln, wie man sich an den Leitern festzuhalten habe, und bittet, angstlos zu folgen.

Die Sache selbst ist nichts weniger als gefährlich; aber man glaubt es nicht im Anfang, wenn man gar nichts vom Bergwerkswesen versteht. Es gibt schon eine eigene Empfindung, daß man sich ausziehen und die dunkle Delinquententracht anziehen muß.

Und nun soll man auf allen vieren hinabklettern, und das dunkle Loch ist so dunkel, und Gott weiß, wie lang die Leiter sein mag. Aber bald merkt man doch, daß es nicht eine einzige, in die schwarze Ewigkeit hinablaufende Leiter ist, sondern daß es mehrere von fünfzehn bis zwanzig Sprossen sind, deren jede auf ein kleines Brett führt, worauf man stehen kann, und worin wieder ein neues Loch nach einer neuen Leiter hinableitet. Ich war zuerst in die Karolina gestiegen. Das ist die schmutzigste und unerfreulichste Karolina, die ich je kennengelernt habe. Die Leitersprossen sind kotig naß. Und von einer Leiter zur andern geht's hinab, und der Steiger voran, und dieser beteuert immer: es sei gar nicht gefährlich, nur müsse man sich mit den Händen fest an den Sprossen halten, und nicht nach den Füßen sehen, und nicht schwindlich werden, und nur beileibe nicht auf das Seitenbrett treten, wo jetzt das schnurrende Tonnenseil heraufgeht und wo vor vierzehn Tagen ein unvorsichtiger Mensch hinuntergestürzt und leider den Hals gebrochen. Da unten ist ein verworrenes Rauschen und Summen, man stößt beständig an Balken und Seile, die in Bewegung sind, um die Tonnen mit geklopften Erzen oder das hervorgesinterte Wasser heraufzuwinden. Zuweilen gelangt man auch in durchgehauene Gänge, Stollen genannt, wo man das Erz wachsen sieht, und wo der einsame Bergmann den ganzen Tag sitzt und mühsam mit dem Hammer die Erzstücke aus der Wand herausklopft. Bis in die unterste Tiefe, wo man, wie einige behaupten, schon hören kann, wie die Leute in Amerika "Hurra, Lafayette!" schreien, bin ich nicht gekommen; unter uns gesagt, dort, bis wohin ich kam, schien es mir bereits tief genug; - immerwährendes Brausen und Sausen, unheimliche Maschinenbewegung, unterirdisches Quellengeriesel, von allen Seiten herabtriefendes Wasser, qualmig aufsteigende Erddünste, und das Grubenlicht immer bleicher hineinflimmernd in die einsame Nacht. Wirklich, es war betäubend, das Atmen wurde mir schwer, und mit Mühe hielt ich mich an den glitschrigen Leitersprossen...

Nach Luft schnappend stieg ich einige Dutzend Leitern wieder in die Höhe und mein Steiger führte mich durch einen schmalen, sehr langen, in den Berg gehauenen Gang nach der Grube Dorothea. Hier ist es luftiger und frischer, und die Leitern sind reiner, aber auch länger und steiler als in der Karolina. Hier wurde mir auch besser zumute, besonders da ich wieder Spuren lebendiger Menschen gewahrte. In der Tiefe zeigten sich nämlich wandelnde Schimmer; Bergleute mit ihren Grubenlichtern kamen allmählich in die Höhe mit dem Gruße "Glück auf!" und mit demselben Wiedergruße von unserer Seite stiegen sie an uns vorüber; und wie eine befreundete ruhige und doch zugleich quälend rätselhafte Erinnerung trafen mich mit ihren tiefsinnig klaren Blicken die ernstfrommen, etwas blassen und vom Grubenlicht geheimnisvoll beleuchteten Gesichter dieser jungen und alten Männer, die in ihren dunkeln, einsamen Bergschächten den ganzen Tag gearbeitet hatten und sich jetzt hinaufsehnten nach dem lieben Tageslicht und nach den Augen von Weib und Kind...

Wir stiegen hervor aus der dumpfigen Bergnacht, das Sonnenlicht strahlt'- Glück auf!"

10. Von der Oberharzer Wasserwirtschaft
Die Wasser - Fluch und Segen des Bergbaus

Ebenso eindrucksvoll wie die in der Tiefe verborgenen Grubenbaue sind die meisterhaft erdachten Anlagen der Wasserwirtschaft, deren Zweck es war, das zum Antrieb der vielen Radkünste notwendige Wasser zu sammeln, zu speichern und den Gruben zuzuleiten. Heute sichtbarstes Zeichen dieses großartigen, in drei Jahrhunderten schrittweise entstandenen Systems sind die zahlreichen kleinen- und großen Teiche auf der Clausthaler Hochfläche, die sich so harmonisch in die Oberharzer Landschaft einfügen, als hätte es sie schon immer gegeben. Diese zwischen Wäldern und Bergwiesen eingebetteten Stauseen sind durch Fußwege verbunden, die den viele 10er km langen Wassergräben folgen und ideale Erholungs- und Wandermöglichkeiten bieten. Wir haben hier ein schönes Beispiel dafür, wie in früheren Jahrhunderten - mangels anderer Techniken - durch ein "sanftes" Eingreifen in das natürliche Landschaftsbild zu industriellen Zwecken letztendlich eine einmalige Kulturlandschaft geschaffen worden ist.

Sämtliche zwischen 1536 und 1866 angelegten Wasserbauten bilden heute das **Kulturdenkmal Oberharzer Wasserregal**. Einst umfaßte die Anlage mehr als **120 Teiche, 500 km Gräben und 30 km Wasserläufe** (unterirdische Gräben), heute sind davon noch 65 Teiche, rund 70 km Gräben und 20 km Wasserläufe in Benutzung.

Bis 1980 diente das von der PREUSSAG unterhaltene und benutzte System zur Erzeugung von elektrischer Energie in verschiedenen über- und untertägigen Kraftwerken. Jetzt liegen die Nutzungsrechte in den Händen der **Harz-Wasserwerke des Landes Niedersachsen**, die auch die modernen Talsperren im Westharz betreiben.

Es würde ein ganzes Buch füllen, auch nur annähernd auf den Aufbau und die Entwicklung des Oberharzer Wasserwirtschaftssystems eingehen zu wollen. Verwiesen sei auf die ausgezeichneten Monographien zu diesem Thema von HAASE und LAMPE (1985), SCHMIDT (1987 und 1989).

Als Beispiel für die geniale Wasserbaukunst der Harzer Bergleute soll hier nur das bekannte **Dammgrabensystem** kurz vorgestellt werden, es wurde nicht zu Unrecht als die "Lebensader des Oberharzer Bergbaus" bezeichnet. Als der wiederaufgenommene Bergbau nach dem 30jährigen Krieg in immer größere Tiefen vordrang, entwickelte sich die Versorgung der zahlreichen Kunst- und Kehrräder mit Aufschlagwasser zu einem vorrangigen Problem, das immer wieder neu gelöst werden mußte.

Für das **Zellerfelder Revier** nutzte man schon früh als Wasserspender die nur wenige Kilometer nördlich der Stadt gelegenen, niederschlagsreichen Höhen des Bocksbergs und der Schalke. Im Einzugsgebiet der hier entspringenden Gewässer (Grumbach, Spiegelbach und Schalkbach) entstanden zahlreiche Stauteiche, deren Wasser größtenteils durch den 9 km langen **Zellerfelder Kunstgraben** zu den Gruben gelangte.

Im benachbarten, jedoch jenseits der von Zellbach markierten Landesgrenze gelegenen **Clausthaler Bergbaugebiet** entwickelte sich ein eigenes Wasserversorgungssystem. Für die Wasserversorgung der reichen Gruben des **Rosenhöfer Reviers** (S.134) orientierte man sich nach Süden, ins Einzugsgebiet der oberen Innerste, die nordöstlich von Buntenbock entspringt. Im landwirtschaftlich

genutzten Gelände rund um das Dorf entstanden 13 sogenannnte **Wiesenteiche**, deren Wasser durch ein System von Hanggräben und untertägigen Wasserläufen zu den Gefällen der Rosenhöfer Gruben geführt wurde.
Problematischer war die Versorgung der Gruben auf dem **Burgstätter Zug** im Osten Clausthals (siehe Abb.73). Bereits 1657 zeigte sich, daß die erschlossenen Wasser des Zellbachs (Pfauenteiche) für die Bedürfnisse der hier bauenden Gruben nicht mehr ausreichten. Auch das Anzapfen der oberen Innersten durch den **Johann-Friedricher-** und **Prinz-Walliser-Wasserlauf** brachten keine grundlegende Verbesserung. Wiederholt führten sehr trockene Sommer zur Einstellung der Erzgewinnung in den Tiefbauen.
Die Situation spitzte sich zu, als ausgerechnet auf den östlichsten, am höchsten gelegenen Gruben 1707 ein reiches Erzmittel angefahren wurde. Schon 1709 kam die Grube **Dorothea** in Ausbeute, 1713 folgte die etwas weiter östlich aufgenommene Grube **Caroline**. Die Erzanbrüche erwiesen sich als so nachhaltig, daß beide Schwestergruben fast 150 Jahre lang ununterbrochen hohe Gewinne abwarfen (s.Kap.8). Aus Mangel an Aufschlagwassern mußte die Förderung zuerst mittels eines Pferdegöpels erfolgen.

Der Dammgraben entsteht

Langfristig konnte aber auf die Wasserkraft nicht verzichtet werden, da der Abbau rasch in größere Teufen fortschritt. Genügend Wasser gab es nur weit im Osten, wo der 900 m hoch aufragende Acker-Bruchbergzug und das sich anschließende Torfhaus-Brockenfeld-Gebiet als Regenfänger wirkten. Den niederschlagsreichen Hochharz und die Clausthaler Ebene trennte allerdings die Einmuldung des Sösetals am Sperberhai. Die Abwägung eines solchen langen Grabens und die Überwindung einer Eintalung waren angesichts der damaligen technischen Möglichkeiten eine gewaltige Herausforderung. Nach reiflicher Überlegung entschied sich das Bergamt zur Aufschüttung eines 953 m langen und 16 m hohen Erdaquädukts (1732-1734), über dessen Krone die Wasser nun im sogenannten **Dammgraben** nach Clausthal fließen konnten. Bis zum Jahre 1827 wurde dieses System nach Osten bis zum Fuß des Brockenmassivs verlängert, um dort im Quellgebiet von Radau und Ecker Wasser zu sammeln. Über den **Rotenbeeker Graben** an der Ostflanke des Bruchbergs war es möglich, selbst Wasser aus dem Einzugsgebiet von Oder und Sieber abzufangen und dem Dammgrabensystem zuzuführen. Zur Nutzung der zahlreichen Quellbäche im Sösegebiet an der Südwestseite des Bruchbergs entstand der **Morgenbrodstaler Graben**, der kurz vor dem Sperberhaier Damm in den Hauptgraben einmündet.
Das ganze System hatte schließlich eine Länge von 47 km! Maximal konnte der Dammgraben "10 Rad Wasser" über das Tal am Sperberhai führen. **Rad** ist eine alte, im Oberharz gebräuchliche Mengeneinheit, ein durchschnittliches Kunst- oder Kehrrad verbrauchte etwa 5 m^3 Wasser pro Minute, diese Menge wurde mit **1 Rad** bezeichnet. Besonders problematisch war die Unterhaltung der Gräben in den strengen Oberharzer Wintern. Es galt ein Zufrieren zu verhindern, damit die Gruben

Abb.73: Die Teiche, Gräben und Wasserläufe (Wsl.) zur Versorgung des östlichen Burgstätter Gangzugs mit Aufschlagwassern (1.Hälfte 19.Jahrh.). Dieser kleine Ausschnitt aus dem großartigen Gesamtsystem mag einen Eindruck von der genialen Wasserbautechnik der früheren Harzer Bergleute vermitteln. (Umgezeichnet nach NIETZEL, 1982)

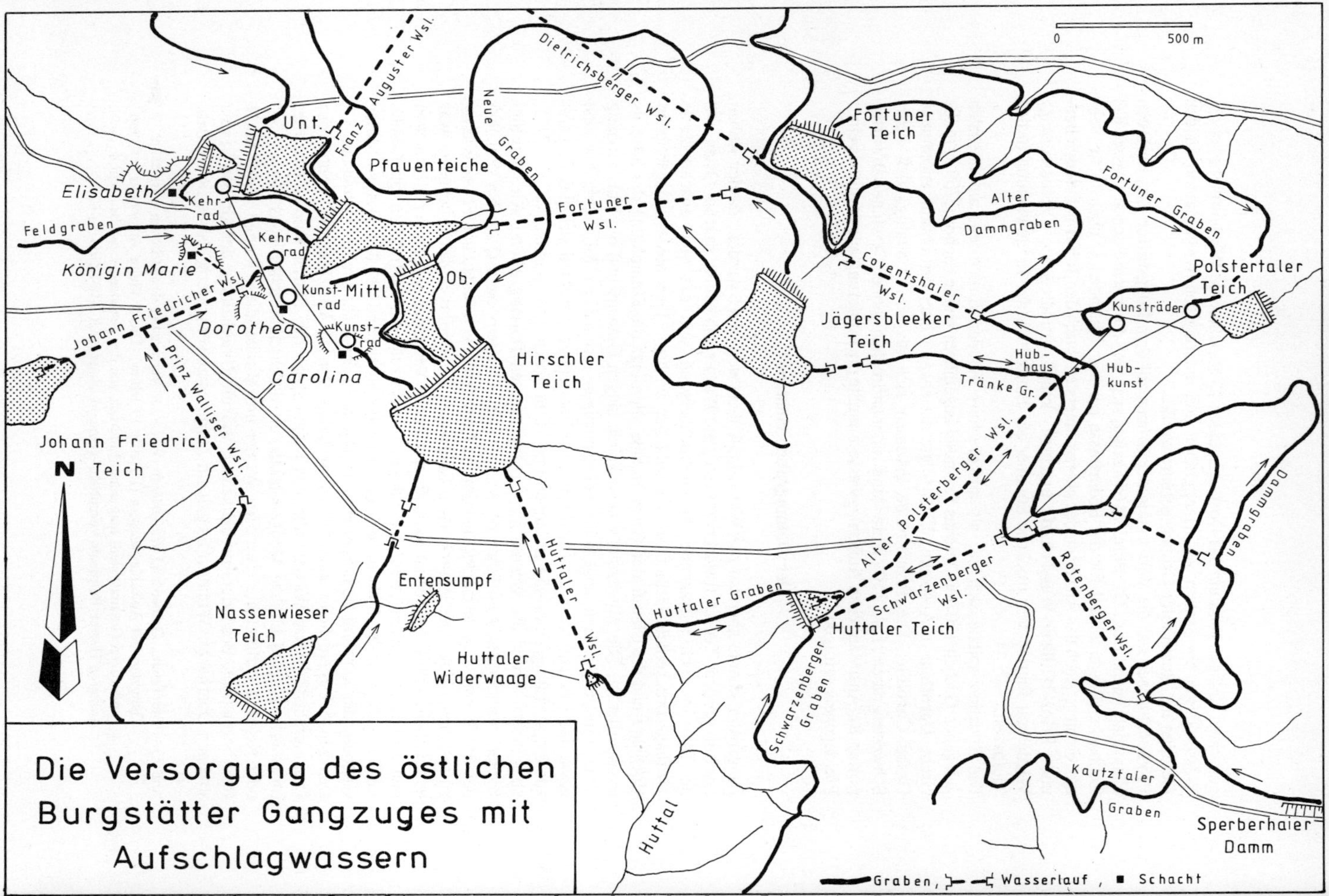

Die Versorgung des östlichen Burgstätter Gangzuges mit Aufschlagwassern

nicht vom lebensnotwendigen Aufschlagwasser abgeschnitten wurden. Das Abdecken der Grabentouren mit Bohlen, Steinplatten oder Fichtenreisig brachte nur wenig Besserung. Später entschloß man sich, den Grabenverlauf nach und nach um viele Kilometer zu verkürzen, indem die Wasser nicht mehr um Bergrücken herumgeführt, sondern auf unterirdischen Wasserläufen direkt unter ihnen hindurch geleitet wurden. Bis 1868 entstanden 15 solcher tunnelartiger Wasserstollen mit einer Gesamtlänge von etwa 7500 m. Beim untertägigen Fließen erwärmte sich das Wasser zwischenzeitlich wieder, so daß auch in kalten Wintern kaum noch die Gefahr eines völligen Zufrierens der offenen Grabenteile bestand. Auf der Clausthaler Seite schüttete der Dammgraben sein Wasser in die **Hausherzberger Teiche** bzw. weiter in den **Unteren Pfauenteich**, er beaufschlagte den sogenannten 3.**Fall** des Oberen Burgstätter Zuges, der damit nach 1734 stets genug Wasser bekam. Weiterhin kritisch war die Versorgung der beiden höher liegenden Gefällestufen. Vom **oberen Fall** des **Hirschler Teichs** wurde das 1726 errichtete **Caroliner Kunstrad** beaufschlagt. Auf dem 2.**Fall** erhielten die beiden nebeneinanderliegenden **Kehrräder** der Gruben **Dorothea** und **Caroline** ihr Wasser vom **Mittleren Pfauenteich** und vom **Jägersbleeker Teich**. Diese beiden Räder standen unterhalb des Mittleren Pfauenteiches, die Drehbewegung des Dorotheer Rades wurde über ein 400 m langes doppeltes Feldgestänge auf den Kettenkorb am Schacht übertragen. Das doppelte Feldgestänge zum Caroliner Schacht hatte sogar eine Länge von 720 m und arbeitete über 3 Winkel (Richtungsänderungen des Gestänges). Zur Verbesserung der Wasserversorgung auf dem 1.Fall wurde der Damm des Hirschler Teichs insgesamt dreimal erhöht, seit 1765 beträgt sein Fassungsvermögen ca. 699.000 m^3. Zur Vermehrung der Wasser auf dem 2.Fall wurde vom Jägersbleeker Teich aus der **Tränkegraben** bis zum **Polsterloch** aufgefahren.

Die Huttaler Widerwaage

Die bisher getroffenen Maßnahmen reichten aber noch nicht aus, um beständig genug Wasser für den 1.Fall zu haben. Mit dieser Aufgabe beauftragte man den uns wohlbekannten, späteren Oberbergmeister GEORG ANDREAS STELTZNER (Abb.61), nach dessen genialen Ideen zwischen 1763 und 1767 das berühmte System der **Huttaler Widerwaage** entstand. Sein Plan war es, die im Bereich des südöstlich von Clausthal gelegenen Huttales, ungehemmt abfließenden Bäche für den 1.Fall zu gewinnen. Zur Nutzung dieser Wasser ließ STELTZNER einen 780 m langen Wasserlauf vom neu angelegten **Huttaler Graben** zum Hirschler Teich auffahren. Angesichts der hohen Baukosten sollte möglichst viel Wasser aus dem neu erschlossenen Einzugsgebiet für den ersten Fall nutzbar gemacht werden. Dazu schienen der **Schwarzenberger Graben** und der **Neue Huttaler Teich** geeignet. Nur mußte der Damm dieses Teiches um etwa 1,4 m erhöht werden, um auf die Stauhöhe des Hirschler Teichs zu kommen. STELTZNER überlegte, wie es zu bewerkstelligen sei, bei gefülltem Hirschler Teich die Überschußwasser nicht fehlgehen zu lassen, sondern sie zu speichern oder für die tiefer liegenden Fälle nutzbar zu machen. Nach seinen Berechnungen wurden **Huttaler Wasserlauf** und **Huttaler Graben** ohne Gefälle aufgefahren. Nun konnten die Wasser bei gefülltem Hirschler Teich rückwärts durch Wasserlauf, ein kleines Ausgleichsbecken an seinem südlichen Mundloch (die "Widerwaage") und den Graben bis zum dann ebenfalls vollen Neuen

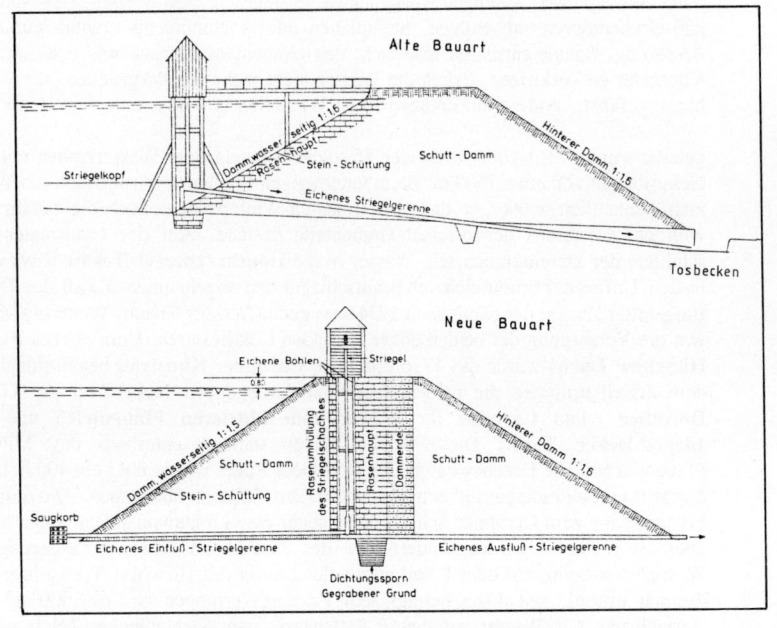

Abb.74: Bauarten Harzer Teichdämme.
a) **Alte Bauart**: der Damm besitzt eine Außendichtung aus Rasen (**Rasenhaupt**), das Striegelhäuschen befand sich auf einem Gerüst im Wasser. Wind, Wellen und Eis führten oft zur Beschädigungen der Striegelanlage.
b) **Neue Bauart**: der Damm wurde mit einer senkrechten Kerndichtung aus Dammerde gebaut. Das Striegelhäuschen befand sich nun direkt auf dem Damm über einem mit Rasenpackung umhüllten Striegelschacht. Von hier wurden die Abflußventile ("**Striegelkopf**") betätigt. Das Wasser floß durch ein Gerenne aus Eichenholz in das luftseitig gelegene Tosbecken, im Harz **Widerwaage** genannt. So stand das hölzerne Gerenne unter Luftabschluß, um den Fäulnisprozeß zu unterbinden. Diese Bauweise wurde im Westharz erstmals 1714 beim Bau des Wiesenbeeker Teichs bei Lauterberg angewendet. (umgezeichnet nach FLEISCH, 1983)

Huttaler Teich fließen. Auf dem Grund dieses Teiches befand sich das Mundloch des alten **Polsterberger Wasserlaufs**, durch den das aufgestaute Wasser mittels einer Striegelvorrichtung nun über den **Tränkegraben** in den **Jägersbleeker Teich** abgegeben werden konnte und somit für den 2.Fall zur Verfügung stand. Gleichzeitig speicherte dieses Teich-Graben-Wasserlauf-System in sich noch erhebliche Wassermengen, die bei Bedarf wiederum in den Hirschler Teich zurückgegeben werden konnten und für den 1.Fall erhalten blieben. Drohte auch beim Jägersbleeker Teich eine Überfüllung, so konnten die Wasser auf den 3.Fall, in den Dammgraben hinein, abgeschlagen werden, ohne ganz verloren zu gehen. Erst wenn auch die hier angeschlossenen Speicherräume "gespannt", d.h. voll waren, gingen die Wasser **fehl**, z.B. von der Huttaler Widerwaage ins Sösetal oder vom Dammgraben ins Polstertal.
Die Anlage bewährte sich bestens, immerhin standen nun für den kritischen 1.Fall

maximal 3,87 m vom Wasserspiegel des Hirschler Teichs zur Verfügung. Durch den söhlig im Niveau der Huttaler Widerwaage zwischen Polsterberg und Polsterloch aufgefahrenen **Neuen Tränkegraben** wurde das Speichersystem des 1.Falls 1785 noch erweitert.

Erst um das Jahr 1800 machte sich erneut Wassermangel bemerkbar. Wieder war es der greise Oberbergmeister STELTZNER, auf dessen Vorschlag im Jahre 1801 die **Polsterberger Hubkunst** angelegt wurde. Diese hob aus dem Dammgraben (3.Fall) die zusätzlich benötigten Wasser auf den 1.Fall. Die Hubsätze (Kolbenpumpen) waren in einem zu diesem Zweck abgeteuften Schacht eingebaut, sie bekamen die Wasser durch eine Rösche vom Dammgraben zugeleitet und schütteten sie über ein Gerenne in den 18 m höher liegenden, alten Polsterberger Wasserlauf.

Für den Antrieb der Hubkunst errichtete man zunächst ein 530 m langes Feldgestänge und ein Kunstrad am Polstertaler Teich, welches vom **Oberen Hellertaler Graben** beaufschlagt wurde. Im Jahre 1809 bekam die Polsterberger Hubkunst ein zweites, höhergelegenes Kunstrad mit einem 260 m langen Feldgestänge. Hierfür kamen die Aufschlagwasser über den **Fortuner Graben** vom **Fortuner Teich** her.

1815 wurde der alte Polsterberger Wasserlauf abgeworfen und durch den im Widerwaage-Niveau aufgefahrenen **Schwarzenberger Wasserlauf** ersetzt, dadurch konnte der nun überflüssige Neue Huttaler Teich aufgegeben werden.

Mit diesem System war die Versorgung der Gruben Caroline und Dorothea bis zu ihrer Einstellung um 1867 gesichert (KOLB, 1996).

Exkursionsvorschläge

Das **Polsterberger Hubhaus** ist heute eine beliebte Waldgaststätte, alljährlich zu Pfingsten findet hier ein großes Treffen der Harzer Heimatfreunde statt. Das Dammgrabensystem bietet eine Fülle schöner und interessanter Wandermöglichkeiten sowohl für den montanhistorisch Bewegten als auch für den reinen Naturliebhaber. Ausgangspunkte für den Westabschnitt sind das Dorotheer Zechenhaus (Parkplatz am Sportplatz der TU), der Parkplatz am Entensumpf oder der Polsterberger Parkplatz.

Sehr lohnend ist eine Wanderung vom Entensumpf auf dem "Diabasweg" zur Huttaler Widerwaage, den Huttaler Graben entlang über den Polsterberg zum Hubhaus und dem Dammgraben folgend zurück, über Jägersbleeker Teich und Hirschler Teich zum Ausgangspunkt.

Von der Gaststätte **Dammhaus** aus kann man dem Dammgraben nach Westen bis Clausthal folgen, oder nach Osten erst entlang der Bundesstraße in Richtung Altenau und dann auf dem Grabenweg in weiten Schleifen durch das Einzugsgebiet der Oker bis ins Quellgebiet des Kellwassers. Hier an der wildromantischen "Steilen Wand" sammeln der **Nabetaler Graben** und der darüber liegende **Blockschleife Graben** die aus den Felsenschluchten herabstürzenden Wasser für den Dammgraben.

Der Parkplatz am Dammhaus ist ebenfalls ein guter Ausgangspunkt für eine Wanderung am **Morgenbrodstaler Graben** entlang bis zum Tal der Gr.Söse. Geübte Wanderer können auf einem Fußsteig vorbei am Sösestein und den Hammersteinklippen nach Stieglitzeck hinaufsteigen und über den Bruchberg in Richtung Altenau bis zur Dammgrabentour absteigen und wieder zurück zum

Sperberhai laufen.
Der Parkplatz am Entensumpf, unweit der Innerstequelle, ist ein guter Startpunkt für eine Exkursion zu den **Buntenbocker Wiesenteichen**, zur Pixhaier Mühle und nach Buntenbock selbst, hier mag jeder selbst den Reiz dieser herrlichen Kulturlandschaft erleben!

Weiterführende Literatur zu den Kap.8, 9 und 10:
Bartels (1987 und 1992), Baumgärtel (1912), Blömeke (1885), Burose et al. (1984), Buschendorf (1971), Calvör (1765), Dennert (1927, 1982, 1982 und 1984), Fleisch (1983), Gotthard (1801), Haase & Lampe (1985), Hoppe (1883), Kolb (1996), Lengemann & Meinicke (1895), Lommatzsch (1974), Nietzel (1982, 1983, 1993), Oberharzer Geschichts- und Museumsverein (1984), Schell (1882), Schmidt (1987, 1989), Scotti (1988), Slotta (1983), Sperling & Stoppel (1979, 1981), Spier (1989), Wilke (1988), Zimmermann (1834)

Abb.75: Das Erzbergwerk Grund mit seinen Tagesanlagen und dem weithin sichtbaren Förderturm des Achenbachschachts im Januar 1992.

> Tragend Leid, es will ein Bergwerk
> zu Abfall kommen-
> Wie redet der Unweisen Mund so hart dagegen,
> die Gabe Gottes zu erhalten.
> Sie werden sehen, in wen sie gestochen haben.
> (Weisheit aus dem Schwazer Bergbuch, 1556)

11. Moderner Gangbergbau mit Tradition bei Bad Grund

11.1 Das Erzbergwerk Grund - Ende des deutschen Metallerzbergbaus

Nahe der ehemaligen Bergstadt und heutigem Kurort Bad Grund liegt, oder besser gesagt, lag die letzte produzierende Metallerzgrube des Harzes. Am 31. März 1992 stellte das von der Preussag-AG betriebene **Erzbergwerk Grund (EBG)** - eine der modernsten und leistungsfähigsten Gruben ihrer Art in Europa - seine Förderung ein. Damit endete gleichzeitig die Tradition des gesamten deutschen Metallerzbergbaus.
Das Hauptwerk mit Erzaufbereitungsanlage, Verwaltung, Kauen und Werkstätten befindet sich am Taubenborn, unmittelbar westlich der Stadt. Die nicht störend im Landschaftsbild wirkende Industrieanlage wird vom mächtigen 1976 neuerrichteten Fördergerüst des **Achenbachschachts** überragt (Abbild 75). Der 1904-1907 geteufte, heute 719 m tiefe Seilfahrt- und Hauptförderschacht ersetzte den alten **Hilfe Gottes Schacht** (363 m tief), dessen Tagesanlagen Abb.76 zeigt. Gewonnen wurden Zink- und silberreiche Bleierze auf dem westlichen Abschnitt des **Silbernaaler Gangzugs** und seinen Begleitzügen.
Das heutige Erzbergwerk ist ein Verbundbergwerk, entstanden durch Zusammenlegung der früher selbständigen Gruben **Hilfe Gottes** (seit 1831) im Westen und **Bergwerkswohlfahrt** (seit 1822) im Osten. Dieser Umstand ist Grund für die unterschiedliche Benennung der Sohlen im West- und im Ostfeld. Wie der schematische Seigerriß (Abb.77) zeigt, erstreckt sich das derzeitige Grubengebäude in west-östlicher Richtung über fast 5 km. Die Lagerstätte ist durch vier Tagesschächte erschlossen. Etwa 1 km westlich des Achenbachschachts liegt der in den 30er Jahren abgeteufte **Westschacht**, er diente bis zuletzt als ausziehender Wetterschacht. Direkt im Stadtgebiet, am Fuß des Eichelbergs, liegt der 1855 als Lichtloch für den Bau des Ernst-August-Stollens angelegte **Knesebeckschacht**, der später auf 499 m niedergebracht wurde zur Erschließung des Ostfeldes. Seit einigen Jahren abgeworfen sind die Tagesanlagen heute umgestaltet als Grunder Bergbaumuseum.* Wahrzeichen des Museums ist der 47 m hohe, stählerne **Hydrokompressorenturm**, der sich neben dem Fördergerüst erhebt und bis 1977 zur Erzeugung billiger Druckluft diente.
Der etwa 1 km weiter östlich, etwas versteckt im Tal gelegene **Wiemannsbuchtschacht** entstand erst 1951, heute ist er 762 m tief und diente als Material- und Bergeschacht. Hiervon zeugt die gewaltige Halde, die fast das ganze Tal ausfüllt. Fährt man von Bad Grund oder Seesen auf der B 242 in Richtung Clausthal-Zellerfeld, sieht man vor Erreichen der Paßhöhe am Taternplatz, rechts unten im Tal die Werksanlagen liegen (Abb.80).
In den letzten Betriebsjahren ging der Abbau vor allem im Westfeld der Grube um,

---
*Anschrift: Bergbaumuseum Knesebeck Schacht, 37539 Bad Grund.
Öffnungszeiten täglich 10.00-16.00 Uhr, Tel. (05327) 2826 oder 2858

in Teufen zwischen 700 und 800 m gewann man die Erze der 18., 19. und 20.Firste.
Im Gegensatz zur vergleichsweise unproblematischen Gewinnung der massiven Lagererze, wie wir sie am Beispiel des Rammelsbergs (siehe Kap.7) kennengelernt haben, stellt der Gangerzbergbau sehr hohe Anforderungen an Mensch und Technik. Hier findet man die bauwürdigen Erze recht absetzig, als schmale, steilstehende Linsen in einer bis zu 80 m mächtigen Störungszone, die im allgemeinen durch ein sehr "gebräches Gebirge" gekennzeichnet ist, so daß ein großer Aufwand an Ausbaumaterial notwendig war, um den Abbaubereich für Bergleute und die von ihnen bedienten Maschinen abzusichern. Dennoch erforderte auch im modernen, vollmechanisierten Grubenbetrieb jeder Schritt unter Tage besondere Vorsicht. Zahlreiche tödliche Unfälle sprechen für sich!

Der in Abb.77c wiedergegebene Seigerriß zeigt, daß sich die bauwürdigen Erzpartien innerhalb der Gangstruktur auf 7 große Erzmittel konzentrieren. Es gibt darin Bereiche, wo Bleiglanz dominiert und solche, wo Zinkblende vorherrscht. Widerlegt ist inzwischen die These, daß Bleiglanz vorwiegend in einem höheren Stockwerk auftritt und Zinkblende die tieferen Gangpartien einnimmt, vielmehr zeigt sich oft ein etwa konzentrischer Aufbau der Erzmittel mit einem Zn-reichen Kern und einer Pb-reichen Außenzone. Allerdings nimmt der Silbergehalt generell zur Teufe hin ab.

Das erst 1953 ganz im Westen der Lagerstätte entdeckte Westfeldererzmittel II stellt die größte zusammenhängende Metallkonzentration des Oberharzes dar. Es enthält rund 4 Mio t Roherz mit einem Metallinhalt von 0,6 Mio t Zink und Blei, was einem durchschnittlichen Metallgehalt von 15 % entspricht (Mitt. v. Herrn Dr.K. STEDINGK, Berlin).

In seinen reichsten Partien traf man auf imposante Erzmächtigkeiten von max. 4-7m Zinkblende und manchmal 1 m Bleiglanz. Oft in typischer Ausbildung als **Bändererze**, mit den weißen Gangarten Kalkspat und Quarz verwachsen ein herrlicher Anblick vor Ort! (Siehe auch Abb.4)

Die moderne Art, diese Erze bergmännisch zu gewinnen, war der "**mechanisierte Firstenstoßbau mit Beton-Pumpversatz**".

Abb.76: Die Grube Hilfe Gottes bei Grund um 1850
(Stahlstich nach einer Zeichnung von W.Ripe)

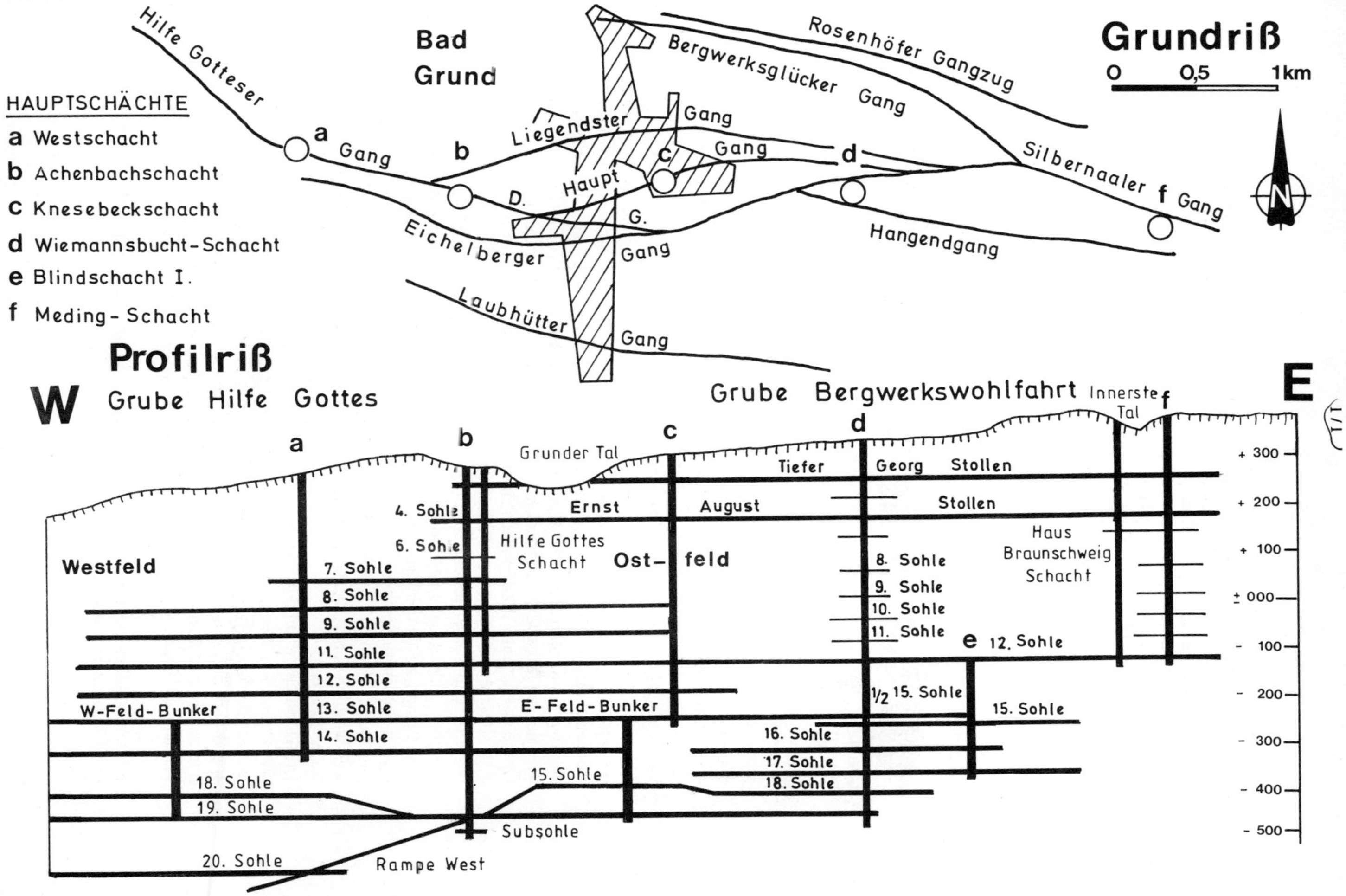
Grundriß
0 0,5 1km
N
HAUPTSCHÄCHTE
a Westschacht
b Achenbachschacht
c Knesebeckschacht
d Wiemannsbucht-Schacht
e Blindschacht I.
f Meding-Schacht
Bad Grund
Hilfe Gotteser Gang
Liegendster Gang
Haupt G.
D.
Eichelberger Gang
Laubhütter Gang
Bergwerksglücker Gang
Rosenhöfer Gangzug
Silbernaaler Gang
Hangendgang
Gang
Profilriß
W
E
Grube Hilfe Gottes
Grube Bergwerkswohlfahrt
Grunder Tal
Innerste Tal
Tiefer Georg Stollen
Ernst August Stollen
Hilfe Gottes Schacht
Haus Braunschweig Schacht
Westfeld
Ost- feld
4. Sohle
6. Sohle
7. Sohle
8. Sohle
9. Sohle
10. Sohle
11. Sohle
12. Sohle
13. Sohle
14. Sohle
1/2 15. Sohle
15. Sohle
16. Sohle
17. Sohle
18. Sohle
19. Sohle
20. Sohle
W-Feld-Bunker
E-Feld-Bunker
Subsohle
Rampe West
+ 300
+ 200
+ 100
± 000
- 100
- 200
- 300
- 400
- 500

Abb.77: Die Gänge des Erzbergwerks Grund im Grundriß (a) mit der Lage der wichtigsten Schächte. Der Seigerriß (b) zeigt einen stark überhöhten schematischen Schnitt durch das Grubengebäude längs des Hauptgangs.
(c) Schematischer Schnitt durch die Grunder Lagerstätte. Dargestellt sind die Umrisse der 7 großen Erzmittel, hier nur für den Hauptgang.
(Umgezeichnet aus SPERLING & STOPPEL, 1979)

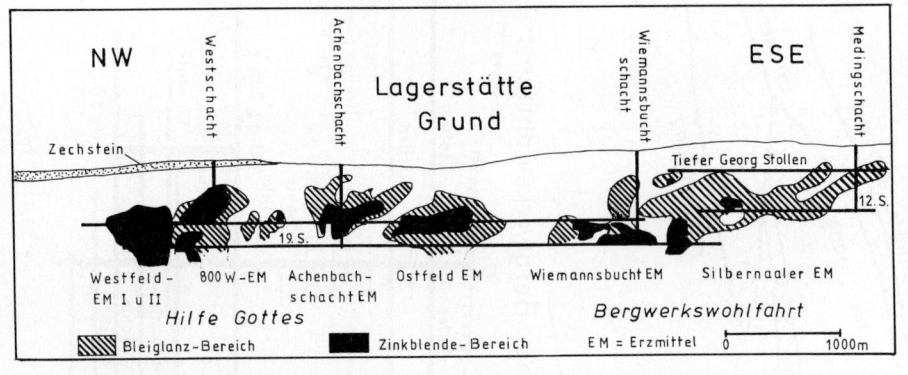

Wie in Kapitel 5.3 geschildert, erfolgte bei der klassischen Form dieses Abbauverfahrens die Erzgewinnung scheibenförmig von unten nach oben. Die ausgeerzten Hohlräume werden mit Versatz verfüllt, hierzu dienen die in der Aufbereitungsanlage abgetrennten "Berge", die in die Grube zurückgepumpt werden. Durch Zugabe von Zement erhält dieser Versatz die erforderliche Stabilität. Den Abbau der nächst höheren Erzscheibe -Stoß genannt- können die Bohrfahrzeuge und die schweren Dieselradlader nun von Versatz aus in Angriff nehmen (Abb.78). Die Lader nehmen mit ihrer etwa 4 m³ fassenden Schaufel vor Ort das losgeschossene Haufwerk auf, fahren zur nächsten "Rolle" und kippen dort ab (LHD-Technik). Auf der darunterliegenden Fördersohle wird das Erz später abgezogen und mit Grubentrucks zum Förderschacht transportiert. Ein sog. **Baufeld** hat in der Regel eine streichende Länge von 200 m und eine Bauhöhe von 60 m - oben und unten begrenzt durch zwei jeweils im Liegenden des Gangs befindlichen Sohlen. Da die jeweilige Abbaufront eines Stoßes 3 m hoch ist, umfaßt die Bauhöhe also 20 Stöße. Als Zugang zu den Stößen sind im Liegenden des Gangs Wendeln zwischen den beiden Sohlen aufgefahren.

Der Querschlag des Baufelds 1818 W zum Beispiel liegt auf der 18.Sohle, 1800 m weit westlich vom Achenbachschacht, von dort aus wird die 18.Firste oberhalb dieser Sohle abgebaut.

Die Turbulenzen auf den Weltmetallmärkten setzten dem Erzbergwerk Grund immer wieder zu. Ausschlaggebend für Gedeih oder Verderben des Bergwerks war in den letzten Betriebsjahren fast immer der Zinkpreis. Nachdem die bereits für 1988 angedrohte Stillegung der Grube noch einmal abgewendet werden konnte, ging man nun zu einer raubbaumäßigen Gewinnung der reichsten Erzpartien über, um in der verbleibenden Zeit so viel wie möglich Gewinn aus der Lagerstätte zu ziehen. Die

Förderstatistiken zeigten in den letzten Jahren so positive Bilanzen, wie nie zuvor in der 160jährigen Betriebsgeschichte:

In den letzten Betriebsjahren wurden ganz verstärkt die Zink-reichen Erze im Westen der Lagerstätte abgebaut. So förderte die Grube im Jahr 1989 rund 318.000 t Roherz mit Metallgehalten von 2,57 % Blei, 10,95 % Zink und 30 g/t Silber, die zu 11.040 t Bleikonzentrat (mit 64,9 % Pb und 600 g/t Ag) und 55.080 t Zinkkonzentrat (mit 61,1 % Zn) verarbeitet wurden. Die durchschnittliche Belegschaft der Grube belief sich auf 350 Mann, woraus eine Leistung von 914 t/Mann und Jahr resultierte.

Die Grunder Lagerstätte hat in 161 Jahren ununterbrochenen Betriebs fast 19 Mio t Erz geliefert, mit einem Metallinhalt von etwa 1 Mio t Blei, rund 700.000 t Zink und ca. 2500 t Silber (BARTELS, 1992).

Einige Mio t Erz werden in der Grube als Vorräte mittlerer und niedriger Qualität zurückbleiben - doch einmal aufgegeben wird auch in fernerer Zukunft eine wirtschaftliche Wiederaufnahme der Erzgewinnung für immer ausgeschlossen sein.

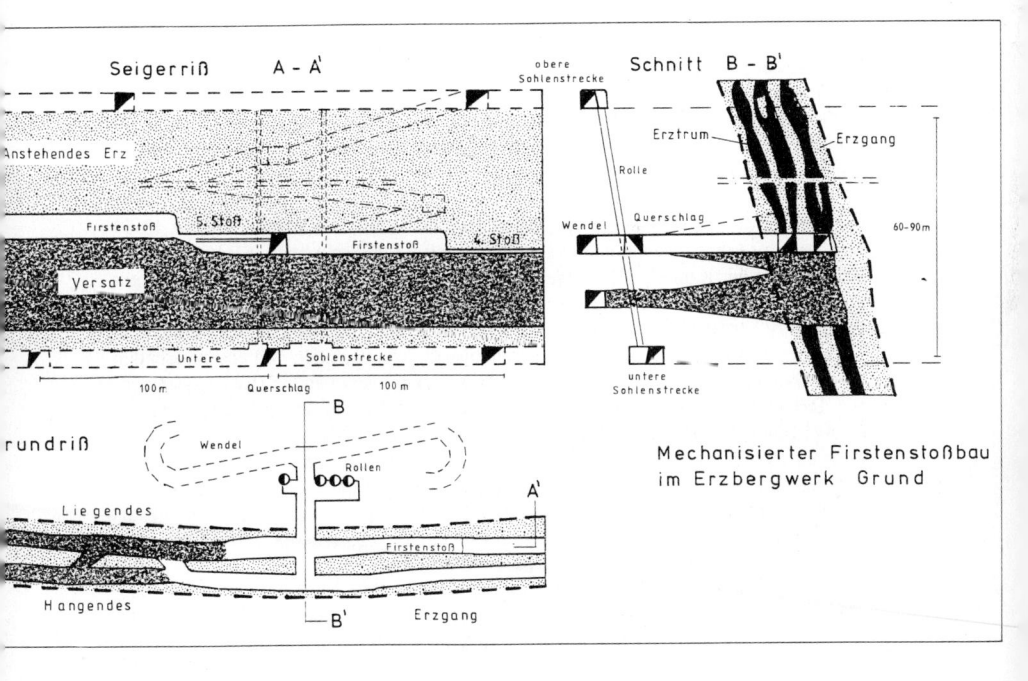

Abb.78: Schematische Darstellung des mechanisierten Firstenstoßbaus mit Betonversatz. (Umgezeichnet aus SPERLING, 1973)

11.2 Der Eisenerzbergbau am Iberg

Der Grunder Bergbau läßt sich mindestens bis ins Mittelalter zurückverfolgen. Neben Silber- und Bleierzen galt das Interesse damals vor allem den Eisenerzen, die am **Iberg** in großen Mengen auftraten.

Die Entstehung der Lagerstätten sowie die Geschichte des auf ihnen umgegangenen Bergbaus erscheinen interessant genug, um an dieser Stelle eine Betrachtung hierüber einzuschieben, bevor auf die Entwicklung der Buntmetallgruben näher eingegangen wird.

Vor rund 350 Mio Jahren siedelten sich hier auf einer schwellenartigen Untiefe im tropisch warmen Meer des Oberdevons riffbildende Korallen an. Auch als der Meeresboden sich absenkte blieb das Riff aktiv. Im gleichen Maße wie das Meer an Tiefe zunahm, wuchsen die Korallenstöcke in die Höhe, da die Polypen nur in einer ganz bestimmten, vom Sonnenlicht durchfluteten Wasserschicht existieren können. Aus den Skeletten, die sich während der mehr als eine Million Jahre dauernden Riffära ansammelten, bildete sich eine etwa 500 m mächtige Kalksteinformation, die - später horstartig herausgehoben - heute das **Iberg-Winterberg-Massiv** bildet. Der außergewöhnlich reine Korallenkalk wird heute in einem großen Steinbruch am Winterberg, oberhalb der von Seesen nach Clausthal führenden B 242 abgebaut.

Im Iberger Kalkklotz kommen in unregelmäßig geformten Stöcken, Schläuchen, Nestern und Taschen, sowie auf Gängen bedeutende Mengen von massigen **Spat-** und **Brauneisenerzen** vor, die für den früheren Bergbau von großer Bedeutung waren. Es handelt sich überwiegend um **metasomatische Vererzungen**, die entstanden, als im Gefolge der Oberharzer Gangmineralisation eisenreiche Lösungen aufstiegen und von Klüften aus den Riffkalk unter Neubildung von Siderit verdrängten. Später wandelten einsickernde Oberflächenwässer den Eisenspat in Brauneisenerz (Limonit) um.

Die hier geförderten Spateisenerze hatten 30-33% Eisen, die Brauneisenerze 43-50 % Eisen, der Mangangehalt beider Sorten war mit 6-9 % recht hoch (SIMON, 1979). Wie bereits in Kapitel 6.2 ausgeführt, waren diese Erze schon frühzeitig gut verhüttbar. Die alte Regel, daß dort, wo es Kalkstein gibt, auch mit Höhlen zu rechnen ist, trifft ganz besonders auf den Iberg zu. Der tiefgründig verkarstete Kalkklotz beherbergt an die 100 Höhlenobjekte, von wenigen Metern messenden Spaltenhöhlen bis zu mehr als einem Kilometer langen, verzweigten Höhlensystemen. Für Besucher erschlossen ist seit 1874 die bekannte, bereits im 16.Jahrhundert von erzsuchenden Bergleuten entdeckte **Iberger Tropfsteinhöhle**.

Obwohl Höhlen als Naturphänomene sicherlich recht interessant sind, haben sie im allgemeinen mit Bergbau nichts zu tun. Am Iberg ist das ganz anders, hier benutzten die Bergleute seit frühester Zeit die von der Natur geschaffenen Hohlräume als Zugänge zu den Erzkörpern. Nicht selten kam es vor, daß man die Höhlen teilweise mit umgelagerten Brauneisenmassen (sog."Mulm") gefüllt fand.

Waren die Höhlengänge zu eng, oder galt es, zwecks Förderung oder Wetterführung verschiedene Grubenbereiche miteinander zu verbinden, legte man Strecken oder Schächte an. Im Laufe der Jahrhunderte wurde auch diese von Kalksinter (Tropfstein) überzogen, so daß es dem heutigen Bergbauhistoriker manchmal schwerfällt, natürliche und von Menschenhand geformte Räume zu unterscheiden.

Der Kalksinter wirkte als "Zement", der Risse verheilt und losen Versatz oder aufgestapelte Trockenmauern verfestigte, wodurch die Grubenbaue eine sehr hohe

Standfestigkeit bekamen.
Die übertägigen Bergbauspuren erstrecken sich in einem halbkreisförmigen Bogen östlich und südlich um den Iberg herum (Abb.79).
Guter Ausgangspunkt für eine Wanderung ist der große Parkplatz der Schauhöhle direkt an der B 242. Zahlreiche Fußwege (z.B. oberer und unterer Ibergweg) erschließen das Bergbaurevier. Als schöne Aussichtspunkte seien der Albert-Turm auf dem Gipfel, das Iberger Kaffeehaus sowie der Hübichenstein an der Südwestecke des Ibergs (neben der B 242) empfohlen.

Im Mittelalter setzte am Iberg verhältnismäßig früh ein reger Eisenerzbergbau ein, der seit dem Jahr 1430 urkundlich belegbar ist. Neben dem Erzstift Magdeburg, den Herren von Osterode sowie anderen Unternehmern waren nach 1130 hauptsächlich die Walkenrieder Zisterziensermönche Betreiber der Gruben (LAUB, 1968/69). Unabhängig vom allgemeinen Niedergang des Oberharzer Metallerzbergbaus infolge der verheerenden Pestepidemie, die Mitte des 14.Jahrhunderts ganz Mitteleuropa heimsuchte, konnte die Eisensteingewinnung mit Bestand und Erfolg weiterbetrieben werden. Ein nachhaltiger Aufschwung zeichnete sich Ende des 15.Jahrhunderts unter Herzogin ELISABETH VON BRAUNSCHWEIG-WOLFENBÜTTEL (um 1434 - um 1522) ab. Ihr Enkel, Herzog HEINRICH D.JÜNGERE erließ 1524 die erste Bergordnung für Grund und die umliegenden Berge. Im Jahr 1532 erhielt die kleine Bergmannssiedlung Grund Stadtrechte und wird zur ersten Oberharzer Bergstadt (siehe Kap.3).
Anlaß für diese Aufwärtsentwicklung waren erfolgversprechende Funde von silberreichen Bleierzen am Iberg. Der nachfolgende "Silberboom" war nur von kurzer Dauer, bereits um 1550 waren die Blei-Silber-Gruben wieder zum Erliegen gekommen. Nur dem mehr oder minder kontinuierlich weiterbetriebenen Eisenerzbergbau verdankte die kleine Bergstadt ihre weitere Existenz. Abnehmer des geförderten Eisensteins war vor allem die um 1456 gegründete **Teichhütte** bei Gittelde sowie zahlreiche andere kleine Hüttenwerke am südwestlichen Harzrand und an der Söse.
Entscheidend für die positive Entwicklung der Eisenindustrie in diesem Raume war 1579 der Erlaß einer **Eisen-Bergordnung** am Iberg und der Gittelder **Faktorei- und Hüttenordnung**. Allen Einwohnern der Bergstadt und des Amtes Staufenburg war das Schürfen nach Eisenstein am und um den Iberg freigegeben. Jedem, der brauchbares Erz fand, sollte der Berg zur Belehnung frei sein. Unter Aufsicht des herzoglichen Bergvogts "im Grund" wurde jede belehnte Grube 12 Lachter (etwa 24 m) lang und breit vermessen. Die erste Blüte der Eisensteingewinnung am Iberg dauerte bis zu Beginn des 17.Jahrhunderts.
Bereits 1527/28 begann eine Magdeburger Gewerkschaft mit der Anlage eines tiefen Stollens vom Hübichental aus, an den nach und nach alle wichtigen Eisensteinzechen angeschlossen wurden. Insgesamt ist der **Magdeburger Stollen** mehr als 2000 m lang, sein vorderer Bereich dient heute als Trinkwasserspeicher für Bad Grund.
Zu Beginn des Dreißigjährigen Kriegs war die Glanzzeit der Grunder Eisenindustrie schon überschritten, Absatzschwierigkeiten und kriegsbedingte Zerstörungen führten zur Auflassung zahlreicher Gruben und Hütten.
Nach der Wiederaufnahme in der zweiten Hälfte des 17.Jahrhunderts setzte bald regelmäßiger, mehr oder weniger gewinnbringender Betrieb ein, der sich bis ins 18.Jahrhundert fortsetzte. Hatten im 16.Jahrhundert Eigenlehner und Gewerkschaften

nebeneinander den Bergbau betrieben, so waren es jetzt fast ausschließlich private Kleinunternehmer, die unter Aufsicht des Communion-Bergamts in Zellerfeld am Iberg auf Eisenstein bauten. Während nach LAUB (1968/69) im Jahre 1729 noch 60 Eigenlehnerzechen in Betrieb waren, sank deren Zahl infolge technischer und wirtschaftlicher Schwierigkeiten bis 1783 auf 3!

Bedingt durch die unregelmäßig gelagerten Erzkörper ergaben sich beim Tiefbau recht komplizierte Grubenbaue, wodurch sich die Förderung recht umständlich gestaltete. Vereinzelt mußten die Fördererze "inwendige" Haspelschächte und Förderstecken unterschiedlicher Weite und Steigung passieren, bis sie zu den Tagesschächten oder Stollen gelangten. Da die kapitalschwachen Eigenlehner mit ihren Grubenbauen stets dem Erz folgten und alle vermeidbaren Auffahrungen im tauben Kalkgestein unterließen, gab es praktisch keine längeren, durchgehenden Sohlenstrecken.

Während der letzten Blütezeit, die Mitte des vorigen Jahrhunderts ihren Höhepunkt erlebte, konzentrierte sich der Erzabbau vorwiegend auf die tieferen Bereiche der Lagerstätten. ZIMMERMANN (1837) nennt in seiner Aufstellung insgesamt 37 Eisensteingruben am Iberg. Zur effektiveren Förderung entstand im Ostteil des Reviers der mit Flügelörtern rund 650 m lange **Eisenstein-Stollen**, der mit allen Hauptgruben in Verbindung stand. Das Mundloch liegt im Teufelstal unmittelbar unterhalb der B 242, knapp 200 m südwestlich vom Parkplatz der Iberber Tropfsteinhöhle. Sein vorderer Bereich wird von der Bad Grunder Kurverwaltung als Asthma-Therapiestollen genutzt.

Zwischen 1858 und 1869 sollen am Iberg knapp 20 000 t Eisenerz gefördert worden sein. Der wichtigste Betrieb, die Grube **Alter Schüffelberg**, hatte eine Teufe von rund 100 m und förderte damals täglich etwa 1 t Erz.

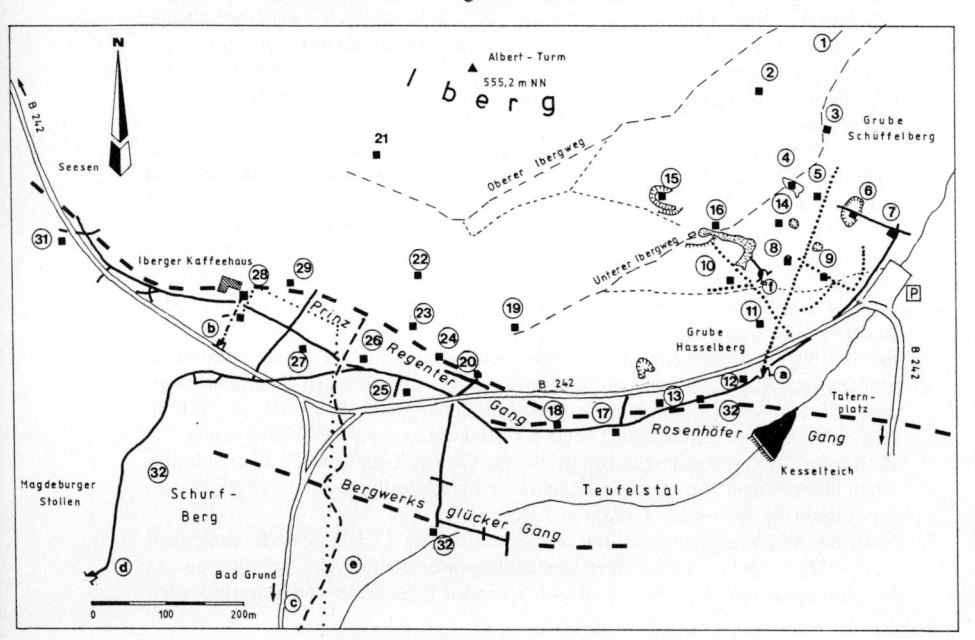

Abb.79: Lageskizze der Gruben auf der Südostseite des Ibergs bei Bad Grund (umgezeichnet nach LAUB 1968/69)

Verzeichnis der wichtigsten Gruben auf der Südostseite des Ibergs
(nach BROEL 1963, LAUB 1968/69 und SIMON 1979) (zu Abb. 79)

1.	Neuer Kernberg Schacht	17.	Hoffnung
2.	Oberer Frankenberg	18.	Eleonore
3.	Neuer Schüffelberg	19.	Abendröthe
4.	Alter Stieg (Bieseschacht)	20.	Neuer Ferdinand
5.	Nebenstieg	21.	Juliane (I)
6.	Oberber Schüffelberg	22.	Neuer Wilhelm
7.	Alter Schüffelberg	23.	Juliane (II)
8.	"Canariensie"	24.	Oberer Ferdinand
9.	Oberer Stieg	25.	Löwener Pingen
10.	Unterer Stieg	26.	Fortuna
11.	Unterer Pfannenberg	27.	Neuer Segen
12.	Neuer Hasselberg	28.	Prinz Regenter Schacht (Pb.Ag)
13.	Hasselberg	29.	Fundgrube
14.	Neuer Pfannenberg	30.	Ludewig
15.	Hinterer Stieg	31.	Alter Segen
16.	Schwarzer Stieg	32.	Lichtlöcher des Magdeburger Stollens

Die wichtigsten Wasserlösungsstollen des Iberger Reviers

a) Eisenstein -Stollen   (+ 400 m NN)   650 m
b) Ludwiger Stollen   (+ 375 m NN)   60 m
c) Georg-Carler Stollen   (+ 340 m NN)   600 m
d) Magdeburger Stollen   (+ 329 m NN) 2000 m
e) Iberger Flügelort des
   Ernst-August-Stollens   (+ 195 m NN) 1200 m
f) Iberger Tropfsteinhöhle mit dem
   Hauptmann-Spatzier-Stollen   85 m

Nach dem Ende des Eigenlehnerbergbaus und der Stillegung der Gittelder Eisenhütte (1869) führte der "**Hörder Bergwerks- und Hüttenverein**" den Erzabbau am Iberg noch bis 1885 weiter. Das Roherz wurde in zwei Öfen auf der Pfannenberger Halde und am Kesselteich im Teufelstal geröstet und anschließend zur Verhüttung nach Westfalen gebracht. Zu späteren Abbauversuchen ist es nicht mehr gekommen, die reichen Lagerstättenteile gelten als erschöpft und die restlichen Armerzvorräte sind wirtschaftlich nicht gewinnbar.

11.3 Zur Geschichte des Buntmetallbergbaus

Nach der kurzen Blüte im 16.Jahrhundert sollte dem Grunder Buntmetallerzbergbau mehr als 280 Jahre lang kein Glück beschert sein. Zwar fehlte es nicht an wiederholten Versuchen, neue Gangerzmittel ausfindig zu machen, doch sobald man weiter in die Teufe vorstoßen wollte, machte der allgemeine Mangel an Aufschlagwasser zum Antrieb der Pumpen dieses unmöglich. Die in der Teufe so überaus reichen Gänge des Silbernaaler Zugs traf man oberflächennah nur ganz selten bauwürdig an.

Am Iberg (nahe des heutigen "Iberger Kaffeehauses") baute die Grube **Prinz-Regent** von 1814 bis 1827 auf dem westlichsten Abschnitt des Rosenhöfer Gangzugs silberreiche Bleierze ab. Der 120 m tiefe, fast seigere Tagesschacht steht über ein Flügelort mit dem Magdeburger Stollen in Verbindung.

Die Grube Bergwerkswohlfahrt

Nach Vollendung des Tiefen-Georg-Stollens (siehe Kap.8,) beschloß man, den östlichen Silbernaaler Gangzug im Bereich des Innerstetals zur Teufe hin zu untersuchen. Zwar hatte hier der "Alte Mann" im 16. Jahrhundert schon gebaut (z.B. die Grube Silberner Nagel = Silbernaal), und bis zu ihrer Einstellung 1733 hatte die in der Nähe liegende Grube **Haus Braunschweig** zeitweilig gute Ausbeute erbracht. Im Jahre 1819 begann man vom 2. Lichtloch des Tiefen-Georg-Stollens aus den Gang in ca.100 m Teufe zu erkunden. Schon bald traf man silberreiche Bleierze in bauwürdiger Mächtigkeit an, daraufhin wurde 1822 die gewerkschaftliche Grube **Bergwerkswohlfahrt** aufgenommen. Zunächst diente das 2.Lichtloch, das um 54 m weitergeteuft wurde, als Treib- und Kunstschacht. Nun galt es, einen Querschlag vorsichtig in Richtung der wassergefüllten alten Grubenbaue aufzufahren. Vorweg versuchte man, durch horizontale Bohrlöcher von der Ortsbrust aus die alten Baue anzuzapfen, um so das Wasser kontrolliert abfließen zu lassen. Aus Mangel an genauen Rissen hatte man sich jedoch dem "Alten Mann" schon zu weit genähert, so daß am 10. Januar 1829 unerwartet während des Schichtwechsels eine Ortswange hereinbrach und Wasser das Grubengebäude bis zum Tiefen Georg Stollen überflutete. In den alten wassergefüllten Grubenbauen hatte sich aus dem vermodernden Grubenholz Sumpfgas (Methan) entwickeln können, das nun mit dem Wasser zusammen austrat und sich am offenen Geleucht der gerade ausfahrenden Bergleute entzündete - es gab eine leichte Schlagwetterexplosion, bei der einige Männer Verbrennungen erlitten - gewiß einer der ungewöhnlichsten Unglücksfälle im Oberharzer Bergbau! (SCHELL, 1864)

1829-32 erhielt die Grube einen eigenen Richtschacht, benannt nach dem Berghauptmann und hannoverschen Minister F.A. VON MEDING (1765-1849), später wurde er bis zur 12.Sohle, 517 m tief, niedergebracht.

Da sich die Baue auf dem nach Westen "einschiebenden" Silbernaaler Erzmittel rasch in die Teufe ausdehnten, wurde ein weiterer Tagesschacht erforderlich. Wegen seiner günstigen Lage, westlich vom Medingschacht, wältigte man den alten **Haus Braunschweiger Schacht** bis 1843 wieder auf und teufte ihn bis auf 504 m. Die Anbrüche silberreicher Bleierze setzten sich im Bereich der 7. und 8. Strecke weit nach Westen fort. Bald bahnte sich eine untertägige Verbindung mit der Nachbargrube Hilfe Gottes an. Diese erfolgte 1849 vom Knesebeckschacht aus mit der 10. Bergwerkswohlfahrter Strecke, die Grundlage für das heutige Verbundbergwerk war damit geschaffen. Anfang der 50er Jahre, als die Erzvorräte der Grube Bergwerkswohlfahrt weitgehend abgebaut waren und der neue **Wiemannsbuchtschacht** das Grunder Ostfeld erschloß, wurde der **Medingschacht** abgeworfen, das kleine Grubenkraftwerk auf der Tiefen Georg Stollensohle blieb bis 1967 in Betrieb, dann wurde der Schacht verfüllt. Erhalten blieb - als einziges Baudenkmal - das stählerne Fördergerüst, unübersehbar direkt an der B 242 im Innerstetal gelegen.

Abb.80: Die Schachtanlage Wiemannsbucht im Ostfeld des Erzbergwerks Grund entstand 1948-51 am 4.Tiefe-Georg-Stollen-Lichtloch. Der heute 762 m tiefe Schacht ging aus dem bereits vorhandenen "Blindschacht II" hervor, der von der 8.Sohle nach über Tage durchgetrieben wurde.

Die Grube Hilfe Gottes

Nach verschiedenen gescheiterten Versuchen wurde auf Veranlassung des Oberbergmeisters EY die alte Grube Hilfe Gottes am Totemanns Berg 1831 als fiskalisches Bergwerk wieder aufgenommen. 1839 erhielt die Zeche den Status einer erzfördernden Grube, damit begann eine 160jährige, überaus erfolgreiche Betriebsgeschichte, wie sie kein anderes Gangerzbergwerk aufweisen kann.
Der damals neugeteufte Hilfe Gottes Schacht (Abb.76) erhielt anfangs einen Pferdegöpel, doch bald schon erwies sich der Einsatz von Wasserkraft als unumgänglich. Da in der Umgebung keine geeigneten Bachläufe zur Verfügung standen, mußte die Heranführung von Wassern aus dem Einzugsgebiet der Innerste erfolgen. Es gab bereits einen alten, 5800m langen Graben, der vom Unteren **Hahnebalzer Teich** aus um den Bauersberg herum bis zu einem Teich an der "Wiemannsbucht" führte. Diese Anlage war während der Bauzeit des Tiefen-Georg-

Stollens geschaffen worden, um die Pumpenkünste im 4. Lichtloch zu beaufschlagen. Nun verlängerte man diesen Graben etwa 1500m weit nach Westen um den Eichelberg herum und baute zur Überwindung des tief eingeschnittenen Grunder Tals - nach dem Prinzip der kommunizierenden Röhren - eine U-förmig verlegte, gußeiserne Röhrentour hinüber zum Gittelder Berg. Der anschließende 1050m lange **Hilfe Gottes Graben** führte das Wasser zur Grube am Totemanns Berg.

Nach Fertigstellung des 1120m langen **Schultestollens** im Jahre 1834 konnten dann zusätzlich die Abfallwasser der Grube **Haus Braunschweig** aus dem Innerstetal herangezogen werden.

Sehr vorteilhaft für die noch junge Grube wirkte sich der Bau des Ernst-August-Stollens aus, der vom Mundloch bei Gittelde querschlägig zum Hilfe Gottes Schacht getrieben und dann parallel zum Silbernaaler Gangzug nach Osten zum Knesebeckschacht verläuft.

Als unter preußischer Hoheit die **Berginspektion Silbernaal** die Leitung des Bergbaus übernahm, wurden die Aus- und Vorrichtungsarbeiten verstärkt. 1868 unterstanden ihr 241 Bergleute unter Tage und 195 Arbeiter (davon 139 Jugendliche) in den Aufbereitungen (SLOTTA et al. 1987). Die Jahresproduktion belief sich damals auf etwa 8000 t Roherze.

Eine wesentliche Steigerung brachte die Einführung des maschinellen Bohrens und die Einrichtung einer elektrisch angetriebenen Gestellförderung auf dem Hilfe Gottes Schacht. In den 1890er Jahren steigerte sich die Förderung der **Berginspektion Grund** (1887 hervorgegangen aus Zusammenlegung der **Berginspektionen Silbernaal** und **St.Andreasberg**) auf durchschnittlich rund 41.000 t Roherze/Jahr.

Das erste Jahrzehnt des 20.Jahrhunderts war geprägt durch die Einführung wichtiger technischer Neuerungen. Mit Abteufen des **Achenbachschachts** (1904-1907) erhielt die Grube einen leistungsfähigen Hauptförderschacht. Die herangeführten Aufschlagwasser dienten nun außer zur Stromgewinnung auch zur Erzeugung "billiger" Druckluft in sogenannten **Hydrokompressoren**, wie sie im 4.Lichtloch des Tiefen-Georg-Stollens und später auch im Knesebeckschacht in Betrieb genommen wurden.

Nach dem Metallboom des Ersten Weltkriegs folgte Ende der 20er Jahre eine tiefe Krise, der, wie beschrieben, das Erzbergwerk Clausthal zum Opfer fiel. Trotz der stark abgesunkenen Metallpreise wurde die Aufbereitung durch Einführung des Flotationsverfahrens modernisiert und die Untersuchungsarbeiten im Westfeld wiederaufgenommen. Schon Mitte der 30er Jahre florierte die Grube wie nie vorher, die Zahl der Beschäftigten stieg auf über 1100 im Jahre 1938 und die Roherzproduktion erreichte mehr als 130.000 t. Unterbrochen durch kriegsbedingten Zusammenbruch 1945 setzte sich die positive Entwicklung des insbesondere vom Zinkpreis abhängigen Grunder Bergbau in den 50er Jahren fort. Die Entdeckung des gewaltigen **Westfelderzmittels II** im Jahre 1953 bescherte der Grube ungeahnt reiche Vorräte. Die verstärkte Mechanisierung des Abbaus, Erweiterung der Förderkapazität und Verbesserungen in der Aufbereitung führten zur Schaffung eines der modernsten Gangbergbaubetriebe Europas wie anfangs geschildert!

Weiterführende Literatur zu Kap. 11:
Bartels (1992), Buschendorf (1971), Haase & Lampe (1985), Laub (1968/69), Ritterhaus (1886), Schell (1883), Simon (1979), Skiba (1974), Slotta, Stedingk & Steinkamm (1987), Sperling (1973), Sperling & Stoppel (1979 und 1981)

12. St.Andreasberg - weltberühmtes Mineralienkabinett des Harzes

In Kreisen von Mineralogen und Mineralienliebhabern ist St.Andreasberg weltweit wohl die bekannteste Harzer Erzlagerstätte. Diesen internationalen Ruhm verdankt die kleine Bergstadt nun keineswegs etwa einer außergewöhnlich hohen Silberproduktion, sondern allein der Tatsache, daß im Gegensatz zum sonstigen Oberharzer Gangrevier das Edelmetall nicht "getarnt" in Bleiglanz, sondern häufig in Form von gut auskristallisierten, z.T. äußerst seltenen Silbermineralen auftritt.

Die lokale Anhäufung solcher edlen Silbererze in sog. "Reicherzfällen", oft verknüpft mit spektakulären Drusenbildungen brachten dem kleinen Harzer Bergbaugebiet den Ruf eines "mineralogischen Schatzkästchens" ein. Genannt seien hier nur die Minerale **Pyrargyrit (dunkles Rotgültigerz), Dyskrasit (Antimonsilber), Stephanit, Miargyrit, gediegen Silber** und **Silberglanz** sowie der legendäre **Samsonit**, eines der seltensten Erzminerale der Welt. Es wurde hier im Jahr 1908 entdeckt und nach seinem ersten und bislang einzigen Fundpunkt benannt. Auch die sonst eher uninteressanten Gangartminerale haben hier außergewöhnliches zu bieten. Kalkspat - Hauptbegleiter der Reicherze in der sog. **Edlen-Kalkspat-Formation** - tritt in einer sonst nirgendwo beobachteten Formenvielfalt auf. Bekannt geworden sind vor allem herrliche **Kanonen-, Blätter-, Nadel-, Spindel-** und **Würfelspäte**, deren Kristallgrößen von wenigen Millimetern bis zu einem halben Meter reichen können. Kristallographische Untersuchungen ergaben 144 einfache Formen und 391 Kombinationen!
Doch noch nicht genug der Superlative, hinzu gesellen sich ebenfalls wunderschön ausgebildete Minerale der **Zeolith-Familie (Harmoton, Desmin, Heulandit, Analcim** u.a.). Keine andere Lagerstätte zeigt derartig komplexe Mineralgesellschaften und schon gar nicht in solcher Pracht! Bislang konnten etwa **150 Mineralarten** nachgewiesen werden.
Das eigentliche Andreasberger Gangrevier ist ein schmales Dreieck am Südrand des Brockenmassivs, seine größte Länge beträgt 6 km, die mittlere Breite etwa 1 km. Innerhalb dieses von zwei großen **Ruscheln** (Störungszonen) begrenzten, nach Osten hin offenen "Keils" setzen mehr als 20 Erzgänge auf (Abb. 81). Etwa 10 davon hatten eine wirtschaftliche Bedeutung, ihre Mächtigkeiten schwankten zwischen wenigen cm und 1-2 m, im Mittel etwa 0,5 m. Die beiden längsten sind der **Samson-Andreaskreuzer-Gangzug** (1,2 km) und der **Dorothee-Jakobsglücker-Gang** (1,5 km).

Hauptproblem des Andreasberger Bergbaus war von altersher das sehr unregelmäßige Auftreten der Reicherzmittel in den sonst erzarmen Gangspalten, zu deren Auffinden viel taubes Gebirge durchörtert werden mußte. Doch lohnten sich in früheren Zeiten die langwierigen Sucharbeiten. Ein "Silbernest", das Ende des vorigen Jahrhunderts auf der Samsoner 35. Strecke angefahren wurde, lieferte allein 200 Pfund gediegenes Silber! Ein Blick auf die Produktionszahlen (Abb.63) zeigt jedoch, wie gering, im Vergleich zum Oberharz, die aus Andreasberger Erzen erzeugte Metallmenge war.

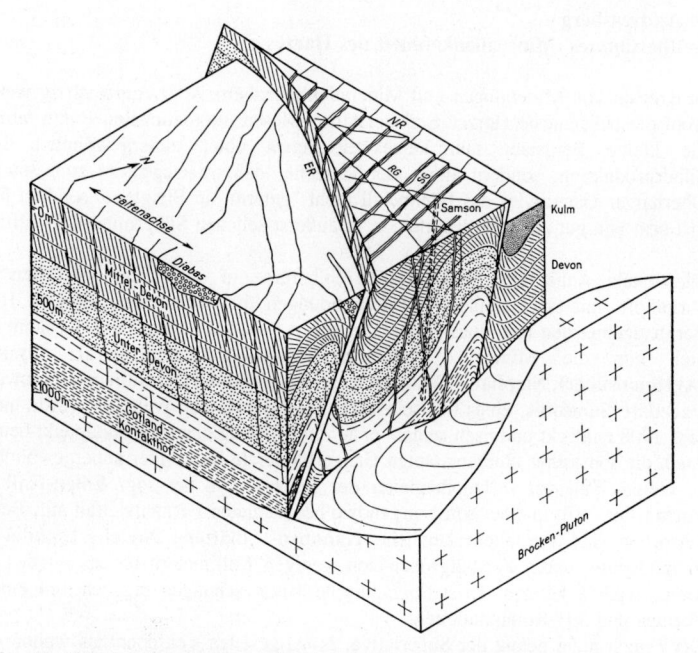

Abb. 81: Blockbild des St.Andreasberger Ruschelkeils (aus WILKE, 1952).
Der Keil ist staffelförmig nach Osten gegen den Brockengranit abgesunken. Die Neufanger (faule) Ruschel (NR) ist eine Aufschiebung, an der Edelleuter Ruschel (ER) fanden erst Auf-, später dann Abschiebungsbewegungen statt. Neben diesen beiden Grenzruscheln gibt es noch die sog. Ruschelgänge (RG), an denen es zu diagonalen Blattverschiebungen gekommen ist. Die eigentlichen Vererzungen finden sich auf den Spaltengängen (SG), deren Aufreißen (Abschiebungen) nach WILKE mit der Abkühlung (=Schrumpfung) des Brockengranitplutons in Zusammenhang steht.

12.1 Die Geschichte des Silberbergbaus

Im Jahre 1987 beging man in St.Andreasberg die 500-Jahr-Feier. Eine Urkunde vom 3.November 1487 beweist zweifelsfrei, daß damals schon am "sanct andrews berge" von Privatleuten nach Erzen geschürft worden ist. Es waren zuerst Bergleute aus dem Mansfelder Kupferschieferrevier, die das Erzvorkommen entdeckten. Sehr wahrscheinlich handelte es sich um die Erstaufnahme des Silberbergbaus, denn es fanden sich keine Spuren vom "Alten Mann". Allerdings nicht weit entfernt, im Gebiet um das heutige Bad Lauterberg (siehe Kap.13) sowie im oberen Odertal scheint bereits im frühen Mittelalter oder sogar schon in der Frühzeit eine Kupfererzgewinnung stattgefunden zu haben (LAUB, 1970/71).
Damit erfolgte hier die Aufnahme der Erzgewinnung ganz unabhängig vom sonstigen Oberharz. Zum eigentlichen Gründungsjahr wurde 1520, als am heutigen Beerberg ein **"handbreiter Gang mit Glanzerz und Rotgüldenerz"** erschürft wurde. Diese ersten höffigen Erzfunde veranlaßten die GRAFEN VON HONSTEIN, die als

Landesherrn das Bergregal besaßen, 1521 eine Bergfreiheit nach sächsischem Vorbild zu verkünden, um die Grundvoraussetzung zur Ausbeutung der reichen Bodenschätze zu schaffen. Zuerst fand dieser Aufruf in St.Joachimsthal im böhmischen Erzgebirge Gehör, wo der Bergbau damals in einer tiefen Krise steckte. Zahlreiche Familien wanderten ab und siedelten sich in der **Grafschaft Lutterberg** an.*
Eine erweiterte, 1527 erlassene zweite Bergfreiheit tat ihre Wirkung. Rasch verbreitete sich ein großes "**Berggeschrei**", und neben fleißigen Bergleuten und erfahrenen Steigern strömte natürlich auch allerlei abenteuerlustiges Volk aus vielen Ländern Europas herbei, um hier sein Glück zu machen.

1528 begann man mit dem systematischen Aufbau einer Bergstadt, die nach dem Schutzpatron der Kupferschieferbergleute **St.Andreasberg** genannt wurde. Bis 1537 hatte die Ansiedlung bereits 300 Häuser und eine Einwohnerzahl von etwa 2000. Die Gewinnung der besonders silberreichen Huterze war anfangs leicht von Pingen und kleinen Schächtchen aus möglich. Eine Eigentümlichkeit dieser Zone war das Auftreten von Silber in Form von grünlichgrauen Krusten, die wegen ihrer Ähnlichkeit mit Gänseexkrementen **Gänsekötigerz** genannt wurden. noch merkwürdiger war die Erscheinung des **Buttermilcherzes**, das als grauer, flüssiger Brei mit Kellen aus Ganghohlräumen geschöpft wurde. Wegen des hohen Silberanteils mußten die mit der Gewinnung beschäftigten Arbeiter am Ende der Schicht ihre Strümpfe und Schuhe abwaschen, damit nichts davon verloren ging. Mineralogisch handelt es sich bei diesen Erzen um Gemenge von verschiedenen Tonmineralen und Chlorargyrit (AgCl). In dieser ersten Blütezeit gab es bis zu 160 kleine und kleinste Gruben, die dicht nebeneinander auf den Gängen bauten. Doch schon nach wenigen Jahren stellten sich auch hier die bekannten Probleme mit den zusetzenden Wassern ein. Innerhalb weniger Jahre wurden sechs größere Wasserlösungsstollen angesetzt, um alle in Betrieb befindlichen Gruben zu lösen. Im Gegensatz zum Wolfenbüttelschen Teil des Oberharzes, wo der Stollenbetrieb herrschaftlich geschah, waren es in der Grafschaft Honstein ausschließlich Gewerkschaften, die die Stollen trugen (Abb.82).
Die wichtigsten, im 16. Jahrhundert begonnenen Wasserlösungsstollen heißen:

a) **St. Johannes Stollen**, 1529 begonnen, etwa 1150 m lang, a.d. Andreaskreuzer- und Morgenröther Gang aufgefahren. Später bis a.d. Jakobsglücker Gang verlängert. Eingebrachte Teufe im Jakobsglücker Schacht: etwa 80 m

b) **Edelleuter Stollen**, 1534 begonnen, etwa 450 m lang, a.d. Edelleuter Ruschel aufgefahren. Eingebrachte Teufe: 65 m

c) **St. Jakobsglücker Stollen**, um 1534 begonnen, etwa 500 m lang, a.d. Jakobsglücker Gang aufgefahren. Eingebrachte Teufe im Jakobsglücker Schacht: etwa 50 m

---

* Die Einwanderung aus dem Erzgebirge und die Gründung der Harzer Bergstädte wird in dem historisch gut fundierten, sehr lesenswerten Roman von KARL REINECKE "Die reiche Barbara" recht anschaulich geschildert. (Piepersche Druckerei und Verlagsanstalt, Clausthal-Zellerfeld 1982)

d) **St. Annen-(bzw. St. Heinrichs)-Stollen**, um 1550 begonnen, etwa 400 m lang, a.d. Reiche Troster- und Redensglücker Gang aufgefahren. Eingebrachte Teufe im Redensglücker Schacht: etwa 40 m

e) **Beerberger Stollen**, um 1560 begonnen, etwa 500 m lang, a.d. Glückaufer- und Jakobsglücker Gang aufgefahren. Eingebrachte Teufe: 60 m

f) **St. Jürgen Stollen**, 1563 begonnen, etwa 400 m lang, a.d. Jakobsglücker Gang aufgefahren. Eingebrachte Teufe: etwa 40 m

g) **Tiefer Fürsten Stollen**, um 1533 begonnen, etwa 700 m lang, a.d. Felicitaser Gang aufgefahren. Eingebrachte Teufe im St. Andreas-Schacht: 52 m

h) **Spötter Stollen**, um 1536 begonnen, 1230 m lang, a.d. Bergmannstroster-, Gnade Gottes- und Samsoner Hauptgang aufgefahren. Eingebrachte Teufe im Samson: 56 m

Bereits um 1545 war der erste Silberrausch vorbei, die große Zahl der Gruben ging rasch zurück. Die wenigen, aber intensiv weiterbetriebenen Zechen lieferten ihren Gewerken bald wieder gute Ausbeute, zwischen 1560 und 1573 betrug die Silbergewinnung pro Jahr 0,5 - 1,5 t.

Nach 1575 ging die Ausbeute mangels neuer Anbrüche dann ständig zurück, die Zahl der Grubenbetriebe sank weiter, von 39 Gruben warfen nur noch zwei einen Gewinn ab. Es entstand eine Rückwanderungswelle, die Zurückbleibenden verarmten, so daß eine Pestepidemie 1577 unter der schlecht ernährten Bevölkerung "viele hundert Menschen" hinwegraffte. Infolge wirtschaftlicher und sozialer Spannungen herrschten in der Bergstadt Zustände, die an die Zeit des amerikanischen "Wilden Westens" erinnern. Der Chronist R.L.HONEMANN (1754) berichtet hierzu:

> "Ich muß überhaupt sagen, daß bei dem gemeinen Volke ein großer Frevel, eigenmächtige Gewalt, ja Mord und Totschlag, vornehmlich bei häuffigem Gesöffe, sehr im Schwange ging. Ein jeder trug damals sein Gewehr bei sich, und wenn Streit entstand, mußte dasselbe oft hinterlistiger Weise zur Rache dienen. Wenn nun gleich der Täter zur Haft gebracht, oder wie man es damals nennete, bestricket: so kam es doch insgemein darauf an, daß derselbe Bürger für sich stellete, die Unkosten bezahlete, und eine Urphede leistete. Sodann ließ man ihn wieder laufen, und machte es hernach ein solcher Bube oft ärger, als vorhin. Kurz: es fehlete damahls der Gerechtigkeit an einer guten Waage und an einem brauchbaren Schwerdte."

Als im Jahre 1593 das Honsteiner Grafengeschlecht ausstarb, fielen dessen Besitzungen zurück an das Fürstentum Grubenhagen, allerdings nur für drei Jahre, denn 1596 verstarb auch der letzte grubenhagensche Herzog. Die politischen Streitigkeiten um die Erbfolge behinderten die Fortentwicklung des Bergbaus, viele Gewerken zogen sich zurück und investierten ihr Kapital lieber anderswo.

Erst nach Abschluß des Communion-Vertrages (1617) war die Basis für einen wirtschaftlichen Aufschwung geschaffen, doch der beginnende Dreißigjährige Krieg sollte dieses verhindern. Neben der ständig zunehmenden Verschuldung der Gruben behinderte zusätzlich der Mangel an Aufschlagwassern und das Fehlen von tieferen

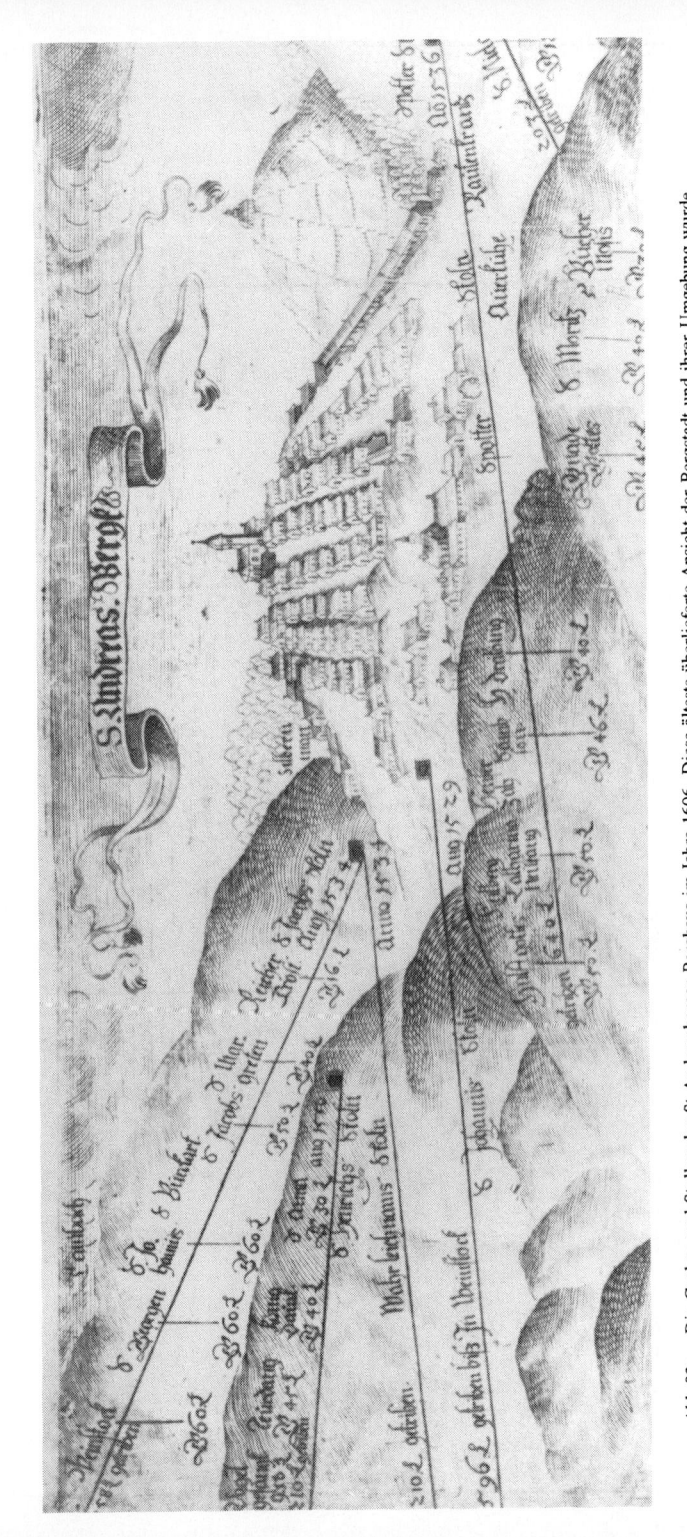

Abb. 82: Die Gruben und Stollen des St. Andreasberger Bergbaus im Jahre 1606. Diese älteste überlieferte Ansicht der Bergstadt und ihrer Umgebung wurde von dem Clauthaler Markscheider ZACHARIAS KOCH entworfen und von DANIEL LINDEMEIER in Kupfer gestochen. Vorne in der Bildmitte liegen die wichtigen Gruben Samson (46 Lachter tief) und Catharina Neufang (50 Lachter tief), die vom Spöter Stollen gelöst werden. In der linken Bildhälfte ist der Beerberg mit seinen zahlreichen Grubenanlagen dargestellt. Die tiefsten Schächte sind etwa 120 m tief. Die Gesamtlänge der hier eingezeichneten Wasserlösungsstollen beläuft sich auf rund 4000 m.
Das Original dieses Stichs befindet sich im Rißarchiv des OBA Clausthal.

Abb. 83a: Lageskizze der wichtigsten Gruben des St. Andreasberger Reviers

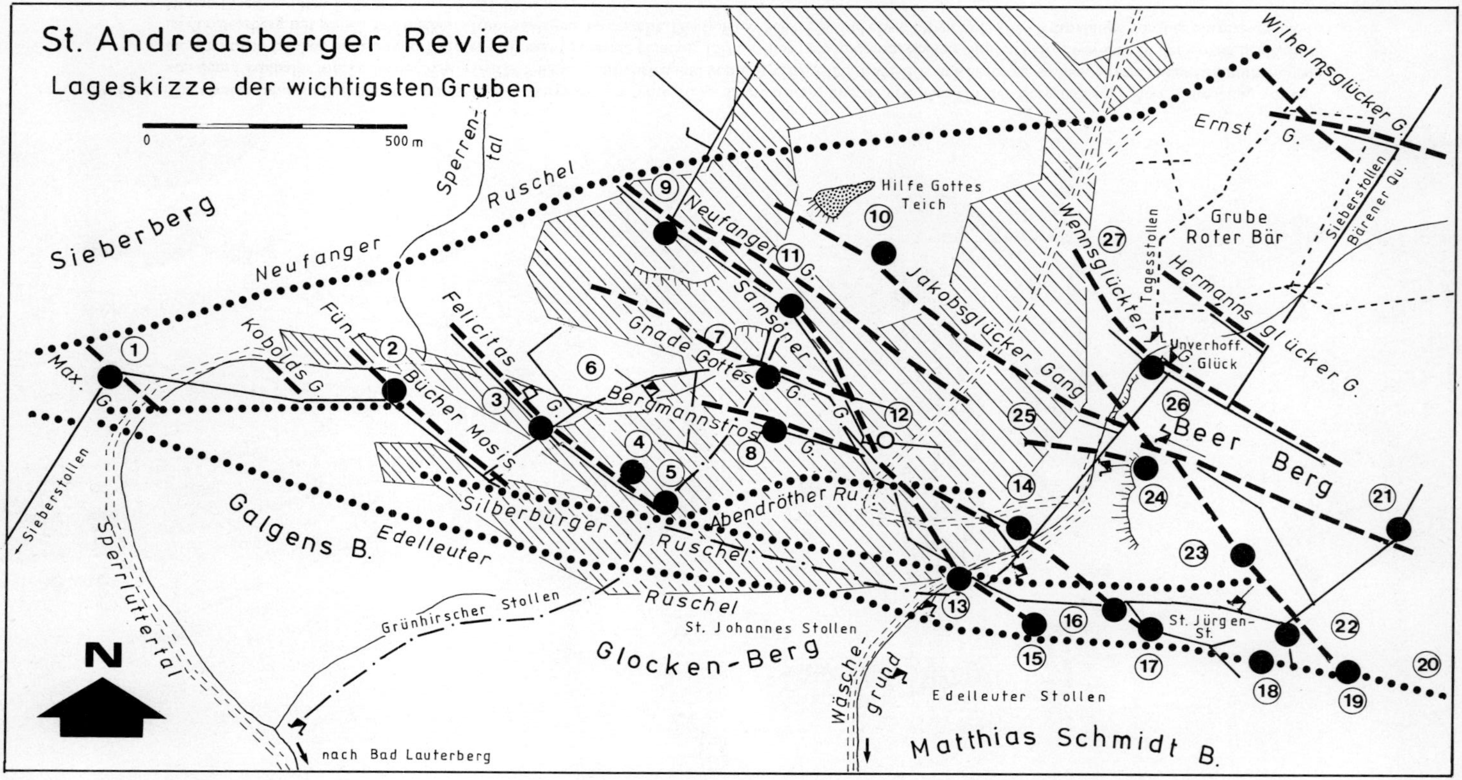

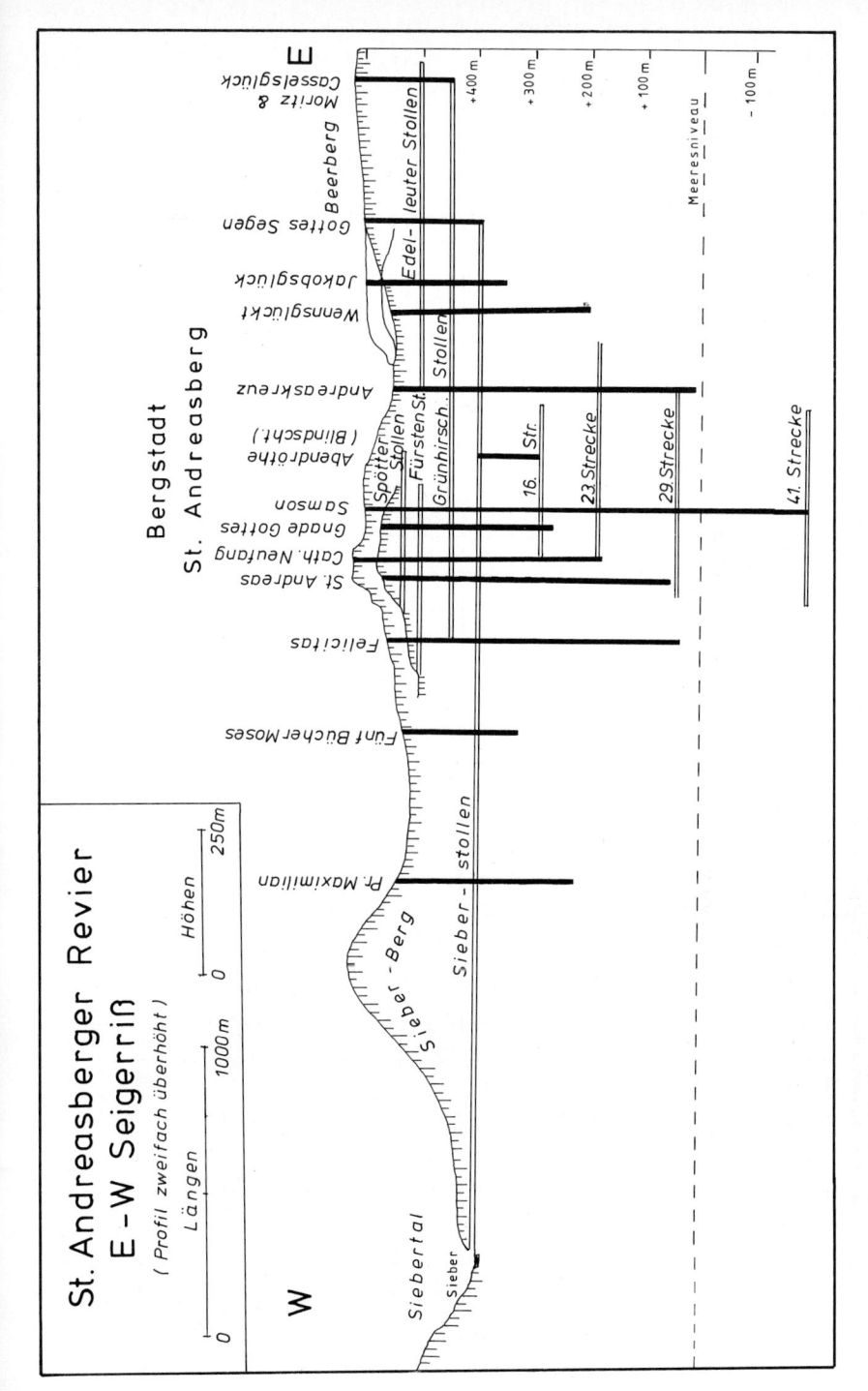

Abb. 83b: Schematischer Seigerriß des St. Andreasberger Reviers

Die wichtigsten Gruben des Andreasberger Reviers (zu Abb. 83)
(nach Unterlagen des OBA Clausthal)

Inwendiger Zug Grube	Erzgang	Gesamt-Betriebszeit	Schachtteufe
1. Prinz Maximilian vormals Kupferblume	Prinz Max. Gg.	1683-1809	227 m
2. Neue Fünf Bücher Moses	Fünf Bücher Moses Gg.	1714-1757	204 m
3. Felicitas	Felicitaser Gg.	1672-1867	464 m
4. König Ludwig	Felicitaser Gg.	1662-1744	305 m
5. St. Andreas	Felicitaser Gg.	1639-1749	509 m
6. St. Moritz	Bergmannstr. Gg.	1538-1726	130 m
7. Gnade Gottes	Gnade Gotteser Gg.	1590-1910	278 m
8. Bergmannstrost	Bergmannstr. Gg.	1767-1910	245 m
9. Catharina Neufang	Samsoner Gg. Neufang. Hang. Gg.	1575-1910	437 m
10. Dorothee	Jakobsgl. Gg.	1675-1910	ca. 80 m
11. Samson	Samsoner Gg.	1521-1910	792 m
12. Abendröthe (Blindschacht)	Samsoner Gg.	1732-1910	160 m
13. St. Andreaskreuz	Samsoner Gg.	1537-1866	520 m
Auswendiger Zug			
14. Morgenröthe	Morgenröther Gg.	1595-1769	175 m
15. Drei Ringe	Edelleuter Ruschel	1660-1721	112 m
16. Glückauf	Glückaufer Gg.	1770-1896	98 m
17. Weinstock	Edelleuter Ruschel	1691-1728	209 m
18. Weintraube	Edelleuter Ruschel	1710-1728	234 m
19. Weinblüthe	Edelleuter Ruschel	1710-1728	165 m
20. Moritz und Casselsglück	Edelleuter Ruschel	1698-1729	154 m
21. Redensglück	Redensgl. Gg.	1766-1790	ca. 70 m
22. Neuer Gottes Segen	Gottes Segen Gg.	1767-1817	210 m
23. Claus Friedrich	Jacobsgl. Gg.	1787-1812	174 m

24. St. Jacobsglück	Jacobsgl. Gg.	1661-1763	271 m
25. Silberner Bär	Silbern. Bärer Gg.	1681-1818	116 m
26. Wennsglückt	Wennsgl. Gg.	1693-1812	351 m
27. Roter Bär	Eisenerzgrube	um 1800-1860, 1920-30	Stollenbetrieb
28. Silberburg	Silberb. Ruschel	1692-1731	174 m
29. Engelsburg	Engelsburg. Gg.	1570-1765	291 m
30. Verlegte Weintraube	Engelsburg. Gg.	1728-1737	118 m

Stollen die Erschließung neuer Erzmittel.
Seit 1624 lag der Andreasberger Bergbau für 30 Jahre still. Eine weitere Pestepidemie forderte 1625 700 Todesopfer und reduzierte die Einwohnerzahl auf etwa 1000.
Die Zeit nach dem Kriege war gekennzeichnet durch Menschen- und Kapitalmangel, trotz intensiver Bemühungen seitens des Bergamts und des Rats der Stadt dauerte es bis etwa 1670, ehe der Bergbau wieder in Gang kam.
Beschleunigend wirkte die Einführung des **Direktionsprinzips**, d.h. die (nun hannoversche) Bergbehörde übernahm die alleinige Betriebsführung der verschuldeten Gruben, damit das "gemeine Beste" des Bergbaus gewährleistet werden konnte.
Erst 1674 kam wieder eine Andreasberger Grube (**König Ludwig**) in Ausbeute. Zu diesem Anlaß wurden die berühmt gewordenen **Andreasthaler** mit der Aufschrift "**St.Andreas reviviscens**"* geprägt (Abb.92). Eine zweite Blüteperiode begann, in der pro Jahr ca. 0,9 t Silber erzeugt wurden! Endlich entschloß sich das Bergamt zum Bau eines neuen tiefen Stollens, dem wenige Jahre nach seiner Fertigstellung ein 60 m tiefer angesetzter, zweiter folgte. Diese beiden Stollen wurden später mit fast allen Gruben des Reviers zum Durchschlag gebracht (Abb.83 u.85):

    i) **Grünhirscher Stollen** (1691-1710)
    (Mundloch beim ehemaligen Sägewerk Stürze im Sperrluttertal, etwa 10 km lang, bringt im Samsonschacht 130 m Teufe ein)
    j) **Sieberstollen** (1716-1734)
    (Mundloch im Siebertal bei Königshof, etwa 12 km lang, bringt im Samsonschacht 190 m Teufe ein).

Parallel zum Bau des Sieberstollens schuf man ein sehr bemerkenswertes Wasserversorgungssystem, das heute noch genutzt wird. Wegen der ungünstigen Hochlage der Bergstadt gab es in ihrer unmittelbaren Umgebung kaum nutzbare Wasser.
1686-88 wurde der bereits von den Alten angelegte "lange Graben" am Osthang des Rehbergs instand gesetzt und bis zum Rehbach in Richtung Odertal auf 6,8 km verlängert. Die wegen des steilen und felsigen Geländes größtenteils aus hölzernen Rinnen (Geflutern) gefertigte Wasserleitung - heute **Alter Rehberger Graben** genannt - fror im Winter regelmäßig zu, außerdem erforderte das schnell verrottende Holz ständige Reparaturen. Da der Wasserbedarf des wiederaufblühenden Silberbergbaus weiter stieg, entschloß sich die Bergbehörde 1994 zur Anlage des heutigen **Neuen Rehberger Grabens**, der etwa 30 m unterhalb der alten Grabentour

* "der wiederauflebende St. Andreas"

Abb. 84: Auf dem Sieberstollen im Bereich der Grube Felicitas. Der rechte Stoß ist geschrämt, während der linke Stoß mittels Bohr- und Schießarbeit "nachgerissen" wurde. Ein in den 30er Jahren aus Beton gegossener Steg ersetzt heute das frühere hölzerne Tretwerk.

verläuft und teilweise in den Fels hineingesprengt werden mußte. Je nach Schwierigkeit des Bauabschnitts arbeiteten zwischen 30 u. 100 Bergleute an diesem Projekt. Im Jahre 1703 floß das erste Oderwasser durch den neuen, 7,5 km langen Graben und den 760 m langen **Unteren-Gesehr-Wasserlauf** zur Bergstadt. Man erkannte aber bald wie wichtig es war, Wasser zu speichern, um auch in längeren Trockenperioden über genügend Betriebswasser verfügen zu können. Zur Anlage vieler kleiner Stauteiche war die Morphologie nicht geeignet, daher entschloß man sich zur Schaffung eines größeren Stausees am Oberlauf der Oder. Unter Leitung des Andreasberger Vizebergmeister GEORG NICOLAUS MÜHLHAN (1660-1732) entstand 1714-1721 auf Kosten der Clausthaler Bergbaukasse der **Oderteich**, mit einem Fassungsvermögen von 1,75 Mio m^3, die älteste und für etwa 170 Jahre größte Talsperre Deutschlands (Abb. 86). Der 22 m hohe und 184 m lange, aus behauenen Granitquadern gefertigte Damm hatte eine Sohlenbreite von 16 m, zur Abdichtung erhielt das Bauwerk einen Kern aus Granitgrus. Das Volumen des Oderteichs reichte aus, um auch in regenlosen Zeiten die Gruben 6 Monate lang mit Aufschlagwasser zu versorgen.

Obwohl die technischen Voraussetzungen nun günstig schienen, dauerte die zweite Blütezeit des Andreasberger Bergbaus nur bis etwa 1730, trotz hoher Aufwendungen gelang es kaum, neue reiche Erze aufzufinden, um die angesammelten Schulden abzutragen. Staatlich verordneter Raubbau war die Folge. Die Andreasberger Gruben

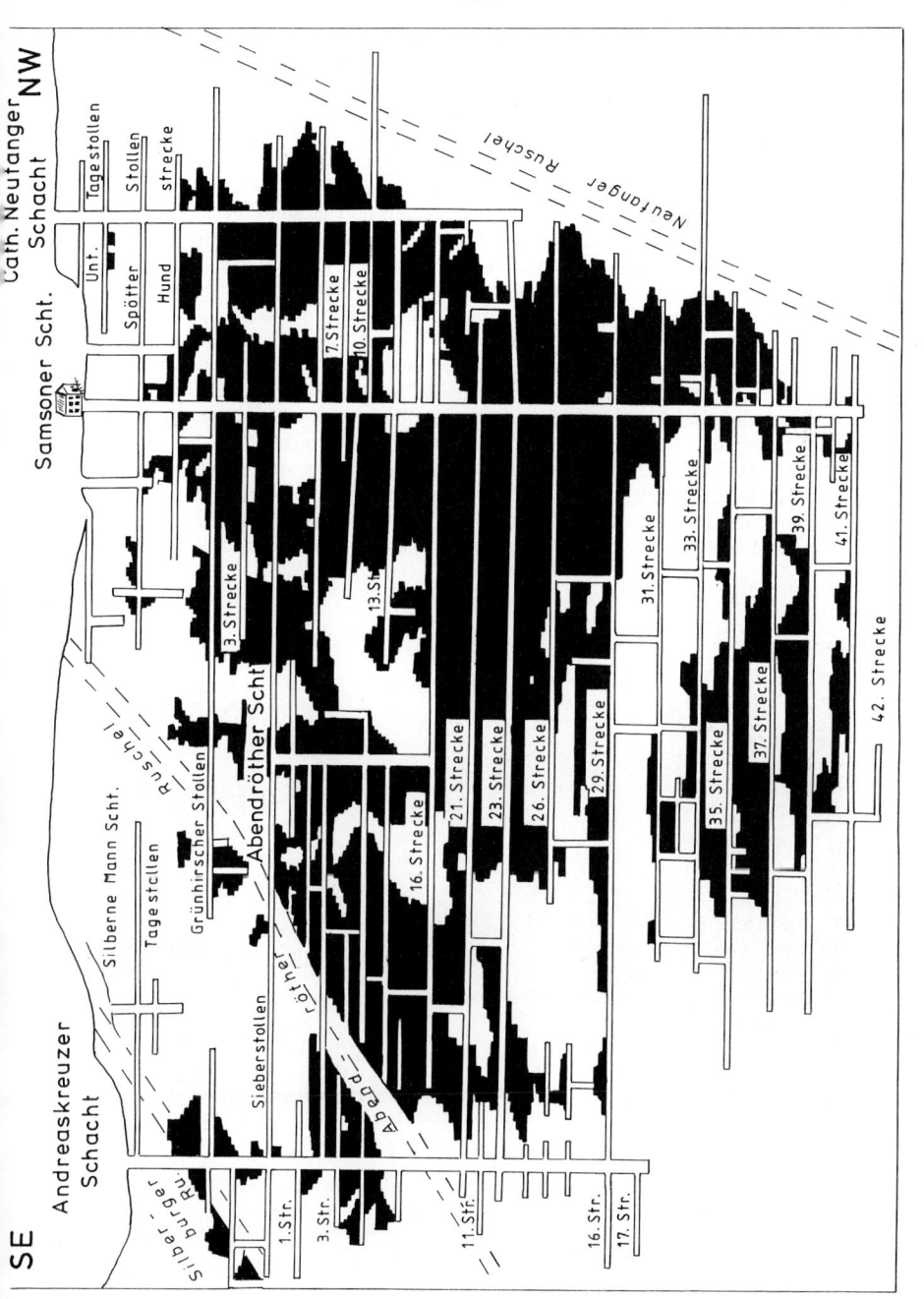

Abb. 85: Seigerriß des Samsoner Hauptgangs. Die abgebaute Gangfläche ist schwarz dargestellt.

konnten sich selbst nicht mehr finanziell tragen, sondern wurden zu einem erheblichen Teil aus den Überschüssen des in Blüte stehenden Clausthaler Reviers betrieben! Die langjährige Krise in der Mitte des 18. Jahrhunderts erfuhr eine drastische Verschlimmerung durch die sich rapide verschlechternde Finanzlage infolge des Siebenjährigen Krieges (1756-1763).
Konsequente Sucharbeiten sowie technische Verbesserungen im Abbau (Einführung des "einmännischen Bohrens") sowie in Aufbereitung und Silberhütte (Verminderung der Metallverluste) sorgten Ende des 18.Jahrhunderts für eine allmähliche Besserung der Betriebsverhältnisse. Unter der französischen Verwaltung (1806-1813) führten abermaliger Raubbau bei gleichzeitiger Vernachlässigung der Vorrichtung wieder zu einer bedenklichen Entwicklung. Dennoch konnte in den folgenden Jahren die Silberproduktion noch gesteigert werden. 1822-24 wurden mit ca. 3 t jährlich die größten Silbermengen überhaupt erzeugt.
Von nun an sollte die Entwicklung des Bergbaus stets rückläufig sein. Weitere technische Neuerungen (Fahrkunst, Drahtseil, bessere Sprengmittel) sowie die Zusammenlegung mehrerer kleiner Gruben zu größeren Betriebseinheiten brachten nur kurzfristig kleine Aufschwünge und änderten nichts am generellen Produktionsrückgang. Erst um 1850 wurde die Erzgewinnung vom **Strossenbau** auf den **Firstenbau** (siehe Abb.21 u.22) umgestellt, hierdurch steigerte sich die Abbauleistung auf 70-80 kg Roherz pro Mann und Schicht (in Clausthal bei freilich ganz anderen Gangverhältnissen betrug diese Leistung damals bereits das Doppelte!).

Abb.86: Reparaturarbeiten am Damm des Oderteichs im November 1898
Auf dem Grund des fast völlig entleerten Stausees wird gerade ein Hilfsdamm aufgeschüttet, um die Arbeiten am Fuße der Mauer und am Striegel (Wasserablaßvorrichtung) zu ermöglichen. (Foto: Sammlung Eicke, St. Andreasberg)

Abb. 87: Die Tagesanlagen der Grube Samson im Jahre 1899. Im Vordergrund das Brechergebäude, dahinter der Samsoner Gaipel. Das Mundloch der Abfallrösche ist ganz links am Bildrand zu erkennen, durch diesen kurzen Stollen verlassen heute die Besucher den Museumsteil der Grube. (Foto: Sammlung Eicke, St. Andreasberg)

Abb. 88: Die letzte Belegschaft der Grube Samson bei der Stillegung am 31. März 1910, angetreten vor dem Gaipel. In der Mitte (mit weißem Bart) Obersteiger Ernst Ey. (Foto: Sammlung Eicke, St. Andreasberg)

Zwar konnten nun die in größeren Mengen noch anstehenden silberarmen Bleierze viel vorteilhafter gewonnen werden, doch zur Auffindung der extrem absetzigen Silbererzfälle erwies sich die Vorrichtung mit Feldörtern und Absinken als zu grobes Raster!

Nach der Eingliederung des Königreichs Hannover in den preußischen Staat (1866) folgte die Einrichtung einer **Berginspektion St.Andreasberg**, und damit eine völlige Neuorganisation des Bergbaus. Der Staat behielt lediglich das "**inwendige Revier**" (im Stadtgebiet) als fiskalisches Grubenfeld **Vereinigte Gruben Samson** mit den Schächten **Samson, Catharina Neufang, Gnade Gottes** und **Bergmannstrost**. Das östlich daran angrenzende "**auswendige Revier**" wurde unter dem Namen "**Andreasberger Hoffnung**" von Privatleuten gemutet und in Betrieb genommen. Allerdings blieb dort der Abbau bedeutungslos und wurde 1897 eingestellt.

Auf der Grube Samson bestand die gesamte Belegschaft einschließlich des Aufbereitungspersonals aus 16 Aufsehern und nur noch 276 statt ehemals 800 Arbeitern. Fallende Silberpreise, schlechte Aufschlüsse und Jahre großen Wassermangels bedrohten ständig die Existenz der Grube. Anlaß zu neuen Hoffnungen gaben bald einige größere Reicherzfälle, die 1888 erschlossen wurden. Gleichzeitig versuchte man durch Einführung des maschinellen Bohrens (1889) und dem Bau einer neuen **Zentralen Erzwäsche** in unmittelbarer Nähe des Samsons nun auch die vorhandenen Armerze kostengünstig gewinnen und aufbereiten zu können (Abb.87). Trotz dieser erheblichen Investitionen ließ sich der Niedergang nicht aufhalten. Seit 1877 mußten zur Kapazitätsausnutzung der Silberhütte immer mehr Importerze eingesetzt werden.

Am 31.März 1910 wurde schließlich die letzte Schicht auf der Grube Samson verfahren, die Belegschaft war zuletzt nur noch 80 Mann stark (Abb.88). Zwei Jahre später wurde auch die ebenfalls unrentable Silberhütte stillgelegt. Damit endete der Andreasberger Silberbergbau nach 420 Jahren.

12.2 Die Grube Samson - internationales Denkmal Harzer Bergbaukunst

Der Samson war die mit Abstand bedeutendste Grube des St.Andreasberger Reviers, bereits 1521 aufgenommen avancierte sie im 19.Jahrhundert zum Aushängeschild des Silbererzbergbaus. Bereits im Jahre 1800 hatte der tonnlägige Schacht die beachtliche Teufe von 630 m, später auf insgesamt 780 m nachgeteuft war er lange Zeit einer der tiefsten Schächte der Welt.

Nach der Stillegung im Jahre 1910 nutzte man das Schachtgefälle oberhalb des Sieberstollens zur Erzeugung von elektrischer Energie. 1912 richtete die Fa. Dr.R.ALBERTI je ein Kraftwerk auf der Sohle des Grünhirscher Stollens (130 m Teufe) und auf der Sieberstollensohle (190 m) ein, beide werden heute von den Licht- und Kraftwerken Harz betrieben und liefern zusammen etwa 720 kVA.

Glücklicherweise sind die Tagesanlagen in ihrem alten Zustand nahezu vollständig erhalten geblieben und heute als Museum allgemein zugänglich (Abb.89).

Besonders eindrucksvoll sind die beiden übereinander angeordneten Wasserräder: ein 9-m-Kehrrad mit Seilkorb und Seiltrift, und ein 12-m-Kunstrad mit "krummen Zapfen" und Gestänge, das früher die Fahrkunst antrieb.

Das 1994 für rund eine viertel Million DM erneuerte Fahrkunstrad mit Kurbelwelle und Pleuelstange ist voll funktionstüchtig und kann bei Führungen durch Beaufschlagung mit Wasser in gang gesetzt werden. Was diese Grube auf der ganzen Welt wirklich einmalig macht, ist sicherlich die noch heute in Betrieb befindliche

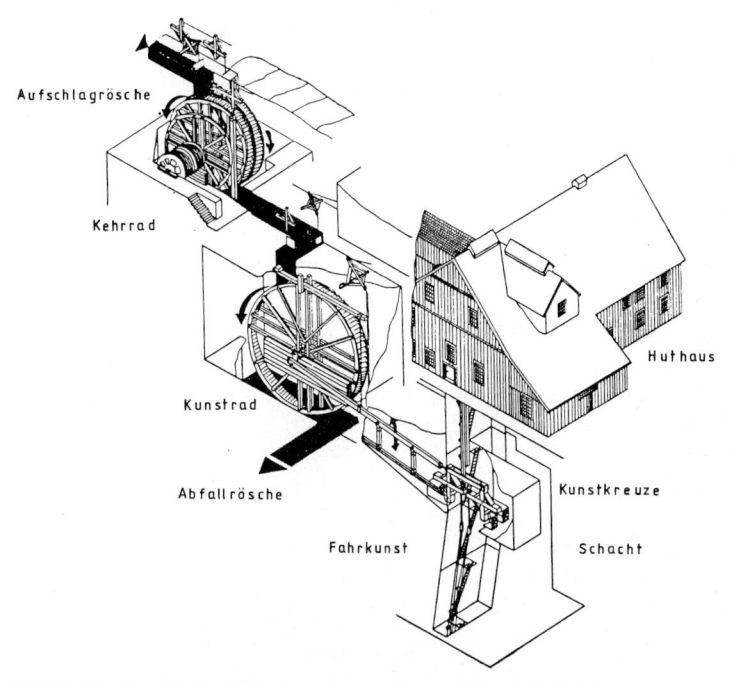

Abb.89: Blockbild der Grube Samson mit ihren Wasserrädern und der Fahrkunst
(aus SPERLING & STOPPEL, 1981)

Fahrkunst. Seit 1924 wird die bereits 1837 eingehängte Kunst von einem Elektromotor in Bewegung gesetzt und ermöglicht bequem, bis auf den Sieberstollen hinabzufahren, was ca. 15 Minuten in Anspruch nimmt. Erinnert sei daran, daß die Fahrkunst 1833 im Oberharz erfunden wurde (siehe Kap. 5.6).
Im Gegensatz zu den im Clausthaler Revier üblichen, aus Holzbalken gefertigten Gestängen konstruierte man die 700 m lange Samsoner Kunst gleich unter Verwendung der kurz zuvor (1834) aufgekommenen Albert-Drahtseile. Die beiden Teile der Fahrkunst bestehen heute aus je zwei starr miteinander verbundenen Drahtseilen von 50 mm Durchmesser im oberen Schachtteil und 30 mm im unteren. Die beiden Gestängeteile sind im Abstand des maximalen Hub (3,2 m) mit Holztrittbrettern auf eisernen Konsolen ausgestattet (Abb.91). aus Sicherheitsgründen (man denke an die in Kap.4.5 geschilderte Katastrophe von 1878) versah man den Kunstschacht 1924 im Abstand von 34 bis 60 m mit vier sog. Fangvorrichtungen, die die Kunstteile bei einem eventuellen Seilbruch abfangen konnten. Um auch die Absturzgefahr zu vermindern, wurden im Kunst- und Fahrschacht bis zum Sieberstollen 43, meist aus Beton gegossene Bühnen eingezogen. Internationale Ehrung erfuhr die Grube 1987, als sie von der "American Society of Mechanical Engineers" in den erlauchten Kreis der "internationalen historischen Maschinenbaudenkmäler" aufgenommen wurde (Abb.90)
Außer der Grube Samson mit dem im Nebengebäude untergebrachten Heimatmuseum vermittelt auch der seit kurzem für Besucher hergerichtete Tagesstollen der Grube

Catharina Neufang (1575-1874)(gegenüber des Samsons hinter dem Sportplatz gelegen) einen Eindruck von der untertägigen Silbererzgewinnung. Der hier tagesnah gut vererzte Neufanger hangende Gang wurde bis auf wenige Reste vollständig abgebaut. Dem Besucher bietet sich ein Blick in den gewaltigen, grundlos scheinenden Abbauhohlraum, nur an dessen Firste kann der knapp 0,5 m mächtige Erzgang noch anstehend beobachtet werden. Weiter hinten im Stollen sieht man alte geschrämte Örter mit dem für sie typischen "Kastenprofil".
Im Anschluß an den Museumsbesuch sei ein Rundgang durch die Altstadt mit ihren bemerkenswerten steilen Straßen (die Herrenstraße hat 21 %!) und den zahlreichen bergbauhistorischen Denkmälern sehr empfohlen. Ein Faltblatt, das im Museum* oder beim städtischen Kur- und Verkehrsamt erhältlich ist, bietet einen nützlichen Führer.

Abb.90: Tafel an der Außenwand des Samsoner Gaipels

12.3 Das Lehrbergwerk Roter Bär und der Beerberg

Zwar endete 1910 die St.Andreasberger Silbererzgewinnung, doch das Kapitel Bergbau sollte noch nicht endgültig zu Ende sein. Anfang der 20er Jahre unternahm die **Fa. Ilseder Hütte** im Osten der Bergstadt umfangreiche bergmännische Sucharbeiten. Zu diesem Zweck wurde die alte Grube **Roter Bär**, auf der zwischen 1800 und 1850 von Eigenlehnern Eisenerze gewonnen wurden, wieder aufgewältigt. Im Niveau des Tagesstollens wurden etwa 1,8 km Suchörter, Querschläge, Auslängen und Absinken aufgefahren. Gleichzeitig trieb man in 160 m Teufe im Niveau des Sieberstollens, ausgehend vom alten Schacht der Grube Wennsglückt, den Bärener-Querschlag etwa 800 m weit nach Nordosten vor (Abb.83).

*Historisches Silberbergwerk Grube Samson, Postfach 31,|37444 St.Andreasberg, Tel: (052282)1249
Führungen:
- Samson: werktags 11.00 u.14.30 Uhr und für Gruppen nach Anmeldung Sonderführungen
- Neufanger Tagesstollen : werktags 10.00, 11.45, 14.00 u.15.15 Uhr oder nach Voranmeldung.

Abb.91: Obersteiger Ernst Ey, der letzte Betriebsführer der Grube Samson auf der Fahrkunst im Samsonschacht. (Foto: Sammlung Eicke, St.Andreasberg)

Als Ergebnis der fast 10jährigen Arbeiten entdeckte man drei für Andreasberger Verhältnisse bedeutende, bis dahin unbekannte Erzgänge sowie zahlreiche kleine und kleinste Erztrümchen. Leider erwiesen sich alle - selbst der mit 0,5 m mächtigste und am besten vererzte "**Ernstgang**" als wirtschaftlich unbauwürdig. Doch für die Wissenschaft waren die neu aufgeschlossenen Gangmineralisationen außerordentlich lohnende Studienobjekte, so fand man dort neben silberhaltigen Blei-Zink-Erzen auch interessant texturierte Nickel-Kobalt-Erze und höchst seltene Selenidminerale, gediegenes Gold in Spuren (allerdings nur mikroskopisch sichtbar) sowie bislang einzigartig im Harz Uran-Pechblende mit Vanadiummineralen verwachsen!
Sehr problematisch gestaltete sich die Förderung der auf dem Sieberstollen im geringen Umfang erst 1927 gewonnenen Erze. Eine Förderung über die Hilfsbaue (5 Absinken) auf dem Wennsglückter Gang kam nicht in Frage. So blieb nichts

anderes übrig, als den 2 km entfernten Samson, den einzigen intakten Förderschacht des Reviers, zu benutzen, allerdings mußte erst ein Fördergleis dorthin verlegt und ein kleiner Schachtumbruch aufgefahren werden. Trotz dieses Aufwandes belief sich die später geförderte Erzmenge auf weniger als 100 Tonnen Blei-Zink-Erz und etwa 10 Tonnen nickelhaltiges Erz.
Die Weltwirtschaftskrise von 1929 beendete dann den schon vorher aussichtslos erscheinenden "Hoffnungsbau", der in einer schlechten Zeit immerhin bis zu 42 Bergleute samt Familien ernährt hatte.
Schließlich erwarb der Andreasberger Bergingenieur ERNST BOCK, der den Untersuchungsbetrieb geleitet hatte, das Grubenfeld und gestaltete die Grube Roter Bär zu einem Museumsbergwerk. Nachdem in den 50er Jahren die Grube Samson als Museum ausgebaut worden war, verfiel die alte Grube. Sie diente nur noch zur Trinkwasserversorgung einiger Häuser im Bärener Tal (LIESSMANN & BOCK, 1993).

Erst im Herbst 1988 begann die Wiederaufwältigung des inzwischen völlig verbrochenen Bärener Tagesstollens. Träger dieses auf private Initiative zurückgehenden Projekts ist die **Arbeitsgruppe Bergbau im "St. Andreasberger Verein für Geschichte und Altertumskunde e.V."**.
Innerhalb von knapp zwei Jahren gelang es - ohne öffentliche Zuschüsse, nur aus privaten Spenden finanziert - das **Lehrbergwerk Roter Bär*** in einem ersten Ausbauabschnitt für das allgemeine Publikum zugänglich zu machen.
Ziel der Betreiber dieses Lehrbergwerks ist es nicht, große Besuchermengen durch die Grube zu schleusen und mit den zahlreichen anderen Harzer Schaubergwerken in Konkurrenz zu treten, sondern hier geht es in erster Linie darum, aus Idealismus eine interessante Grubenanlage und wichtige Untertageaufschlüsse für die Nachwelt zu erhalten. Mit diesem Konzept soll versucht werden, sowohl für den interessierten Laien als auch für den Fachwissenschaftler und Studenten ein vielfältiges Anschauungs- und Studienobjekt zu bieten.
In den letzten Jahren befaßte sich die Arbeitsgruppe schwerpunktmäßig mit der Wiederaufwältigung von alten Bauen der **Grube Wennsglückt**, die 1690-1757 und 1787-1812 in Betrieb stand. Es gelang eine 12 m lange, 6 m breite und 12 m hohe **inwendige Kunstradstube** samt **Kunstschacht, Aufschlag- und Abfallrösche** aus dem 17. Jahrhundert zu erschließen (LIESSMANN, 1997).
Gegenwärtig laufen weitere Baumaßnahmen mit dem Ziel, auch andere über- und untertägige bergbauhistorisch wichtige Objekte im Bereich des Beerbergs zu erschließen und zu bewahren, statt sie zu verwahren.
Zur Grubenbefahrung muß sich der Besucher hier den Anforderungen eines alten Bergwerks anpassen (Grubenzeug und Gummistiefel mitbringen, Helm und Geleucht werden gestellt!). In weiteren Ausbauabschnitten ist geplant historische Bergbautechniken "vor Ort" zu demonstrieren, dem Besucher soll dadurch ein lebendiges Bild von der Arbeitswelt des Bergmanns in früheren Zeiten vermittelt werden.

*Kontaktadresse: Lehrbergwerk "Roter Bär", Am Roten Bären, 37444 St. Andreasberg bzw.
"Königliche Grubenverwaltung", Am Schwalbenherd 7, Tel.: (05582) 1537.
Zur Zeit sind Grubenfahrten ohne Voranmeldung jeden Samstag um 14 Uhr möglich.
Andere Termine für Gruppen nur nach schriftlicher oder telefonischer Voranmeldung.

Abb.92a: Die Erde ist voll der Güte des Herrn...
Bildseite eines Ausbeutetalers der Grube Güte des Herrn, die 1691-1930 am Kranichsberg östlich von Lautenthal auf dem Lautenthaler Gangzug baute. Sie kam nach 29 Freibaujahren 1740 in Ausbeute, zu diesem Anlaß wurde die abgebildete Silbermünze (40 mm Durchmesser, 30 g schwer) in der Zellerfelder Münze geprägt. Typisch für solche Ausbeutetaler sind bergmännische Motive, hier ein Stollenmundloch aus dem zwei Bergleute einen Hunt herausschieben und ein Pferdegespann, das die geforderten Erze zum Pochwerk transportiert. Darüber stehen die alchimistischen Zeichen der drei hier gewonnenen Metalle - Kupfer, Silber und Blei.

Abb.92b: St.Andreas Reviviscens - der wiederauflebende St. Andreas.
Dieser "Andreas-Taler" (40 mm Durchmesser) wurde im Jahre 1701 anläßlich des Beginns der zweiten Ausbeuteperiode der Grube St.Andreas in der Clausthaler Münze geprägt. Die Bildseite dieser Silbermünze weicht von den Prägungen des westlichen Oberharzes im 17. und 18.Jahrhundert insofern ab, als sie weder eine stilisierte Darstellung der Grube und ihrer Umgebung zeigt, noch einen Hinweis auf eine beginnende Ausbeuteepoche erkennen läßt. Hier hat man den Heiligen Andreas, den Namensgeber der Stadt und der Grube, als Bildmotiv gewählt.

Die Bergbaulandschaft am Beerberg
- eine Rundwanderung -

Das Lehrbergwerk Roter Bär ist eingebunden in einen ausgeschilderten "**Geologisch-bergbauhistorischen Wanderweg**". Insgesamt 39 Tafeln weisen den Besucher auf die bis heute erhaltengebliebenen Zeugnisse des ehemaligen St. Andreasberger Bergbaus hin (LIESSMANN, 1997).
Ausgangspunkt für Autotouristen ist der große Parkplatz im Wäschegrundtal, am Fuße der Skihänge bzw. der "großen Rutsche", südlich der Stadt. Auch die motorisierten Besucher des Lehrbergwerks mögen hier parken, da die Zufahrt zur Grube nur für die Anlieger gestattet ist.
Der Rundweg beginnt an der nördlichen Ausfahrt des großen Parkplatzes, direkt in der scharfen Straßenkehre zweigt hier eine schmale Schotterstraße nach Norden ins Bärental ab. Eine Übersichtstafel gibt Auskunft über den Verlauf des Lehrpfades*. Etwa 150 m diesem Weg talaufwärts folgend stoßen wir rechts auf die heute bewachsene Halde des Roten Bären, nach weiteren 100 m ist der etwas oberhalb der Einmündung des Kälbertals gelegene Zechenplatz des Lehrbergwerks erreicht (Informationstafel). Das Mundloch des Tagesstollens befindet sich 50 m talaufwärts, links etwas versteckt in einem kleinen Einschnitt, zu dem ein Schienenlauf führt.
Unmittelbar am Zechengelände liegt das Stollenmundloch Grube "**Unverhofftes Glück**", die im vorigen Jahrhundert eisenreiche Huterze auf dem **Wennsglückter Gang** abbaute. Zur Zeit finden hier Instandsetzungsarbeiten statt. Auf einem nach rechts abzweigenden schmalen Fußpfad gelangt man hinauf zum ehemaligen **Wennsglückter Kunstgraben**, dem wir auf einem horizontalen Wanderweg in südlicher Richtung um den Beerberg herum bis ins Tambachtal folgen. Es geht vorbei am Mundloch des im 16.Jahrhundert aufgefahrenen "**St.Annen Stollens**" (früher St.Heinrich Stollen genannt), der durch eine neue Gittertür gegen unbefugtes Betreten gesichert wurde. Nach weiteren 50 m gelangen wir auf die plateauförmige Halde der Grube **St. Jacobsglück** (1661-1763). Tafeln weisen auf die ehemalige Radstube, den etwas oberhalb davon gelegenen Jacobsglücker Kunstgraben und die links davon mit Drahtseilen umzäunte, tiefe Pinge des einst 271 m tiefen Jacobsglücker Tagesschachts hin. Gut erkennbar sind das "Geviert" des tonnlägig der Gangspalte folgenden Schachts sowie einzelne, in die Längsstöße eingehauene Bühnenlöcher.
Auch die Gruben am Beerberg erhielten seit Anfang des 18.Jahrhunderts ihr Aufschlagwasser vom Rehberger Graben her. Es gelangte durch den östlich um die Bergkuppe herumgeführten **Beerberger Graben** über mehrere Gefällestufen zur Grube **Gottes Segen**, floß dann über das Kehrrad der Grube Jacobsglück und den von uns begangenen Aufschlaggraben weiter zu den Radkünsten der Grube Wennsglückt. 1812 wurde dieser Graben dann abgeworfen.
Auf dem weiteren Weg sind links und rechts im Wald zahlreiche muldenförmige Schürflöcher und Pingen erkennbar, sie stammen vermutlich aus der Zeit des "großen Berggeschreis" um 1550. Bei der ehemaligen Grube **Gottes Segen** (Lochstein) erreichen wir das Tambachtal, nach Verlassen des Waldes blickt man über ein weitläufiges, im Winter zum Skifahren genutztes Wiesengelände (Matthias-Schmidt-Berg) hinüber zur Bergstadt. Die Eintalung folgt dem Streichen der **Edelleuter Ruschel,** die das Gangrevier im Süden begrenzt. Zahlreiche kleine Gruben bauten

*Ein Faltblatt hierzu ist im Museum oder bei der Kurverwaltung erhältlich

die lokal auf der Ruschel vorkommenden Erze ab. Mit etwas geübtem Auge wird man überall flache Pingen und Haldenbuckel feststellen. Dem Tal abwärts folgend gelangen wir zum Ausgangspunkt zurück.
Möchte man die Wanderung weiter ausdehnen, so empfiehlt sich ein Abstecher ins Breitenbeektal zum **Engelsburger Teich**. Zunächst steigt man im Tambachtal aufwärts, vorbei an den Halden der **Grube Weinblüthe** zur **Blauen Halde**. Nach Überqueren der vom Oderberg herkommenden Fahrstraße folgt man einem ausgeschilderten Fußweg hinab ins obere Breitenbeek.
Nahe des Weges liegt die sog. Schwefelquelle, deren Wasser - wahrscheinlich infolge Oxidation von Sulfidmineralen - etwas gelöstes Schwefelwasserstoffgas mit sich führt, wie der Geruch nach "faulen Eiern" deutlich macht. Der romantisch gelegene Engelsburger Teich wurde nach 1660 angelegt, um die etwas weiter talabwärts am Hang des Oderbergs auf Blei-Silber-Erze bauende **Grube Engelsburg** (1570-1765) mit Aufschlagwasser zu versorgen. Neben einer großen, z.T. zu Wegebauzwecken abgefahrenen Halde und der oberhalb davon liegenden Pinge des einst 291 m tiefen Tagesschachts zeugt auch ein Anfang dieses Jahrhunderts auf Schwerspat angesetzter kleiner Tagebau von der früheren Bergbautätigkeit. Schräg gegenüber am östlichen Talhang befand sich der Schacht der **Verlegten Weintraube** (heute einplaniert), etwas unauffällig, direkt neben dem Bach, steht ein Lochstein aus dem Jahre 1734, der die einstige Grenze zwischen beiden Gruben markierte. Für den Rückweg folgt man der Fahrstraße im Breitenbeektal aufwärts in Richtung Oderberg und wandert vorbei an der Oderbergklinik über die Wiesen zur Bergstadt zurück.

12.4 Ein Abstecher ins Odertaler Revier

Ein ebenfalls sehr lohnendes Exkursionsziel sind die Reste der alten Bergbauanlagen im oberen Odertal. Für motorisierte Besucher sei als Ausgangspunkt für eine Wanderung der Parkplatz in **Oderhaus**, kurz vor der Einmündung der von St.Andreasberg herkommenden Oderbergstraße in die von Bad Lauterberg nach Braunlage führende B 27 empfohlen. Von hier folgt man der asphaltierten Forststraße talaufwärts (Abb.93) und erreicht nach gut 1 km etwa dort, wo von rechts das Magdgrabtal (Fahrweg) ins Haupttal einmündet, das einstige Bergbaurevier.
Die links am Schachtelkopf und rechts am Schloßkopf und Morgensternberg auftretenden Gänge bilden nach einer tauben Zwischenzone von ca. 1,5 km die östliche Fortsetzung des St.Andreasberger Silbererzreviers. Wirtschaftlich hatten diese Vorkommen nur eine geringe Bedeutung. Der Bergbau ging hier immer nur kurzfristig um und ist eigentlich nie aus dem Versuchsstadium herausgekommen. Größere Teufenaufschlüsse fehlen fast ganz (WILKE, 1952). Neben einem vermutlich sehr frühen Kupfererzabbau (LAUB, 1970/71) und der lokalen Gewinnung von Silbererzen Mitte des 16.Jahrhunderts, ging der Bergbau hier vor allem in der ersten Hälfte des 18.Jahrhunderts auf Kobalterze um.
Etwa 100 m oberhalb der Einmündung des Magdgrabtals erkennt man mit etwas geübtem Auge am westlichen Hang des Schachtelkopfs zahlreiche, größtenteils bewachsene Halden. Sie zeugen von den Zechen **Segen des Herrn**, **Koboldsgrube**, **Segen Gottes** und **Silberburg**, die zwischen 1673 und 1767 hier auf Silber und Kobalterze bauten. Der 127 m tiefe **Koboldsgruber Tagesschacht** und der 145 m tiefe **Segen des Herrn und Silberburger Gesamtschacht** waren mit Pumpenkünsten ausgestattet, die durch einen 500 m langen Kunstgraben von der Oder her mit

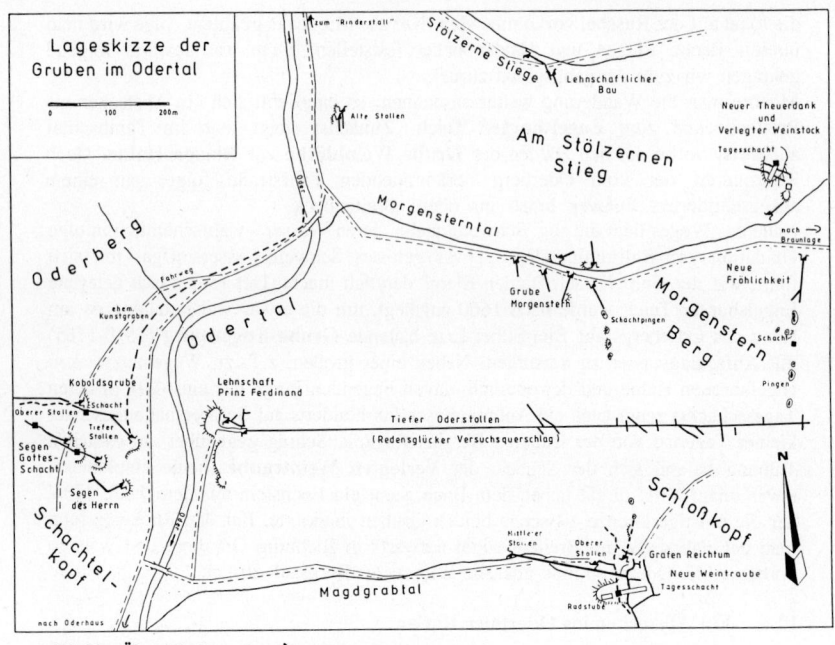

Abb.93: Übersichtskarte des Ödertaler Grubenreviers
(nach Unterlagen des OBA, Clausthal)

Aufschlagwasser versorgt wurden. Die gut erhaltene Grabentour läßt sich am Fuß des Schachtelkopfes bis zum ehemaligen Einlauf unmittelbar links der Oderbrücke vor der Einmündung des Morgensterntals verfolgen (LIESSMANN, 1990).
Die hier und anderswo im St.Andreasberger Revier angetroffenen Kobalterze (meist "Speiskobalt") veranlaßten das Clausthaler Bergamt, ein fiskalisches **Blaufarbenwerk** nach sächsischem Vorbild anzulegen. Das im Sperrluttertal, ca. 1200 m unterhalb der Silberhütte errichtete Werk war mit 12 Mann belegt, arbeitete aber nur 1728-1739. Trotz lebhafter Bemühungen gelang es nicht, aus den einheimischen Erzen brauchbare, verkaufsfähige Farben herzustellen, da der St.Andreasberger "Farbenkobalt" zu wenig Kobalt und zu viel Eisen und Nickel enthielt. Als auch die Verpachtung an Privatunternehmer keinen Erfolg brachte, wurde die Anlage 1750 vollständig abgerissen.
Etwa gegenüber der Kobaltgruben, jenseits der Oder, etwas versteckt im Fichtenwald, befindet sich das zugemauerte Mundloch des **Tiefen Oderstollens**, der 1769-83 und nochmals Anfang des 19.Jahrhunderts etwa 900 m weit querschlägig in den Morgensternberg hineingetrieben wurde. Von den insgesamt 25 überfahrenen und untersuchten Erzgängen erwies sich leider keiner als bauwürdig. Einige Gänge führten recht viel Zinkblende, die damals als Zinkerz allerdings noch keine Rolle spielte. Heute kann man auf der Halde vor dem Stollen Proben mit Zinkblende und Bleiglanz sammeln. Zu erreichen ist der Fundort auf einem zugewachsenen Fahrweg, der hinter der Oderbrücke vom Magdgrabtal-Weg nach links abbiegt und etwa

parallel zur Oder verläuft.
Auch der Aufstieg durchs Magdgrabtal hinauf zu den Gruben **Grafen Reichthum** (um 1674) und **Neue Weintraube** (1737-1769) lohnt sich. Der Weintraubengang wurde hier mit 3 Stollen und einem etwa 100 m tiefen, heute zugestürzten Schacht erkundet und teilweise auf Silber abgebaut (BLÖMEKE, 1885).
Die Pumpenkunst der sehr unvorteilhaft gelegenen Grube erhielt ihr Aufschlagwasser durch einen 3,8 km langen Graben aus dem nordöstlich gelegenen Brunnenbachtal, wo zu diesem Zweck 1755 der Brunnenbacher Teich, heute **Silberteich** genannt, angelegt wurde.
Auch die beiden anderen, nördlich vom Magdgrabtal ins Odertal einmündenden Täler der "Morgenstern" und die "Stölzerne Stiege" beherbergen Relikte sehr alten Bergbaus. Die Gruben **Morgenstern** und **Neue Fröhlichkeit** gehen auf die Zeit um 1550 zurück. Zahlreiche Stollenmundlöcher und Halden liegen rechts und links des Weges im dichten Unterholz verborgen. Auch das Kunstrad der 1757 neu aufgenommenen Grube **Neuer Theuerdank** und **Verlegter Weinstock** erhielt Aufschlagwasser aus dem Graben vom Brunnenbacher Teich (1. Fall), das hier abfallende Wasser floß dann durch den Weintrauber Graben, wie oben beschrieben, hinüber ins Magdgrabtal (2.Fall).
Etwa 1 km oberhalb des Morgensterntals öffnet sich das Haupttal zu einem weiten Kessel, neben dem durchs Untere Drecktal nach Braunlage führenden Weg lädt am Rande der Wiesen das Ausflugslokal Rinderstall zu einer Rast ein. Von hier aus kann man entweder auf der Lochchaussee, die gut 500 m nördlich des Rinderstalls vom Haupttal abzweigt, zum Rehberger Grabenweg bzw. nach St.Andreasberg hinaufsteigen, oder aber dem Oderfluß etwa 6 km weit talaufwärts bis zum Oderteich folgen. Ein anderer Wanderweg führt durchs Untere Drecktal steil hinauf zur Paßhöhe und hinüber zum **Silberteich** und nach **Braunlage**. Alle genannten Wege sind gut ausgeschildert.
Auch in der Umgebung dieses bekannten Harzer Erholungsortes gab es früher Erzbergbau. Das sich östlich ans Odertaler Revier anschließende **Steinfelder Revier** war wiederholt Gegenstand einer meist nur versuchsweisen Erzgewinnung. Die neben Blei, Zink und Kupfererzen einfach auftretenden Kobalterze gaben auch hier Anlaß zur Errichtung eines kleinen unbedeutenden Blaufarbenwerks, das nur 1756-1764 selbständig produzierte. Noch 1796 wurde das Werk als Außenstelle des viel bedeutenderen privaten Hasseröder Blaufarbenwerks (bei Wernigerode) weiterbetrieben. Die Anlage befand sich auf dem Gelände der Grube **Ludwig Rudolf** (1719 - 1761, wiederholte Untersuchungsarbeiten im 19.Jahrhundert, zuletzt 1915 - 1919)etwa 300 m nördlich des Kinderheims Waldmühle im Brunnenbachtal (nahe der Einmündung der B4 in die B27).
An verschiedenen Stellen fanden sich in der Nähe von Braunlage auch bauwürdige Eisenerz- (z.B. an den "Bergschächten" und am Hasselkopf südlich des Ortes) und Manganvorkommen (Pfaffenstieg, nördlich der Ortslage). Ausführlich berichtet AMELUNG (1987) über die Zeugnisse des früheren Bergbaus und des Hüttenwesens in der Umgebung von Braunlage.

Weiterführende Literatur zu Kap. 12:

Amelung (1987), Blömeke (1885), Döring (1996), Gebhard (1987), Günther (1909), Klähn (1985, 1994), Koritnig (1978), Laub (1966), Laub (1970/71), Ließmann (1990, 1997), Ließmann & Bock (1993), Niemann (1991), Schmidt (1989), Schnorrer-Köhler (1983), Werner (1910), Wilke (1952).

13. Eisen, Kupfer und Schwerspat - die Schätze des Südwestharzes

Die in den Bergen des südwestlichen Harzes verborgenen Vorkommen von Eisen- und Kupfererzen gaben Anlaß zu einem nicht unbedeutenden Bergbau, dessen Spuren sich bis in die frühgeschichtliche Zeit zurückverfolgen lassen. Erst in der Mitte des vergangenen Jahrhunderts begann auch die Nutzung des bis dahin als "taube Gangart" erachteten **Schwerspats**, der hier in großen Mengen auftritt.

Das weiße, heute auch **Baryt** (chemisch Bariumsulfat) genannte Mineral erhielt seinen Namen wegen seiner für ein "Nichterz" ungewöhnlich hohen Dichte von 4,5 g/cm^3 und seiner vollkommenen Spaltbarkeit.

Heute ist Schwerspat eines der wichtigsten Industrieminerale. Staubfein gemahlen finden reine Spatsorten Verwendung als hochwertige Farbpigmente und Füllstoffe in der Papier-, Lack-, Gummi- und Kunststoffindustrie, der Verkaufswert richtet sich nach dem Grad der "Weißheit". Große Mengen Bariumsulfat werden wegen ihrer Eigenschaft, Neutronen und Gammastrahlen zu absorbieren, im Reaktorbau gebraucht, kleine Mengen gehen in die Medizin als Röntgenkontrastmittel. Außerdem dient Baryt als "Erz" zur Gewinnung des Erdalkalimetalls Barium sowie dessen Verbindungen. Unreinere Sorten werden bei der Herstellung von Schallschutzelementen (z.B. in der Autoindustrie), oder zum Beschweren des Spülwassers bei Erdölbohrungen ("Bohrspat") verwendet.

Mit einer ursprünglichen Menge von knapp 7 Mio t abbaubarem Schwerspat gehören die Gänge des Südwestharzes zu den bedeutendsten europäischen Lagerstätten dieses Industrieminerals, das hier außerdem in großer Reinheit auftritt. So ist es nicht verwunderlich, daß die einheimische Bevölkerung mit einigem Stolz gerne vom "weißen Gold" des Harzes spricht.

Gegenwärtig ist die Schwerspatgrube **Wolkenhügel** das letzte produzierende Bergwerk im gesamten Harz nebst seiner weiteren Umgebung. Es bleibt zu hoffen, daß hier noch möglichst lange die Tradition des Harzer Bergbaus fortgesetzt werden kann, die vorhandenen Vorräte jedenfalls reichen bis ins 21.Jahrhundert.

Auf den gleichen Gangspalten findet man in diesem Gebiet Roteisenerz, Kupfererze sowie Schwerspat und Flußspat lokal zu "Mitteln" angereichert, deren Zusammensetzung allerdings recht uneinheitlich ist. Ihre Ausscheidung erfolgte unter hydrothermalen Bedingungen in zeitlich unterschiedlichen Mineralisationsphasen. Während derber Quarz und Sulfide einer älteren Generation angehören, sind Schwerspat und Flußspat stets einer jüngeren Folge zuzurechnen. Nach STOPPEL et al. (1983) erscheint ein Aufreißen und eine Mineralisation der Gänge während der Oberkreide, eventuell bis ins Tertiär hinein als wahrscheinlich (vor 80-100 Mio Jahren). In Form und Ausfüllung unterscheiden sich die Gänge des Südwestharzes deutlich von denen des Oberharzes und des St.Andreasberger Reviers, vor allem durch das weitgehende Fehlen von Blei-, Zink- und Silbererzen. Schwerpunkt dieses Lagerstättenreviers ist das Gebiet zwischen St.Andreasberg - Sieber - Bad Lauterberg und dem südlichen Harzrand (Abb.94). Zentrum der früheren Gewinnung und Verarbeitung der Kupfererze war das heutige Bad Lauterberg. Bis ins 17.Jahrhundert hinein besaß der Ort den Status einer Bergstadt. Heute ist das bekannte Kneippkurbad Sitz der Firma "Deutsche Barytindustrie", die 6 km nördlich der Stadt die Grube Wolkenhügel betreibt.

Abb.94: Lageskizze der Gruben des Südwestharzer Gangreviers ▶

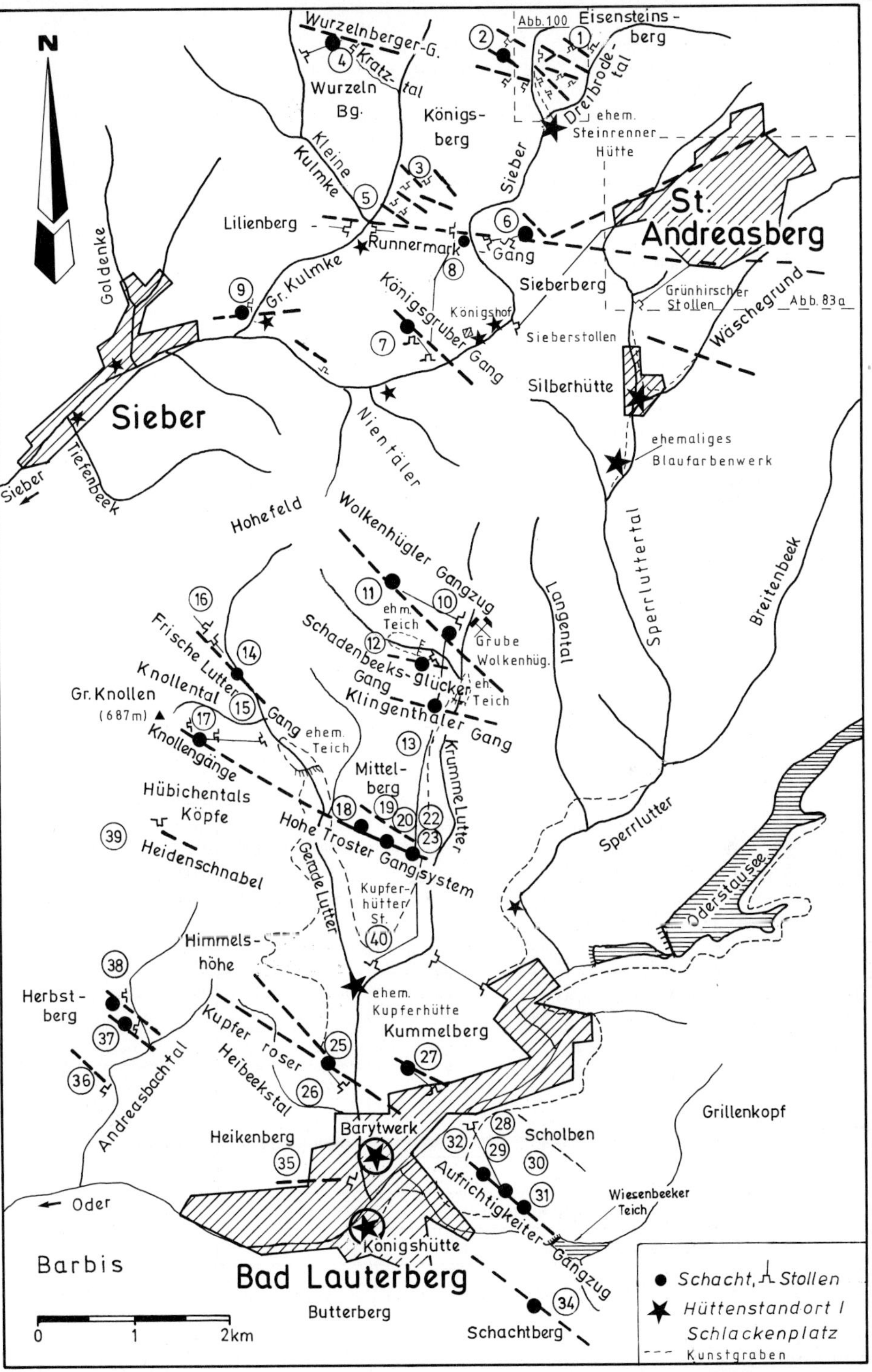

N
Wurzelnberger-G.
Kratz-tal
Wurzeln Bg.
Königsberg
Abb.100
Eisensteinsberg
Dreibrode-tal
ehem. Steinrenner Hütte
Kleine Kulmke
Sieber
St. Andreasberg
Lilienberg
Runnermark
Gang
Goldenke
Gr. Kulmke
Königsgruber Gang
Königshof
Sieberberg
Grünhirscher Stollen
Abb. 83a
Wäschegrund
Sieberstollen
Silberhütte
Sieber
Nientäler
ehemaliges Blaufarbenwerk
Sieber
Tiefenbeek
Hohefeld
Wolkenhügler Gangzug
Grube Wolkenhüg.
ehm. Teich
eh. Teich
Langental
Sperrluttertal
Breitenbeek
Frische Lutter Gang
Schadenbeeks-glücker Gang
Klingenthaler Gang
Knollental
Gr. Knollen (687m)
Knollengänge
ehem. Teich
Mittelberg
Krumme Lutter
Hübichentals Köpfe
Heidenschnabel
Hohe Troster Gangsystem
Gerade Lutter
Kupferhütter St.
Sperrlutter
Oderstausee
Himmelshöhe
Herbstberg
ehem. Kupferhütte
Kummelberg
Kupfer roser
Heibeekstal
Andreasbachtal
Grillenkopf
Barytwerk
Heikenberg
Scholben
Aufrichtigkeiter Gangzug
Wiesenbeeker Teich
← Oder
Königshütte
Barbis
Bad Lauterberg
Butterberg
Schachtberg
0
1
2km
Schacht, Stollen
Hüttenstandort / Schlackenplatz
Kunstgraben

Die wichtigsten Gruben des Südwestharzer Reviers (zu Abb. 94)
(nach STOPPEL & GUNDLACH, 1972 und STOPPEL et al., 1983)

Nr.	Grube bzw.Grubenfeld	Erz	Betriebszeitraum	Tiefe
1	Eisensteinsberg (12 Gänge, etwa 23 Gruben)(siehe Abb.100)	Fe	um 1520-1860	Stollenbetriebe über der Talsohle
2	Königsberg-Gr.Kulmke (14 Gänge, etwa 18 Gruben)	Fe	um 1520-1860	Stollenbetriebe über der Talsohle
3	Königsberg-Siebertal (8 Gänge, etwa 10 Gruben)	Fe	um 1520-1860	Stollenbetriebe über der Talsohle
4	Grube Wurzelnberg-Kratztal (4 Stollen, 1 Schacht)	Ba	1908-1972	etwa 80 m
5	Lilienberg- und Kulmkestollen	Ba	1968-1973	--
6	Berta- und Elfriedestollen Schacht Marie am Sieberberg	Ba	um 1912-1920	bis 20 m
7	Königsgrube im Quarztal (Stollen I-VIII)	Ba	1903-1971	146 m
8	Wetterüberhauen des Nordquerschlags der Königsgrube	Ba	1963-1971	40 m
9	Grube "Henriette" (Erzbrunnen an der Sieber)	Cu	1550-1749	ca 30 m
10	Grube Wolkenhügel (Ostschacht, heute über Rampe erschlossen)	Ba	1838 bis heute	350 m
11	Grube Johanne Elise	Ba	1887-1916, danach vereinigt mit 10	ca 50 m
12	Charlotte Magdalena (Schacht- und Tagesstollen)	PbZnAg	1738-1755	100 m
13	Klingentaler Richtschacht	(Cu)Ba	1848-1855	100 m
14	Grube Frische Lutter (Tagesstollen und Schacht)	Cu	1691-1766	69 m
15	Knollenbuchenstollen	Ba	1880-1951	--
16	Nördlicher- und südlicher Rothäuserstollen	Ba	1949-1951	--
17	Knollengrube (8 Stollen)	Fe(Ba)	18.Jh.-1925	180 m
18	Freudenberger Schacht	Cu	1738-etwa 1800	163 m
19	Louise-Christianer Blindschacht	Cu	1738-1836	180 m
20	Lutterseegener Schacht	Cu	1750-etwa 1800	190 m

21	Richtschacht	Cu	18.Jh.	280 m
22	Neuer Gesamtschacht	Cu	18.Jh.	150 m
23	Grube Hoher Trost (Schacht I, versch. Stollen)	Ba	1882-1979	ca 300 m
24	Alter Kupferroser Tagesschacht	Cu	1688-1748	265 m
25	Kupferroser Neuer Tagesschacht	Cu	1688-1748	206 m
26	Kupferroser Tiefer Stollen	Cu	1688-1748	63 m
27	Kummelszeche und Kummelsglück	Fe	1800-1850	ca. 100 m
28	Bremer Ruh (drei Stollen)	Ba	1841-1925	--
29	Aufrichtigkeiter Kunstschacht	Cu	1686-1737	155 m
30	Alter Aufrichtigkeiter Schacht	Cu	1686-1737	159 m
31	Neuer Aufrichtigkeiter Schacht	Cu	1686-1737	157 m
32	Aufrichtigkeiter Tiefer Stollen ca.1300 m lang	Cu	1686-1737	105 m
33	Scholmzeche (heute Besucherbergwerk)	Fe	Mitte 19.Jh. 1890	Stollenbetrieb
34	Schachtberg und Wolfshof	Fe/Pb (im Zechstein)	1710-1855	ca. 50 m
35	Bergschachtzeche	Fl	etwa 1775-1795	20-30 m
36	Flußspatgrube im Reineborntal	Fl	16.Jh. bis Mitte 18.Jh.	ca. 50 m
37	Flußgrube	Fl	16.Jh., 1742-1769	65 m
38	Flußspatgrube Barbis (Grimmigstollen)	Fl	1940-1959	143 m
39	Grube Heidenschnabel	Ba	1903-1925	Stollenbetrieb
40	Kupferhütter Stollen (ca.4000 m lang)	CuBa	1823-1855	Suchort Wasserlösungsstollen

Eisenerze wurden auf zahlreichen kleinen und mittelgroßen Lagerstätten, z.T. bis in dieses Jahrhundert hinein, abgebaut. Am bedeutendsten war die bis 1923 am gleichnamigen Berg betriebene **Knollengrube**, bekannt auch wegen des Vorkommens von knollenförmigem Rotem Glaskopf. Andere wichtige Erzlieferanten waren die Gänge des **Königsbergs** und des **Eisensteinsbergs** nordöstlich von Sieber, zwischen 1550 und 1860 bauten hier insgesamt etwa 100 kleine Eigenlehnerzechen auf Roteisenstein (siehe Kap.13.3).
Nur geringe wirtschaftliche Bedeutung hatte der lokal auf den Schwerspatgängen

auftretende Flußspat. Lediglich der **Flußgruber-** und der **Herbstberger Gang** im Gr. Andreasbachtal lieferten zeitweise größere Flußspatmengen. Die hier 1953-1959 von der **Harzer Fluorit-Bergbau GmbH** betriebene **Grube Barbis** (Grimmigstollen) lieferte etwa 4500 t dieses Industrieminerals.

13.1 Der Bergbau im Gebiet von Bad Lauterberg

Die Aufnahme des Eisen- und Kupferbergbaus verliert sich im Dunkel der Geschichte. Urkundlich sicher belegt ist, daß im Jahr 1402 von Zisterzienser Mönchen des Klosters Walkenried hier nach Kupfererzen gegraben worden ist. Eine erste Blüteperiode erlebte das Bergwesen um 1521, nachdem man im benachbarten Andreasberger Gebiet reiche Silbererze erschürft hatte. Beide zur Grafschaft Lutterberg gehörenden Reviere unterstanden den GRAFEN VON HCNSTEIN (siehe Kap. 12). Insbesondere in Zeiten schlechter Silberanbrüche wendeten sich viele Bergleute als Eigenlehner der Eisensteingewinnung zu. So entstanden in den Tälern von Sieber und Oder sowie am Südharzrand verschiedene Eisenhütten, deren berühmteste - die Staatliche **Lauterberger Königshütte** (seit 1732) weiter unten ausführlich beschrieben wird (siehe Kap. 13.2).

Die Kupferepoche

Der durch den 30jährigen Krieg stillgelegte, erst 1686 wieder aufgenommene Kupferbergbau erlebte in den ersten vier Jahrzehnten des 18. Jahrhunderts eine unvergleichlich reiche Ausbeuteperiode. Die beiden bedeutendsten Zechen hießen **Aufrichtigkeit** (Blütezeit 1686-1737) und **Kupferrose** (Blütezeit 1688-1726), sie bauten südöstlich bzw. nordwestlich von Bad Lauterberg auf dem gleichnamigen Gangzug (Abb. 95). Die reichen Kupfererzanbrüche gaben 1705 den Anlaß zum Bau einer **Kupferhütte** am Zusammenfluß der beiden Luttertäler (bis 1826 betrieben), das jetzt an dieser Stelle gelegene Forstamt führt heute noch diesen Namen (Laub, 1991). Etwas später wurden auch auf dem weiter nördlich gelegenen Hohe-Troster-Gangsystem Kupfererze erschürft. Der Bergbau konzentrierte sich auf den Gangabschnitt zwischen den beiden Luttertälern (Mittelberg), hier bauten zwischen 1738 und etwa 1800 die Gruben **Freudenberg, Luttersegen, Kupfersand** und **Louise Christiane** mit gutem Erfolg (Abb. 95).
Eine Eigentümlichkeit der Lauterberger Gänge war das Auftreten von sogenanntem **Kupfersand** in großen Mächtigkeiten. Der Ganginhalt bestand größtenteils aus lockerem, feinkörnigem Quarzsand, in dem die Kupferträger (Kupferkies, oxidische und karbonatische Kupferminerale, selten auch gediegenes Kupfer) feinverteilt eingelagert waren. Beigemengtes Eisenoxid gab dem Kupfersand oft eine rote Färbung. Die Gewinnung des lockeren Sanderzes erfolgte meist ohne aufwendige Schießarbeit nur mit "Kratze und Trog". Allerdings neigte das nicht selten stark wasserführende "Sandgebirge", insbesondere bei größeren Mächtigkeiten, leicht zum gefährlichen Ausfließen und machte einen soliden Grubenausbau erforderlich. Da der Abbau rasch zur Teufe fortschritt, ließen die bekannten Wasserlösungsprobleme nicht lange auf sich warten. Zur Versorgung des Kupferbergbaus mit Aufschlagwasser entstanden bis Mitte des 18. Jahrhunderts 8 Stauteiche und etwa 40 km Hanggräben. Ältester und einziger heute noch vorhandener Stausee ist der **Wiesenbeker Teich**. Südöstlich der Stadt gelegen, mit Seehotel, Campingplatz und Waldschwimmbad ist

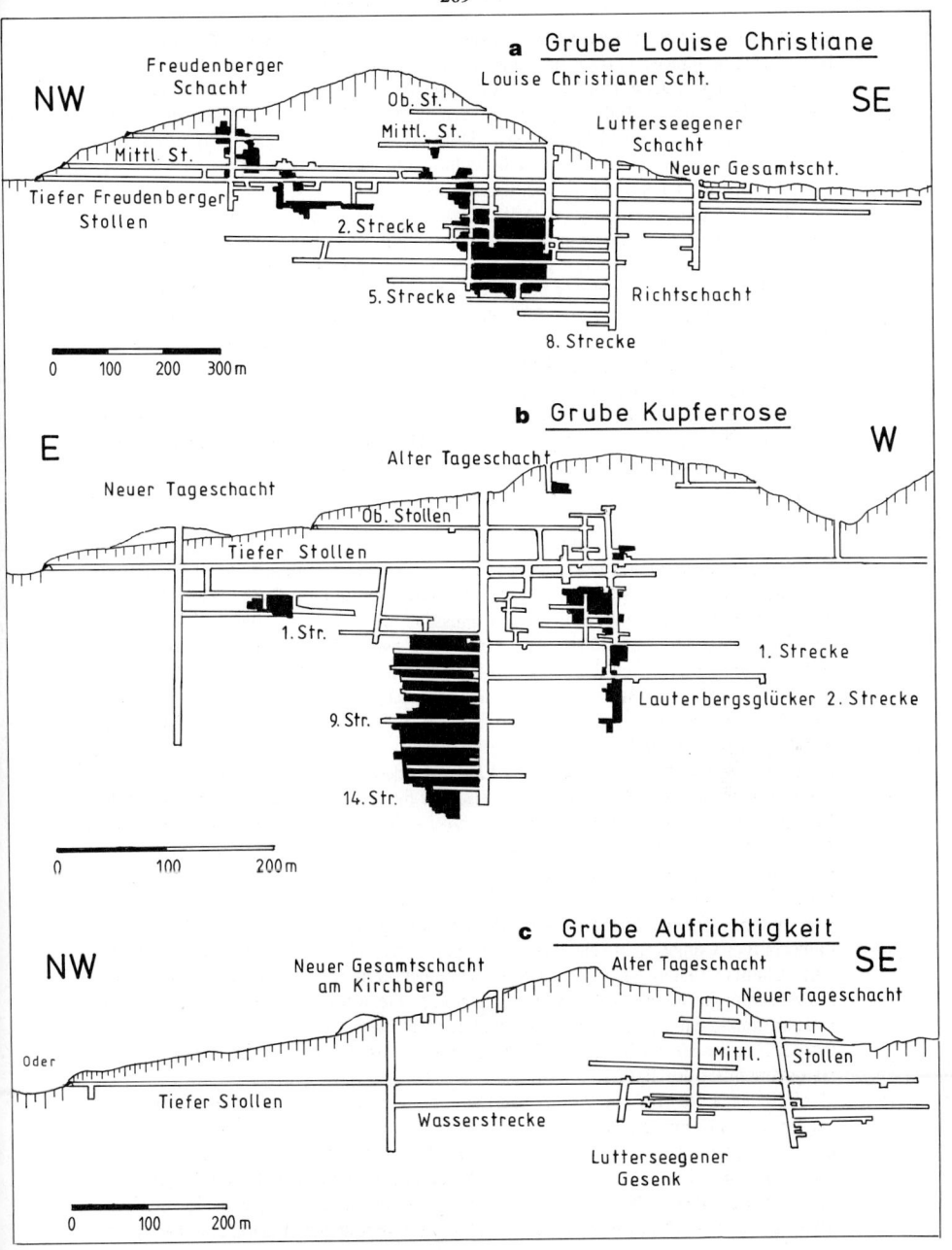

Abb. 95: Seigerrisse der drei wichtigsten Kupfergruben des Lauterberger
Reviers: a) Louise Christiane, b) Kupferrose und c) Aufrichtigkeit
(nach Unterlagen des OBA, Clausthal)

er heute eines der beliebtesten Ausflugsziele in der Umgebung des Kneippheilbades. Der 1715 begonnene, 1720-22 in seiner heutigen Form aufgeschüttete Damm staute Wasser für das Kunstrad der Grube Aufrichtigkeit, das unterhalb des Teichs stand und die Kraft mittels Feldgestängen zu den beiden, oberhalb des Tals gelegenen Schächten übertrug. Ein 11 km langer Zulaufgraben führte zusätzlich Wasser aus der Oder heran, sein Einlauf befindet sich heute innerhalb der Odertalsperre.
1718-1720 erhielt auch die Grube Kupferrose im Tal der Geraden Lutter, etwas unterhalb der Knollengrube einen Aufschlagwasserteich, der über zwei 4,5 bzw. 3,5 km lange Hanggräben die Kupferroser Künste mit Betriebswasser versorgte. Zur Vergrößerung des Wasserreservoirs baute man zusätzlich einen 6,1 km langen Zulaufgraben um den Mittelberg herum zum 1745 angelegten **Charlotte Magdalener Teich** (im Schadenbeek). Nach Einstellung der Grube Kupferrose leitete man das Wasser des **Kupferroser Teichs** durch eine 3,4 km langen Hanggraben entgegengesetzt um den Mittelberg herum ins Tal der Krummen Lutter zur Grube **Louise Christiane**.
Im Jahr 1808 brach der Damm des Kupferroser Teichs infolge eines schweren Unwetters, eine Reparatur und Wiederinbetriebnahme kam damals aus wirtschaftlichen Gründen nicht zur Ausführung. Die rechts und links der Geraden Lutter Talstraße noch gut erkennbaren Dammrelikte, Ausflut sowie die hier beginnenden Hanggräben geben einen interessanten Einblick in die bergmännische Wasserbaukunst des 18.Jahrhunderts.
Ende des 18.Jahrhunderts war der Abbau auf einigen Gruben bereits mehr als 200 m unter die Talsohle vorgedrungen. Die reiche, etwa 160 m tiefe Grube Aufrichtigkeit hatte schon 1737 aufgelassen werden müssen, weil das auf den tiefen Sohlen zusitzende Wasser nicht mehr zu bewältigen war. Trotz intensiv betriebener Sucharbeiten fanden sich keine neuen Kupfererzmittel von Bedeutung. Auch die Auffahrung des 1823 am Fuß des Mittelbergs, nahe der Kupferhütte angesetzten, parallel zum Tal der Krummen Lutter nach Norden getriebenen **Kupferhütter Stollens** blieb erfolglos.
Nach mehr als 4000 m querschlägiger Länge wurde der Stollen 1855 mit der Grube Wolkenhügel zum Durchschlag gebracht, später diente er für mehr als 100 Jahre zur Wasserlösung der Schwerspatgruben.

Der Schwerspatboom

Die umfangreichen Sucharbeiten nach Kupfererzen hatten gezeigt, daß die Lauterberger Gänge recht reich an Schwerspat waren, allerdings gab es bis Mitte des 19.Jahrhunderts kaum Verwendungsmöglichkeiten für diesen mineralischen Rohstoff. Zuerst waren es die Betreiber von Kornmühlen, die weißen Schwerspat aufkauften und ihn feingemahlen dem Mehl als "Ballaststoff" beimengten, damit es "schwerer" wurde, um so die Gewinnspanne zu verbessern! Später wurde die Farbindustrie Hauptabnehmer des Baryts.
1837/38 versuchten Privatleute aus Bad Lauterberg, eine bescheidene Gewinnung von Schwerspat im Tagebauen auf dem Wolkenhügeler Gang.
Da Schwerspat ein Grundeigentümermineral ist und die Lagerstätten in den staatlichen Wäldern lagen, mußten die Privatunternehmen einen Förderzins an die Forstämter abführen. Bis um 1870 waren die Fördermengen sehr gering, sie betrugen meist weniger als 100 t pro Jahr, zeitweise kam der Bergbau auch ganz zum Erliegen.

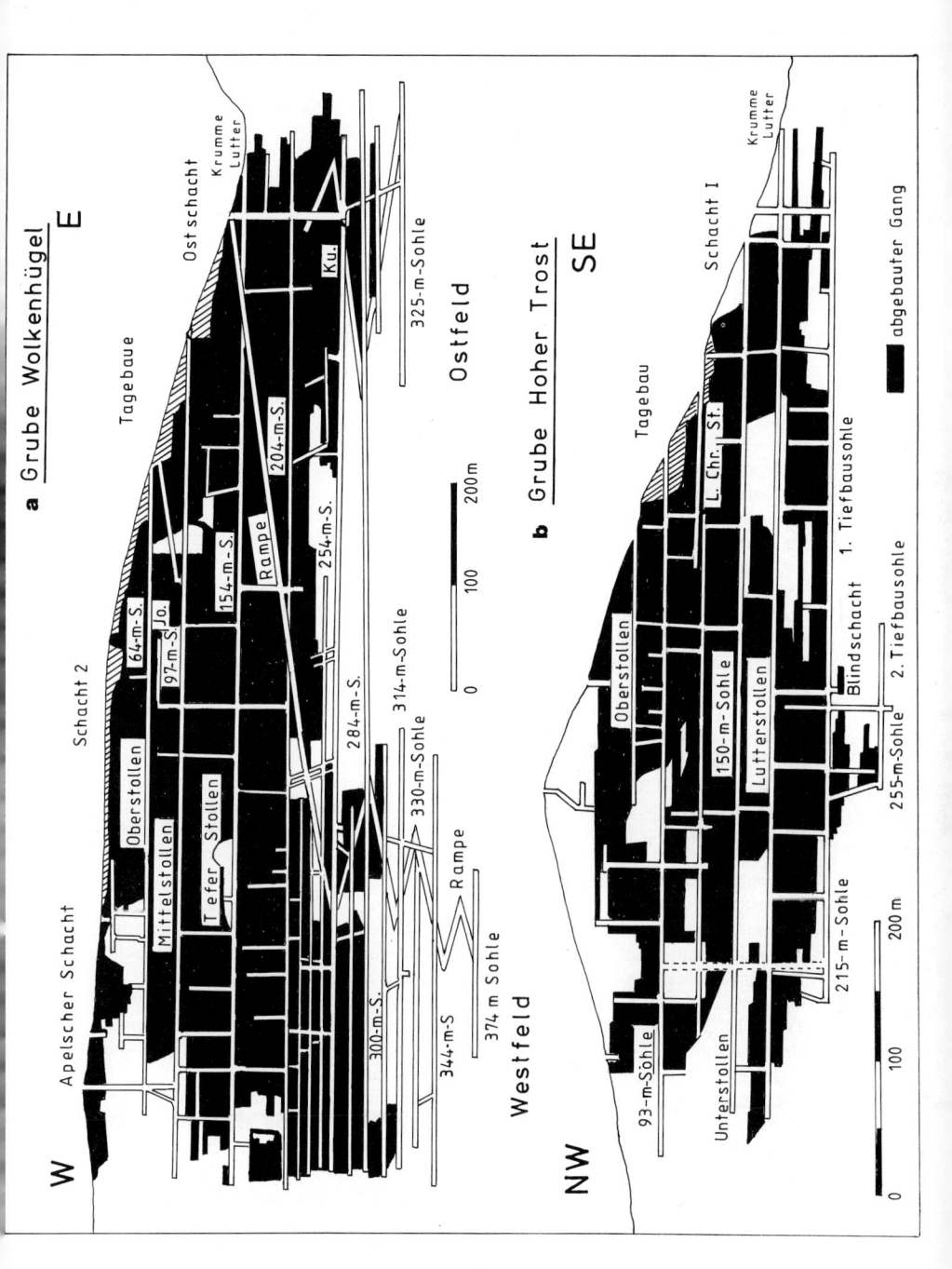

Abb.96: Schematische Seigerrisse der beiden wichtigsten Schwerspatgruben des Lauterberger Reviers
Die abgebaute Gangfläche ist schwarz dargestellt.
a) Wolkenhügel b) Hoher Trost (umgezeichnet nach STOPPEL et al. 1983)

Ursache war neben den ungünstigen, jeweils nur auf ein Jahr befristeten Pachtverträgen vor allem die starke Konkurrenz aus dem Richelsdorfer Gebirge in Nordhessen.
In der "Gründerzeit" nach 1871 besserten sich die Verhältnisse, verschiedene kleine Privatfirmen begannen auf der Basis günstiger Pachtverträge Schwerspat zu fördern. Die alte Grube Wolkenhügel und die westlich davon gelegene Grube **Johann Elise** wurden aufgenommen. Im Feld der 1836 eingestellten Kupferzeche Louise Christiane entstand 1882 das Schwerspatbergwerk **Hoher Trost** (Abb.96b).
Da die Unternehmer an schnellstmöglichem Gewinn interessiert waren, betrieb man vom Stollen aus einen unsystematischen Örterbau, der nur den reichsten Spatpartien galt, während oft mehr als 80 % des vorhandenen Schwerspats im Alten Mann zurückblieben, die später teilweise in einem mühsamen Nachlesebau gewonnen werden mußten. Um 1900 waren infolge des massiven Raubbaus trotz insgesamt großer Schwerspatvorräte kaum noch Anbrüche hochwertigen Spats vorhanden. Große Teile der Lagerstätten waren wegen der versatzlosen Bauweise bis über Tage zu Bruch gegangen, Ganginhalt und Nebengestein hatten sich miteinander vermengt, so daß eine Gewinnung nicht mehr möglich war. Die Vernachlässigung systematischer Aus- und Vorrichtungsarbeiten hatte sich gerächt.
Im Jahre 1899 übernahm der Chemiker DR.RUDOLF ALBERTI schrittweise alle Lauterberger Schwerspatgruben. Die neue Firma begann zunächst mit der Aufarbeitung alter Halden, die große Mengen von verunreinigtem "Abfallspat" enthielten. Durch geeignete Aufbereitungsmethoden und abschließende Behandlung mit Schwefelsäure gelang es, die störenden Eisen- und Manganoxidbeimengungen wegzulösen und den Spat zu bleichen und damit ein verkaufsfähiges Produkt zu erzeugen.
Wichtige Voraussetzung zum Vertrieb war 1886 die Anbindung Bad Lauterbergs an das Eisenbahnnetz. Nach 1900 entstand am Lauterberger Bahnhof eine Fabrik mit einem modernen Mahlwerk und einer naßmechanischen Aufbereitungsanlage. Eine 8 km lange Schmalspurbahn verband das Werk mit den Gruben in den beiden Luttertälern. Die untertägige Spatgewinnung erfolgte nun lagerstättenschonend, wie im Gangerzbergbau üblich, im Firstenstoßbau. Die jährliche Förderung stieg rasch auf 16000-18000 t an und ließ das Lauterberger Revier zu einem der bedeutendsten Schwerspatproduzenten des Deutschen Reichs werden.
Der erste Weltkrieg führte zu einem starken Rückgang der Produktion, da Baryt nicht zu den "strategischen Mineralen" gehörte. Statt dessen gab es Versuche, im Zuge der Kriegswirtschaft den hier vorkommenden schwarzen Manganmulm (oxidische Manganverbindungen, Wad) als Stahlveredelungserz zu gewinnen.
Mit der Errichtung einer zentralen Brech- und Waschanlage auf der Grube Hoher Trost (1922-24) schuf man die Voraussetzung für einen nun verstärkt betriebenen Nachlesebau im Alten Mann. Außerdem war es nun auch möglich, die geringerwertigen Gangpartien mit abzubauen und zu nutzen.
Die Grube Wolkenhügel entwickelte sich bald zum bedeutendsten Bergwerk des ganzen Reviers. Wie der in Abb.96 wiedergegebene Seigerriß zeigt, trennt eine glockenförmige Verquarzungszone die im Westfeld und Ostfeld tiefer herabsetzenden Schwerspatmittel voneinander.
Nach Übernahme der DBI durch die Kali-Chemie AG und die Sachtleben GmbH (Tochter der Metallgesellschaft) 1967 wurde der Grubenbetrieb schrittweise mechanisiert. An die Stelle von Druckluftbohrhammer "Kratze und Trog" sowie

gleisgebundenener Förderung traten hydraulische Bohrwagen, Dieselradlader und Lastkraftwagen (LHD-Technik). Die Auffahrung von Rampen und Wendeln (1973) im Querschnitt von 5 x 4 m ermöglichte einen gleislosen Transport nach über Tage und ersetzte die wenig leistungsfähige Schachtförderung.
Von bestimmten Übergabestellen in der Grube aus brachten nun normale Straßen-Lkw's den Rohspat zum Verarbeitungswerk nach Bad Lauterberg. Durch Übergang zum versatzlosen Teilsohlenbruchbau konnte die Leistung pro Mann und Schicht von 5-6 t im Jahre 1971 auf 20 t im Jahre 1980 gesteigert werden. Mit der Einführung von Magerbetonversatz 1986 ging sie zwar auf 16-17 t zurück, doch dadurch verminderten sich die Abbauverluste von 30 % auf 10%.
Gegenwärtig werden auf der Grube Wolkenhügel mit einer Grubenbelegschaft von 20 Mann jährlich 80-90000 t Rohspat gefördert, aus denen 35-39000 t verkaufsfähige Produkte erzeugt werden. Die Schwerspatführung des Wolkenhügeler Gangzugs reicht bis unter die derzeit tiefste Sohle (374-m-Sohle). Die Reserven belaufen sich auf etwa 1 Mio t.

Exkursionsziele rund um Bad Lauterberg

Der südwestliche Harz bietet zahlreiche Möglichkeiten für Wanderungen, die sowohl landschaftlich als auch montanhistorisch sehr lohnend sind.
Von Bad Lauterberg aus seien folgende Ziele empfohlen:

Günstiger Ausgangspunkt für eine Exkursion in die Täler von Krummer- und Gerader Lutter mit ihren Kupfer- und Schwerspatgruben sowie den alten Wasserwirtschaftsanlagen ist der Parkplatz bei den Sportanlagen an der Augenquelle. Von der B27 biegt man gegenüber dem Barytwerk nach Norden in Richtung Heibeek ab und fährt etwa 1 km talaufwärts bis zum Sperrschild.
Ein ausgeschilderter Fußweg führt nach links zur Augenquelle (am Waldrand hinter dem Sportplatz), neben der das vergitterte Mundloch des Tiefen Stollens der **Grube Kupferrose** liegt.
Von der Quelle aus führt ein schmaler Fußweg nach links durch eine kleine Eintalung bergaufwärts. Nach wenigen Minuten, kurz vor Erreichen des Planwegs, liegt direkt rechts neben dem Pfad der umzäunte **Neue Tagesschacht der Grube Kupferrose**, hinter dem sich ein großes Haldenplateau erstreckt. Seine gut erhaltene Tagesöffnung (Abb.97) ist eines der bedeutendsten technischen Denkmäler des Südwestharzer Bergbaus (HILLEGEIST, 1987).
Einmalig im Harzer Bergbau haben wir einen tonnlägigen doppeltrümigen Schacht vor uns, der nicht die übliche Bolzenschrotzimmerung zeigt, sondern mit Anhydritsteinen ausgemauert ist. Bereits 1720 wurde der 169 m tiefe Fahr- und Treibschacht bis in eine Teufe von 67 m auf diese Weise ausgemauert, das sehr druckhafte Sandgebirge hatte diese teure Maßnahme erforderlich gemacht. Doch sollte sich diese Aufwendung rasch bezahlt machen, denn bereits 1722 produzierte die Grube mit 74 Bergleuten 1400 Zentnern Kupfermetall. Der **Alte Kupferroser Schacht** befand sich weiter oben am Berg auf dem Gelände des ehemaligen Schießstandes. Auf der Halde lassen sich Proben des recht ungewöhnlichen weißen Gangartminerals **Anhydrit** ($CaSO_4$) aufsammeln, das nur hier in großen Mengen vorkam.
Nach Rückkehr zum Ausgangspunkt folgen wir der Luttertalstraße, an der Abzweigung der Krummen Lutter erinnert eine Hinweistafel an den Standort der

ehemaligen Kupferhütte. Wählen wir hier die nach Nordosten verlaufende Talstraße in der Krummen Lutter, so erreichen wir nach etwa 1,6 km die **Grube Hoher Trost**, die seit einigen Jahren stilliegt, doch dienen die Brecheranlagen auch jetzt noch zur Zerkleinerung des von der Grube Wolkenhügel geförderten Schwerspats. Rechts am Hang, längs des Gangausbisses befinden sich Halden und Pingen, die sich quer über den Mittelberg bis ins Tal der Geraden Lutter fortsetzen.

Nach weiteren 2 km zweigt links das Tal der Schadenbeek ab, nach etwa 200 m trifft man auf die Halde der Grube **Charlotte Magdalena** (1738-1755), ungewöhnlich für den Südwestharz treten hier Bleiglanz und Zinkblende in stärkerem Maße auf. Erste Schürfversuche gehen auf das Jahr 1663 zurück. Etwas oberhalb lag der gleichnamige Teich, der später auch die Grube Kupferrose mit Aufschlagwasser versorgte.

Von der Abzweigung der Schadenbeek sind es nur noch wenige 100 m auf der Hauptstraße bis zu den Werksanlagen der **Grube Wolkenhügel**. Der einzige direkt zugängliche Tagesausbiß des Gangs liegt unmittelbar östlich des Krumme Lutter Bachs, gegenüber vom Zechenhaus.

100 m weiter talaufwärts, direkt an der Straße, liegt das Mundloch der Rampe. Von den hier ausziehenden Abwettern kann man eine tüchtige Prise "Grubenluft" mitnehmen! Wer gut zu Fuß ist, kann auf den Schadensbeekkopf hinaufsteigen, wo einige - heute meist verfüllte - Tagebaue und Bruchpingen den Verlauf des Wolkenhügeler Gangzuges anzeigen.

Abb.97: Die erhaltene Tagesöffnung des Neuen Tagesschachts der Grube Kupferrose. Beide Schachttrümer sind mit Anhydritsteinen ausgemauert.

Wandern wir an der anfangs genannten Straßengabelung nach links das Tal der Geraden Lutter aufwärts, so erreichen wir etwa an der Abzweigung einer Foststraße ins Kleine Bärental, nach ca. 1,8 km, wieder den Hohen Troster Gangzug.

Hier am Westhang des Mittelbergs bauten im 18.Jahrhundert einige reiche Kupfergruben. Zahlreiche Halden und Gangausbisse sind lohnende Studienobjekte. Vorbei am 1808 gebrochenen Damm des **Kupferroser Teichs** (Hinweistafel) erreichen wir nach einem weiteren guten Kilometer links vom Bach die Halde des **Luttertal-Stollens**, über den 1902 bis 1925 die Förderung der **Knollengrube** lief. Eisenerze (z.T.Roter Glaskopf) und rötlich gefärbter Schwerspat lassen sich hier aufsammeln. Das Grubengebäude hatte eine NW-SE-Ausdehnung von etwa 1000 m und eine Höhe von bis zu 200 m (ERMISCH, 1904).
Trotz seines hohen Eisengehaltes war das Erz der Knollengrube früher nicht sehr geschätzt, da es größtenteils innig mit dem störenden Schwerspat verwachsen war. Erst als 1902 eine Aufbereitungsanlage in Betrieb genommen wurde, ließ sich ein brauchbares Hüttenerz mit 51-56% Fe erzeugen. Der hochreine Rote Glaskopf wurde herausgeklaubt und als Stückerz mit 67-68,5% Fe für Farben (Englisches Rot, Polierrot) und medizinische Zwecke verkauft. In der letzten Betriebsperiode (1915-1925) förderte die Ilseder Hütte hier 11070 t Eisenerz.
Seit 1995 ist das Mundloch des Luttertalstollens wiederhergerichtet, eine daneben aufgestellte Tafel informiert über die Geschichte des Eisenerzbergbaus.
Wir wandern weiter das Hauptal aufwärts, bis von links das Knollental einmündet, am Berghang nördlich von hier (Westflanke der Geraden Lutter) liegt der Frische Lutter Gang. Etwa 50 m über der Talsohle auf einem Plateau im Buchenhochwald befindet sich die Pinge des einst 69 m tiefen Tagesschachts der Grube **Frische Lutter**, die zwischen 1720 und 1766 etwa 22 t Kupfer lieferte. Um 1950 gewann man hier vom 380 m langen **Knollenbuchenstollen** aus etwa 12000 t Schwerspat.

Durch das Knollental steigen wir - der Ausschilderung folgend - hinauf zum **Großen Knollen**, mit 687 m Höhe der markanteste Aussichtsgipfel des Südwestharzes (Aussichtsturm, Gastwirtschaft). Im oberen Bereich des Tals führt der Fußweg direkt über die Halden des nordwestlichen Abschnitts der Knollengrube (Schachtpingen).

Der Gipfel des Großen Knollens besteht aus Alkalirhyolith (früher Quarzporphyr genannt), es handelt sich um den Rest einer einst ausgedehnten vulkanischen Ergußdecke aus der Zeit des Rotliegenden. Interessant sind kugelförmige Absonderungen ("Knollenporphyr") von wenigen Zentimeter bis zu 1 Meter Durchmesser, die im Harz nur hier vorkommen.
Für den Rückweg zum Parkplatz kann die landschaftlich reizvolle Route über Hübichentalsköpfe, Bärentalsköpfe zurück zur Augenquelle (ausgeschildert) empfohlen werden.

Ausgangspunkt für die zweite Wanderung ist das Kurhaus von Bad Lauterberg. Direkt am Kurpark, unmittelbar am Ostufer der Oder, liegt die **Scholmzeche**, seit kurzem Besucherbergwerk, auf der im vorigen Jahrhundert Eisenerze gewonnen wurden. Unmittelbar südlich von hier in einer kleinen Eintalung streicht der Aufrichtigkeiter Gangzug aus. Direkt über dem Ufer der Oder befindet sich ein markantes Plateau, es handelt sich um die eingeebnete Halde des **Tiefen Stollens der Grube Aufrichtigkeit**, der Anfang des 18. Jahrhunderts als Wasserlösungsstollen von hier dem Hauptgang nach Südosten folgend bis zu den Schächten (Abb. 95c) vorgetrieben wurde. Von den Bauen der Scholmzeche aus gelang es kürzlich, diesen alten Stollen anzufahren und etwa 200 m weit zu erkunden. Der in reiner Schlägel- und Eisenarbeit hergestellte, durchschnittlich 1 - 1,5 m breite und bis zu 4 m hohe

Stollen ist sowohl ein excellenter geologischer Aufschluß als auch ein montanhistorisch besonders wertvolles Objekt. Die an der Stollenfirste zu beobachtenden Gangbilder sind exemplarisch für die Lauterberger Ganglagerstätten. Die Gangfüllung besteht aus verschiedenen, rötlich gefärbten **Kupfersandtrümern**, tauben Gangletten und gelegentlich aus weißem Schwerspat, dessen Mächtigkeit in einzelnen linsenförmigen Mitteln bis zu 1 m erreichen kann.
Als bergbautechnische Rarität gilt ein hölzernes Gerenne, das auf der Stollensohle unter Versatzmaterial freigelegt werden konnte. Es besteht aus halbierten Fichtenholzstämmen, die nach Art eines "Einbaums" U-förmig ausgehauen sind und sich an den Enden ineinanderfügen lassen. Inzwischen ist geplant, den vorderen Abschnitt des Stollens mit in das Besucherbergwerk einzuschließen. Leider fiel bereits ein Teil des herrlichen Gangaufschlusses übertriebenen bergamtlichen Sicherheitsauflagen zum Opfer und verschwand hinter dickem Beton!

Vom Uferweg an der Oder aus lohnt sich der Aufstieg auf den Kirchberg und zur Bremer Ruh. Folgt man über Tage dem Verlauf des Aufrichtigkeiter Ganges, finden sich im Wald verschiedene alte Schürflöcher und Relikte kleiner Tagebaue. Jenseits der Paßhöhe liegt die große Pinge des Alten Aufrichtigkeiter Tagesschachts. Beim Abstieg von hieraus hinunter ins Engental, einem Nebental des Wiesenbeks können weitere Bergbaurelikte ausfindig gemacht werden. Keinesfalls sollte es versäumt werden, dem Wiesenbeker Teich, als letzten intakten Stauteich der Lauterberger Wasserwirtschaft, einen Besuch abzustatten. Der 1715 begonnene, in "Neuer Bauart" aufgeschüttete Damm gilt als ältester seiner Art im Westharz.
Als Rückweg bietet sich der Untere Kirchbergweg an, der etwa dem Verlauf des alten Hanggrabens in Richtung Odertal folgt.

13.2 Die Bad Lauterberger Königshütte

Kein montanhistorisch interessierter Reisender sollte es während eines Aufenthalts in Bad Lauterberg versäumen, der bekannten Königshütte einen Besuch abzustatten. Das in Familienbesitz befindliche Werk mit seiner inzwischen 260jährigen Tradition arbeitet heute als Gießereibetrieb.

Als in sich geschlossene, nahezu unverfälscht erhalten gebliebene Industrieanlage aus der Frühzeit des Merkantilismus ist der teils in neogotischem, teils in klassizistischem Stil errichtete Hüttenkomplex ein technisches Kulturdenkmal von nationalem Rang. Das südwestlich des Stadtkerns an der Oder gelegene Werk ist von der B 27 aus leicht erreichbar. An der Ampelkreuzung etwa in der Stadtmitte fährt man von der Hauptstraße nach Süden in Richtung Osterhagen-Bad Sachsa ab, biegt hinter der Oderbrücke rechts in die Hüttenstraße ein und erreicht nach etwa 600 m die Königshütte.

Die Lauterberger Königshütte entstand 1732/37 als fiskalisch-hannoversches Werk an der Stelle der früheren **Süssen Hütte**, die von vor 1580 bis um 1622 betrieben worden war. Diesen Platz wählte man, weil die Oder, angezapft durch einen 1,2 km langen Hüttengraben, ausreichend Wasserkraft spendete, die Wälder des Umlandes genügend Holzkohle lieferten und hochwertige Eisenerzvorkommen nicht allzu weit entfernt vorhanden waren. Wichtigste Rohstofflieferanten waren zunächst die

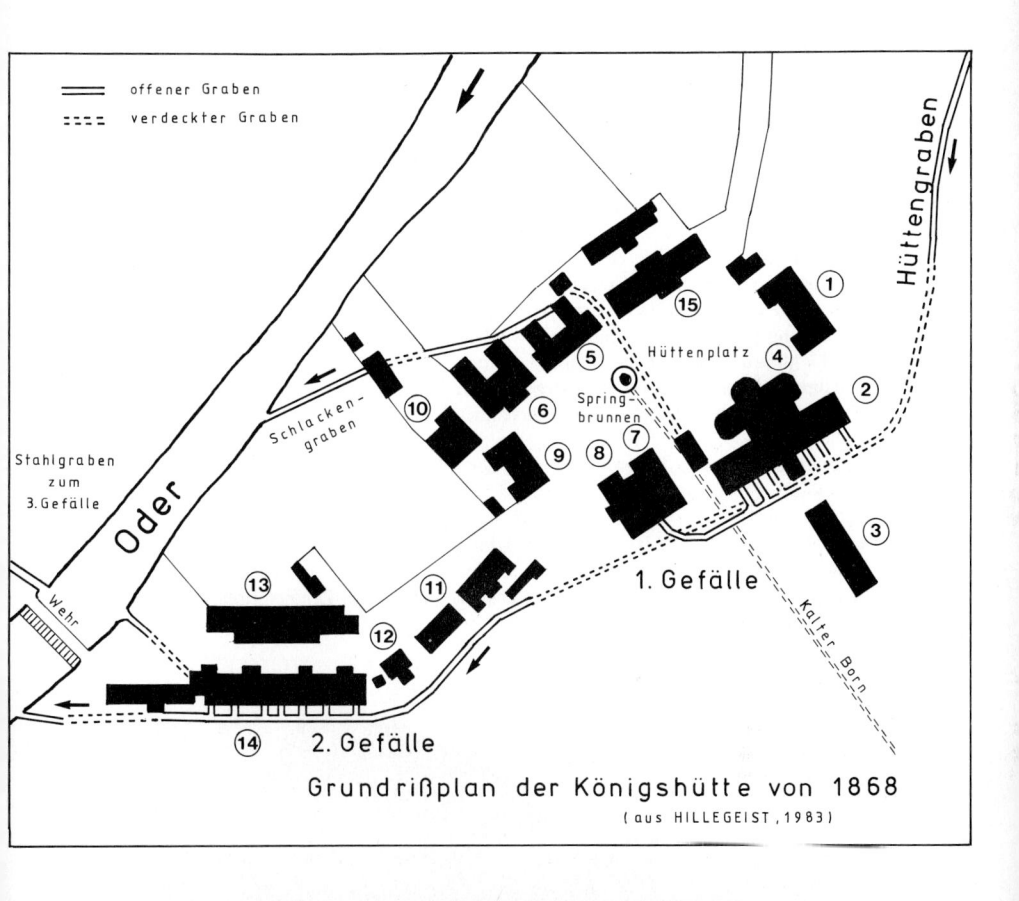

Abb. 98: Grundrißplan der Königshütte von 1868. Erläuterung der Gebäude:
1 = Modellhaus, 2 = Hochofenhütte und Gießerei, 3 = Kohlenschuppen und Eisenstein-Magazin, 4 = Formhaus, 5 = Maschinenhaus (Bohr- und Drehwerk), 6 = Eisenmagazin, 7 = Draht-Walzwerk, 8 = Walzwerk für Stab- und Schneideisen, 9 = Faktoreihaus, 10 = Schuppen, 11 = zwei Beamtenwohnhäuser, 12 = Probierhaus mit angebautem Backhaus, 13 = Kohlenschuppen, 14 = Frischhammergebäude, 15 = Hüttenschenke und Wohnung des Kohlenvogts (umgezeichnet nach HILLEGEIST, 1983)

Eigenlehnerbetriebe aus dem Raum Sieber-St. Andreasberg sowie die Gruben des Lerbacher- und Elbingeröder Reviers (siehe Kap. 14), später kamen auch Erze aus der Lauterberger Umgebung sowie der Knollengrube hinzu.

Die für damalige Verhältnisse große Hütte war mit zwei etwa 7 m hohen Hochöfen ausgestattet, von denen der eine rechteckig, der andere rund gemauert war. Beide Öfen erhielten ihre Verbrennungsluft durch zweifache, wasserkraftgetriebene Gebläse.

Das erzeugte Roheisen wurde flüssig abgezogen und in Barrenformen vergossen, die dann in der benachbarten **Frischesse** zu Stahl gefrischt wurden (Abb.98). In zwei zum Werk gehörenden **Hammerhütten** formte man den Rohstahl zu den verschiedenen, handelsüblichen Profilen um. Flach- und Quadratstäbe wurden auf Reckhämmern geschmiedet, Rundstäbe auf Zainhämmern (siehe Kap.6.2). Die Halbzeuge der Lauterberger Königshütte standen bereits im 18.Jahrhundert wegen ihrer hervorragenden "Geschmeidigkeit" in einem sehr guten Ruf. Zahlreiche Schmieden, vor allem aber die Clausthaler Zentralschmiede, fertigten hieraus die für die Oberharzer Silberproduktion notwendigen Werkzeuge und Geräte.

Auch die recht bedeutende Herzberger Gewehrfabrik erhielt von der Königshütte ihr "Platineneisen". Nach 1834 erzeugte das Werk verstärkt sogenanntes **Seileisen**, aus dem nach einem besonderen Verfahren in einer speziellen **Drahthütte** Eisendraht zur Herstellung der damals aufkommenden **Albert-Drahtseile** gezogen wurde.
Nicht unbedeutend und wegen ihrer Feinheit bewundert waren die Kunstgußerzeugnisse aus Lauterberg. Neben künstlerisch verzierten Ofenplatten, Grabkreuzen, Architekturelementen entstanden hier auch gußeiserne Monumente und große Statuen.
Ausführlich auf 52 Seiten beschrieb der Hüttenschreiber JOHANN GEORG STÜNKEL (1803) den Produktionsablauf auf der Königshütte.
Nach seinen Angaben waren hier damals 71 Hüttenarbeiter beschäftigt. Das Verwaltungspersonal bestand aus einem Administrator, einem Hüttenschreiber, einem Faktoreischreiber, einem Buchhalter und einem Gehilfen. In dieser Zeit erschmolz man aus jährlich etwa 3000 Fudern Eisenstein 9 bis 12000 Zentner Roheisen.

Abb.99: Ansichten der Königshütte in Bad Lauterberg:
a) Teil des Modellhauses

Die Gebäude, die der heutige Besucher vom gepflasterten Hüttenplatz mit dem markanten gußeisernen Springbrunnen in der Mitte erblickt, entstanden größtenteils zwischen 1820 und 1832, als das Werk grundlegend umgebaut wurde. Der in Abb.98 wiedergegebene Grundriß zeigt deren Lage. Eindrucksvoll ist das kürzlich restaurierte **Eisenmagazin**, dessen Fassade ganz im Stil des Klassizismus einem griechischen (dorischen) Tempel nachgebaut wurde (Abb. 99).

Die schräg gegenüberliegenden **Hochofen-**, **Gießerei-** und **Formereigebäude** waren hingegen im neogotischen Baustil gehalten und erinnerten sehr an sakrale Bauten. Leider sind von diesem Teil der Anlage nur noch einige bauliche Reste in der heutigen Gießhalle erhalten geblieben.

Nach 1871 kam die Hütte in private Hände, der inzwischen unrentable Hochofenbetrieb wurde aufgegeben und die weitergeführte Gießerei durch eine Maschinenfabrik ergänzt. An Stelle der ehemaligen Hammerhütten entstanden Mühlen für Korn und Holzstoff. Um 1890 lieferte das Werk etwa 50.000 Zentner Gußwaren und beschäftigte 250 Arbeiter. Damit war die Hütte zeitweise der bedeutendste Wirtschaftsfaktor für den Ort. Die heutige Firma, bis 1979 100 Jahre im Eigentum der Familie Holle bzw. ihrer Nachkommen, jetzt **Königshütte GmbH & Co** betreibt als mittelständisches Unternehmen mit etwa 70 Mitarbeitern vor allem Grau- und Kugelgraphitguß sowie Maschinenbau.

Der vom Oderwehr unterhalb des Kurparks bis zur Hütte führende Graben versorgt heute zwei kleine Wasserkraftwerke, die den vom Betrieb benötigten Strom erzeugen. Seit etwa 10 Jahren gibt es einen **Förderkreis Königshütte Bad Lauterberg e.V.***, der es sich zum Ziel gesetzt hat, soviel wie möglich von der wertvollen historischen Bausubstanz der einmaligen Anlage zu bewahren. 1986 gelang es, die Frontseite des Eisenmagazins aus Mitteln der Denkmalpflege zu restaurieren. In den letzten Jahren bemühte sich der Verein, das ehemalige Probierhaus zu sanieren, um darin ein kleines Hüttenmuseum einzurichten. Leider gehen diese Arbeiten wegen fehlender finanzieller Mittel nur sehr langsam voran. Auch die ehemalige Hüttenschenke und die Offizianten-Wohnhäuser sind dringend reparaturbedürftig.

13.3 Der Bergbau im Siebertal

Das Siebertal mit seiner Umgebung gehört nach Meinung vieler Harzkenner mit Abstand zu den schönsten und ursprünglichsten Landschaften des Südwestharzes. Neben einer reizvollen Natur laden zahlreiche, oft versteckt liegende Zeugnisse einer jahrhundertelangen Montangeschichte zu interessanten Exkursionen ein.

Bis Anfang der 80er Jahre war die landschaftliche Harmonie des weitgehend unberührten Großtals und damit auch die Existenz des Dorfes Sieber in seinem mittleren Abschnitt durch den geplanten Bau der Siebertalsperre(n) äußerst stark gefährdet. Inzwischen ist diese Gefahr glücklich abgewendet, durch die Sperrung der oberen Siebertalstraße ist auch die Belastung durch den an manchen Sommerwochenenden ausufernden Autotouristenstrom gebannt. Das unter Naturschutz gestellte Tal, gehört oberhalb der Einmündung des Dreibrodetals zum Nationalpark Harz.

*Kontaktadresse
Studiendirektor H.H. Hillegeist, Brauweg 9, 37073 Göttingen

Die Gründung der Ortschaft Sieber steht in engem Zusammenhang mit der Verarbeitung von Eisenerzen, die in den umliegenden Bergen gewonnen wurden. Wann sich die ersten Menschen dauerhaft im Siebertal niederließen, ist nicht überliefert. Die älteste Überlieferung der Flußbezeichnung "Sieber" stammt aus dem Jahre 1287. In einer Urkunde, die Liegenschaftsansprüche des Klosters Walkenried zum Inhalt hat, heißt es bei einer Lagebeschreibung: "inter duas aquas scilicet Oderam et Sevenam"(SCHUBART, 1972). Vermutlich gaben bereits im hohen Mittelalter der Holzreichtum der bis dahin unberührten Wälder und die vorhandene Wasserkraft Anlaß zur Errichtung erster Schmelzhütten. Leider gibt es hierüber kaum schriftliche Nachrichten. Doch einige alte Schmelzplätze (z.B. in der Gr. Kulmke), auf denen unter jüngeren Eisenschlacken ältere Buntmetallschlacken gefunden wurden, die eindeutig auf die Verhüttung von Rammelsberger Erzen zurückzuführen sind, geben Hinweise auf eine wahrscheinlich mittelalterliche Montanwirtschaft, an der das Kloster Walkenried maßgeblichen Anteil hatte.

Der Bergbau auf den Roteisensteinvorkommen am **Königsberg** und am **Eisensteinsberg** nordöstlich von Sieber, begann etwa zeitgleich mit dem Aufblühen der St.Andreasberger Silbergruben um 1530. Während die Bergleute vorwiegend aus St.Andreasberg kamen, entwickelte sich im Siebertal eine kleine Eisenhüttensiedlung. Die erste urkundliche Nachricht vom Dorf Sieber stammt aus dem Jahre 1574, darin wird der Ort **"Sieffe"** genannt. In späteren Schriftstücken heißt es **"Up de Seefer"** (1590) oder **"Up de Seebe"** (1615).
Im Gebiet des heutigen Siebers gab es mindestens drei privat betriebene **"Sieberhütten"** (vor 1574 bis 1756). Zentrum der damaligen Ansiedlung war die Hochofenhütte am heutigen **"Hüttehof"** südlich vom "Hotel zur Krone". Eine weitere Schmelzhütte lag vor der Einmündung des Tiefenbeeks, wo jetzt der Parkplatz der Freizeitanlage "Große Wiese" ist. Die **"Untere Sieberhütte"** befand sich vermutlich auf dem Wiesengelände unterhalb des heutigen Friedhofs, das heute noch im Volksmund als "Schlackenwiesen" bezeichnet wird.
Nach Einstellung der Eisenhütten lebte die Sieberaner Bevölkerung hauptsächlich von der Waldarbeit und der Köhlerei.
Für eine montanhistorische Wanderung eignet sich neben dem oberen Abschnitt des Siebertals vor allem auch das Tal der **Gr. Kulmke**, das etwa 1 km östlich von Sieber von Norden her in das Haupttal einmündet. Direkt an der Straßenabzweigung befindet sich ein interessanter Schlackenplatz mit typischer Schwermetallflora. Im Frühsommer blühen hier Frühlingssternmiere, Taubenkropfleimkraut und die berühmte Haller'sche Grasnelke in dem umzäunten kleinen Birkenwäldchen. An der Stelle befand sich vermutlich einst die **Glockenhütte** (1596 erwähnt). Auf dem verfallenen, zur Sieber führenden Hüttengraben verläuft heute teilweise der Autoschutzweg. Wie Funde von Rammelsberger Erzen beweisen, wurde hier einst Buntmetall erschmolzen.
Vom Wanderparkplatz aus talaufwärts gerichtet erreicht man nach etwa 1,3 km die Einmündung der Kl. Kulmke. Halbrechts bietet sich ein schöner Blick auf die kahle Flanke des Königsbergs, die auf ihrer gesamten Höhe von zahlreichen kleinen und großen Haldenplateaus übersät ist. Seit dem 16. Jahrhundert bis 1864 bauten hier viele kleine Eigenlehnerzechen auf etwa 10 Erzgängen Roteisenstein ab. Um 1800 waren 18 Gruben belegt, die wegen der günstigen Hanglage ausschließlich von Stollen aus das Erz gewannen. Es lohnt sich ein Aufstieg zu den Gruben, entweder

direkt durch das gegenüber der Kleinen Kulmke vom Königsberg herabkommende Hanebaumtal (kein fester Weg!), oder aber bequemer, etwa 400 m talabwärts über eine alte Betonbrücke und dann dem einstigen Erzabfuhrweg(heute Holzrückweg), schräg den Hang hinauf bis zu den alten Eisensteingruben.

Bis 1972 wurde auf dem fast Ost-West streichenden Lilienberg-Runnermark Gang Schwerspat gewonnen (Lilienbergstollen an der Straßenbrücke über die Kleine Kulmke und gegenüber am Fuße des Königsbergs der Kulmkestollen).

Etwa 3 km weiter die Kulmke hinauf, kurz vor der Einmündung des Eschentals befand sich am Fuß des Königsbergs (hier Leimtalkopf genannt) die Kupfergrube **Neues Reiches Glück**, auch **Schmelzersglück** genannt (1719-1802). Die erhaltene Schachtpinge heißt im Volksmund einfach nur "das Kupferloch!"

Das obere Siebertal erwandert man am bequemsten vom Parkplatz an der Straßenabzweigung nach St.Andreasberg aus. Nur wenig zeugt im Gelände noch von der hier an der Einmündung des Quarztals zwischen 1903 und 1971 betriebenen **Königsgrube**. Von 9 Stollen aus gewann man hier über eine Bauhöhe von 180 m insgesamt 250.000 t Schwerspat. Der 1963 vorgetriebenen 1200 m langen Nordquerschlag unterfuhr den Königsberg bis zum Lilienberg-Runnermark Gang, wo ein Wetterüberhauen direkt neben der "Steinernen Brücke" im Siebertal aufgefahren wurde. Montangeologisch ausführlich bearbeitet wurde dieses Gebiet durch STOPPEL und GUNDLACH (1972).

Seit 1900 erlebte die Schwerspatgewinnung im Siebertal einen ähnlichen Aufschwung wie im benachbarten Bad Lauterberg. Neben der Königsgrube wurden 9 weitere Schwerspatgruben aufgenommen, von denen die **Grube Wurzelnberg** 40.000 t und die **Grube Kratzecke** 30.000 t Spat lieferten. Der hier gewonnene Rohspat wurde anfangs zu der am heutigen "Hotel zum Paradies" errichteten **Schwerspatmühle** (1907 bis etwa 1930) transportiert. In der einfachen Aufbereitungsanlage erfolgte eine Dichtetrennung des zuvor zerkleinerten Spats von den stets beigemengten Verunreinigungen. Am Ende dieses Reinigungsprozesses erhielt man ein schneeweißes, verkaufsfertiges Barytmehl.

Nur wenige 100 m unterhalb des "Hotels zum Paradies", am Fuße der "Steilen Wand" befand sich die zwischen 1898-1922 betriebenen Schwerspatgrube **Aurora**. Im Flußbett der Sieber ist der hier ausstreichende Schwerspatgang gut aufgeschlossen. Bei der Planung einer Eisenbahnlinie von Herzberg über Sieber - St.Andreasberg - Braunlage nach Elbingerode vor dem Ersten Weltkrieg spielte der Reichtum an Schwerspat eine wesentliche Rolle. Die immensen Baukosten (Tunnel!) und die wirtschaftlich schlechten Zeiten nach dem verlorenen Krieg verhinderten die Ausführung dieses Projekts.

Im Talkessel von Königshof, den wir auf der Siebertalstraße durchqueren, befanden sich eine, wahrscheinlich sogar mehrere Eisenhütten, wie verschiedene Schlackenplätze und Grabentrassen vermuten lassen. Zur recht bedeutenden **Königshofer Hütte** (vor 1574-1705) gehörte eine Siedlung von etwa 15 Häusern, darunter auch ein "Krug". Nachdem die Hütte wegen Holzmangels stillgelegt werden mußte, verschwand auch die Ansiedlung, lediglich das heutige Forsthaus blieb bestehen.

Unterhalb der Freizeitanlage an der Einmündung des Gr. Nesseltals lohnt sich ein Abstecher über die Sieberbrücke (Abzweigung des ausgeschilderten Fußwegs nach St.Andreasberg) zu einer kleinen, ziegelgedeckten Hütte, neben der sich das Mundloch des **Sieberstollens** (siehe Kap.12) befindet.

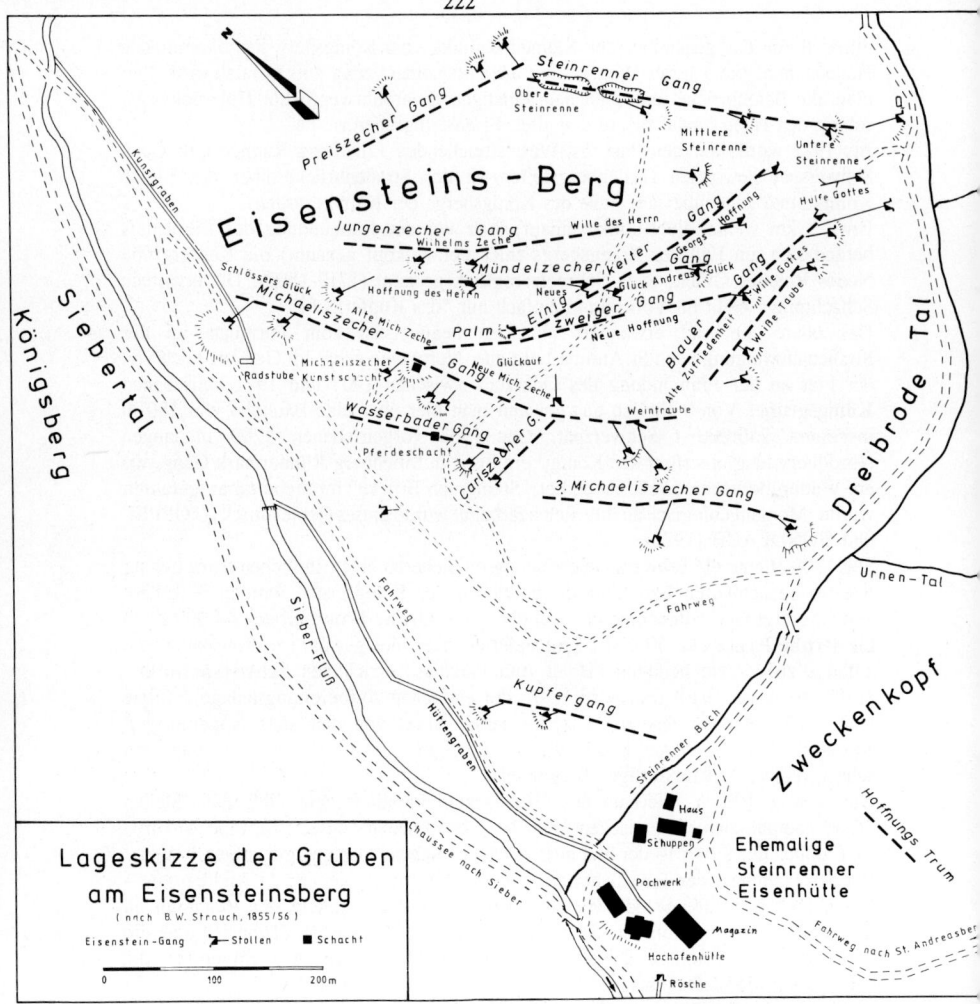

Abb. 100: Lageskizze der wichtigsten Gruben am Eisensteinsberg im oberen Siebertal
(nach Unterlagen des OBA Clausthal)

Den Standort der jüngsten und zugleich bedeutendsten Eisenhütte erreichen wir etwa nach 2 km an der Einmündung des **Dreibrodetals** (früher Steinrenne genannt) ins Siebertal. Der Hochofen, der zwischen 1788 und 1857 als Außenstelle der Lauterberger Königshütte betriebenen **Steinrenner Hütte** befand sich an der Stelle des jetzigen Parkplatzes neben der Straßenabzweigung (Abb. 100 zeigt den Grundriß der Hütte). Bekannt ist dieses Hüttenwerk durch die nur hier erzeugten

himmelblauen, glasigen Schlacken, die wegen ihrer schönen Maserung auch irreführend als "**Sieberachat**" bezeichnet werden, man kann sie links und rechts der Siebertalstraße aufsammeln. Von der Sieber fortgespülte und abgerundete blaue Schlackenstückchen finden sich heute bis hinunter nach Herzberg in den Sandablagerungen des Flusses!
Haupterzlieferant war der **Eisensteinsberg**, der sich als steiler Rücken zwischen Siebertal und Dreibrodetal erhebt. Um 1800 bauten auf seinen Erzgängen 26 Gruben Roteisenstein ab (Abb.100). Sehr bedeutend waren die Gruben auf dem **Steinrenner Gang** und dem **Michaeliszecher Gang**. Auch hier handelte es sich fast ausnahmslos um Stollenbetriebe, nur die Grube **Michaeliszeche** verfügte über einen Kunstschacht (etwa 90 m tief), Aufschlaggraben und Radstube sind am Westfuß des Berges noch gut erkennbar. Sehr eindrucksvoll sind auch die alten steilen Hohlwege, auf denen im Winter mittels Schlitten und im Sommer mit zweirädrigen Karren (**Höhlen** genannt) das zuvor in den Buchten vor den Stollen vorgeschiedene Erz zur Hütte geschafft wurde. Man sollte sich schon etwas Zeit lassen dieses im Hochwald gelegene, nicht leicht zugängliche Revier in Ruhe zu studieren.
Jedem montangeschichtlich interessierten Besucher kann ein Abstecher in das Gebiet um das ehemalige **Forsthaus Schluft** (1974 abgerissen) nur empfohlen werden. Weitere 2 km im Haupttal aufwärts öffnet sich, nachdem die Sieber eine Schlucht zwischen dem Verlobungsfelsen und der Frischbacheinmündung passiert hat, der weite Schlufter Talkessel mit seinen Bergwiesen. Rechts der Straße, etwa 200 m unterhalb des einstigen Forsthauses (heute Schutzhütte mit einem Brunnen davor) liegt auf der Wiese die überwachsene Halde der Hütte **"Schwarze Schluft** (1617-1659). Im Dreißigjährigen Krieg wurde die Anlage 1626 durch dänische Truppen zerstört. Zeitweilig gehörte das später wieder aufgebaute Werk einem gewissen JOHANN DIEGEL aus Clausthal, der 1626 Zehntner in Zellerfeld war, später nach Kongsberg in Norwegen auswanderte und es dort zum Berghauptmann der Silbergruben bachte (mdl. Mitt. v. Herrn H.-H. HILLEGEIST, Göttingen).
Der Hüttengraben ist am Waldrand (das Trafohäuschen steht darauf!) gut verfolgbar. Nördlich von Schluft treten links und rechts des **Gr.Sonnentals**, wie die Fortsetzung des Siebertals heißt, auf Quarzgängen auch Kupfererze auf, die Ende des 17.Jahrhunderts zur Aufnahme der beiden bedeutendsten Kupfergruben des Siebergebiets führten. Die westlich vom Tal am Hang des Sonnenkopfs bauende Grube **Sonnenglanz** (Ende 17.Jh.-1747) war 154 m tief. Zur etwa 40 m über dem Talgrund liegenden Schachtpinge führte ein 860 m langer Kunstgraben einst das im weiter oben im Sonnental abgeleitete Sieberwasser. Schräg gegenüber, jenseits der Sieber am Schlufterkopf befand sich der 90 m tiefe Schacht der Grube **Sonnenaufgang** (Ende 17.Jahrh.-um 1750). Für das nötige Aufschlagwasser sorgte ein 1580 m langer Graben, der nach Südosten bis ins Fischbachtal führte.
Liebhabern einsamer Wanderungen sei abschließend der Weg am **Sonnenberger Graben** entlang (Ausgangspunkt: Parkplatz am Sonnenberger Wegehaus), südwestlich um den Großen Sonnenberg herum, die kleinen Seitentälchen der Fischbach querend bis zur Einmündung in den Rehberger Graben bei St.Andreasberg empfohlen.

Weiterführende Literatur zu Kap.13:
Ermisch (1904), Fleck (1909), Hillegeist (1974, 1977 und 1993), Heberling und Stoppel (1988), Kummer (1932), Laub (1991), Ließmann (1989), Schmidt (1989), Simon (1979), Stoppel & Gundlach (1972), Stoppel et al. (1983), Stünkel (1803).

14. Die Zentren des Harzer Eisenerzbergbaus

Zahlreiche kleine und große Eisenerzvorkommen machten den Harz jahrhundertelang zu einem der hervorragendsten deutschen Eisenerzeugungszentren. Einen starken Aufschwung erlebte die Eisenindustrie im 18.Jahrhundert, als die Anrainerstaaten im Geiste des Merkantilismus bestrebt waren, ihre Eisenversorgung möglichst autark zu gestalten. Zahlreiche fiskalische Hütten entstanden neu, häufig dort, wo sich früher bereits Privatwerke befanden, die aufgrund hoher Verschuldung ihre Produktion einstellen mußten (Abb.101).

Insbesondere im Oberharz stand die Eisenerzgewinnung stets im Schatten des viel ertragreicheren Silberbergbaus. Eisen war in erster Linie ein "Hilfsmetall" zur Herstellung von Werkzeugen und Geräten für die Erzeugung vermünzbaren Silbers. Eisenhütten errichtete man, wie das Beispiel der Königshütte (s.S.216) zeigt, stets abseits der Silberhütten in Gebieten mit hinreichender Wasserkraft (Großtäler), gesicherter Holzkohlenversorgung und verwertbaren Erzvorkommen in der näheren Umgebung.

Mit dem Eisenbahnzeitalter entstanden nach 1850 außerhalb des Harz moderne Hüttenwerke mit Kokshochöfen (Georgsmarienhütte, 1858, Ilseder Hütte, 1860), die ganz neue Produktionsmaßstäbe setzten und dem modernen Industriezeitalter zum Durchbruch verhalf, war der Niedergang des klassischen Harzer Eisenhüttenwesens besiegelt. Zwar versuchten einzelne Hütten sich durch technische Neuerungen (Einsatz von Koks, Winderhitzer, Puddelöfen) der Entwicklung anzupassen, trotzdem änderte sich nichts am allgemeinen Rückgang.
Eine wichtige Marktlücke für die Harzer Hütten war lange Zeit die Produktion von "Holzkoheroheisen", das, da weitgehend frei von Verunreinigungen (kein Schwefel), zur Erzeugung spezieller Stahlsorten besser geeignet war als "Koksroheisen". Auf der **Rothehütte** wurde erst 1925 der letzte Holzkohlenhochofen ausgeblasen !

Von den in Abb.101 dargestellten etwa 30 bedeutenden Eisenerzvorkommen wurden bereits die Spat-und Brauneisensteinvorkommen am **Iberg** bei Bad Grund (siehe Kap.11.2) und die Roteisensteingänge des Südwestharzes (siehe Kap.13.3) kurz angesprochen. Wirtschaftlich am bedeutendsten waren allerdings mit Abstand massige **lagerförmige Roteisensteinvorkommen**, die überall dort auftreten, wo auch mitteldevonische Grünsteine (Diabase) zu finden sind. Im Harz gibt es drei Stellen, an denen diese Eisensteinlager des sog. **Lahn-Dill-Typs** gehäuft vorkommen und jahrhundertelang intensiv bergmännisch gewonnen wurden. Nacheinander wollen wir die drei Hauptdistrikte etwas eingehender betrachten:

* **Oberharzer Diabaszug**
* **Revier von Wieda-Zorge im Südharz**
* **Elbingeröder Komplex im Mittelharz**

Abb.101: Eisenerzvorkommen und Standorte wichtiger Eisenhütten im Harz. ▶

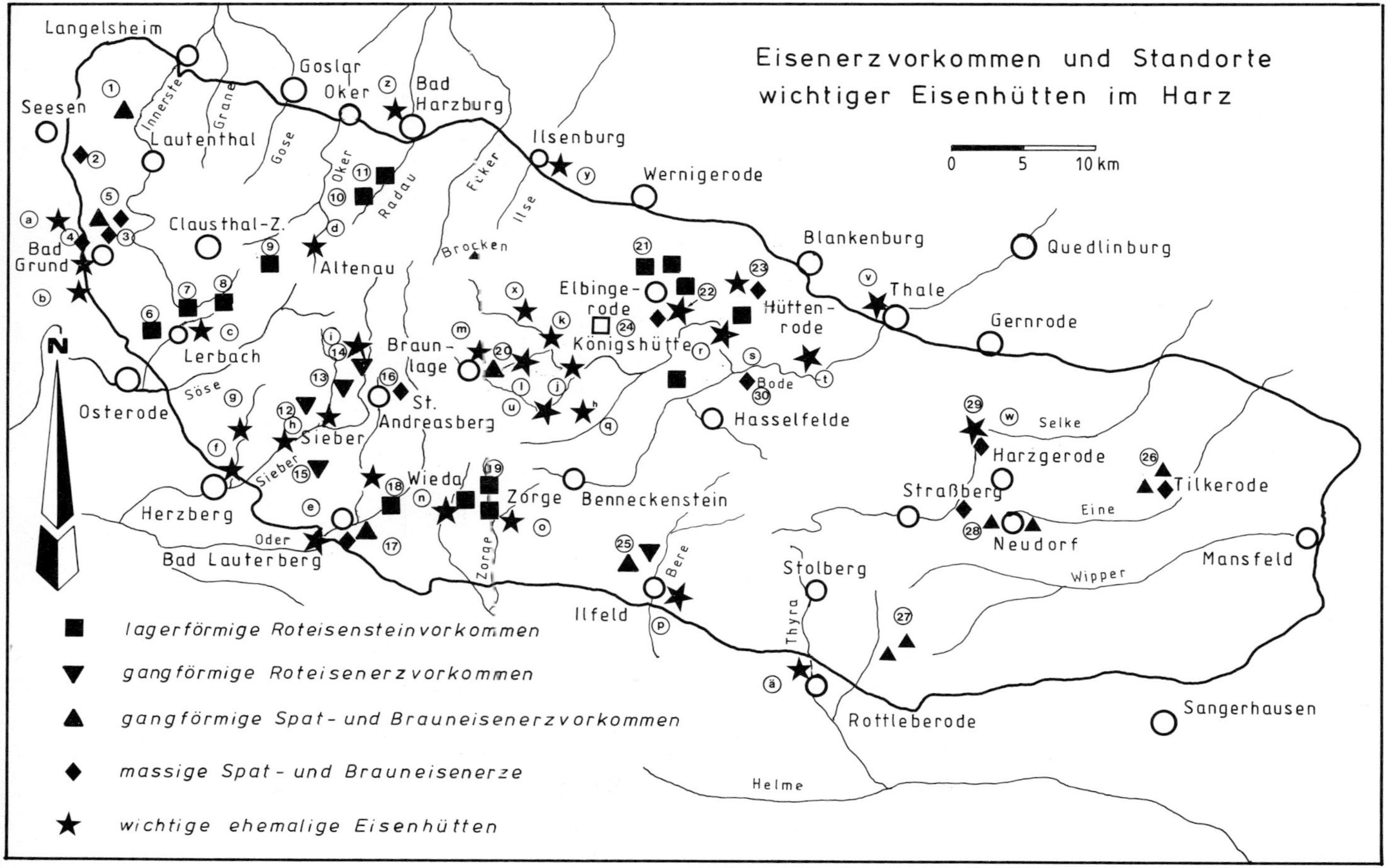
Eisenerzvorkommen und Standorte
wichtiger Eisenhütten im Harz
0 5 10 km
N
Langelsheim
Seesen
Lautenthal
Goslar
Oker
Bad Harzburg
Ilsenburg
Wernigerode
Blankenburg
Quedlinburg
Thale
Gernrode
Bad Grund
Clausthal-Z.
Altenau
Brocken
Elbingerode
Königshütte
Hüttenrode
Lerbach
Osterode
Braunlage
St. Andreasberg
Sieber
Hasselfelde
Harzgerode
Tilkerode
Straßberg
Neudorf
Wieda
Zorge
Benneckenstein
Herzberg
Bad Lauterberg
Ilfeld
Stolberg
Rottleberode
Mansfeld
Sangerhausen
Innerste
Grane
Gose
Oker
Radau
Ecker
Ilse
Söse
Sieber
Oder
Zorge
Bode
Selke
Eine
Wipper
Bere
Thyra
Helme
lagerförmige Roteisensteinvorkommen
gangförmige Roteisenerzvorkommen
gangförmige Spat- und Brauneisenerzvorkommen
massige Spat- und Brauneisenerze
wichtige ehemalige Eisenhütten

Die wichtigsten Harzer Eisenerzreviere (zu Abb. 101)

1.	Gegentaler Gangzug (Grube Friederike)	16.	Roter Bär / St. Andreasberg
2.	Bakenberg-Lindthaler Gangzug	17.	Schachtberg / Bad Lauterberg
3.	Iberger Revier	18.	Grillenkopf - Hohe Thür / Steina
4.	Rösteberg bei Grund	19.	Wieda-Zorger-Revier
5.	Hüttschental bei Wildemann	20.	Braunlager Revier
6.	Hohebleeker Revier	21.	Elbingeröder Revier (Grube Büchenberg u.a.)
7.	Lerbacher Revier	22.	Großer Graben / Mühlental
8.	Buntenbocker Revier	23.	Hüttenröder Revier (Grube Braune Sumpf u.a.)
9.	Polsterberger Revier	24.	Mandelhölzer Revier (Blanke- und Bunte Wormke)
10.	Altenauer Revier im Trogtal (Magnetenstollen)	25.	Ilfelder Revier
11.	Spitzenberger Revier (Mammutstollen)	26.	Tilkeröder Revier
12.	Gr. Kulmke-Königsberger Revier	27.	Langental-Siebengemeindehölzer-Revier
13.	Siebertal-Königsberger Revier	28.	Straßberg-Neudorfer Gangzug
14.	Eisensteinsberger Revier	29.	Teufelsberg b. Silberhütte (Gruben Castor und Pollux)
15.	Knollengrube	30.	Neuwerker Revier (Stahlberg)

Die wichtigsten Harzer Eisenhütten seit dem 18.Jahrhundert (zu Abb.101)
(nach WEDDING 1881, HILLEGEIST 1974)

	Name/Hüttenstandort	Betreiber	Betriebszeit	verschmolzene Erze
a	Teichhütte Gittelde	Communion-fiskalisch	1431-1868	Iberg, Gegental, Willershausen
b	Neue Hütte bei Badenhausen (Frischfeuerhütte)	königl. hannov.	vor 1491-1868	Iberg, Oberh. Diabaszug
c	Lerbach	königl. hannov.	1784-1929	Oberh. Diabaszug
d	Altenau	königl. hannov.	16.Jahrh. bis 1871 1764 erneuert	Oberh. Diabaszug
e	Königshütte b. Lauterberg	königl. hannov.	seit 1732 bis heute	Königsberg, Gr. Knollen, Elbingerode, Roter Bär
f	Lonauer Hammerhütte	privat	um 1550-1890	wie g
g	Lonauer Eisenhütte	privat	um 1550-1753	Oberharz. Diabaszug
h	Sieberhütten	privat, später königl. hannov.	um 1574-1756	Königsberg, Eisensteinsberg
i	Steinrenner Hütte im Siebertal	königl. hannov.	1789-1857	Eisensteinsberg, Königsberg, Elbingerode
j	Rothehütte Neue Hütte	königl. hannov.	seit 14.Jh. 1707 bis 20.Jahrh.	Elbingerode, Mandelholz
k	Mandelholz Frischhütte	königl. hannov.	1612 bis um 1720, erneuert 1767 als Frischhütte	Elbingerode, Mandelholz
l	Elend	königl. hannov.	1778 bis Mitte 19.Jahrh.	Elbingerode, Mandelholz
m	Braunlager Eisenhütte	herzog.braun-schweig.-lünebg.	vor 1561-1796	Elbingerode, Mandelholz
n	Wieda	herzog.braun-schweig.-lünebg.	16.Jahrh.-1790, neugebaut 1845, ab 1875 bis 1970 als Gießerei	Wieda-Zorger Revier, später auch Elbingerode
o	Zorge	herzog.braun-schweig.-lünebg.	um 1550, 16.Jahrh. bis heute, 1858 neugebaut	Wieda-Zorger Revier, später auch Elbingerode

p	St.Johannishütte bei Ilfeld	herzog.braun-schweig.-lünebg.	um 1550 bis 1788 Hochofen	Ilfelder Revier, Rottleberode
q	Tanne	herzog.braun-schweig.-lünebg.	1355 bis 20.Jahrh.	Hüttenrode
r	Rübeland	herzog.braun-schweig.-lünebg.	1867 privat bis 1907	Hüttenrode
s	Neuwerk	herzog.braun-schweig.-lünebg.	um 1400 bis nach 1840 1867 privat	Hüttenrode
t	Altenbrak	herzog.braun-schweig.-lünebg.	vor 1550, 1648 erneuert, seit 1728 bis 1867	Hüttenrode
u	Sorge an der Bode	königl.preußisch	1506 bis 19.Jahrh.	Elbingerode (Büchenberg)
v	Thale	königl.preußisch	vor 1740, 1770 erweitert, 1686, seit 1790 fiskalisch, bis heute	Elbingerode, z.T. aus Schlesien
w	Mägdesprung a.d.Selke	fürstl.anhalt.	1646 bis 1875	Neudorf-Harzgeroder Revier, Gemeindewald, Tilkerode
x	Schierke	gräfl.stolberg-wernigerödisch	1669 bis um 1840	Elbingerode (Büchenberg und Hartenberg)
y	Ilsenburg	gräfl.stolberg-wernigerödisch	Mitte 15.Jahrh.bis heute	Elbingerode (Büchenberg)
z	Mathildenhütte b. Harzburg	preußisch, privat	1542-1707, ab 1860/61	Harzrand, Salzgitter
ä	Josephshütte bei Rottleberode	gräfl.stolberg-stolbergisch	ab 1360/61-1827 (Kupferhütte), 1833 bis 1874	Langestal-Gemeindewald

WEDDING (1881) gibt für die Harzer Eisenhüttenindustrie folgende Produktionsstatistik:

Jahr	Anzahl der Hütten	geschätzte Jahresproduktion
1500	32 (34 Rennfeuer)	800 t schmiedbares Eisen
1600	33 (6 Hochöfen, ca. 30 Renn- und Frischfeuer)	1500 t schmiedbares Eisen und 150 t Gußeisen
1700	18 (14 Hochöfen und 23 Frischfeuer)	3000 t schmiedbares Eisen und 780 t Gußeisen
1800	20 (22 Hochöfen und 35 Frischfeuer)	4300 t schmiedbares Eisen und 1600 t Gußeisen

14.1 Roter Stein und Blauer Stein - der Eisenerzbergbau auf dem "Oberharzer Diabaszug"

Neben den Spat- und Brauneisenerzvorkommen im Gegental südlich Langelsheim und am Iberg bei Bad Grund stellten die **lagerförmigen Roteisensteinvererzungen des Oberharzer Diabaszugs** die wichtigsten Eisenlagerstätten des Oberharzes dar. Die Bildung dieser Vererzungen geht auf die Zeit des oberen Mitteldevons (vor etwa 360 Mio Jahren) zurück, als weite Teile Mitteleuropas von einem großen Meeresbecken bedeckt waren. Im Gebiet des heutigen Oberharzes erstreckte sich damals von Südwesten nach Nordosten eine Schwellenregion ("Westharzschwelle"), an deren Rändern sich tiefreichende Bruchspalten bildeten. Besonders an der Südostflanke verursachten diese Störungen einen intensiven untermeerischen Vulkanismus. In mehreren Phasen wurden hier große Massen basaltischen Magmas gefördert, wovon ein Teil als Lava relativ ruhig auf dem Meeresgrund ausfloß. Die rasche Abkühlung des über 1000°C heißen Schmelzflusses auf die Meerestemperatur verursachte markante, kugelig-schalige Absonderungen, die allgemein **Kissenlaven** genannt werden. Für den Geologen sind sie ein sicheres Indiz für einen "submarinen Vulkanismus". Daneben fanden auch heftige Explosionsausbrüche statt, wobei die unter hohem Gasdruck stehende Schmelze förmlich herausgeschossen wurde. Es entstanden Aschen, Lapilli und Bomben, die sich als Tuffschichten auf dem Meeresboden ablagerten. Solche unsortierten, chaotischen Gesteine heißen **Schalsteine** und sind typische Begleiter der Roteisenerzlager (Schalsteinzüge). Die nachfolgende Einwirkung von vulkanisch aufgeheiztem Meerwasser auf die erstarrte Schmelze führte zur Umwandlung des primär schargrauen Basalts in einen graugrünen **Diabas**. Bei diesem Prozeß bildeten sich unter Wasseraufnahme auf Kosten der beiden wichtigsten Basaltkomponenten Augit (Fe-Mg-Silikat) und Plagioklas (Ca-Na-Feldspat) die neuen Minerale Chlorit, Albit und Epidot. Besonders das grüne Schichtmineral Chlorit verleiht dem Diabas seine typische Färbung, die ihm auch die alte Bezeichnung **Grünstein** einbrachte. Im Gefolge der untermeerischen Vulkantätigkeit traten nahe der Eruptionszentren am Meeresboden heiße Quellen aus, die neben anderen gelösten Bestandteilen auch an Chlor gebundenes Eisen mitführten. Bei Mischung mit dem kalten, sauerstoffreichen Ozeanwasser schied sich die gelöste Metallfracht als feinkörniges Eisenoxid (**Hämatit**) aus und sank in der Umgebung der Austrittstelle gemeinsam mit ebenfalls ausgefällter Kieselsäure (Quarz) und oder Calciumkarbonat (Kalkspat) zu Boden. Etwa zeitgleich bildeten sich am Nordwestrand der Schwelle die Buntmetallerze des Rammelsbergs. Nach Abklingen der vulkanischen Aktivitäten überdeckten tonige und kalkige Sedimente die in Becken abgelagerten scheibenförmigen Erzlinsen. Die nachfolgende varistische Auffaltung der gesamten Meeresablagerungen führte zur Zusammenpressung und teilweise zur Steilstellung der Erzlager.

Heute finden wir die perlenschnurartig angeordneten Erzkörper längs der Südwest-Nordost streichenden Diabaszüge (Abb.102). Zwischen Osterode, Lerbach und dem Polsterberg erstreckte sich ein 12 km langer, max. 500 m breiter Hauptzug, der im Nordwesten von einem weniger bedeutenden, 3 km langen und bis 350 m breiten Nebenzug begleitet wird. Die nordöstliche Fortsetzung des Hauptzugs findet sich zwischen Altenau und Bad Harzburg, wo ebenfalls bedeutende Eisenerzmengen vorkommen.

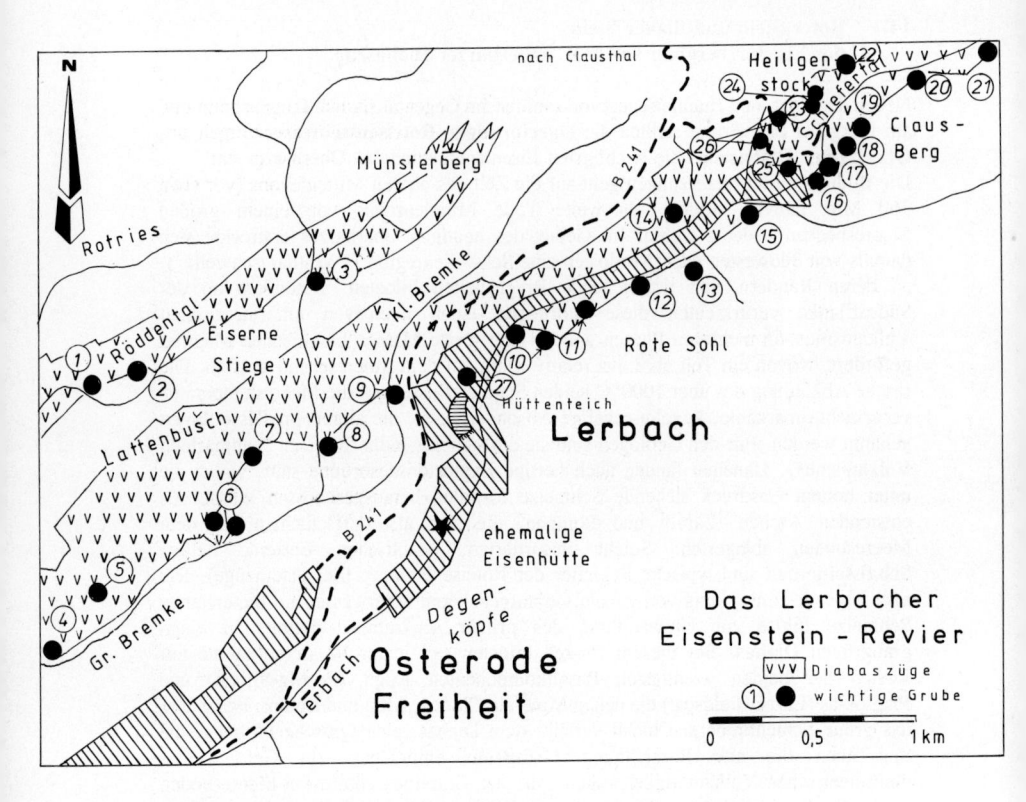

Abb.102: Lageskizze der wichtigsten Eisensteingruben des Lerbacher Reviers.

Verzeichnis der wichtigsten Eisensteingruben des Lerbacher Reviers (zu Abb. 102)
(nach BROEL 1963, JORDAN 1976 und KOCH 1991)

Grube	Betriebszeit	Länge bzw. Teufe
1. 1.,2.u.3. Röddental und Abendröthe	1794, 1831-36	?
2. Neuer August	?	?
3. Schönenbergzeche	1690, 1726-1844	?
4. Dorothee am Kl.Sonnenkopf	1743-1794	?
5. Johann Georg	?	?
6. Hohenbleeker Tiefer Stollen	1743, 1833-67, 1880-87, 1902-10 Versuche	400 m

7. Obere Hohebleek Schacht	1743, 1833-67, 1880-87, 1902-10 Versuche	60 m tief
8. Stollen am Dürrenkopf	Ende 18. Jahrh.	?
9. Sonnenscheiner Tiefer Stollen	1781-1861	441 m
10. Grube Mühlenthal, Stollen Grube Mühlenthal, Schacht	1636, 1753, 1870	450 m
11. Grube Segensberg, Schacht	1636-1751, 1800-1849	115 m tief
12. Grube Mühlenberg, Tiefer Stollen	ab 1636-1708, 1781-1861	520 m
13. Schacht Neue Caroline	1830-1860	83 m tief
14. Danielszeche, Glück Auf, Löwenthals Pinge, Glückes Wohlfahrt	1750-1850	bis 20 m
15. Güldene Kircher Stollen	1680-1835	110 m
16. Julius Zecher Tiefer Stollen	1774-1887-1904, 1936-41	265 m
17. Grube Weintraube, Tiefer Stollen (Feld Jakob)	1787-1861	150 / 210 m
18. Grube Weintraube, Oberer Stollen (Feld Kranich)	1783-1861	155 m
19. Grube Blauer Busch, Stollen und 2 Schächte	um 1760-86, 1793-1862	185 m lang, bis 37 m tief
20. Neuer Weger Tiefer Stollen	1694-1836	890 m (360 m)
21. Schacht Neufang	2. Hälfte 19. Jahrh.	25 m tief
22. 3 Stollen am Schieferberg (Neuer Georg, Englische Treue, Grüner Hirsch)	1794-1845	bis 50 m
23. Tiefer Stollen im Schiefertal	um 1669, 1738-1745	420 m
24. Grube Ernst August (2 Stollen)	1845-1848	ca. 20 m
25. Kleeberg	1778-1787	32 m
26. Unterer und Oberer Glücksstern (2 Stollen)	1831-36, 1837-50	65 m
27. Sonnenschein in Lerbach (Stollen)	1771-1861	131 m

Die einzelnen Erzlinsen hatten durchschnittliche Mächtigkeiten von 1-2 m. Auf den Gruben nördlich von Lerbach fanden sich max. um 4 m mächtige Lager, die in Einzelfällen durch Spezialfaltung und Aufschiebungen sogar bis zu Dicken von 14-20 m zusammengestaucht sein konnten.

Die Erztypen

Die Eisensteinbergleute unterschieden grundsätzlich zwei Typen von Lagererzen: den schweren, kalkigen, hämatitreichen **Blauen Stein** mit Eisengehalten von durchschnittlich 18-25 % und den leichten, quarzreichen **Roten Stein** mit etwa 20-25 % Eisen. Trotz etwa ähnlicher Eisenanteile war der karbonatreiche Erztyp wegen seiner besseren Verhüttungseigenschaften geschätzter als der harte, jaspisartige "Rote Stein". Mancherorts ging diese Erzsorte stufenlos über in ein dichtes, durch feinverteilten Hämatit leuchtend rot gefärbtes Quarzgestein, das **Jaspilit** genannt wird und nicht mehr als Eisenerz, sondern bei geeigneter Ausbildung als hübscher Halbedelstein Verwendung findet.

Eine weitere Erzart trat nur im nördlichen Abschnitt des Diabaszuges auf. Durch die Platznahme magmatischer Schmelzen im Oberkarbon (Brockengranit und Harzburger Gabbro) wurden die umgebenden Gesteinsschichten stark aufgeheizt. In der als "Kontakthof" bezeichneten, 1-2 km breiten Zone entstanden aus Schiefern und Diabasen splittrige Hornfelse. Das in den Lagern dominierende Erzmineral Hämatit (70 % Fe) wandelte sich bei dieser "Temperung" größtenteils in den schwarzen Magnetit (72,4 % Fe) um. Die ausgeprägte Kontaktmetamorphose führte hier zu einer Veredelung der Lagererze. Die wichtigsten **Magneteisenstein**-Vorkommen fanden sich am Spitzenberg nordöstlich von Altenau. Auf den Grubenfeldern des **Mammuthstollens** und des **Friedrichzecher Stollens** wurden durchschnittlich 1,5-2,5 m mächtige Lager angetroffen.

Zur Bergbaugeschichte des Lerbacher Reviers

Eisenerzbergbau und -verhüttung gehen im Revier des Diabaszuges bis in das Mittelalter zurück. Nach WEDDING (1881) sind Eisenhütten im Raume Osterode-Lerbach seit 1460 urkundlich belegbar, vermutlich aber begann ihre Geschichte schon erheblich eher.

Die erste Blütezeit dieses Bergbaus ist zeitlich korrelierbar mit der Wiederaufnahme der Oberharzer Silbergewinnung nach 1521, für die große Mengen Eisenerzeugnisse benötigt wurden. Schon damals wurden die Lagererze gemeinsam mit anderen Harzer Eisenerzen - z.B. vom Iberg bei Bad Grund (siehe Kap.11) - verhüttet. Die Mischung von kieselsäurereichem "Roten Stein" des Lerbacher Reviers und basischem Spateisenerz vom Iberg ergab einen Möller, der sich günstig auf die "Schlackenbildung" auswirkte. In diese Zeit fallen zahlreiche Gründungen von Eisenhüttenorten, wie die Karte (Abb.101) zeigt.

Eine zweite Blüteperiode der Eisenindustrie reichte von etwa 1660 bis zur Zeit der napoleonischen Kriege. Die Gewinnung des Eisensteins erfolgte nun staatlich gelenkt in Kleinbetrieben durch sogenannte **Eigenlehner**. Sie arbeiteten als Pächter in ihren jährlich vom Bergamt neu verliehenen Grubenfeldern auf eigene Rechnung und erhielten vom Fiskus für das geförderte Erz den staatlich festgesetzten **"Langerlohn"**. Meist handelte es sich um kleine Zechen, auf denen nur wenige Hauer arbeiteten. In einer Aufstellung aus dem Jahre 1837 zählte ZIMMERMANN allein im Gebiet zwischen Osterode und Altenau 102 Gruben. Damals baute man selbst noch 0,3 m mächtige Lagerpartien ab.

Abnehmer des Eisensteins waren anfangs ausschließlich die fiskalischen, später auch die privaten Hüttenwerke (Gittelde, Osterode, Lerbach, Sieber, Bad Lauterberg). Im

Lerbacher Hochofen wurden 1803 aus 2300 t Roherz etwa 460 t Eisen erzeugt. Die dritte und letzte Betriebsperiode begann 1830 und endete 1887 mit der Stillegung der letzten Lerbacher Grube. Die Erze gingen vorwiegend an die 5 staatlichen hannoverschen Eisenhütten, die um 1830 pro Jahr rund 4000 t Roheisen erschmolzen.

Nach BROEL (1963) waren bei Lerbach bis 1873 noch 13 Gruben mit 118 Mann Belegschaft im Betrieb. Im Altenauer Gebiet produzierten damals noch 6 Eisensteinzechen, die ihr Erz an die 1868 stillgelegte Altenauer Hütte lieferten.

Um 1860 waren bei Lerbach 9, bei Altenau noch 6 Eisenzechen in Betrieb (Abb.102).

Mit der Einführung des "Preußischen Allgemeinen Berggesetzes" im Jahre 1867 wurden die Eigenlehner zu Eigentümern ihrer Grubenfelder.

Aus Mangel an Kapitalkraft konnten die Privatbesitzer ihre kaum wirtschaftlichen Gruben nicht weiterführen und verkauften sie an große Bergbaugesellschaften. Seit 1880 förderte die **Mathildenhütten AG** auf den Gruben **Hohebleek** und **Juliuszeche/Weintraube** im Lerbacher Revier jährlich 5000 t bzw. 8000 t Eisenerz (Abb.103). Gemeinsam mit sedimentären Erzen aus dem Harzvorland verhüttete man die Erze in Bad Harzburg.

Letzte Untersuchungsarbeiten fanden im Lerbacher Revier von 1902 bis 1905 sowie nochmals zwischen 1936 und 1941 statt. Trotz Bohrungen und Abteufen eines etwa 40 m tiefen Blindschachts auf der Grube Weintraube kam es zu keiner Wiederaufnahme der Eisenerzförderung. Auch die in den Grubenfeldern am Spitzenberg 1913-21 und nochmals 1932-41 durchgeführten aufwendigen Sucharbeiten blieben erfolglos.

Abb.103: Erzverladung auf der Halde der Grube Juliuszeche/Weintraube um 1890
(Foto: Heimatstube Lerbach)

Der Oberharzer Diabaszug hat nach Angaben von BUSCHENDORF (in SIMON, 1979) insgesamt etwa 2 Mio t Erz geliefert. Die noch verbliebenen Restvorräte belaufen sich auf schätzungsweise 3 Mio t, deren Gewinnung jedoch als wirtschaftlich unrentabel anzusehen ist.
Auch in Lerbach bemüht man sich seit einiger Zeit, der langen Bergbautradition des kleinen Dorfes gerecht zu werden. Das von der "Interessengemeinschaft Heimatstube Lerbach" zusammengetragene Material ist seit 1½ Jahren im Gemeindehaus* zu besichtigen. Zahlreiche gelbe Erinnerungstafeln weisen in und um den Ort auf die ehemaligen Bergbauanlagen hin. Während des Sommerhalbjahrs werden geführte Wanderungen zur Heimat- und Bergbaugeschichte Lerbach durchgeführt, hierzu wurde auch ein kleiner Führer zusammengestellt (KOCH, 1991).

14.2 Der Eisenerzbergbau bei Wieda und Zorge

In den Bergen zwischen Zorge und Wieda treten rechts und links des bekannten Kaiserwegs zahlreiche Eisenerzvorkommen auf, die seit Mitte des 16. bis Ende des 19.Jahrhunderts in Abbau standen, und den Aufbau einer nicht unbedeutenden Eisenindustrie in den beiden Südharzorten begründeten. Das Revier umfaßt sowohl hydrothermale Roteisenerzgänge, ähnlich denen im benachbarten Südwestharz (Bad Lauterberg - Siebertal), als auch schichtgebundene, vulkanogen-sedimentäre Roteisensteinlager, die den Lerbacher Vorkommen (siehe Kap.14.1), sehr ähnlich sind.
Die als **Felsenlager** bekannten, linsenförmigen Erzkörper liegen hauptsächlich innerhalb einer mächtigen Diabasabfolge, treten aber auch im Grenzbereich zwischen Diabasen bzw.Tuffen und den umgebenden Tonschiefern der "Stieger Schichten" auf. Die unregelmäßig verteilten Lager sollen lokal Mächtigkeiten bis zu 4-6 m erreicht haben, die Durchschnittswerte dürften aber nur bei 0,5-1 m gelegen haben (SIMON, 1979). Die zur Teufe schnell auskeilenden flachelliptischen Erzkörper bestanden vorwiegend aus Quarz und Hämatit (**Kieseleisenstein**). Die Lagerstätten hatten Durchschnittsgehalte zwischen 14 und 30 % Eisen, aber auch noch 12%ige Erze wurden von den Hütten abgenommen. Aufgrund des hohen Kieselsäuregehaltes konnte das Lagererz nicht ungemischt vermöllert werden, da es ein zu "strengflüssiges" und damit kaltbrüchiges Eisen ergab. Auf den Gängen, die in enger Nachbarschaft mit den Felsenlagern vorkamen, gewann man, teilweise sogar auf den gleichen Zechen, neben derben Hämatiterzen (Eisenglanz, Roter Glaskopf) auch die überwiegend karbonatischen Gangarten (Kalkspat und Braunspat) mit. Durch geeignete Mischung der verschiedenen Erze bzw. Zuschlagstoffe entstand ein gutschmelzbarer Möller mit 22-25% Eisen. Insgesamt trugen die Lager zu einem Drittel, die Gänge zu zwei Dritteln zur Eisenproduktion im Raum Zorge-Wieda bei (STÜNKEL, 1803).
Die durchschnittliche Mächtigkeit der Einzelgänge von 0,4-0,7 m kann ausnahmsweise auch einmal bis 3 m ansteigen. Ihre streichende Erstreckung beträgt oft mehrere hundert bis über tausend Meter. Die wohl ergiebigsten Eisenerzgänge lagen am **"Alten Wiedaer Hüttenweg"**, im Bereich **Kirchberg-Waeschkopf-Jeremiashöhe-Kastental** (siehe Abb.104).

*Auskunft: Kurverwaltung Lerbach (05582) 4447
    Die Heimatstube ist während der Geschäftszeiten der Gemeindeverwaltung geöffnet.

Die drei wichtigsten Gangzüge waren der NW-SE streichende **Hülfe Gotteser Zug**, der parallel dazu im Hangenden verlaufende **Meisterzecher Zug** und der W-E gerichtete, steil nach Süden einfallende **Mainzenberger Zug**. Mineralogische Berühmtheit erlangte die 1729 aufgenommene **Felsengrube Brummerjahn** bei Zorge, auf der man 1802 einen Kalkspatgang mit eingesprengten "Silbererzen" antraf, bei der späteren chemischen Untersuchung wurde dieses Material jedoch größtenteils als Verwachsung von Selenblei (Clausthalit), Selenquecksilber (Tiemannit) und Selenkupfer (Umangit) bestimmt. Das in den Erzen zunächst bestimmte "Selenkupferblei" erhielt den Namen "Zorgit", es erwies sich jedoch später nicht als Mineral sondern als ein Gemenge aus Clausthalit (Pb Se) und Umangit (Cu_3Se_2), so daß dieser Name heute nicht mehr existiert (TISCHENDORF, 1959). Erstmals beschrieben von ZINCKEN (1825) ging der Fundpunkt in die Literatur ein. Ganz ähnliche Selenidparagenesen fanden sich auch auf der Grube **Weintraube** bei Lerbach und im **Eskeborner Stollen** bei Tilkerode, hier sogar in bauwürdigen Mengen (siehe Kap.15.8).

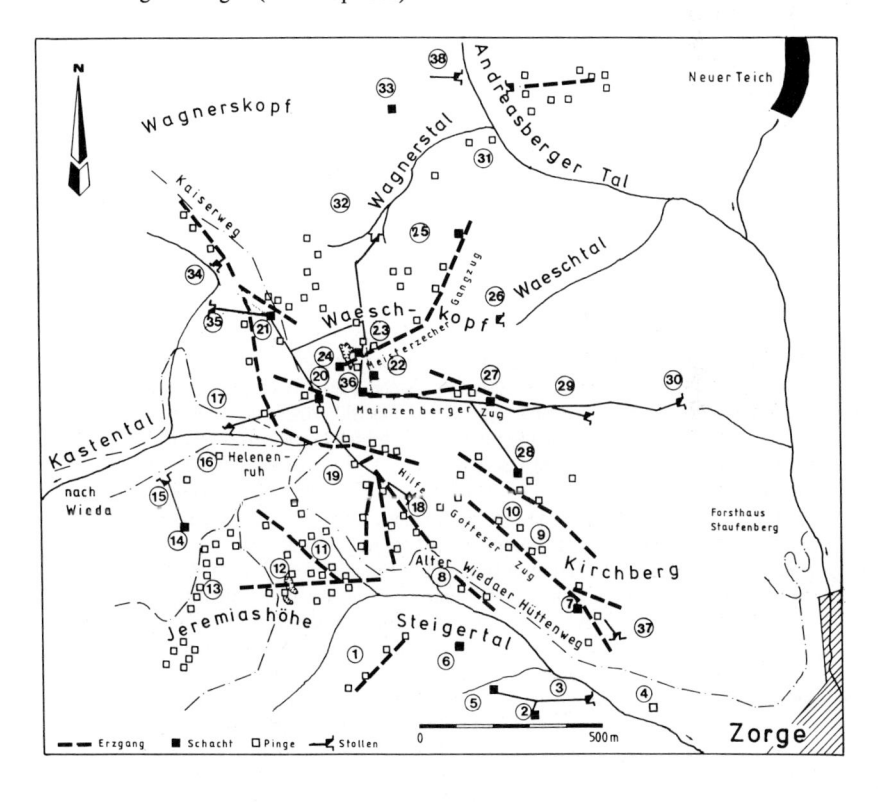

Abb.104 Übersichtsskizze zur Lage der wichtigsten Gruben des Wieda-Zorger-Eisenerzreviers.

Die wichtigsten Gruben des Eisenerzreviers von Wieda-Zorge zu Abb.104

1. Vorderjeremias Felsenbau
   (1 Lichtschacht, 1 Stollen)
2. Alte Petersilienköpfer Grube
3. Tiefer Petersilienköpfer Stollen
   (1766 begonnen)
4. Gottesglücker Gang
5. Hintersteiger Felsengrube
   (1 Schacht, 2 Stollen)
6. Vordersteiger Felsengrube
   (2 Stollen)
7. Kl. Kirchberger Felsenbau
8. Obersteigerkopf
9. Gottlieb Wormser Felsenbau
10. Kirchberger Felsenbau
    (mehrere Stollen)
11. Brummerjahner Felsenbau
    (2 Stollen)
12. Vorderer Jeremias
    (1 Schacht, 1 Stollen)
13. Jeremiashöher Felsenbau
    (2 Stollen)
14. Felsenbau auf dem Brandenberg
15. Oberbrandenberger Stollen
16. Neuer Andreasgang
17. Tiefer Wiedaer Hoffnungsstollen
    (1789 begonnen)
18. Hülfe Gotteser Stollen
19. Hülfe Gotteser Schacht
20. Neuer Storcher Schacht
21. Rothbrucher Schacht
22. Quergänger Schacht
23. Wasserschacht
24. Wilhelmer Hauptschacht
25. Drei Brüder Schacht
26. Drei Brüder Stollen
27. Mainzenberger Lichtschacht
28. Eschenbacher Schacht
29. Cellischer Stollen
30. Carler Stollen (1744 begonnen)
31. Kleiner Kirchberger Felsenbau
32. Meisterzecher Stollen
33. Wagnerskopfer Felsenbau
34. Alter Stollen
35. Alter Rothbrücher Stollen
36. Aufnahmer Schacht
37. Kirchberger Oberstollen
38. Neue Zorger Hoffnung
    (Versuchsstollen auf Kupfer)

Zur Geschichte des Bergbaus
(nach BOCK, 1991)

Die Anfänge des Berg- und Hüttenwesens im Raum Wieda-Zorge-Hohegeiß gehen auf die Aktivitäten des 1127 gestifteten Zisterzienserklosters Walkenried zurück. Neben dem Kupferschiefer am Harzrand (siehe Kap.16) und der Gewinnung von Quecksilber (Zinnober) westlich von Wieda am Silberbach waren vermutlich auch einzelne Eisenerzvorkommen Gegenstand des mittelalterlichen Bergbaus.
Der eigentliche Eisenerzbergbau entwickelte sich erst nach 1490 und führte um 1550 zur Errichtung von Hochofenhütten in Zorge und Wieda. Der Bergbau expandierte während der zweiten Hälfte des 16.Jahrhunderts nach der Entdeckung hochwertiger Roteisensteinvorkommen im Kastental, östlich von Wieda.
Seit 1648 gehörte das Revier zum Herzogtum Braunschweig-Lüneburg, Bergbau und Hüttenwesen wurden gemäß dem Direktionsprinzip staatlich gelenkt. Während die Hütten fiskalisch geführt wurden, war die Eisensteingewinnung in herrschaftliche und gewerkschaftliche Gruben getrennt. Die Besitzer vergaben die Gewinnungsarbeiten an sogenannte **Eigenlehner**, die in einem genau abgegrenzten Nutzungsfeld auf Eisenstein schürften. Ähnlich wie im zuvor beschriebenen Lerbacher Revier waren auf den kleinen Gruben damals selten mehr als vier Bergleute beschäftigt, die über kleine Tagesstollen das Erz mit Karren zu Tage förderten.
Nach 1670 setzte ein allgemeiner wirtschaftlicher Aufschwung ein, der bis zur Mitte des 18.Jahrhunderts anhielt. Um 1700 werden in Wieda ein Hochofen, zwei

Frischfeuer und ein Zainhammer und in Zorge zwei Hochöfen, drei Frischfeuer und ein Zainhammer gezählt (Günther 1888). Im Zeitraum von 1670-1700 kamen 11 Gruben in Betrieb. Ihre Anzahl wuchs schnell weiter, so daß man im Jahre 1724 allein bei Zorge 43 herrschaftliche Gruben zählte. Die Gruben wurden allerdings nicht sehr kontinuierlich betrieben. Insbesondere bei schlechten Anbrüchen versuchte man an einem neuen Ort sein Glück. Man arbeitete größtenteils von kleinen Stollen aus und besaß auch kaum größere Teufenaufschlüsse. 1732 betrug die Förderung in Wieda 2000 Karren* und in Zorge 3400 Karren Erz, wobei die wöchentliche Förderung der Gruben zwischen 3 und 10 Karren betrug.

1744 wurde mit dem **Carlstollen** der erste größere Wasserlösungsstollen angesetzt. Diesem folgte 1766 der **Tiefe Petersilienköpfer Stollen** (Tiefster Wasserlösungsstollen) und 1789 der **Wiedaer Hoffnungsstollen**, der in sechs Jahren Bauzeit erstellt wurde. Der Wiedaer Hoffnungsstollen erreichte eine Länge von 781 Metern bei einer maximalen Teufe von 60 Metern. Die drei vom Landesherren finanzierten Stollen wurden später in unterschiedlichen Niveaus miteinander verbunden und dienten teilweise auch als zentrale Förderstollen. Die Bergwerksbesitzer mußten für die Wasserlösung ihrer Gruben den "Stollenneunten" zahlen.

1753 wurde in Zorge ein Hochofen erneuert und die Produktion stieg auf 7000 Karren an. Über 50 Gruben waren in diesem Zeitraum in Betrieb. Nachfolgend gab es einige Rückschläge mit Notzeiten. Es mußten Kriegslasten und Plünderungen ertragen werden und einige Gruben waren durch den starken Abbau erschöpft.

Um die Arbeitslosigkeit zu mindern, wurden Wechselschichten eingeführt, bei denen sich zwei Arbeiter alle zwei Wochen am Arbeitsplatz ablösten und den Lohn teilten (Pfeiffer 1936).

Im Jahr 1775 versuchte die herzogliche Kammer mit 2000 Talern Untersuchungsbaue zu fördern und die Not im Revier zu lindern. 1780 waren in Zorge 1 Berggeschworener, 2 Steiger, 115 Bergleute, 44 Hüttenleute und 50 Schmiedearbeiter beschäftigt. Insbesondere die Bergleute litten unter den großen Produktionsschwankungen der Hütten, weil sie dadurch immer wieder zeitweise arbeitslos wurden. Außerdem mußten die Bergwerke die Last der Haldenkosten tragen, da sie verpflichtet waren, einen bestimmten Vorrat auf der Halde zu lagern. 1814 betrug dieser Pflichtvorrat (Pfeiffer 1936) für die Gruben: **Aufnahme** - 32 Karren, **Kirchberger Felsen** - 55 Karren, **Quergang** - 11 Karren, **Wilhelm** - 90 Karren, **Hinterjeremiashöhe** - 2 Karren, **Oberjeremiashöhe** - 59 Karren und **Wilhelmer Felsen** - 43 Karren. 1782 erneuerte die Hütte in Zorge den zweiten Hochofen, nachdem der **Neue Teich** im Bruchmannstal nördlich der Ortschaft für die Wasserversorgung erstellt worden war.

Nachfolgend gehen die Informationen über den Bergbau zurück und die Entwicklungen der Hütte stehen im Mittelpunkt. Die bestehenden Gruben waren angelegt und wurden weiter ausgebaut. Durch Betriebskonzentration sank die Gesamtzahl der Gruben, jedoch wurden die einzelnen Bergwerke leistungsfähiger.

1815 stürzte der Tagesschacht der Grube **Rothbruch** ein. Die Schäden konnten jedoch begrenzt werden, da man den Wiedaer Hoffnungsstollen als Förderstollen nutzen konnte. Um 1800 zählt Günther (1888) in Wieda einen Hochofen, zwei Frischfeuer und ein Zainfeuer und in Zorge zwei Hochöfen, vier Frischfeuer, ein Zainfeuer, sowie einen Blechhammer und eine Drahtzieherei. Die beiden Hütten

*1 Karren = 0,3718 m^3

erzeugten in der Woche 600 Zentner Roheisen (Stünkel 1803). Der Niedergang der eisenschaffenden Industrie zeichnete sich ab der Mitte des 19.Jahrhunderts deutlich ab. Die Entwicklung erfolgte durch das Aufkommen billiger Importerze und den Einsatz der Steinkohle bei der Verhüttung. Außerdem trug das staatliche Direktionsprinzip (Planwirtschaft) zur Mißwirtschaft bei. Im Jahre 1846 berichtete BREDERLOW über die herzoglichen Berg- und Hüttenwerke (aus PROBST 1941):

> "Die Regierungen gewinnen nichts, denn was die große Bergmännische Harzdomäne jetzt produziert und konsumiert, das möchte im günstigsten Falle vielleicht null mit null aufgehen. Es ist bekannt, daß, wenn der Staat oder Landesherr der Fabrikherr ist, allemal mehr ausgegeben als eingenommen wird. Der Staat fabriziert immer am teuersten und schlechtesten, während die Privatetablissements z.B. in Tale und Ilsenburg in wachsender Blüte sind, siechen mehr oder minder alle derartigen Regierungsanlagen im Harz dahin. Man weiß allgemein, daß aus keinen anderen Gründen allein diese Hüttenwerke bis jetzt noch betrieben werden, als die Bewohner des Harzes kümmerlich zu ernähren. Der Gewinn ist schon längst aufgegeben, die Gruben werden nicht auf den Raub, sondern so haushälterisch betrieben, daß ungefähr die bedeutendsten Kosten des Berghaushaltes gedeckt werden können."

1848 wurde die Hütte in Wieda stillgelegt. In Zorge hielten sich aufgrund des guten Maschinenbaus die Anlagen ca. 50 Jahre länger. Selbst nach dem großen Brand 1856, bei dem die gesamte Hütte abbrannte, erfolgte ein Neuaufbau der Anlagen, um die Existenz des Ortes nicht zu gefährden. Der Bergbau verlor jedoch schnell an Bedeutung in Zorge, da nun auch "billiges Roheisen aus dem Ausland" zugekauft wurde. 1850 wurde die Bergmannskapelle aufgelöst.
1865 arbeiteten noch 25 Bergleute in Zorge. Erwähnt werden noch die Gruben **Tiefer Stollen, Mainzenberg, Neuer Kirchberger Stollen, Carlstollen** und **Obersteigerkopf**. Die Grube Obersteigerkopf beschäftigte 8-9 Bergleute und hatte eine Jahresförderung von 1300 Karren (PFEIFFER, 1936). Am 26.10.1867 wurden die Berg- und Hüttenwerke zu Wieda, Tanne und Zorge an das Bankhaus Gebrüder Elsbacher in Köln verkauft. Die Hütten wurden getrennt und unrentable Einzelbetriebe stillgelegt. 1870 wurde die Aktiengesellschaft **"Harzer Werke zu Rübeland und Zorge"** mit Sitz in Blankenburg gegründet, und insbesondere der Maschinenbau weiter ausgebaut sowie 1872 der Lokomotivenbau wieder begonnen.
1895 wurde der letzte Hochofen in Zorge ausgeblasen. Dadurch war die Grundlage für den Bergbau entzogen und der **Tiefe Stollen** mußte 1896 als letzter fördernder Betrieb stillgelegt werden.
In den Jahren 1920 bis 1922 erfolgten nochmals Untersuchungsarbeiten im Tiefen Stollen, danach ruhte der Bergbau endgültig. Die Wasserlösungsstollen dienen heute teilweise noch der Trinkwassergewinnung.

14.3 Der Bergbau im Elbingeröder Komplex

Im nördlichen Mittelharz bildet der Elbingeröder Komplex innerhalb der Blankenburger Faltenzone eine geschlossene geologische Einheit. Zur Zeit des unteren Mitteldevons herrschte hier, wie in den beiden bereits besprochenen Eisenerzrevieren eine starke untermeerische Eruptionstätigkeit. Es kam zur Ausbildung einer bis 1000 m mächtigen vulkanogenen Abfolge, bestehend aus Diabas- und Keratophyrlaven sowie Tuffen und Tuffiten ("Schalsteine"). Am Meeresboden entwickelte sich ein System mit Senken und Schwellen, einzelne

Zentralvulkane ragten als Inseln aus dem Meer heraus. Mit dem Abklingen der vulkanischen Tätigkeit siedelten sich auf den Untiefen riffbildende Organismen wie Stromatophoren und Korallen an, ihre Überreste finden wir heute noch als Massenkalk (z.B. bei Rübeland mit den berühmten Tropfsteinhöhlen). Im Nachhall des Vulkanismus parallel zur Kalkausscheidung schütteten an Bruchspalten gebundene heiße Quellen eisenreiche Thermalwässer ins Meer. Direkt an den Austrittsstellen kam es zur Bildung der bereits besprochenen Eisenerzlager vom Lahn-Dill-Typ. Oft entstanden neben Hämatit auch größere Mengen Siderit (Eisenspat), Magnetit und eisenreicher Chlorit (Chamosit). Die beiden letztgenannten Minerale finden sich vor allem horizontartig in den höheren Lagerteilen. In weiterer Entfernung von den Thermalzentren mischten sich die feinen Eisenerzpartikel zunehmend mit kalkigem und tonigem Sedimentmaterial.

Nach LUTZENS & BURCHARDT (1972) beträgt die durchschnittliche Zusammensetzung der Elbingeröder Eisenerzlager:
9-16 % Magnetit, 4-13 % Hämatit
12-18 % Siderit, 8-13 % Eisensilikate (z.B. Chamosit)
18-34 % Calcit und 20-27 % Quarz

Der Eisengehalt beträgt in der Regel weniger als 30 %. Mit einer geschätzten Gesamtmenge von vielleicht 800 Millionen t beinhaltete das Elbingeröder Revier die größte Eisenkonzentration des gesamten Harzes.

Die Eisenerzgewinnung dürfte hier bis ins 10. oder 11., mindestens aber bis ins 12.Jahrundert zurückreichen. Zentren des alten Bergbaus waren sowohl die Erzvorkommen bei **Blankenburg-Hüttenrode**, als auch die am **Büchenberg** und bei **Mandelholz** (**Bunte-** und **Blanke Wormke**), sowie die bei **Neuwerk**. Jahrhundertelang wurden die zu Tage ausstreichenden Lager geschürft und in hunderten von Tagebauen abgebaut. Die oft sehr tiefen, heute meist von Bäumen überwachsenen Pingen in der Umgebung von Elbingerode und Hüttenrode sind eindrucksvolle Zeugen dieser bis ins 19. Jahrhundert reichenden Gewinnungsart.

Die großen Vorräte an gut verhüttbarem Eisenstein führten zur Gründung einer Reihe von Eisenhütten, deren älteste die um 1400 in Elbingerode errichtete "**Neue Hütte**" war. Als im 16. Jahrhundert die Eisennachfrage stark anstieg, entstanden bis zum Jahre 1612 8 weitere Hütten.

Nach dem Dreißigjährigen Krieg entwickelten sich die auch anderswo im Eisenerzbergbau üblichen Eigenlehnerbetriebe, mit 3-5 Mann starken Belegschaften. Das Amt Elbingerode gehörte nun zum hannoverschen Herrschaftsbereich und die Eigenlehner hatten ihren Eisenstein vorrangig an die fiskalischen Hütten von **Mandelholz, Königshof** (seit 1707 die Rothehütte), die **Lauterberger Königshütte** (seit 1732) und die **Elender Hütte** (seit 1778) zu liefern. Auch die preußischen Werke in **Sorge** und **Thale** bezogen von hier einen Teil ihrer Rohstoffe.

Die Eigenlehnerfelder waren recht klein. Da es sich nicht um einen "Gang-" sondern um einen "Lager"-Erzbergbau handelte, wurden Gevierfelder von ½ - 4 Bergen* Fläche verliehen. Vor Einführung des "Allgemeinen preußischen Berggesetzes" bauten im ganzen Revier 328 Eigenlehnergruben mit einer Gesamtfeldesfläche von 395,5 Bergen (SCHLEIFENBAUM, 1908). Nach in Kraft treten dieser neuen Verordnung (1867) fand eine vollständige Verschiebung der Besitzverhältnisse statt. Waren in diesem Jahr noch 27 Gruben in Betrieb, so befanden sich 1871 im alleinigen Besitz der Eigenlehner lediglich noch 14 Gruben. Auswärtige

*Berg= altes hannoversches Flächenmaß, 1 Berg= 400 hannover. Quadratlachter oder 1474,28 m^2

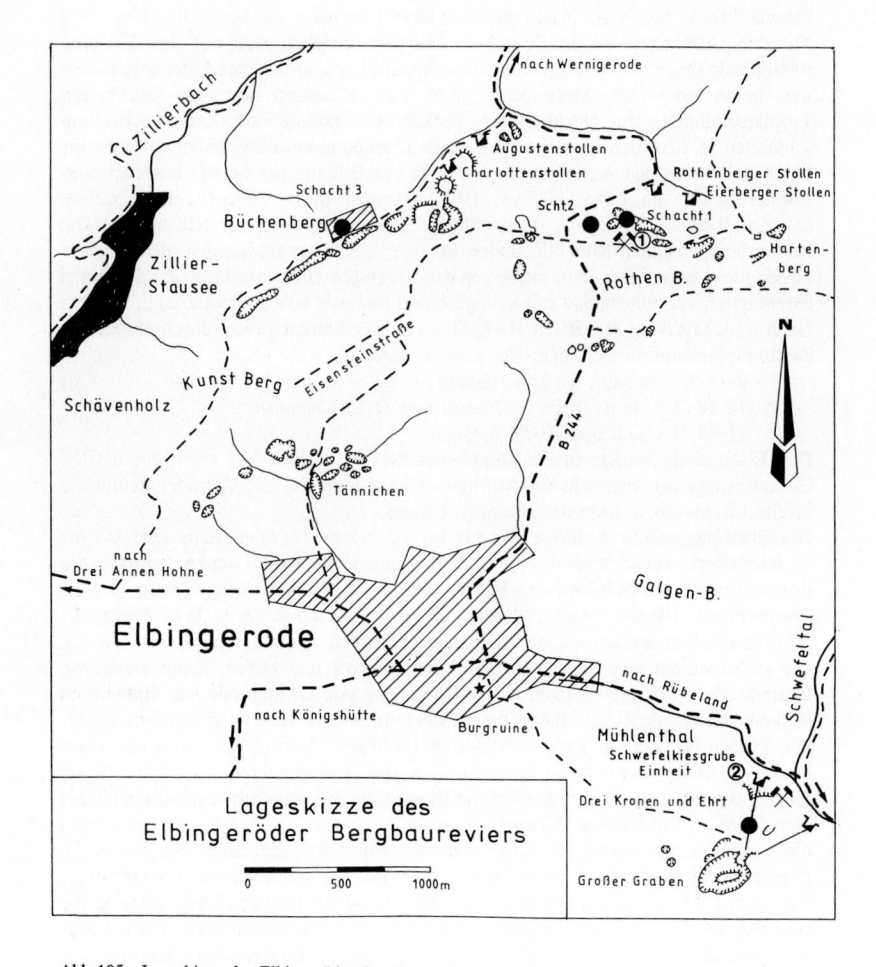

Abb. 105: Lageskizze des Elbingeröder Bergbaureviers
 1) Schaubergwerk Büchenberg
 2) Schaubergwerk Drei Kronen und Ehrt

Kapitalgesellschaften erwarben in wenigen Jahren fast das gesamte Bergwerkseigentum von den verschuldeten Betreibern. Hinzu kamen zahlreiche neue Mutungen, so daß um 1900 im Amt Elbingerode die erstaunliche Zahl von 517 Verleihungen bestand.

Neben dem immer noch betriebenen Tagebau ging man seit dem 18. Jahrhundert immer stärker zur untertägigen Erzgewinnung über. Ende des Jahrhunderts war man gezwungen, von den nach Norden abfallenden Tälern aus Wasserlösungsstollen

aufzufahren. Hier entstanden **Rothenberger Stollen, Charlottenstollen** und **Augustenstollen**, die bis zu 100 m Teufe einbrachten (Abb.105).
Ende des 19. Jahrhunderts wurde der Elbingeröder Bergbau zunehmend unrentabel. Die Einführung des THOMAS-Verfahrens bei der Stahlerzeugung (1879) zog eine grundlegende Umstrukturierung der Eisenhüttenindustrie nach sich. Dieser neue Prozeß ermöglichte nun auch im großen Maßstab den Einsatz der wegen zu hoher Phosphorgehalte bislang wenig genutzten sedimentären Eisenerze des nördlichen Harzvorlandes ("Oolithische Eisenerze", "Trümmererze"). Moderne Hüttenwerke entstanden im verkehrsmäßig besser erschlossenen Flachland nahe der großen Lagerstätten, z.B. bei Ilsede, Peine und Salzgitter. Diese Entwicklung führte mit zur Einstellung der meisten Harzer Hütten, die nun nicht mehr zeitgemäß waren.

Nach einem kurzen Aufblühen während des Ersten Weltkriegs kam es nach seinem Ende zur Auflassung fast aller kleinen Gruben. Eine Ausnahme bildeten lediglich die beiden von ihren Vorräten her bedeutendsten Mittelharzer Eisenerzgruben **Büchenberg**, ca. 2 km nördlich von Elbingerode und **Braunesumpf**, ca. 1 km nördlich von Hüttenrode.

Die Grube Büchenberg

Durch die Aufrüstung Deutschlands in Vorbereitung des Zweiten Weltkriegs erlangten auch die Harzer Eisenerzvorräte wieder an Bedeutung. 1936 begann der MANNESMANN-KONZERN mit der Errichtung des modernen **Eisenerzbergwerks Büchenberg**.
Zur Erschließung der Ost-West-streichenden Lagerstätte teufte man im Osten auf dem Hartenberg den 283 m tiefen **Rothenbergschacht** (heute Schacht I) ab. Von hier aus wurden parallel zur etwa 5-6 km langen Vererzungszone in vertikalen Abständen von etwa 50 m 6 Hauptsohlen aufgefahren. Zur Wasserlösung trieb man vom Niveau der 3.Sohle in 150 m Teufe den **Zillierbachstollen**, der sein Wasser in die gleichnamige Talsperre abgab. Die Grube Büchenberg lieferte bereits 1940 etwa 80.000 Jahrestonnen.
Wegen der verkehrsmäßig ungünstigen Lage baute man 1939 zum Abtransport des Erzes eine 8,7 km lange Seilbahn, die vom Rothenbergschacht bis hinunter nach Minsleben, einem Vorort von Werningerode, führte. Hier wurde es dann auf die Elsenbahn geladen und zur Verhüttung nach Salzgitter gebracht. Das Buchenberger Erz hatte zwar nur 18-23 % Eisen, doch aufgrund seines hohen Karbonatanteils war es hervorragend als "eisenhaltiger Zuschlagstoff" für die sauren Salzgitter Erze geeignet.
Die Antriebsstation der Seilbahn befand sich in einer Halle auf der 1.Sohle direkt am Haupterzbunker, in den das im Rothenbergschacht zu Tage geförderte Erz nach Durchlaufen der Brecheranlage gestürzt wurde. Das Zugseil, an dem die Erzloren hingen, lief, nachdem es mit einem 17-kw-Schleifringläufermotor einmal angefahren worden war, allein von der Schwerkraft angetrieben mit einer Geschwindigkeit von 30 m/min. Bedingt durch die Höhendifferenz von knapp 300 m zwischen Berg- und Talstation, lieferte die Talfahrt der erzbeladenen Loren nicht nur genügend Energie, um die leeren Gefäße wieder bergauf zu ziehen, sondern zusätzlich Energie, um den jetzt als Generator wirkenden Motor zu treiben, der die "Bremsarbeit" in elektrischen Strom umwandelte und so für die Beleuchtung der Füllörter sorgte.

Man machte sich hier also das auch anderswo im Bergbau angewandte Prinzip des **Bremsbergs** zunutze. Spannvorrichtungen waren erforderlich, um die temperaturabhängige Seilausdehnung auszugleichen, zwischen Sommer und Winter betrugen diese Längendifferenzen bis zu 60 m!
Die Gewinnung der bis zu 50 m mächtigen, steilstehenden Erzkörper erfolgte früher meist im **Firstenstoßbau**, später dann vor allem im **Magazinkammerbau**. Wegen des allgemein standfesten Gebirges ließen sich Kammern von 30 x 80 m Grundfläche und Höhen von max. 70 m herstellen. Das von der Firste scheibenweise in den Raum hineingeschossene Haufwerk zog man von der Grundstrecke über Rollen in die Förderwagen ab (siehe auch Abb. 106).

Nach dem Zweiten Weltkrieg blieb die Grube in Förderung, da zum Wiederaufbau Stahl und Eisen benötigt wurden. Die Grube Büchenberg entwickelte sich bald zum wichtigsten Eisenerzproduzenten der DDR. Die anfängliche Belegschaft von 90 Personen steigerte sich bis Mitte der 60er Jahre auf etwa 550. Abnehmer des Erzes war nun das Eisenhüttenwerk in **Calbe** an der Saale, wo es in Niederschachtöfen mit Hilfe von Braunkohlenkoks verschmolzen wurde.
Die Grubenproduktion konnte bis Mitte der 60er Jahre auf etwa 450.000 t pro Jahr erhöht werden, eine weitere Steigerung war jedoch wegen der Auslegung von Schacht I und der Seilbahn, die praktisch das Nadelöhr des Betriebs war, nicht bewerkstelligen. Um Leistungen von einer Million t und mehr erzielen zu können, war eine durchgreifende Umgestaltung des Bergwerks erforderlich.
Ende der 60er Jahre wurde daher im Westen der Lagerstätte für rund
90 Millionen Mark der 480 m tiefe **Schacht III** abgeteuft. Diese enorme Investition schien gerechtfertigt, da sich die gewinnbaren Vorräte mit einem Mindesteisengehalt von 20 % auf etwa 200 Mio t beliefen und bei einer angestrebten Jahresfördermenge von 1 Mio t für 200 Jahre ausgereicht hätten!
Doch es sollte rasch ganz anders kommen! Fast zeitgleich mit Inbetriebnahme der neuen Schachtanlage wirkte sich der drastische Preisverfall für Eisen auf dem Weltmarkt auch auf die DDR-Wirtschaft aus. Nachdem 1969 bereits die Grube Braunesumpf ihre Förderung eingestellt hatte, mußte 1970 auch die Grube Büchenberg stillgelegt werden, da die Erze einfach zu arm waren, um auch nur annähernd rentabel verarbeitet werden zu können.
Die damals hier beschäftigten 500 Menschen fanden Arbeit im neu errichteten "Metalleichtbaukombinat" in Blankenburg.
Die Gebäude am niemals genutzten Schacht III wurden Sitz einer Zweigstelle der Bergsicherung Magdeburg, die heute zum Geologischen Landesamt von Sachsen-Anhalt gehört.
Das bis zur 150-m-Sohle abgesoffene Grubengebäude mit mehr als 40 km Strecken und seinen meist versatzlos ausgeerzten Kammern verfügt über ein Speichervolumen von 1,8 Mio m³. In Kombination mit der Zillierbachtalsperre bildet die Grube heute das wichtigste Trinkwasserreservoir für Wernigerode und andere Städte im Nordharzvorland.
Am Ende der Verwahrungsarbeiten begann man 1985 auf der 1.Sohle am Schacht I mit dem Ausbau eines Schaubergwerks. Am 7.Oktober 1989 fand die Eröffnung unter Teilnahme von viel DDR-Prominenz statt. Der Besucher steigt zunächst über 145 Stufen in einem Schrägstollen abwärts zum Seilbahnkeller, wo die Antriebs- und Spannvorrichtungen sowie die Füllstation der Seilbahn zu besichtigen sind. Auf dem

weiteren Rundgang bietet ein exzellenter geologischer Aufschluß die Möglichkeit, den Aufbau der Lagerstätte im Detail zu studieren. Eine große offene Abbaukammer gibt einen Einblick in die Gewinnungsmethodik. Anhand zahlreicher Grubengerätschaften und verschiedener Ausbauarten wird dank der fachkundigen Führung durch bergmännisch geschultes Personal ein lebhafter Eindruck vom Geschichte gewordenen Harzer Eisenerzbergbau vermittelt.

Als Ergänzung zum Schaubergwerk gibt es einen etwa 4,5 km langen Bergbaulehrpfad, der von Schacht 1 aus westwärts entlang der Pingenzüge in Richtung Schacht 3 führt und auf die zahlreichen übertägigen Zeugnisse des Elbingeröder Montanwesens hinweist. Nähere Auskünfte hierzu erhält man auf der Grube*.

Von Elbingerode aus fährt man auf der B 244 nach Norden in Richtung Wernigerode und zweigt nach etwa 2 km rechts in den Wald zum Parkplatz des Schaubergwerks ab. Von hier sind es dann noch wenige 100 m bis hinunter zum Stollenportal.

Die Grube Braunesumpf

Eine recht ähnlich verlaufende geschichtliche Entwicklung zeigt auch die östlich vom Elbingeröder Revier zwischen Jasperode und Hüttenrode gelegene Grube **Braunesumpf**, die bis zur Stillegung im Jahre 1969 zweitgrößter Eisenlieferant der DDR war. Damals produzierte eine rund 250 Mann starke Grubenbelegschaft jährlich etwa 420.000 t Eisenerz.

Nach jahrhundertelangem Eigenlehnerbergbau begann ein planmäßiger moderner Grubenbetrieb erst nach 1920. Da Deutschland durch die Niederlage im Ersten Weltkrieg die Eisenerzgruben und Hüttenwerke Elsaß-Lothringens an Frankreich verloren hatte, war man gezwungen, verstärkt heimische Rohstoffreserven zu erschließen. Auch im Harz wurden damals umfangreiche Untersuchungsarbeiten durchgeführt, bei denen im Raume Hüttenrode beträchtliche Mengen an karbonatreichen Eisenerzen nachgewiesen werden konnten. Die Krise durch die militärische Besetzung des Ruhrgebiets (1923-25) beschleunigte den Ausbau der Harzer Eisenindustrie. Unweit der Erzvorkommen westlich von Blankenburg am Nordharzrand entstand ein Hochofenwerk (Harzer Werke), parallel dazu ging die Grube Braunesumpf in Betrieb. Infolge der wenig später eintretenden Weltwirtschaftskrise konnte die Grube nicht wie geplant voll ausgebaut werden. Erst die großangelegte Aufrüstungskampagne seit Mitte der 30er Jahre und der Zweite Weltkrieg als deren fatale Konsequenz brachten der Grube den Aufschwung, der zunächst 1945 jäh endete.

Da die 1949 gegründete DDR zum Wiederaufbau auf die Nutzung der eigenen Erzvorkommen angewiesen war, wurde die inzwischen verstaatlichte Grube Braunesumpf weiter ausgebaut und gemeinsam mit der Grube Büchenberg im Kombinat betrieben.

Das etwa ähnlich wie die Büchenberger Lagerstätte aufgebaute Erzvorkommen war durch den 320 m tiefen **Holzbergschacht** - 1 km nördlich von Hüttenrode - erschlossen. Im Niveau der 5. Sohle - 160 m unter Tage - war ein 3,5 km langer Förderstollen **(Walter-Hartmann-Stollen)** nach Nordosten bis zur Hütte in Blankenburg aufgefahren worden. Über zwei Blindschächte gelangte das auf den tieferen Sohlen gewonnene Erz in Bunker oberhalb der 5. Sohle. Von dort aus transportierten elektrisch angetriebene Grubenzüge das Roherz auf dem Grundstollen zur Blankenburger Hütte.

* Schaubergwerk "Büchenberg", 38875 Elbingerode/Harz, Tel. (039454) 42200

In den 60er Jahren wurde der ehemalige Wetterschacht zum Hauptförderschacht ausgebaut und bis zur 9. Sohle (320 m) nachgeteuft. Der Betrieb umfaßte 4 große Lager: bei Hüttenrode standen **Holzberg-Lager** und **Leibefahrt-Lager** in Abbau. Weiter im Westen folgte das **Silberborn-Lager** und schließlich bei Jasperode das erst in den 60er Jahren erkundete **Schmalenberg-Lager**, das durch einen knapp 3 km langen Abteilungsquerschlag auf der 5. Sohle mit dem Braunesumpf-Grubengebäude verbunden war.

Die recht unterschiedlich ausgebildeten Erze dieser Lager schwankten in ihren Eisengehalten zwischen 6 und 35%. Das Fördererz erhielt durch geeignetes Verschneiden verschiedener Erzsorten einen Durchschnittsgehalt von 24,5% Eisen. Die untertägige Gewinnung erfolgte wie auf der Grube Büchenberg im "Firstenstoßbau"- bzw. im "schwebenden Kammerbau". Ein starker Anstieg der Kokspreise, Ende der 60er Jahre, machte schließlich die Verhüttung der recht armen Eisenerze selbst unter planwirtschaftlicher Bedingung unrentabel. Als der Betrieb Ende 1969 eingestellt wurde, verblieben in der Lagerstätte Restvorräte von 4,5 Mio.t Roherz mit einem Eisengehalt von durchschnittlich 25%.

Die Schwefelkiesgrube Einheit

Ein anderes, sehr interessantes Bergbaugebiet befindet sich südöstlich von Elbingerode. Fährt man auf der B 27 etwa 2 km das Mühlental in Richtung Rübeland hinunter, so liegen rechts der Straße die Anlagen der **Grube Einheit**, auf der bis 1990 Schwefelkies (Pyrit, FeS_2) gewonnen wurde.

Etwa 500 m südlich der Bahnstation Mühlental befindet sich die Brauneisenstein-Lagerstätte **Großer Graben**, die seit dem 12. Jahrhundert über Tage in Pingen abgebaut wurde. Auf einem steil einfallenden kegelförmigen Keratophyrkörper befand sich einst eine ringförmige Kappe von derben Brauneisenerzmassen. Durch den intensiven Bergbau vor allem im vorigen Jahrhundert entstand ein 15x100 m weiter und 15 m tiefer Tagebau, in dessen Mitte sich der freigelegte Keratophyrkern erhebt. Der heute mit Buschwerk stark zugewachsene "Große Graben" ist als geologisches Naturdenkmal weit bekannt.
Direkt aus dem Mühlental ist er wegen des abgesperrten Werksgeländes nicht zugänglich, man erreicht den Aufschluß am besten von der Ortsmitte Elbingerode aus, indem man an der Burgruine vorbei auf einer feldwegartigen Schotterstraße nach Südosten in Richtung der von weitem sichtbaren Grube Einheit fährt, am Zaun des Werksgeländes parkt und einem zugewachsenen Trampelpfad ca.200 m nach Süden bis zur Pinge folgt.

Als der zur Wasserlösung des Großen Grabens 1870 im Mühlental angesetzte **Fürstliche Stollen*** nach 400 m die Lagerstätte in 48 m Teufe erreichte, entdeckte man ein bislang unbekanntes Schwefelkieslager. Es zeigte sich, daß die bisher gebauten Brauneisenerze lediglich den "Eisernen Hut" einer verborgenen, massiven Sulfidlagerstätte (Kieslager) darstellten. Im Jahre 1889 nahm die Grube **Drei Kronen und Ehrt** die Produktion von Schwefelkies zur Erzeugung von Schwefelsäure auf. Die Förderung erfolgte über den **Oberen Mühlentalstollen**, der etwa 500 m lang

*Der Bau des Stollens wurde vom Fürsten zu Stolberg-Wernigerode finanziert, in dessen Besitz damals verschiedene Eisenerzfelder waren.

war und von dem aus das Kieslager mit Gesenken erkundet wurde. Bis 1925 fand eine Gewinnung sowohl von Eisenerz als auch von Schwefelkies (1914-1924 rund 330.000 t) statt. Das Fördergut enthielt durchschnittlich 40 % Eisen, 5 % Mangan und 0,3 % Phosphor (LANGE, 1957). Nach weiteren positiven Erkundungsarbeiten erhielt die Grube 1937 einen Förderschacht (Hauptschacht bis zur 1. Sohle, Abb.107). Während des Zweiten Weltkriegs lieferte das Bergwerk hauptsächlich Kieserz sowie kleinere Mengen Manganerz (bis 10 % Mn), das damals einen erheblichen strategischen Wert besaß.

Nach Kriegsende wurde bereits 1946 auf der jetzt **Einheit** genannten Grube die Produktion wieder aufgenommen und erheblich gesteigert. Bis 1964 betrug die jährliche Fördermenge etwa 150.000 t pro Jahr. Ende der 50er Jahre war das verhältnismäßig geringmächtige Massiverz weitgehend abgebaut, es verblieben große Vorräte von mehr oder weniger stark pyritdurchsetztem Keratophyr in der Grube.

Mitte der 60er Jahre wurde der Betrieb vollkommen umgestaltet und modernisiert. 1964 entstand der 472 m tiefe **Zentralschacht**, über den nun die gesamte Förderung lief. Gleichzeitig durchgeführte geologische Erkundungsarbeiten wiesen in den tieferen Bereichen der Lagerstätte große Vorräte von mittel- bis geringhaltigen "Keratophyrschwefelkieserzen" nach. Um diese Armerze nutzen zu können, war die Errichtung einer Flotationsaufbereitung unumgänglich. Nun war es großtechnisch möglich, selbst aus einem Aufgabegut mit minimal 15% Schwefel ein Pyritkonzentrat mit einem Gehalt von 45% zu erzeugen. 1966 steigerte sich die Förderung auf 300.000 Jahrestonnen und erreichte mit 1973 mit 380.000 t ihren Höchststand.

Damals waren hier insgesamt 430 Personen beschäftigt. Der "Betrieb Schwefelkiesgrube Einheit" war Teil des "VEB Bergbau und Hüttenkombinats Albert Funk" mit Sitz in Freiberg, das die produzierten Pyritkonzentrate auf der Freiberger Mulden-Hütte zu Schwefelsäure verarbeitete.

Die Umstellung der Industrie auf andere Schwefelquellen (z.B. Erdöl- und Kohlenentschwefelung) bewirkte seit Ende der 70er Jahre einen Rückgang der Grubenproduktion.

Am 1.8.1990 mußte auf der Grube Einheit die nach marktwirtschaftlichen Gesichtspunkten vollkommen untragbare Schwefelkiesproduktion eingestellt werden. Die Lagerstätte umfaßte insgesamt 15 Mio t Roherz mit einem Durchschnittsgehalt von 15-20% Schwefel, davon wurden etwa 7 Mio t gefördert, der Rest wird für immer im Berg verbleiben.

Zur Durchführung der Verwahrungsarbeiten blieb zunächst eine 130 Mann starke Belegschaft auf der Grube. Ziel dieser Arbeit war das Verfüllen der offenstehenden Abbauvorkommen. Hierzu fanden neben Siebrückständen aus den Rübeländer Kalksteintagebauen auch Kraftwerksaschen Verwendung.

Nach Einstellung der Erzförderung begannen parallel zu den untertägigen Verwahrungsmaßnahmen Arbeiten zur Errichtung eines Museumsbergwerks*. Zu diesem Zweck bildete sich aus Mitarbeitern der Harz-Bergbau GmbH eine 21 Personen umfassende Abteilung, die, finanziert aus ABM-Mitteln, die hierzu notwendigen Baumaßnahmen in Angriff nahm. Unterstützt wird dieses Unternehmen durch einen Förderverein und die Stadt Elbingerode, die nach Ende der dreijährigen Aufbauphase dann als Träger des Schaubergwerks vorgesehen ist.

* Anschrift: Schaubergwerk Drei Kronen und Ehrt, 38875 Elbingerode/Harz, Tel. (039454) 42246

246

a) Schnitt A-B

b) Abbaugrundriß

c) Schnitt C-D

Erzkörper

1 Abbaukammer
2 Erzfeste
3 Grundstrecke
4 Berge u. Abwetterstrecke
5 Förderrolle
6 Fahr- u. Transportrolle
7 Bergeüberhauen
8 Durchhiebe
9 Abbaustrecke
10 Versatz

Abbauschema des
Firstenkammerbaus
(Schwefelkiesgrube Einheit)

◀ Abb.106: Abbauschema des Firstenkammerbaus auf der Grube Einheit
(nach Unterlagen der Harz-Bergbau GmbH.)
Das Verfahren des Firstenkammerbaus findet vor allem bei der Gewinnung von sehr mächtigen Erzkörpern mit nur geringen Werkstoffgehalten Anwendung. Grund hierfür ist der beträchtliche Abbauverlust; rund 30 % des Lagerstätteninhalts bleiben als später nicht mehr gewinnbare Pfeiler im Berg zurück.

Zur Vorrichtung eines Baufeldes wird unten zunächst eine Grundstrecke (3), die später der Förderung dienen soll, parallel zur Längsachse des Abbaublocks angelegt. Von einem Überhauen, das später als Fahr- und Transportrolle (6) dienen soll, wird genau 4 m über der Grundstrecke eine 5 m breite und 4 m hohe Abbaustrecke aufgefahren. Im Abstand von 10 m verbindet man beide Strecken durch kurze Schächtchen, die als Förderrollen ausgebaut werden (5).

Zu Beginn der eigentlichen Erzgewinnung werden von der Abbaustrecke aus noch rechts und links 10 m breite und 4-5 m hohe Kammern (1) aufgefahren. Je nach Mächtigkeit des bauwürdigen Erzes können diese bis zu 100 m lang werden. Das durch Bohren und Schießen hereingewonnene Haufwerk wurde früher von Schrappern, später dann mit Radladern zu den Sturzrollen transportiert und auf der Grundstrecke in gleisgebundene Förderwagen abgezogen.

Aus Sicherheitsgründen bleiben in regelmäßigen Abständen 4 m breite Erzfesten (2) als Stützpfeiler stehen. Quer zu den Kammern angelegte Durchhiebe (8) trennen die einzelnen, etwa 15 m langen Pfeiler voneinander und ermöglichen später das Einbringen des Versatzmaterials. Ist die Grundetage soweit aufgefahren (Bild a), beginnt man, von Fahr- und Transportrolle (6) ausgehend, ähnlich wie beim Firstenstoßbau (Abb. 78), die nächst höhere 4-m-Erzscheibe in Angriff zu nehmen und die einzelnen Kammern entsprechend nach oben zu erweitern. Die notwendige Arbeitshöhe erreicht man durch Einbringen von taubem Gesteinsmaterial als Bergeversatz (Bild b). Hierzu legt man außerhalb des Abbaublocks eine Bergstrecke (4) an, von der aus in bestimmten Abständen Großbohrlöcher als Bergeüberhauen (7) zu den Kammern führen. Das hineingestürzte Versatzmaterial (10) wird unten mit druckluftgetriebenen Bunkerladern gleichmäßig verteilt, so daß bei genügender Verfüllung das losgesprengte Erz von der Firste der Kammer auf den Versatz fällt und hier weggeladen werden kann. Die Förderrollen werden im Versatz mit nach oben gezogen. Ist der Abbaublock ausgeerzt, bleiben theoretisch keine größeren Hohlräume zurück, sondern nur der Versatz und die stehengebliebenen Erzfesten.

Der untertägige Teil der Anlage umfaßt verschiedene Abbaue auf der weitläufigen Sohle des Oberen Mühlentaler Stollens. Vom Mundloch dieses Stollens, das etwas oberhalb der Bahntrasse direkt hinter der Haltestelle Mühlental liegt, sollen die Besucher mit einer Grubenbahn 350 m in den Berg hinein bis zum Zentralschacht einfahren können. Auf einem anschließenden Rundgang werden diverse Maschinen wie Wurfschaufellader, Bunkerlader, Elektroradlader und Bohrwagen sowie eine überhauen - Aufbruchbühne (Prinzip Alimak-Gerät) in Aktion vorgeführt und die technische Entwicklung des Bergbaus dokumentiert. Eine offenstehende große Abbaukammer vermittelt einen Eindruck von der modernen Schwefelkiesgewinnung im Firstenkammerbau-Verfahren. Auch für den geologisch interessierten Besucher gibt es einige sehenswerte Aufschlüsse, etwa den Kontakt zwischen Keratophyr und dem überlagernden Rübeländer Kalkstein.

In einem kleinen Museum über Tage werden einige der phantastischen Kalkspatstufen gezeigt, die in regelrechten Kristallkellern mit bis zu 0,5 m langen Einzelkristallen auf der Lagerstätten vorkamen.

Die wiederaufgenommene Steinschleiferei setzt die Tadition der ehemaligen "Konsumgüterproduktion" aus der DDR-Zeit fort, als der Betrieb nebenbei diverse Aschenbecher, Schlüsselanhänger, Briefbeschwerer u.a. Artikel aus "Harzer

Abb. 107: Das Gerüst des alten Hauptschachts der Grube Drei Kronen und Ehrt aus dem Jahre 1937.

Blutstein" herstellte. Dabei handelt es sich um eine quarzreiche Erzart, die leuchtend rot gefärbt ist (Jaspilit), und netzwerkartig von feinen goldgelben Pyritgängchen durchzogen ist. Diese wirklich bodenständigen (nicht aus Brasilien stammenden) Andenken an den Harzer Bergbau können hier recht preiswert erworben werden.

Weiterführende Literatur zu Kap. 14:
Blömeke (1885), Bock (1991), Bode (1929), Broel (1963), Brüning (1926), Hillegeist (1974), Jordan (1976), Kaufhold (1992), Koch (1991), Kühlhorn (1970), Lindemann (1909), Pfeiffer (1936), Probst (1941), Schleifenbaum (1908), Simon (1979), Stünkel (1803), Tischendorf (1959), Wedding (1881), Zimmermann (1837).

15. Silber, Blei und Flußspat - der Gangbergbau im Unterharz

Stets im Schatten des wirtschaftlich dominierenden Oberharzer Bergbaus standen die Gruben des recht komplex aufgebauten **Unterharzer Gangreviers**. Entsprechend gering ist das hierüber vorhandene montanhistorische Schrifttum.
Ähnlich wie der Oberharz in der Umgebung von Clausthal-Zellerfeld bildet auch der zentrale Unterharz eine weite Rumpffläche etwa 400-450 m über NN. Im Norden wird die Ebene von der 582 m hohen Granitkuppel des **Rambergs** und im Süden vom 579 m hohen **Gr. Auerberg** (Quarzporphyr) nur wenig überragt. Um den Ramberg herum gruppieren sich zahlreiche, vor allem WNW-ESE-streichende Erzgänge, die neben Blei-, Zink-, Silber-, Kupfer- und Eisenerzen, ganz im Gegensatz zu den Nordwestharzer Gängen, auch erhebliche Mengen an Flußspat führten, der hier bis 1990 bergmännisch gewonnen wurde.
HESEMANN (1930) unterscheidet im Ramberg-Distrikt insgesamt 16 etwa parallel verlaufende Ganglinien, die aus etwa 80 mehr oder weniger zusammenhängenden Einzelgängen und Trümern bestehen. Im Zentralteil des Reviers gibt es 5 Gangzüge, die für den Bergbau von erheblicher Bedeutung waren. Von Süden nach Norden gezählt (Abb.108) sind das:

Bezeichnung	Gesamtlänge	Haupterze
Straßberg-Neudorfer-Gangzug	ca. 15 km	Pb-Zn-Ag-Cu-Erze, Eisenspat, Flußspat (im W), lokal Wolframit
Biwender Gangzug	ca. 10 km	Pb-Zn-Erze, Schwefelkies (im E), Flußspat (im W), Eisenspat
Brachmannsberg, Feld- und Quellen-Gangzug	ca. 6 km	Pb-Zn-Ag-Ni-Sb-Erze, Flußspat (im W)
Reicher Davidsgang- Alexisbader Gangzug	ca. 4 km	Pb-Zn-Ag-Erze, Schwefelkies, Flußspat
Drusenzug oder Dreifaltigkeits Zug	ca. 6 km	Zn-Pb-Ag-Erze, Schwefelkies

Auch das Unterharzer Bergrevier war, wie das größere Oberharzer Schwesterrevier, politisch jahrhundertelang zweigeteilt (siehe Abb.6). Zentrum des zur **Grafschaft Stolberg** (später Preußen) gehörenden Teils war von Anfang an der Ort **Straßberg** am Oberlauf der Selke. Nördlich und östlich davon wurden die gleichen Gänge im Hoheitsgebiet der **Fürsten von Anhalt** gebaut, Schwerpunkt der Erzgewinnung waren **Harzgerode** und das in der zweiten Hälfte des 18. Jahrhunderts als Bergbauort aufblühende **Neudorf**. Obwohl praktisch auf den gleichen Lagerstätten bauend, zeigen beide Bergbaugebiete eine voneinander unabhängige Entwicklung.
Wahrscheinlich kann der Unterharzer Gangbergbau sogar auf eine noch längere Tradition zurückblicken als der im westlichen Harz. In der zweiten deutschen Siedlungsperiode, die von 775-1250 die Waldgebiete erschloß und zur Gründung der Orte mit der Endung "rode" (Harzgerode), "schwende" (Hilkenschwende) oder "felde" (Siptenfelde) führte, begannen vermutlich die ersten bergbaulichen Versuche. Während des 9. Jahrhunderts wurden die Eisernen Hüte der Gangerzmittel entdeckt und vereinzelt auf Kupfer, Eisen und Silber gebaut. Auch hier spielten im 13. und 14. Jahrhundert Zisterzienser Mönche eine Rolle bei der Entwicklung des Bergbaus. Die schriftlichen Überlieferungen aus dieser Zeit sind allerdings dürftig.

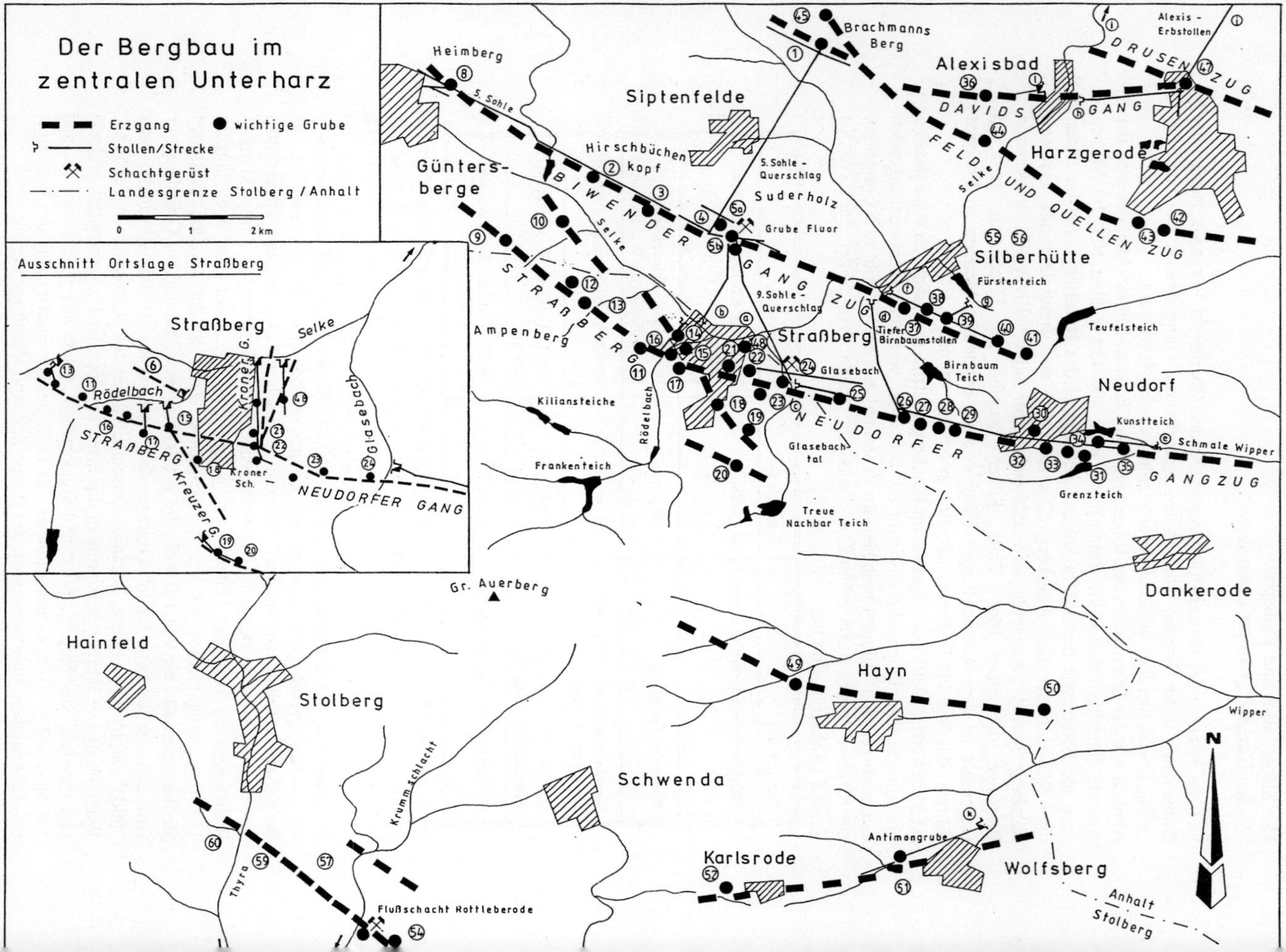

Der Bergbau im zentralen Unterharz
Erzgang
wichtige Grube
Stollen/Strecke
Schachtgerüst
Landesgrenze Stolberg / Anhalt
0 1 2 km
Ausschnitt Ortslage Straßberg
Straßberg
Selke
Rödelbach
Kroner G.
Glasebach
Kroner Sch.
STRAßBERG
Kreuzer G.
NEUDORFER GANG
Heimberg
5. Sohle
Brachmanns Berg
Alexisbad
Alexis - Erbstollen
DRUSENZUG
DAVIDS GANG
FELD UND QUELLEN ZUG
Harzgerode
Siptenfelde
Hirschbüchen kopf
5. Sohle - Querschlag
Suderholz
Grube Fluor
Günters- berge
BIWENDER GANG ZUG
Selke
Silberhütte
Fürstenteich
Teufelsteich
STRAßBERG
9. Sohle - Querschlag
Tiefer Birnbaumstollen
Ampenberg
Birnbaum Teich
Neudorf
Kunstteich
Schmale Wipper
NEUDORFER GANGZUG
Kiliansteiche
Rödelbach
Glasebachtal
Frankenteich
Treue Nachbar Teich
Grenzteich
Gr. Auerberg
Dankerode
Hainfeld
Stolberg
Hayn
Wipper
Schwenda
Krummschlacht
Thyra
Flußschacht Rottleberode
Karlsrode
Antimongrube
Wolfsberg
Anhalt
Stolberg
N

Die wichtigsten Gruben des Unterharzer Gangreviers (zu Abb. 108)
z.T. nach HESEMANN (1930) und OELKE (1973, 1978) ergänzt durch Angaben von R. JUNKER
(mdl. Mit., 1994)

Nr.	Grubenbezeichnung	Hoheits-gebiet	Förderung	Betriebszeiten	Teufe
1	Brachmannsberg (Betriebsabtlg. der Grube Fluor)	An	Fl	1780-1790 1979-1990	50 m
2	Schacht am Elbingstalteich	An	Fl	Anfang 20.Jahrh.	?
3	Schacht am Hirschbüchenkopf	An	Fl,Fe	um 1924 um 1970 Unters.	100 m
4	Wolframschacht Siptenfelde	(An)	W	1950-55 Unters.	64 m
5a	Herzogschacht (Grube Heidelbeere)	An	Fl	1860-1990	60 m
5b	Fluorschacht Straßberg	(An)	Fl	1860-1990	380 m
6	Grube Friedrich	Stol	Pb,Ag	18. Jahrh. ?	?
7	Grube Hohe Warte/ Hagental (nicht im Kartenausschnitt)	An	Fl	1974-1985	150 m üb.Grund-stollen
8	Grube Anna b.Güntersberge (Betriebsabtlg. Heimberg der Grube Fluor)	(An)	Fl	Anfang 20.Jahrh.	30 m
9	Agezucht (vormals Fürstenschacht)	An	Pb,Ag	v.1755-1761 und 1789-1791	?
10	Gisekegrube, vormals Ehrlicher Gewinn, bzw. Fürst Victor Friedrich	An	Pb,Ag,Fl	v.1692-1795	?
11	Rödelbachschacht am Ampenberg	(An)	Fl	1956-1958	104 m
12	Frohe Zukunft am Ampenberg	Stol	Pb,Ag	um 1714-1720 1853-1860	?
13	Bachschacht am Ampenberg	Stol	Pb,Ag	1738-1760	?
14	Teufelsgrube (vormals Elisabeth)	Stol	Pb,Ag	um 1700	ca.30 m
15	Neubeschert Glück	Stol	Pb,Ag	1762-um 1781	170 m
16	Neuhaus-Stolberg	Stol	Pb,Ag,Fe	1691-1765 1848-1864	170 m
17	Maria Anna (Fürstenkunstschacht)	Stol	Pb,Ag	1788-1811	53 m

◀ Abb.108: Lageskizze der wichtigsten Gruben im zentralen Unterharz.

18	Grube am Stadtweg (Grube Kreuz)	Stol	Cu,Pb,Zn	1745-1758 um 1862	ca. 50 m
19	Grube am Haynschen Weg	Stol	Pb,Ag	um 1745	50 m
20	Pfennigthurm (vormals Gottes Segen)	Stol	Pb,Ag	um 1690 bis nach 1700, um 1849	20 m
21	Getreuer Bergmann (vormals Gott hilft gewiß)	Stol	Pb,Ag	1712-1752	160 m
22	Glückauf (vormals Hilfe Gottes)	Stol	Pb,Ag,Cu	1712-1744	240 m
23	Schwarzer Hirsch	Stol	Pb,Ag,Fl	um 1712-1749	25 m
24	Glasebach (2 Schächte später) (vorm. Seidenglanz, Betriebsabtlg. d.Grube Fluor)	Stol	Pb,Ag,Cu,Fl 1729-1776	um 1691-1705 1810-1856 1952-56, 1969-82	112 m
25	Vorsichtiger Bergmann	An	Pb,Ag,Fl	vor 1692-1831	76 m
26	Gottesglücker Kunstschacht (Mittlerer Birnbaum)	An	Pb,Ag	1746-nach 1863	150 m
27	Vorderer- und Hinterer Birnbaum	An	Pb,Ag	1746-nach 1863	ca. 120 m
28	Beständige Freundschaft	An	Pb,Ag	um 1692-1764	?
29	Glücksstern	An	Fl,W	v.1692-nach 1863 1915-1918	ca. 100 m
30	Grube Meiseberg (Herzog-Alexis-Richtschacht)	An	Pb,Zn,Ag	1743-1903 nach 1830	225 m
31	Blauer Schacht I	An	Pb,Zn,Ag	19.Jahrh.	30 m
32	Blauer Schacht II	An	Pb,Zn,Ag	19.Jahrh.	80 m
33	Mathildenschacht	An	Pb,Zn,Ag	19.Jahrh.	?
34	Grube Pfaffenberg (Fürst Christian-Schacht)	An	Cu,Pb,Zn,Ag	1707-1902 1801-1811	355 m
35	Maria Anna Schacht (Mariannenschacht)	An	Pb,Zn,Ag	1719-1865	?
36	Karlschacht, a. d. Davidsgang	An	Fe	(?)	?
37	Kiesschacht a. Wolfsberg	An	Py	1788-1850	216 m
38	Herzog Carl Schacht Glanschacht	An	Pb,Ag,Py	vor 1837-nach 1860	ca. 70 m
39	Fürst Victor Amadeus	An	Pb,Ag	1692-1797,nach 1860	173 m
40	Biwender Schacht	An	Pb,Ag,Fl	1746-1753	95 m
41	Hasenschacht	An	Pb,Ag	?	?

42	Elisabeth-Albertine	An	Pb,Ag	1692-um 1850 1891-92	272 m
43	Prinzessin Dorothea Jeanette	An	Pb,Ag	1692-1712	?
44	Hänichen Schacht	An	?	?	?
45	Rautenkranz	An	Cu, Fl	1724-26, 1757-59	?
46	Schwefelstollen (Reicher Davidsgang)	An	Py	16. Jh. bis 1809	?
47	Hoffnung Gottes Richtschacht	An	Pb,Ag	1707-1735 1862-1887	147 m
48	Richtschacht Straßberg	Stol	Pb,Ag	1859-1874	210 m
49	Weiße Zeche bei Hayn	Stol	Pb,Zn,Ag(Sb)	1766-um 1800 1849-1859	ca.80 m
50	Henriette (vorm. Graf Johann Martin)	Stol	Cu,Pb,Zn,Fl	1723, 1794-1800	?
51	Antimongrube Wolfsberg (Jost-Christian-Zeche)	Stol	Sb	1726-1861	110 m
52	Grube Karlsrode	Stol	?	?	?
53	Schächte bei Dietersdorf	Stol	Sb?	? um 1705	?
54	Flußschacht Rottleberode (vormals Grube Backofen, Graf Carl Martin)	Stol	Fl	seit 1666 1851 bis 1990	504 m
55	Grube Castor am Teufelsberg	An	Fe	vor 1754-1858	?
56	Grube Pollux am Teufelsberg	An	Fe	vor 1754-1858	?
57	Grube Luise ehemals Hoffnung - und Segen Gottes	Stol	CU, Fe, Fl	1720-1933 mit Unt. Erkundungsarb. 1956-57	ca. 60 m
58	Grube Silberbach	Stol	Ba	1862-um 1920 1948-1955	150 m
59	Grube Edelweiß	Stol	Ba	1871-1932	69 m
60	Grube Wilhelmine	Stol	Ba	1871-1930	-
61	Schwerspat Schwenda	(Stol)	Ba	um 1954	40 m

Wichtige Wasserlösungsstollen des Unterharzer Gangreviers (zu Abb.108)

		Mundloch	Betriebszeit	Länge	Teufe
a)	Straßberger Hüttenstollen	Flössetal	v.1696 begonnen, 1848-1856 bis z.Grube Kreuz	750 m	50 m
b)	Heidelberger Stollen	Selketal	1787-1818	1200 m	65 m
c)	Glasebacher Stollen ("Kuhstollen")	Glasebachtal	vor 1690	800 m	45 m
d)	Tiefer Birnbaumstollen	Birnbaumbach	1764 bis 1882	4400 m	90 m
e)	Alter Wipper- oder Pfaffenberger Stollen	Tal der Schmalen Wipper	vor 1705 bis 1821	2000 m	45 m
f)	Kiesschacht-Stollen	Selketal	1692/1727	2100 m	80 m
g)	Fürst-Victor-Stollen	Teufelsgrundbach	1692	300 m	30 m
h)	Davidstollen a.d. Davidzug	Selketal	vor 1587	> 800 m	ca. 50 m
i)	Herzog-Alexius-Erbstollen	Selketal	1830-64	2256 m	120 m
j)	Katharinenstollen (Schwefelstollen I)	Selketal	vor 1587	ca. 1600 m	ca. 97 m
k)	Tiefer Stollen der Antimongrube Wolfsberg	Wolfsberger Wipper	1746-1857	1410 m	35 m
l)	Schwefelstollen II	Selketal	?	?	?

15.1 Der Silberbergbau im stolbergischen Harz

Im Gebiet um Straßberg reicht die Montantätigkeit bis weit ins Mittelalter zurück. Bereits 1194 soll ein Ort dieses Namens genannt sein, die erste gesicherte Erwähnung stammt aus dem Jahr 1279 (BARTELS & LORENZ,1993). Urkundliche Hinweise auf Bergbau in der Grafschaft Stolberg gibt es aus den Jahren 1300 und 1392,allerdings ohne Angaben von Lokalitäten. Die erste klare Nennung eines Bergwerks im Straßberger Revier liegt aus dem Jahr 1438 vor, damals schürfte eine Gewerkschaft am Heidelberg nördlich des Ortes, vermutlich auf dem Biwender Gangzug.
In der zweiten Hälfte des 15.- und der ersten Hälfte des 16. Jahrhunderts scheint der Straßberger Silberbergbau recht rege gewesen zu sein. Schon 1462 soll es eine Schmelzhütte gegeben haben (OELKE,1978), urkundlich belegt ist ihr Betrieb zwischen 1511 und 1566. Angaben über Fördermengen der damaligen Gruben liegen nicht vor, das Vorhandensein alter wasserbaulicher Anlagen z.B. im Rödelbachtal (KRAUSE,1987) läßt auf einen nicht unbedeutenden Tiefbau schließen. In der zweiten Hälfte des 16.Jahrhunderts scheint die Ausbeute der Gruben nachgelassen zu haben, vermutlich waren die reichen, oberflächennah anstehenden Erzmittel damals bereits abgebaut. Noch vor Beginn des Dreißigjährigen Krieges war der Bergbau nahezu zum Erliegen gekommen (OELKE,1978).

Die nächste Betriebsperiode nahm 1663 ihren Anfang, unter erheblicher Beteiligung der stolbergischen Landesherrschaft begannen verschiedene Gewerkschaften mit der Mutung einiger alter Gruben. Trotzdem dauerte es bis um 1700, ehe die Silberproduktion erneut in Schwung kam. 1701 übernahm der aus Ilmenau stammende neue Berghauptmann UTTERODT das Straßberger Revier, unter seiner Leitung wurden alle Gruben zu einer "**Großgewerkschaft**" mit 1024 Kuxen (entsprechend 8 üblichen Gewerkschaften zu 128 Kuxen) zusammengeschlossen. Die Kux wurde für je 30 Taler verkauft, um mit diesen Einnahmen die notwendigen hohen Investitionen decken zu können. 1704 erhielt das "**Straßberger Consolidierte Bergwerk**" ein Privileg des Landesherrn Graf JOHANN VON STOLBERG. Darin bekam die Gesellschaft neben den bisherigen Hauptgruben (**Vertrau auf Gott**, später **Glasebach**, **Hilfe Gottes**, **Gott hilft gewiß** und **Segen Gottes**) auch die Nachbargänge sowie die Gruben von Hayn und Schwenda zugesprochen. Lediglich die Grube **Neuhaus - Stollberg** blieb eigenständig.

In den nächsten Jahren entstanden erste Kunstteiche und Gräben, außerdem wurde ein tiefer Stollen vom Selketal aus (der spätere **Hüttenstollen**) vorgetrieben, um den Hauptgruben Wasser- und Wetterlösung zu bringen. Zwischen 1707 und 1709 produzierten UTTERODT's Gruben etwa 450 kg Silber (OELKE, 1978). Nach Ende der vereinbarten drei Freijahre führten diverse Streitigkeiten mit den Gläubigern zum Auseinanderbrechen der Gewerkschaft.

Nach Verkündung der Bergfreiheit 1712 und der Neuorganisation des "Consolidirten Bergwerks" erreichte der Straßberger Silberbergbau seine größte Blüte, die bis etwa 1755 andauerte. Damals wurde der kleine Ort weit über den Harz hinaus bekannt. Entscheidenden Anteil daran hatte der aus dem Oberharz stammende Bergdirektor CHRISTIAN ZACHARIAS KOCH, der nun die Gruben leitete. Als Markscheider in Clausthal hatte KOCH sich bereits sehr verdient gemacht, bevor er 1709 in stolbergische Dienste trat. Seine von dort mitgebrachten Erfahrungen waren jedoch nicht ohne weiteres auf die Unterharzer Verhältnisse übertragbar. Die Erzmittel hatten eine viel geringere Ausdehnung und der Silbergehalt der Straßberger Erze betrug nur etwa ein Drittel der in Clausthal geförderten Roherze. Schnell erkannte KOCH, daß ein wirtschaftlicher Bergbau nur dann möglich sein würde, wenn es gelänge, die relativ armen Erze in großen Mengen nutzbar zu machen.

Der Bergdirektor erwies sich auch als ausgezeichneter Verwaltungsbeamter, der es verstand, seine hochgesteckten Ziele trotz mancher Schwierigkeiten durchzusetzen. Neben dem planmäßigen Ausbau der Wasserwirtschaft (siehe Kap. 15.3) betrafen seine Reformen vor allem die Gewinnungs- und die Verhüttungstechnik.

Um die Leistungsfähigkeit der Gruben zu erhöhen, führte er ein neues Abbauverfahren, das sogenannte **Beinbrechen** (auch als **KOCH'sche Beinbrucharbeit** bezeichnet) ein. Bei dieser, dem modernen Blockbruchbau ähnlichen Methode wurde die Schwebe zwischen zwei Firsten durch Hereinbruch gewonnen (Abb.109). In seiner 1740 verfaßten Schrift "Bergwerks-Haushalt zu Straßberg", zitiert bei HARTMANN (1957), beschreibt er die Anlage eines Grubenbaus und die Durchführung der Gewinnung wie folgt:

> "Ein Feldort wird im Liegenden vom Schachte ab angeleget und als solches beständig fortgeführet.
> In vier Lachter Länge, die für die Sicherheit des Schachtes stehenbleiben, wird ein Querschlag bis in das Hangende getrieben werden. Am Hangenden wird auf diesem Querschlage ein zweites Feldort angesetzet und an demselben fortgeführet. Alle diese Örter müssen auf einer Ebene gefahren werden.
> Sobald auf dem Liegenden Feldorte wegen des Raumes es geschehen kann, wird über dem Winkel, dem das Feldort mit dem Querschlage macht, ein Überbrechen unternommen, auf welchem so weit in die Höhe gebrochen wird, als nur der Erzpunkt reichet.
> Vier bis fünf Lachter von diesem ersten Überbrechen ab wird ein gleiches vorgerichtet und

von der einmal angenommenen Sohle abermals ein Querschlag an die hangende Feldortsstrecke getrieben. Diese Querschläge werden das Durchreißen genannt. Ist man mit dem Überbrechen bis zu zwei Lachter Höhe gekommen, so wird in den beiden zugekehrten Stößen Fistenbau angeleget, so daß der Gang durch diesen Betrieb völlig verschrämet wird. Durch diese verschiedenen Arbeiten wird nun der Gang verkundschaftet, so daß man die verschiedenen Abwechslungen der Erze, der Bergmittel der Schlechten und Trümer kennenlernt.

Hiernach wird die weitere Verschrämung, die Unterhauungen, das Schwachmachen oder das Beinwegnehmen vorgenommen und davon hat diese Ganggewinnungsart den Namen Beinbrechen erhalten.

Das Beinbrechen muß nur mit Überlegung der verschiedenen Umstände geschehen; die Ablösungen oder Trümer, welche die Gangmassen wegen ihrer eigenen Last können fahren lassen, sowohl in Rücksicht der Höhe, als Länge, müssen genau beobachtet werden, und darnach wird das Schwachmachen von der Sohle herauf unternommen und solange unterschrämet, bis die vorgenommene Masse dem Einsturze nahe ist. Nicht der ganze Gang soll auf einmal verschrämt werden und hereinstürzen, sondern ein Theil nach dem anderen, sowohl die Erze als Bergmittel, so viel möglich ein jedes allein."

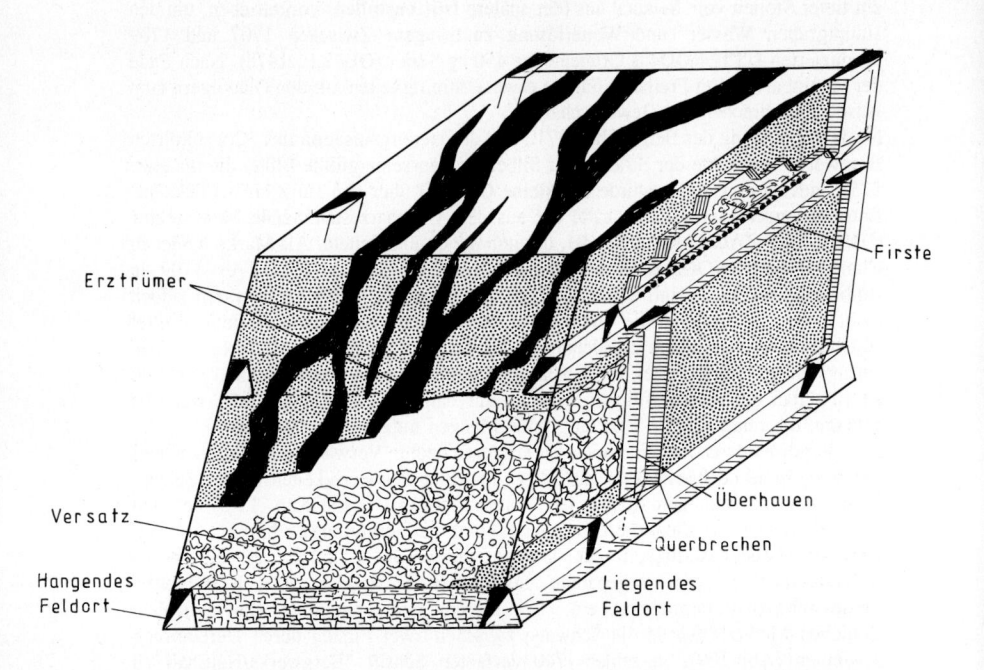

Abb. 109: Das Abbauverfahren im Straßberger Revier nach KOCH um 1740, die bruchbauähnliche Methode wurde als "Beinbrechen" bezeichnet.

Zur Verbesserung der Wetterführung beim Stollenvortrieb erfand KOCH einen wasserkraftgetriebenen Ventilator. An einem Kunstrad von 11 m Durchmesser ließ

er eine Seilscheibe befestigen, die über ein Kettengetriebe und mehrere kleinere Seilscheiben den Ventilator, bei 4 Umläufen des Kunstrads, mit 458 Umdrehungen pro Minute antrieb. Hierdurch wurden Leistungen erzielt, die 2½ mal so groß waren wie die der bisherigen handbetriebenen Ventilatoren (HARTMANN, 1957).
KOCH's größte Verdienste lagen zweifellos auf dem Gebiet der Silbergewinnung. Um größere Mengen Armerze verschmelzen zu können, mußten die herkömmlichen Schachtöfen (siehe Kap.6.2) wesentlich vergrößert werden. So entstand 1717 unter KOCH's Anleitung der erste **Hochofen in der Silbermetallurgie** auf der Straßberger Hütte. Mit einer Höhe von 18 Fuß (etwa 9 m) betrug sein wöchentlicher Durchsatz etwa 450 Zentner Erz.

Die wichtigsten, damals betriebenen Gruben hießen: **Glückauf** (vormals Hilfe Gottes), **Getreuer Bergmann, Schwarzer Hirsch** und **Neuhaus-Stolberg**.
Besonders der **Getreue Bergmann**, der eine Tiefe von etwa 160 m erreichte, lieferte pro Jahr durchschnittlich 350 kg Silber.
In der Blütezeit des Bergbaus um 1720 waren auf den Gruben etwa 500 Bergleute beschäftigt. Der Ort Straßberg ist in den ersten Jahrzehnten des 18. Jahrhunderts baulich völlig umgestaltet worden, die für drei Jahre vom Erbzensins befreiten Bergleute errichteten zahlreiche kleine Häuser. Auf dem sozialen Sektor führte KOCH die 8-Stunden-Schicht allgemein ein und veranlaßte die Gründung einer Bergschule.
Die raubbaumäßige Gewinnung der Erze in dieser Zeit sollte sich bald rächen. Um 1740 ließ der Bergsegen bereits deutlich nach, viele Bergleute wanderten hinüber in den anhaltischen Harz, wo die Neudorfer Gruben gerade neu aufgenommen wurden. Mangelnde Unterstützung durch die Stolberger Grafen und die Habgier der Hauptgewerken besiegelten dann den Verfall des Bergwerks um 1750.
Auch die Aufnahme neuer Zechen, wie die **Grube am Stadtweg** (1745) oder **Glasebach** (1729-1736; 1752-1776, mit Unterbr.), brachte keine Besserung, aus der Not heraus gewann man nun verstärkt die Flußspatmittel auf den weitgehend unrentablen Gruben. Auch zur Teufe hin zeigten sich keine bauwürdigen Mittel, oft zersplitterte der Gang mit zunehmender Teufe "wie ein Besenreis". Außerdem war man nicht in der Lage, der dort nun anfallenden Wasser Herr zu werden.
Seit 1750 wurden auch Elseneize in bedeutenderen Mengen als bisher gewonnen. Nach dem Abbau der oberflächennahen Brauneisenerze kamen nun auch die in der Teufe anstehenden Vorräte an Eisenspat zur Nutzung.
Der allgemeine wirtschaftliche Niedergang infolge des Siebenjährigen Kriegs beendete dann die Periode des Straßberger Silberbergbaus. Ein beschränkter Betrieb einiger Gruben unter anhaltischem Regime wird aus der Zeit zwischen 1794 und 1811 berichtet.
1810 kam die Grube **Glasebach** wieder in Betrieb, man gewann fast ausschließlich Flußspat, der hier in sehr reiner Form auf 1-2 m mächtigen Trümern angetroffen wurde. Hauptabnehmer war die Kupferhütte in Mansfeld, die Grube war kontraktlich verpflichtet, jährlich 7500 Zentner dorthin zu liefern. Da die Lagerstätte nach der Gewinnung von etwa 20.000 Zentnern erschöpft zu sein schien, wurde der Betrieb 1854 wieder eingestellt.
1859 wurde das Straßberger Bergwerk von einem Bankier aus Halle erworben und die **Straßberg-Haynsche-Aktiengesellschaft** gegründet.
Umfangreiche Untersuchungen der Gänge von einem neugeteuften, 215 m tiefen

Richtschacht aus brachten zwischen 1860 und 1874 keine ermutigenden Resultate, wegen der ständig wachsenden Wasserschwierigkeiten kam der Schachtbetrieb bereits vor Abschluß der Sucharbeiten zum Erliegen.
Der schließlich letzte Versuch zur Erzgewinnung fand auf der Grube **Frohe Zukunft** westlich von Straßberg 1921 statt. Es wurde ein neuer Schacht abgeteuft, der aber nicht die vermuteten reichen Anbrüche erschloß. Über die Wiederaufnahme dieses Reviers durch den modernen Flußspatbergbau wird auf unter 15.5 berichtet.

15.2 Der Silberbergbau im anhaltischen Harz

Auch hier läßt sich die Gewinnung von Silber- und Kupfererzen bis ins 9. Jahrhundert zurückverfolgen. Harzgerode entwickelte sich bald zum Zentrum des mittelalterlichen Montanwesens, bereits 1035 wird zum ersten Mal die hier betriebene Münze erwähnt.
Aus dem Jahre 1300 ist der Ort "Birnbaum" (Neudorfer Gangzug) überliefert, und 1430 ist eine Flußspatgewinnung am Ort "Biwende" (Biwender Gangzug) urkundlich nachgewiesen.
Nach 1470 florierte die Silbergewinnung für einige Jahrzehnte. Schwerpunkte des Bergbaus waren der **Biwender Gangzug** sowie der **Feld- und Quellenzug** (wo später die **Grube Hoffnung Gottes** baute). Seit Mitte des 15. Jahrhunderts stieg auch die Eisenproduktion an, so daß nun auch Brauneisenerz und Flußspat verstärkt abgebaut wurden (**Reicher Davidsgang, Meiseberg** seit 1481).
Die Fürsten von Anhalt versuchten wiederholt, den Bergbau durch den Erlaß von **Bergfreiheiten**, so 1499 und 1508, zu beleben. Als Landesherrn nahmen sie damals aber keinen direkten Einfluß auf das gewerkschaftlich organisierte Bergwesen. 1539 wurden die ersten **Anhaltischen Taler** geprägt. Die erste kurze Blütezeit endete bereits um 1546 infolge der Auswirkungen des Schmalkaldischen Kriegs. Die bedeutendste Periode des Bergbaus in Anhalt begann 1690, als der Landsherr Fürst WILHELM VON ANHALT-HARZGERODE die Gruben an eine private Gewerkschaft verpachtete, die scheinbar in der Lage war, das notwendige Betriebskapital aufzubringen. In kurzer Zeit wurden nicht weniger als 36 Gruben gemutet. Zur Verhüttung der geförderten Erze entstand im Selketal eine **Silberhütte** (im heutigen Ort gleichen Namens), die 1692 in Produktion ging. Doch der Schein trog, bald entpuppte sich das Unternehmen als Betrügerei großen Stils, Ziel der beiden Hauptmuter war allein persönliche Bereicherung gewesen! Sie hatten für 28 Gruben, die gar nicht bebaut wurden, über 3 Jahre lang Zubußegelder erhoben. Als 1704 der Schwindel aufflog, flohen die Schuldigen, ihre hinterlassenen Schulden sollen mehr als 300.000 Taler betragen haben (OELKE, 1973).
Schließlich gingen die Gruben an das anhaltische Fürstenhaus zurück und wurden mit Kapital aus der Staatskasse fiskalisch weiterbetrieben.
Wichtigster Silbererzlieferant in der ersten Hälfte des 18. Jahrhunderts war die Grube **Hoffnung Gottes**, auf der zwischen 1707 und 1735 von einer 30-60 Mann starken Belegschaft jährlich etwa 400-800 t silberhaltige Bleierze gefördert wurden.
Die Grube **Elisabeth-Albertine**, südlich von Harzgerode, war zeitweilig die reichste Ausbeutegrube. Bis 1728 wurden hier jährlich zwischen 500 und 1600 t Erz gefördert. Die Wasserhaltung in dem recht tiefen Schacht (272 m) gestaltete sich schwierig. Wegen des ungünstigen Geländes befand sich das Kunstrad etwa 1200 m

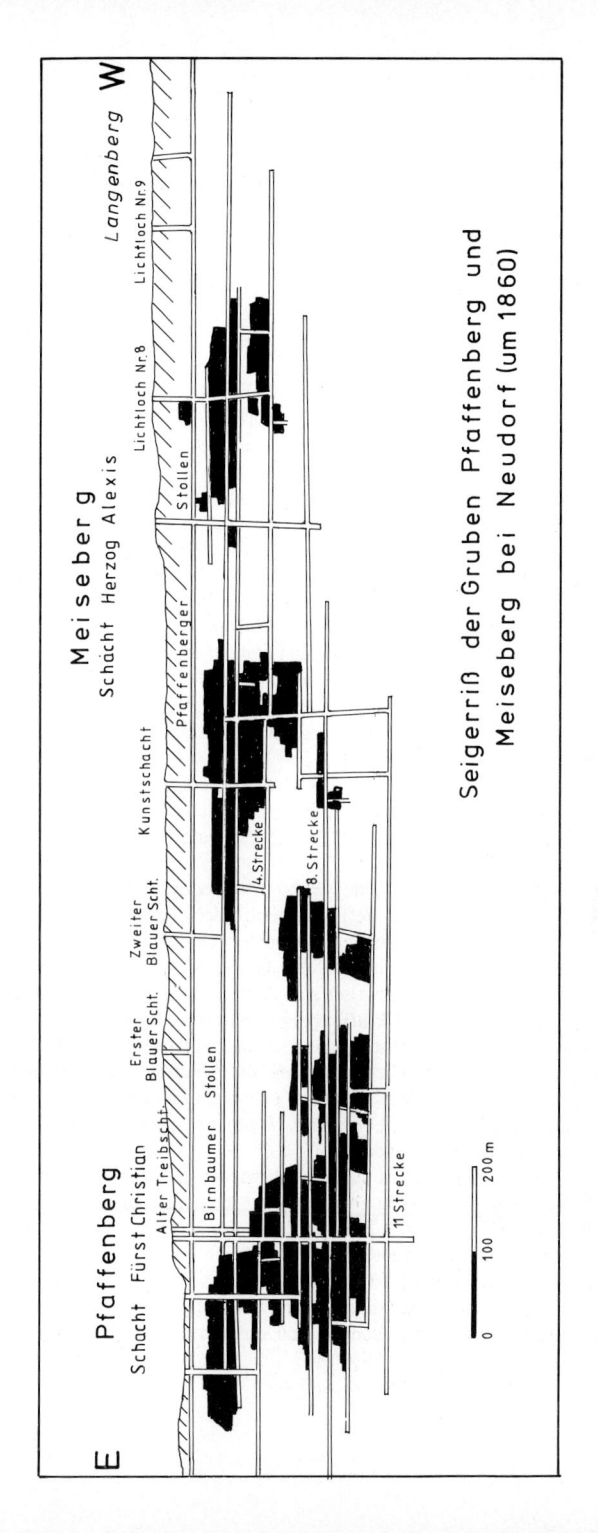

Abb. 110: Seigerriß der Neudorfer Gruben auf dem Straßberg-Neudorfer-Gangzug um 1860 (nach Unterlagen der Heimatstube Neudorf)

weit vom Albertiner-Schacht entfernt im Tal, nachdem das entsprechend lange Feldgestänge 1713 durch einen Sturm zerstört worden war, mußte die Grube eine Zeitlang eingestellt werden.

Auf dem Straßberg-Neudorfer-Gangzug im anhaltischen Territorium waren anfangs die **Birnbaumer Gruben** sehr bedeutungsvoll, als sie nach etwa 20jähriger Betriebszeit 1764 zunächst eingestellt wurden, hatten sie rund 49.000 silberhaltige Erze geliefert.

Die Gruben des **Biwender Gangzugs** lieferten neben Blei-Silber-Erzen im 18. Jahrhundert später dann hauptsächlich Schwefelkies (Pyrit), vor allem die Gruben **Fürst Victor** (1720-1797) und später der **Kiesschacht** (nach 1788) sowie der **Herzog-Carl-Schacht** (1837-nach 1860), der seit 1854 mit einer Dampfmaschine ausgestattet war. Pyrit diente als Rohstoff zur Erzeugung von "Vitriol" und von Schwefelsäure.

Seit Mitte des 18. Jahrhunderts wurde der östlich von Neudorf gelegene Abschnitt des Gangzugs durch den im Wippertal angesetzten, später 2100 m langen **Pfaffenberger Stollen** erkundet. Vorher waren hier vor allem Kupfererze, Eisenspat sowie Flußspat gewonnen worden, nach 1763 gelang die Erschließung größerer Blei-Silber-Erzmittel, die den Aufschwung des Neudorfer Reviers einleiteten. In den nächsten Jahrzehnten entwickelten sich die Grube **Pfaffenberg** und etwas später auch die benachbarte Grube **Meiseberg** zu den beiden bedeutendsten Erzbergwerken des ganzen Unterharzes (Abb.110). Ihre Produktion stand der Menge und dem Wert nach bei weitem an erster Stelle. Der rasch aufblühende Bergbauort Neudorf gelangte durch diese Zechen als Fundpunkte hervorragend auskristallisierter Bleiglanz- und Bournonitstufen zu internationalem Ruhm.

Anfang des 19. Jahrhunderts wurden die alten Gruben modernisiert und für größere Fördermengen ausgerichtet. Auf dem Pfaffenberg entstand 1801-1811 ein neuer Richtschacht (**Fürst-Christian-Schacht**), der später eine Endteufe von 355 m erreichte (Abb.112).

Die nach 1810 in Ausbeute kommende Grube Meiseberg erhielt um 1830 den **Herzog-Alexis-Richtschacht** (225 m tief) als Hauptförderschacht.

Anfangs gestaltete sich die Wasserhebung auf beiden Gruben sehr problematisch, denn der Pfaffenberger Stollen brachte auf der Grube Meiseberg nur etwa 31 m Teufe ein. Das notwendige Aufschlagwasser zum Antrieb der Pumpenkünste lieferten anfangs nur **Grenzteich** (1723) und **Pfaffenberger Kunstteich**, seit Beginn des 19. Jahrhunderts dann auch das inzwischen von Anhalt übernommene Straßberger Teichsystem (siehe Kap.15.3). Ähnlich wie die Grube Albertine (1829) erhielt auch die Grube Pfaffenberg (1838) zur Wasserhaltung eine Dampfpumpe. Seit 1860 diente eine weitere Dampfmaschine zur Förderung, wenn in trockenen Zeiten keine Aufschlagwasser zur Verfügung standen.

Die Birnbaumer Gruben gingen erst nach 1814 wieder in Abbau, als der **Tiefe Birnbaumer Stollen** vom Selketal herangebracht worden war. Er wurde später auf insgesamt 4400 m verlängert und 1865 mit den Bauen der Grube Meiseberg durchschlägig gemacht, hier brachte er etwa 90 m Teufe ein.

In den 1830er Jahren erreichte die Förderung auf den Neudorfer Gruben mehr als 8000 t pro Jahr. Neben den silberhaltigen Bleierzen wurden jedes Jahr auch etwa 1000 t Eisenspat als "Stahlerz" gewonnen und auf der Eisenhütte Mägdesprung verarbeitet.

Abb.111: Porträt J.L.C. Zinckens (1791-1862).
(Sammlung Museum Schloß Bernburg)

JOHANN LUDWIG CARL ZINCKEN (Abb.111) wurde 1791 als Sohn des braunschweigischen Hofrats CARL FRIEDRICH WILHELM ZINCKEN (1729-1806) in Seesen am Harz geboren, sein Vater war dort als Gerichtsschultheiß tätig. Nach Besuch der israelitischen Reformschule (Jacobsenschule) in Seesen und des Gymnasiums in Holzminden erhielt er auf dem Oberharz seine berg- und hüttenmännische Ausbildung. Als "Hütteneleve" und niederer Beamter arbeitete er zunächst auf der Königshütte in Lauterberg, dann auf den Hütten von Wieda und Zorge sowie auf der Rothehütte. 1811-1813 besuchte er die neugegründete Bergschule in Clausthal und erhielt 1814 eine Anstellung als Bergrevisor in Blankenburg. Seine administrativen Fähigkeiten sprachen sich bald herum. Erste naturkundliche Fachpublikationen verschafften ihm Zugang zu namhaften wissenschaftlichen Gesellschaften.

ZINCKEN war kein Unbekannter mehr, als er 1821 das Amt eines **Direktors der anhaltbernburgischen Berg- und Hüttenwerke** übernahm. Zum Bergrat ernannt, wählte er den kleinen Hüttenort Mägdesprung zu seinem Domizil, wo er 27 Jahre lang lebte und erfolgreich arbeitete. Er baute eine bedeutende Mineraliensammlung (heute im Museum Schloß Bernburg ausgestellt*) auf, ihm gelangen sowohl zahlreiche Erstfunde im Harz als auch die Entdeckung einiger neuer Minerale, von denen eines heute noch den Namen **Zinckenit** trägt (siehe Kap.15.7). Seine geologischen Studien am Ramberg-Granit und dessen Kontakten fanden weite Beachtung. Bekannt wurde ZINCKEN's 1825 in Braunschweig erschienenes Werk: "Der östliche Harz - mineralogisch und bergmännisch betrachtet". 10 Jahre lang war er Präsident des Naturwissenschaftlichen Vereins des Harzes.

Auch auf dem Gebiet der Bergtechnik gingen zahlreiche Verbesserungen und Neuerungen auf ZINCKENs Initiative zurück, wie die Einführung der Dampfkraft, die Herstellung von "Albert-Drahtseilen" in Mägdesprung, sowie die Entwicklung eines ersten Grubentheodolithens, der 1846 von BREITHAUPT in Kassel gebaut wurde.

1848 wegen des Verdachts auf Amtsmißbrauch vom Dienst suspendiert, wurde er 1850 vollständig rehabilitiert. Er kehrte jedoch nicht wieder nach Mägdesprung zurück, sondern ging als Ministerialrat für Berg- und Hüttenwesen nach Bernburg, der anhaltischen Hauptstadt. Hier wirkte er bis zu seinem Tod im Jahr 1862. Die Grabstätte dieses verdienten Harzer Bergbeamten wurde leider beim Bau des Bernburger Stadtparks 1974 vernichtet.
(nach KLAUS, 1991).

* Museum Schloß Bernburg   06406 Bernburg/Saale, Schloßstr.24

Das Aufblühen des anhaltischen Bergbaus machte ein Zuwandern von Bergleuten aus anderen Revieren (z.B. Straßberg und Mansfeld) erforderlich. Um 1830 belief sich die Belegschaft der anhaltischen Gruben auf mehr als 500 Mann, fast die Hälfte davon lebte in Neudorf, die übrigen meist in Straßberg und Harzgerode sowie in den etwas weiter entfernten Dörfern.

Die Verhüttung der Blei-Silbererze erfolgte auf der ebenfalls fiskalisch betriebenen **Silberhütte** im Selketal.

Direktor des anhaltischen Berg- und Hüttenwesens war zwischen 1821 und 1848 Oberbergrat J.L.C. ZINCKEN (Abb.111), der als ein geschickter, weitsichtiger Bergbeamter und hervorragender Geowissenschaftler weit über die Grenzen Anhalts hinaus bekannt war.

Zur Untersuchung der Gänge nördlich von Harzgerode wurde zwischen 1831 und 1864 der **Herzog-Alexis-Erbstollen** (Länge insgesamt 2256 m) vorgetrieben, der im Hoffnung Gottes Schacht eine Teufe von 120 m einbrachte. Sein im klassizistischen Stil gebautes Mundlochportal liegt 2 km östlich von Mägdesprung im Selketal.

Die Grube Elisabeth Albertine war 1826 nach Abteufen eines neuen Richtschachtes und der Inbetriebnahme einer Dampfmaschine wieder in Betrieb gegangen, bis 1850 war sie mit 60 Mann belegt und förderte während dieser Periode etwa 31.700 t Erz. Das schlauchförmige Erzmittel mit einer durchschnittlichen Erzmächtigkeit von 1-4 m vertaubte in etwa 270 m Tiefe.

Nach 1860 ging die Förderung der Neudorfer Gruben trotz mancher technischer Neuerungen (1867 Erprobung von Gußstahlbohrern, Wassersäulenmaschine auf dem Birnbaumstollen im Pfaffenberger Schacht) langsam zurück. Der Abbau erreichte auf dem Pfaffenberg 260 m, darunter war der Gang taub.

Nach der Reichsgründung von 1871 und der damit verbundenen Einführung des "Allgemeinen preußischen Berggesetzes" verkaufte Anhalt seine Berg- und Hüttenwerke an Private. Ein rigoros geführter Raubbau ließ die Produktionszahlen noch einmal in die Höhe steigen, von 1873 bis 1893 förderte man etwa 300.000 t Erz. Die Einrichtung einer Seilfahrtanlage auf dem Alexis-Richtschacht im Jahre 1889 sowie der Bau einer nach Silberhütte führenden Schmalspurbahn waren hierfür die Voraussetzungen. Ab 1890 ging es aufgrund fallender Metallpreise dann rapide bergab, von 575 Mann, die 1882 im Bergbau beschäftigt waren, blieben nach Einstellung der Erzförderung im Jahre 1903 nur 1 Steiger und 10-12 Mann übrig, deren Aufgabe die Instandhaltung der Schachtanlagen war. In der Zeit zwischen 1763 und 1901 hatten die Neudorfer Gruben rund 723.000 t Roherz gefördert (OELKE, 1973). Da es auch in den nächsten Jahren keine Aussicht auf eine Wiederaufnahme der Produktion gab, wurden die Schächte 1911 verfüllt.

Versuche zur Neubelebung des Bergbaus, wobei Wolframit und Eisenspat im Vordergrund standen, gab es 1936-1943 und 1952-1956, beide Male jedoch ohne Erfolg.

Von den einst im Bereich Neudorf niedergebrachten ca. 30 Schächten zeugen heute nur noch wenige Haldenreste. Alle Tagesanlagen sind verschwunden, die Pingen zugeschüttet und überbaut. Es gehört schon etwas Glück dazu, auf den letzten zugänglichen Haldenresten noch etwas Erz zu finden. Erfreulicherweise gibt es in Neudorf eine Heimatstube*, die u.a. auch über den historischen Bergbau einiges Interessante zeigt.

* Kontaktadresse: 06493 Neudorf/Harz, Gemeindeverwaltung, Tel. (039484) 6295
  Öffnungszeit: Dienstags 17.00-19.00 Uhr

Abb. 112: Die Tagesanlagen der Grube Pfaffenberg mit dem Fürst Christian Schacht um 1900.
(Sammlung Heimatstube Neudorf)

15.3 Die Unterharzer Wasserwirtschaft

Bleibende Zeugen des historischen Silberbergbaus im zentralen Unterharz sind die zahlreichen Teiche, Gräben und Wasserläufe, die in der Zeit zwischen 1703 und 1903 im Gebiet um Straßberg und Neudorf herum entstanden sind. Einst gab es im gesamten Unterharz 36 Bergbauteiche mit einer Staukapazität von 2,6 Mio m³. Räumlicher Schwerpunkt war das Selke-Einzugsgebiet (21 Teiche). Heute sind noch 26 der ehemaligen Kunstteiche bespannt, d.h. sie führen Wasser. Der mit Abstand größte ist der **Frankenteich** südwestlich von Straßberg im Rödelbachtal.
Mit den Teichen verbunden war früher ein System von insgesamt 26 Gräben und Aufschlagröschen, die zusammen eine Länge von etwa 47 km aufwiesen (KRAUSE, 1968). Leider ist das ganze System heute funktionslos, die Gräben sind trockengelegt oder sogar zugeschüttet. Es bleibt zu hoffen, daß dem Beispiel des "Oberharzer Wasserregals" (siehe Kap.10) im Hinblick auf Unterhaltung und Instandsetzung in den nächsten Jahren gefolgt wird, um die Reste dieser großartigen Anlage wenigstens in Teilabschnitten wieder nutzbar zu machen und vor weiterem Verfall zu bewahren.
Mit den ersten Sanierungsarbeiten wurde 1991 begonnen (LORENZ, 1995).

Die ältesten wasserbaulichen Anlagen befinden sich im Rödelbachgebiet bei Straßberg. Im Jahre 1610 gab es hier schon den **Rieschengraben** mit der 800 m langen untertägigen **Dorfrösche** zwischen Rödelbach und Flösse sowie **Gräfingründer-** und **Unteren Kilianstesich**, die sehr wahrscheinlich der bergbaulichen Wasserhaltung dienten.

Mit Wiederaufnahme der Gruben unter UTTERODT entstanden zunächst bis 1707 6 Kunstteiche und 2 Kunstgräben im Rödelbach- und Glasebachtal. Anschließend unter C.Z. KOCH wurde die Anlage bis 1750 stark erweitert.
Er führte die Oberharzer Dammbautechnik (siehe Abb.74) ein und baute mit dem **Glasebachteich** (1716, heute trocken) und dem **Frankenteich** (1724) die größten Teiche des Unterharzes. Am Ende seiner Amtszeit umfaßte die Anlage 10 Kunstteiche im Rödelbach- (7) und im Glasebachgebiet (3). KOCH erkannte schnell, daß die im Einzugsgebiet der Selke vorhandenen Wasser allein nicht ausreichten, die neuen Stauteiche zu versorgen. So ließ er zusätzlich einen Sammel- und Zufuhrgraben nach Westen bis ins Ludegebiet (nördlich Stolberg) bauen, der die Wasserscheide zwischen Thyra und Selke durch zwei Röschen querte und so zusätzlich Wasser heranführte. Das etwa 20 km lange **Ludegrabensystem** (später auch KOCH's Graben genannt) wurde 1745 fertiggestellt. Unter "**Röschen**" versteht man im Unterharz allgemein die unter Tage verlaufenden Grabenabschnitte, im Oberharz heißen solche Wassertunnel "**Wasserläufe**". Von den Teichen aus führten 6 in je 3 Niveaus übereinander angelegte Kunstgräben zu den Radkünsten der Straßberger Gruben sowie zu den Pochwerken. Zur zentralen Wasserlösung waren die südlich des Dorfes bauenden Hauptschächte an den ca. 50 m Teufe einbringenden **Hüttenstollen** angeschlossen.

Im anhaltischen Gebiet standen für das Birnbaumer- und das Neudorfer Revier zunächst nur die Zuflüsse aus den sehr kleinen Einzugsgebieten der Schmalen Wipper und des Birnbaumbachs zur Verfügung. Der 1699 als Hüttenteich angelegte **Birnbaumteich** sammelte das Aufschlagwasser für die beiden Hauptschächte. Die Radkunst auf dem Pfaffenberg (nach 1760) wurde mit dem Wasser des **Grenzteichs** an der Schmalen Wipper betrieben. Nach dem Niedergang des Straßberger Bergbaus einigten sich Stolberg-Stolberg und Anhalt-Bernburg (1761) darauf, den Ludengraben als "**Anhaltschen** oder **Langen Graben**" nach Osten bis zum neuangelegten **Kalbsaugenteich** (1779) zu verlängern, um die Versorgung des aufstrebenden Bergbaus sicherzustellen.
Ein wesentlicher Ausbau der Neudorfer Wasserhaltung erfolgte 1792/93, als der **Neudorfer Gemeindeteich**, der nun die Meiseberger Radkunst beaufschlagte, an das Grabensystem angeschlossen wurde. Auch der für die Grube Pfaffenberg angelegte **Neudorfer Kunstteich** erhielt jetzt zusätzlich Ludewasser.
Als der Abbau auf den Hauptgruben Teufen von bis zu 260 m erreicht hatte, stieg der Aufschlagwasserbedarf so rapide, daß die Speicherkapazität in Trockenperioden nicht mehr ausreichte, um die Sümpfung der Gruben zu gewährleisten. Eine unter Tage aufgestellte Dampfmaschine übernahm seit 1837 in den wasserarmen Jahreszeiten die Wasserhebung.
Nach der Einstellung des Neudorfer Bergbaus 1903 erfuhr die Unterharzer Wasserwirtschaft eine erneute Umgestaltung. Der bislang von der Silberhütte genutzte **Teufelsteich**, sowie bei Bedarf der **Fürstenteich** und der **Silberhütter Pochwerksteich** erhielten nun die vom Lude- und Rödelbachgebiet herangeführten Wasser durch den neuangelegten **Siebengründer Graben**. Das insgesamt 25,5 km lange, jetzt **Silberhütter Kunstgraben** genannte System hatte ein Einzugsgebiet von 11,8 km^2 und versorgte 5 Teiche mit einer Speicherkapazität von 0,33 Mio m^3.
Nach dem Konkurs der Silberhütte 1910 diente das Gefälle bis 1939 zur Stromerzeugung, danach wurde der Graben trockengelegt.

Bislang fand dieses interessante, nach dem Vorbild der berühmten Oberharzer Wasserwirtschaft gestaltete System leider nur wenig Würdigung. Um so erlebnisreicher ist es daher, die alten, fast vergessenen Anlagen mit ihren Teichen, Gräben und Röschen auf eigenen Pfaden einmal selbst zu erkunden und sich in die Welt ihrer einstigen Erbauer zurückzuversetzen!

15.4 Versuchsbergbau auf Wolfram

Mehr von mineralogischem Interesse als von wirtschaftlicher Bedeutung sind die Vorkommen von **Wolframerzen** (Wolframit, Scheelit) auf den Gängen des zentralen Unterharzes. Schwarze, bis 5 cm große langprismatische Wolframitkristalle, meist nesterweise im Eisenspat eingesprengt, fanden sich vor allem auf den Gruben **Birnbaum, Glücksstern, Pfaffenberg, Meiseberg** und **Glasebach**.
Da es in den vergangenen Jahrhunderten keine Verwendungsmöglichkeiten für Wolframmetall gab, untersuchte man derartige, örtlich stärker hervortretende Mineralisationen nicht näher. Erst Ende des 19. Jahrhunderts wurde Wolfram zu einem "strategischen Metall", da wolframgehärtete Spezialstähle zur Fertigung von Geschützrohren und Panzerplatten dienten.
Unter kriegswirtschaftlichen Bedingungen erfuhr der Bergbau auf dem Neudorfer Gangzug in den Jahren 1917/18 eine kurze Neubelebung. Der wiederaufgewältigte **Glücksstern-Schacht** lieferte allerdings nur 2,6 t Wolframerz mit 10 % WO_3-Gehalt. Die Fortführung des Abbaus lohnte sich aber nicht, da die anfallenden Bleierzmengen, die den Betrieb wirtschaftlich hätten gestalten können, zu gering waren.

Auch während des Zweiten Weltkriegs wurden in Neudorf die Halden nochmals nach Wolframerzen abgesucht. Funde von Wolframit auf einem Acker südlich von Siptenfelde gaben 1950 Anlaß zum Abteufen eines etwa 60 m tiefen Versuchsschachts, der jedoch nur Quarz und Pyrit antraf und 1955 wieder aufgelassen wurde.

15.5 Der Straßberger Flußspatbergbau

Die Gewinnung von Flußspat im Unterharz hatte ihren Anfang wahrscheinlich in der Mitte des 15. Jahrhunderts. Bis ins 19. Jahrhundert hinein lieferten die zahlreichen, zwischen Straßberg und Neudorf betriebenen Silbergruben als Nebenprodukt Flußspat, der insbesondere in Zeiten schlechter Erzanbrüche verstärkt gefördert wurde. Als Flußmittel wurde das Mineral hauptsächlich von den zahlreichen Kupferhütten in den Kupferschieferrevieren, später aber auch von den Eisenhütten aufgekauft. Von einem systematischen Flußspatbergbau kann aber kaum gesprochen werden, da die Flußspatlinsen meist unbeabsichtigt bei der Suche nach Silbererzen angetroffen und z.T. notgedrungen gebaut wurden. Im stolberger Gebiet lieferten im 18. Jahrhundert vor allem die Gruben **Glasebach** und **Vorsichtiger Bergmann** größere Flußspatmengen.
Im anhaltischen Landesteil begann ein regelrechter Flußspatbergbau erstmals 1780/1790 am **Brachmannsberg**, der Abbau erreichte damals etwa 50 m Tiefe.

Die Grube Fluor

Große, bislang unbekannte Flußspatvorkommen entdeckte man um 1820 auf dem **Biwender Gangzug** im nördlich von Straßberg gelegenen Suderholz. 1787 wurde der **Heidelberger Stollen** am Lindenberg wiederaufgenommen und bis zum Jahr 1800 etwa 1100 m weit querschlägig bis zum Hauptgang getrieben. Die Erkundungsarbeiten wurden nach 8jähriger Unterbrechung erst 1808 fortgesetzt und führten schließlich zur Entdeckung sehr bedeutender Flußspatlinsen. Daraufhin erfolgte 1818-1820 das Abteufen des seigeren **Herzogschachts** (später 190 m tief) und die Aufnahme der Spatförderung. Der nun reichlich produzierte Spat (bis 1830 etwa 30.000 Maß) fand kaum Absatz, da die anderen Gruben den Markt bereits abdeckten, so daß der Betrieb schon 1835 gestundet werden mußte.
Anhalt verlor das Interesse an diesem Bergbau und verlieh 1857 das Recht auf Flußspatgewinnung im Suderholz an den Grafen von Stolberg-Stolberg. Im gleichen Jahr ging die Grube wieder in Produktion und entwickelte sich zur wichtigsten Flußspatgrube des zentralen Unterharzes. Um 1870 geriet der Flußspatbergbau abermals in eine Krise, da die Mansfelder Hütte keinen Spat mehr abnahm. Abnehmer des nur noch auf Bestellung produzierten Stückspats wurde die Ilseder Hütte bei Peine im nördlichen Harzvorland, allerdings betrug der Bedarf jährlich kaum mehr als 500 t.
Erst durch den Bau der Selketalbahn um 1890 besserten sich die Absatzmöglichkeiten. Die Jahresförderung der **Grube Fluor** stieg auf rund 5000 t. Gleichzeitig entstand zwischen Straßberg und Güntersberge die **Fabrik Fluor**, die zwischen 1888 bis zur Stillegung 1927 Flußspatmehl und Fluorchemikalien produzierte. Danach gelangte der größte Teil des Flußspats zur Weiterverarbeitung nach Dohna bei Dresden. Inzwischen benötigte auch die stark angewachsene Aluminiumindustrie große Mengen Flußspats.

Der moderne Flußspatbergbau

Nach dem Zweiten Weltkrieg erlebte der Bergbau im nun zur "Sowjetischen Besatzungszone" bzw. der späteren DDR gehörenden Unterharz einen Neuaufschwung. Das Interesse galt jetzt allein dem Flußspat, der in den noch unverritzten tieferen Gangpartien vermutet wurde. Flußspat war zu einem wichtigen strategischen Industriemineral geworden. Außer zur Aluminiumherstellung benötigte man in den Atomfabriken der UdSSR zur Trennung von spaltbarem und nichtspaltbarem Uran größere Mengen Fluorchemikalien. Es war die Zeit des Wettrüstens, des kalten Kriegs und des gigantischen Uranprogramms der "SDAG WSMUT AUE"!
Nach 1952 wurden verstärkt bergmännische Arbeiten im Straßberger Revier durchgeführt (Abb.108). Unmittelbar südlich vom Herzogschacht wurde der **Fluorschacht** 380 m tief bis zur 10. Sohle niedergebracht und später über ein Gesenk mit der 11. Sohle (430 m) verbunden. Westlich und östlich des Schachts erschloß man mächtige Flußspatmittel, so daß die Grube bis zur Einstellung 1990 etwa 1 Mio t Flußspat lieferte (Abb.113 b).

Abb. 113a, b: Seigerrisse der beiden bedeutendsten Straßberger Flußspatgruben. a: die Grube Glasebach, b: die Grube Fluor. Die abgebauten Gangflächen sind schwarz dargestellt. (umgezeichnet nach Unterlagen der Fluß-und Schwerspat GmbH, Rottleberode)

267

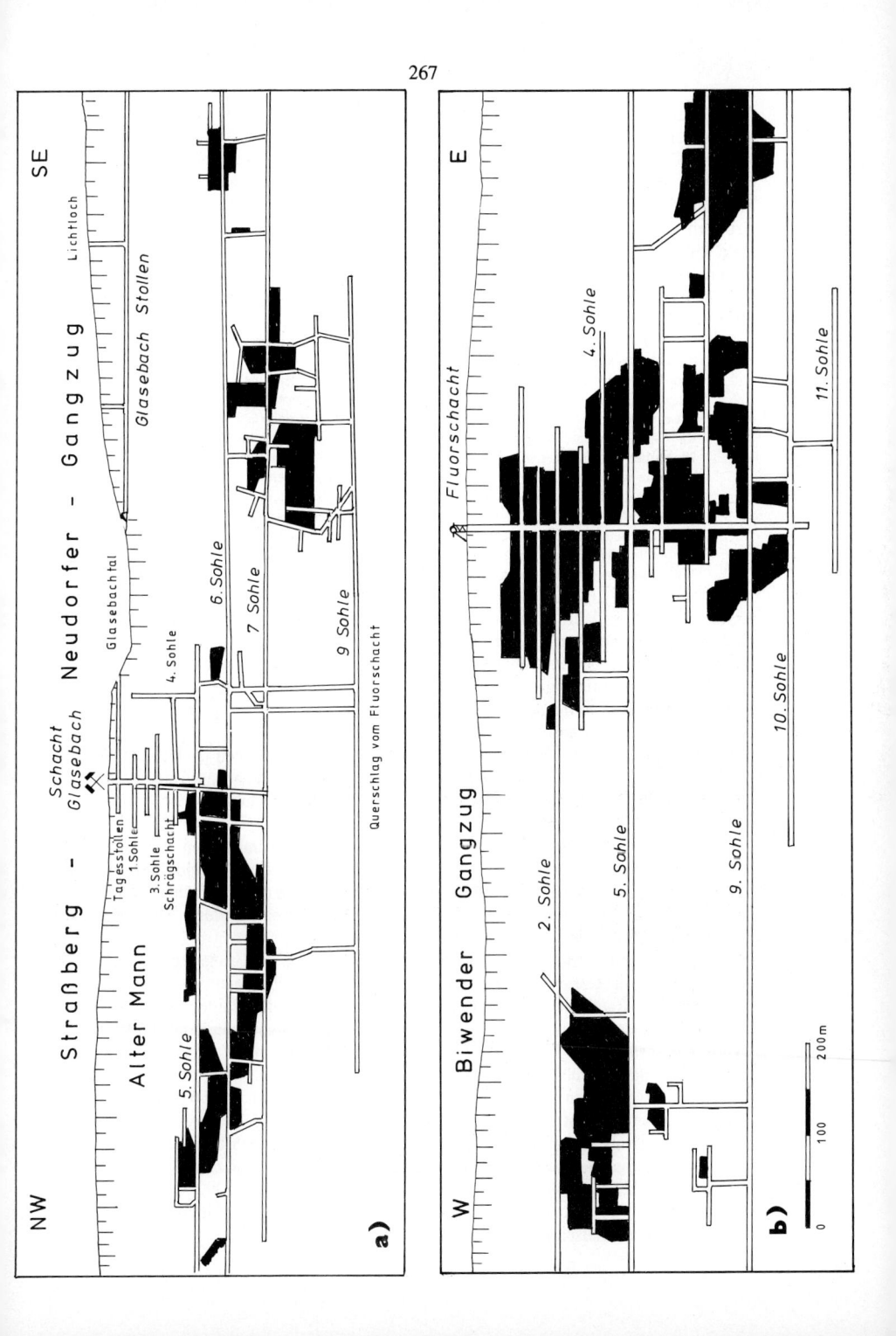

Am Hirschbüchenkopf und im Rödelbachtal teufte man Versuchsschächte ab, die jedoch keine größeren gewinnbaren Spatvorräte erschlossen.
Potentiell sehr höffig war die alte Grube **Glasebach** auf dem Straßberg-Neudorfer Gangzug. Vom neu abgeteuften Schacht aus wurde unterhalb der alten Abbaue eine 5., 6. und 7. Sohle zur Erkundung des Gangs aufgefahren (Abb.113 a). Diese Arbeiten waren recht gefährlich, da weder die genaue Lage noch das Ausmaß der alten Grubenbaue bekannt waren. Es gab keine alten Risse oder Akten, die eine sichere Durchführung der bergmännischen Arbeiten gewährleisteten. So ereignete sich dann auch im Sommer 1956 eine Katastrophe, die bis heute im Bewußtsein der Straßberger Bevölkerung geblieben ist:

"Bei der Auffahrung eines Querschlags nach Süden von einem Überhauen zwischen 5. und 6. Sohle aus kam es unmittelbar nach dem Schießen zu einem gewaltigen Wassereinbruch aus dem hier nicht vermuteten Alten Mann. Die Hauer waren gleich nach Abtun der Schüsse ausgefahren und hatten nichts von den eindringenden Wassermassen gemerkt. Die weiter unten in der Grube arbeitenden Männer bemerkten die Katastrophe erst, als das unheimliche Rauschen der schnell steigenden Flut hörbar wurde. Einigen Kumpeln gelang es, sich durch Überhauen auf die oberen Sohlen zu retten und über den Schacht auszufahren. 6 Bergleute aber, die unten auf der 7. Sohle im Ostfeld tätig waren, nahmen die drohende Gefahr erst wahr, als die Strecke, die den einzigen Fluchtweg darstellte, bereits unter Wasser stand! Für alle 6 wurde die 7. Sohle Ost zur tödlichen Falle. Gefangen in einer Luftblase verharrten sie vielleicht viele Stunden, bis schließlich der Sauerstoff verbraucht war und der Erstickungstod sie ereilte. Das Wasser stieg bis 60 m unter der Hängebank. Es dauerte Monate, bis die Wassermassen gehoben waren, um die Leichen bergen zu können."

Erst Ende der 60er Jahre wurde das Glasebach Revier erneut in Angriff genommen, nachdem zuvor die alten Gruben gesümpft worden waren. Vom Fluorschacht aus wurde im Niveau der 9. Sohle ein 1,8 km langer Querschlag nach Süden zum Glasebacher Grubenfeld getrieben und durch ein Überhauen mit der 7. Sohle des Glasebachschachts verbunden (1969). Zwischen 1970 und 1982 produzierte die Betriebsabteilung Glasebach etwa 250.000 t Flußspat.
Von der 5. Sohle des Fluorschachts aus fuhr man 1978 einen 3 km langen Querschlag nach Norden zum **Brachmannsberg** bei Siptenfelde auf, wo bereits im 18. Jahrhundert Flußspat abgebaut worden war. 1979-1989 fand hier eine Gewinnung von etwa 200.000 t Flußspat statt.
Ebenfalls im Niveau der 5. Sohle wurde eine Richtstrecke parallel zum Biwender Gang nach Westen aufgefahren, die nach knapp 4 km am **Heimberg** bei Güntersberge ein ausgedehntes Flußspatmittel erschloß, auf dem früher bereits oberflächennah die Grube Anna gebaut hatte. Die Betriebsabteilung Heimberg lieferte 1973-1980 rund 100.000 t Flußspat.
Als eigenständiger Betrieb entstand zu Beginn der 70er Jahre die Grube **Hohe Warte** im Hagental bei Gernrode. Die zunächst durch Kernbohrungen vorerkundete, unmittelbar am Rande des Ramberggranits aufsetzende Ganglagerstätte wurde durch einen 1500 m langen Grundstollen erschlossen, der im Grubengebäude etwa 150 m Teufe einbrachte. Während der von 1974 bis 1985 dauernden Produktionszeit förderte die kleine Grube etwa 200.000 t Flußspat.
Betreiber des gesamten Unterharzer Flußspatbergbaus war der "**VEB Fluß- und Schwerspatbetrieb Rottleberode**", ein Teil des "Kombinats Kali". Hierzu gehörte ebenfalls die Grube **Flußschacht**, von der später (Kap.15.6) noch berichtet werden soll. Das Unternehmen beschäftigte seinerzeit rund 600 Leute, von denen rund 180-200 im Betriebsteil Straßberg tätig waren. Zwischen 1952 und 1990 wurden hier alles in allem 1,8 Mio t Rohspat gefördert und auf der Aufbereitungsanlage in Rottleberode zu Flußspatkonzentrat verarbeitet.

Nach dem Niedergang der DDR fand der wegen mangelnder Vorräte sowieso auslaufende Straßberger Flußspatbergbau im Herbst 1990 ein rasches Ende. Inzwischen ist die Endverwahrung abgeschlossen und das Grubengebäude geflutet. Lediglich die vom Fördergerüst des Fluorschachts überragten Werksanlagen, die von weitem sichtbar auf der Anhöhe des Heidelbergs stehen, erinnern noch an dieses, jetzt abgeschlossene Kapitel Harzer Bergbaugeschichte.

Abb.114: Das 1970 errichtete Schachtgerüst der Grube Glasebach nach der Renovierung im Frühjahr 1992. Seit 1982 diente der Schacht nur noch zur Wetterführung und als Fluchtweg für die Grube Fluor

* Bergwerksmuseum Grube Glasebach,
Tel. (039489) 226 oder 201
Öffnungszeiten: Mai-Oktober tägl. außer Montags

Das Schaubergwerk Glasebach

Die Erhaltung der Grube Glasebach und ihr Ausbau zu einem interessanten regionalen Bergwerksmuseum ist in erster Linie den Aktivitäten des **Montanvereins Ostharz in Straßberg e.V.** zu verdanken. Die Anfang der 80er Jahre abgeworfene Schachtanlage, die zuletzt nur noch zur Bewetterung des von der Grube Fluor aus betriebenen Flußspatbergbaus diente, konnte mit Hilfe von Landesmitteln zwischen 1990 und 1995 saniert und zu einem Schaubergwerk ausgebaut werden.

Ein neuer, im Rahmen der Verwahrungsarbeiten vom Selketal aus aufgefahrener Entwässerungsstollen, der etwas unterhalb der 2. Sohle in das Glasebacher Grubengebäude einbringt, sorgt dafür, daß trotz Flutung des Verbundbergwerks die beiden obersten Sohlen, sowie der Tagesstollen trocken bleiben. Verbunden sind diese Strecken duch einen seigeren Tagesschacht (Abb.114) und einen inwendigen Schrägschacht.

Erstmals erwähnt wurde die Grube 1689 unter dem Namen **Seidenglanz**, (bis 1699 in Abbau). Später hieß sie **Vertrau auf Gott** (1701-nach 1705) und nach 1729 Glasebach. Mit einigen Unterbrechungen diente die Gewinnung von Erz (hauptsächlich silberhaltiger Bleiglanz) und Flußspat als Hüttenzuschlag bis 1776. 1762 hatten beide Schächte bereits das Niveau der 5. Sohle (112 m) erreicht. Zur Bewältigung der starken Wasserzuflüsse waren zeitweise in beiden Pumpenkünste installiert.

Zwischen 1810 und 1856 produziert die wiederaufgenommene Grube ausschließlich Flußspat.

Die heute befahrbaren Abbaustrecken zeigen neben phantastischen Gangaufschlüssen im Harz einmalige Türstock- und Firstenkastenzimmerungen aus Eichen-Vierkanthölzern, die aus dem 18. Jahrhundert stammen dürften. Leider nur noch wenige Fragmente zeugen von der in ihrer Bauart ebenfalls einmaligen **Schwingenkunst**, mit der im Schrägschacht die Wasser gehoben wurden (1822 erneuert). Wieder freigelegt und mit einem Dachkonstruktion versehen wurde die dazu gehörende Kunstradstube vor dem Tagesstollen. Der in Bruchsteinmauerung gesetzte, ellipsenförmige Schleiftrog ist 11,5 m lang, 2,5 m breit und 4,5m tief. Das darin eingebaute Wasserrad hatte einen Durchmeser von 9,2m.

Ebenfalls zum Schaubergwerk gehört der 300m entfernte **Alte Glasebacher Stollen** (auch Kuhstollen genannt). Der vor 1690 mit Schlägel-und-Eisen ostwärts zur Grube Vorsichtiger Bergmann getriebene Stollen wurde in den 70er Jahren im Rahmen von Erkundungsarbeiten 360 m weit neu aufgefahren. Auf einer Länge von 110 m saniert, dient er heute zur musealen Darstellung der moderne Bergbautechnik.

Lohnende Ziele für montanhistorische Wanderungen bieten drei ausgeschilderte **Bergbaulehrpfade**, die das als Flächendenkmal geschützte **Unterharzer Teich- und Grabensystem** erschließen. Ein spezieller Führer hierzu (LORENZ,1995) ist im Schaubergwerk erhältlich.

15.6 Der Flußschacht bei Rottleberode

Die bedeutendsten Flußspatvorkommen des Harzes fanden sich nahe an seinem südlichen Rand im Krummschlachttal nördlich von Rottleberode. Bis 1990 standen hier der **Flußschächter-Backöfner Gangzug** und seine Begleittrümer in Abbau (Abb.108).

Der stark aufgetrümerte Gang führte besonders östlich des Tals drei große Flußspatlinsen, die in westliche Richtung einschieben und maximale Mächtigkeit von bis zu 28 m aufwiesen. Die Flußspatführung setzte etwa 500 m in die Teufe hinab, war jedoch nur bis zur 18. Sohle (290 m) bauwürdig.

Verläßliche Angaben über die Entwicklung des frühen Bergbaus fehlen hier (RICHTER, 1958). Seit Mitte des 15. Jahrhunderts scheinen hier bereits oberflächennah Brauneisenstein und Flußspat gewonnen worden zu sein. Urkundlich belegt ist der Bergbau erst 1666. Eine regelmäßige Gewinnung von Flußspat im Tiefbau begann erst Mitte des vorigen Jahrhunderts. 1851 bis 1853 teufte man als Vorgänger der heutigen Grube die **Flußschächte I** und **II** bis auf etwa 65 m ab. Weiter östlich im Langental baute ab 1858 die Grube **Backofen** vorwiegend im Stollenbetrieb den Hauptgang ab. Im Anschlußfeld nahm 1896 der Schacht **Graf-Karl-Martin** die Förderung auf. Die damalige Produktion war sehr bescheiden, so lieferte der "Flußschacht" mit einer Belegschaft von 9 Mann 1881 nur 690 t Spat.

Die in der Teufe angefahrenen beträchtlichen Vorräte führten um 1900 rasch zur Vergrößerung des Betriebs und zur Steigerung der Produktion. Nach Zusammenlegung der beiden benachbarten Gruben mit dem Flußschacht begann das Abteufen eines neuen Förderschachts östlich der Krummschlacht. Bald schon galt die Grube Rottleberode als Deutschlands reichstes Flußspatbergwerk.

Besitzer war bis 1924 die **Mathildenhütte** in Bad Harzburg. Zwischen 1924 und 1932 übernahm die **Bergbau AG Lothringen** den Betrieb, der dann bis 1941 von der **Gewerkschaft Graf-Karl-Martin** weitergeführt wurde. 1941-45 gehörte die Grube zur **Fluorit GmbH Leverkusen**.

Nach dem Krieg lief das Rottleberoder Flußspatwerk zunächst als Kontrollratsbetrieb, aus dem 1948, nach Gründung der DDR, der volkseigene Betrieb **Harzer Spatgruben-Flußspatwerke Rottleberode** im Kombinat "VVB Kali und Salz" entstand. In der Zeit zwischen 1881 und 1957 förderte die Grube 1.141.523 t Rohhaufwerk (RICHTER, 1958).

Die Flußspatgrube hatte zunächst einen 180 m tiefen **Tagesschacht**, der bis zur 12. Sohle hinabführte. Zwei etwas versetzte Blindschächte bildeten die weitere Verbindung zur 80 m tieferen 16. Sohle bzw. von hier bis hinab zur 24. Sohle. Erst Anfang der 70er Jahre wurde der Flußschacht bis zur 24. Sohle durchgeteuft und erreichte eine Endteufe von 504 m. Der 1940 von der Backofener Stollensohle im Osten der Lagerstätte niedergebrachte **Stapelschacht** stellt den zweiten Zugang zur 12. Sohle dar.

In den 70er Jahren wurde ein am Harzrand, östlich des Krummschlachtbachs (+290 m NN) angesetzter Erkundungsstollen querschlägig zu den Gangstrukturen etwa 3,2 km weit nach Nordnordost aufgefahren, allerdings ohne neue bauwürdige Flußspatmittel zu erschließen.

Seit 1976 fand auf dem Flußschacht nur noch ein Nachlesebergbau statt. Man gewann jetzt den Versatz aus früheren Betriebszeiten, der z.T. in den 40er Jahren schon einmal nachgelesen worden war! Vor dem Krieg war praktisch nur Stückspat gefördert worden, im Grubenklein, das als Versatzmaterial in den Alten Mann ging, blieben etwa 30 % Flußspat zurück.

Abb.115: Unter starkem Gebirgsdruck stehende Abbaustrecke. In der Bildmitte steht ein druckluftgetriebener Wurfschafellader. Abbau 4/1 auf der 9.Sohle des Flußschachts.
(Foto: W.Zerjadtke)

Der Einsatz einer modernen Flotationsaufbereitung ermöglichte es, aus rund 30.000 t Rohhaufwerk jährlich etwa 10000 t Fluoritkonzentrat mit 95 % CaF_2-Gehalt zu produzieren, das als "Säurespat" an die Fluorchemie in Dohna geliefert wurde. Die Gewinnung des Versatzes in alten Abbauen war wegen des extrem druckhaften Gebirges bergbautechnisch sehr schwierig, es erforderte viel bergmännisches Geschick und einen sehr großen Aufwand an Ausbaumaterial (Abb.115). Selbst starker Eisenausbau hielt dem gewaltigen Gebirgsdruck nur kurze Zeit stand. Im Nachlesebergbau wendete man einen abwärtsgeführten Scheibenbruchbau an.

Insgesamt lieferte die Rottleberoder Lagerstätte rund 1,8 Mio t Flußspat. Das Ende der DDR brachte auch hier das Aus für den Bergbau. Die noch in der Grube vorhandenen größeren Vorräte sind derzeit nicht wirtschaftlich gewinnbar. Seit Einstellung der Produktion 1990 wurden nur noch Verwahrungs- und

Rekultivierungsarbeiten durchgeführt, die voraussichtlich Ende 1993 abgeschlossen sein werden.
Der Flußspatinhalt (Produktion und Restvorräte) aller Unterharzer Ganglagerstätten wird nach BAUMANN & VULPIUS (1991) zusammen auf rund 5,2 Mio t geschätzt.

Abb. 116: Tagesanlagen der ehemaligen Flußspatgrube Rottleberode mit dem Schachtgerüst des Flußschachts (Gesamttiefe 508 m), heute komplett abgerissen

15.7 Der Antimonbergbau von Wolfsberg

Im Gegensatz zu den bisher besprochenen Unterharzer Lagerstätten sind die im Gebiet von **Hayn-Wolfsberg-Dietersdorf** auftretenden Gänge lokal recht reich an **Antimon**. Antimonmetall war schon im Altertum bekannt, die Nachfrage stieg aber erst mit Erfindung der Buchdruckerkunst, da Antimon-Blei-Legierungen als "Letternmetall" Verwendung fanden.
Die Gänge bei Hayn wurden durch zwei Grubenbetriebe abgebaut. Im Westen des Ortes baute die **Weiße Zeche** auf drei Trümern, die nach Osten zusammenliefen. Neben viel Zinkblende und silberreichem Bleiglanz traten hier Antimonfahlerz und Antimonglanz (Antimonit, Sb_2S_3) auf. Die ca. 80 m tiefe Grube wurde durch einen 340 m langen Nord-Süd verlaufenden Stollen gelöst.
Östlich von Hayn lag die Grube **Henriette**, der Gang führte hier ähnlich wie in Neudorf Eisenspat, Kupferkies und Flußspat.
Das zu Stolberg gehörende Hayner Revier hatte seine Glanzperiode in der ersten Hälfte des 18. Jahrhunderts. Aufwältigungsarbeiten in der Zeit von 1856-1859 brachten keinen Erfolg (HESEMANN, 1930).

Die einzige bedeutende Antimonitlagerstätte des Harzes liegt 1 km westlich von **Wolfsberg** im südöstlichen Unterharz (Abb.108). Wegen der komplexen Mineralogie und zahlreicher schöner Kristallstufen erlangte die Antimongrube einige

Berühmtheit.
Auf einer 0,5-10 m mächtigen Gangstruktur fand sich ein etwa 200 m langes, max. 0,5 m breites, unregelmäßiges Erzmittel, das bis rund 73 m unter die Stollensohle hinabsetzte.
Hauptantimonträger war Antimonit (Antimonglanz, Sb_2S_3), der gemeinsam mit Bleiglanz, Zinkblende, Kupferkies und Quarz als dominierender Gangart hier vorkam. Untergeordnet traten eine Reihe sog. Blei-Antimon-Spießglanze auf, allein 5 davon wurden im Wolfsberger Material neu entdeckt (KLAUS, 1984). So etwa **Plagionit** ($Pb_5Sb_8S_{17}$) 1831 von ZINCKEN, **Heteromorphit** ($Pb_7Sb_8S_{19}$) 1849 von ZINCKEN und RAMMELSBERG sowie **Zinckenit** ($Pb_9Sb_{22}S_{42}$) 1824 von ZINCKEN, den der berühmte Berliner Mineraloge G. ROSE 1826 zu Ehren des Erstfinders so benannte. Die Lagerstätte selbst lieferte den Namen für das 1835 von ZINCKEN gefundene Mineral **Wolfsbergit** ($CuSbS_2$), das jetzt international **Chalkostibit** heißt. Bekannt wurden von Wolfsberg feinnadelig-filziges Federerz und Zundererz, die sich nachträglich als Gemenge von Antimonit und Plagionit herausstellten.

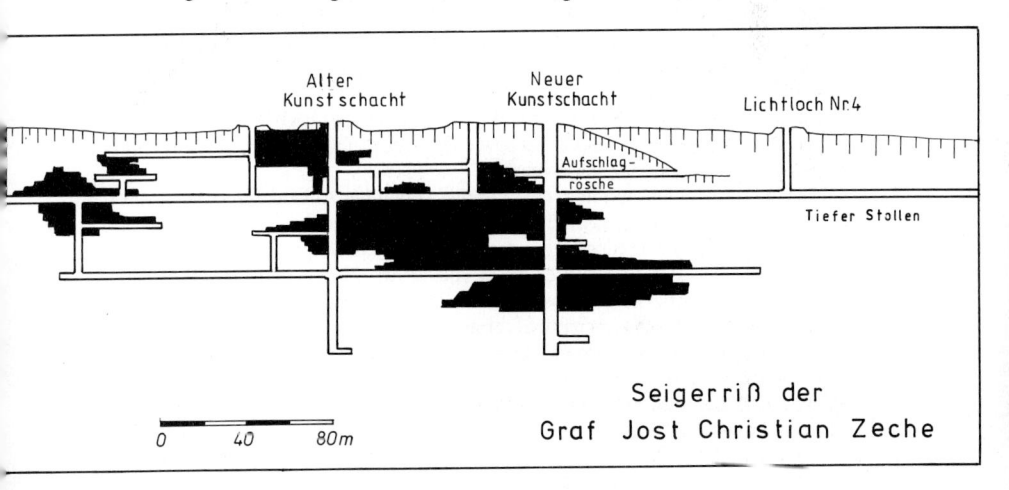

Abb.117 Die Antimongrube Wolfsberg (nach einem Seigerriß von C.BANSE der Graf Jost Christian Zeche, nachgetragen bis 1861) umgezeichnet aus KLAUS (1978).

Der Wolfsberger Antimonbergbau begann Anfang des 18. Jahrhunderts. Die westlich der Ortslage befindliche Hauptgrube **Graf Jost Christian Zeche** (Abb.117) wurde 1726 von einer Gewerkschaft gemutet. 1741 begann eine regelmäßige Antimongewinnung, um 1750 wurde ein tiefer Stollen aufgenommen. Nach Verpachtung des auf Stolberger Gebiet liegenden Grubenfelds an die Anhaltischen Berg- und Hüttenwerke (1793) stand die Grube bis 1861 ununterbrochen in Betrieb. Der wiederaufgenommene Tiefe Stollen erreichte schließlich eine Gesamtlänge von 1410 m und brachte im Hauptschacht etwa 35 m Teufe ein. Von den beiden etwa 108 m tiefen, tonnlägigen Schächten fuhr man 3 Abbaustrecken in Teufen von 50 m, 70 m und 100 m auf und gewann das Erz sowohl im Strossenbau als auch im Firstenbau.

Zur Wasserhaltung war im Neuen Kunstschacht ein 30 Fuß hohes Kunstrad eingehängt, das über eine Aufschlagrösche aus dem Kunstteich beaufschlagt wurde. Das emporgepumpte Wasser floß über den Tiefen Stollen nach Wolfsberg zur Wipper ab. Wegen der allgemein starken Wasserzuflüsse ersoffen die Baue unter der 3. Strecke trotzdem in jedem Jahr für mehrere Monate, so daß hier so gut wie kein Abbau stattfand.

In ihrer Glanzzeit vor 1830 war Wolfsberg die berühmteste und reichste Antimongrube Deutschlands. Ihre jährliche Fördermenge betrug im Durchschnitt 1000 t.

Das geförderte Erz wurde zunächst durch Klauben, Ausschlagen von Hand sowie Pochen und Sieben trocken aufbereitet. Für feinverwachsenes Erz schloß sich eine Naßaufbereitung mit Stauchsetzsieben und Schlammgräben an. Aus 100 t Fördergut erhielt man etwa 10 t schmelzwürdiges Konzentrat, aus dem in einem Tiegelschmelzprozeß Antimonsulfid (Antimonium crudum) herausgeschmolzen wurde. Die etwa 70 cm hohen 10-20 cm breiten Tiegel bestanden aus einem Obertopf, der das Erz enthielt, und einem Untertopf, in dem sich die Schmelze sammelte. Die geschlossenen Tiegel wurden in einem Holzkohlebett (Herdschmelzen) oder in einem holzbeheizten Flammofen 5 bis 6 Stunden lang auf 600-800°C erhitzt.

Das Ausbringen bei diesem Verfahren betrug nur um 30% (3 Zentner Konzentrat ergaben etwa 0,9 Zentner Schmelzprodukt). Das Antimonium crudum lieferte man an pyrotechnische Betriebe, Glashütten sowie die Antimonhütte in Altena/Sauerland, die daraus metallisches Antimon erzeugte.

Nach weitgehender Erschöpfung der Vorräte verkaufte Anhalt 1854 die Grube Wolfsberg an die Straßberg-Haynsche-Gewerkschaft, die bis 1861 einen Nachlesebau betrieb, für eine Teufenerkundung in der wassernötigen Grube fehlte das Kapital. Nochmals während des Ersten Weltkriegs und in den 20er Jahren bei Wolfsberg durchgeführte Sucharbeiten erschlossen ebenfalls keine neuen bauwürdigen Vorräte. Insgesamt förderte die Antimongrube vermutlich etwa 60.000 t Roherz, aus dem rund 2000 t Schmelzgut produziert wurden (KLAUS, 1984).

15.8 Gold, Silber und Selen im Eisenerz
   - das kuriose Tilkeröder Revier -
   (nach KLAUS, 1985)

Am Schluß der Betrachtungen über den Unterharzer Bergbau soll das kleine, aber aus mehreren Gründen sehr bemerkenswerte Revier von Tilkerode stehen, das etwa 3 km nordöstlich vom Kurort Wippra liegt. Völlig isoliert von den generell hercynisch streichenden Unterharzer Gängen treten hier in einem aus silurischen Graptolithenschiefern und darin eingelagerten Diabasen bestehender Sattel einige Nord-Süd verlaufende, steil nach Osten einfallende Eisenerzgänge auf. Die Ausfüllung der 1 bis max. 2 m mächtigen Gangspalten besteht vorwiegend aus Roteisenerz (oft in Form von Rotem Glaskopf) sowie Eisenspat und anderen Karbonspäten. Besonders innerhalb der von den Gängen durchschlagenen Diabaskörper entstanden durch Einwirkung der heißen Lösungen auf das Nebengestein metasomatische Hämatitvererzungen, die bis zu 50 m Mächtigkeit erreichten. Nach der Teufe zu verarmt das metasomatisch entstandene Erz rasch, so daß unterhalb 70 m dann nur der Gang allein bauwürdig war.

Was nun diese Lagerstätte von allen anderen ähnlichen Vorkommen unterscheidet, ist das recht häufige Auftreten von Selenidmineralen*, zusammen mit Gold und Spuren von Palladium, auf schmalen, höchstens 40 cm mächtigen Karbonspattrümern am Eskeborner Berg. Die gute Qualität der oxidischen Huterze und deren leichte Gewinnbarkeit haben vermutlich schon frühzeitig das Interesse der Bergbautreibenden erweckt. Ein oberflächennaher Eisenerzabbau größeren Umfangs erfolgte wahrscheinlich im frühen 18. Jahrhundert und ist seit 1762 bergamtlich belegt. Nach 1784 setzte unter anhaltischer Leitung ein planmäßiger Tiefbau ein, um die vom "Alten Mann" nicht erreichten Mittel bis zur bauwürdigen Teufe zu erschließen. Hierzu wurden mehrere zwischen 40 und 60 m tiefe Tagesschächte abgeteuft und mit den neu vorgetriebenen Stollen durchschlägig gemacht (Abb.118).

	Länge	Teufe
* **Martin-Kochsborn-Stollen**	500 m	40 m
* **Einestollen**	ca. 800 m	60 m
* **Eskeborner Stollen**	1100 m	50 m

Die eigentliche Hauptbetriebszeit der Tilkeröder Eisengruben, in der die größten Erzmengen gefördert wurden, fiel in das erste Drittel des 19. Jahrhunderts und stand seit 1821 unter der Leitung von J.L.C. ZINCKEN.

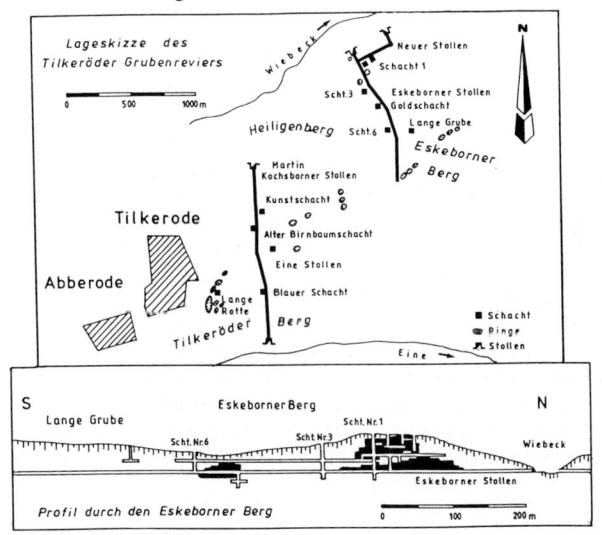

Abb.118: Lageskizze der Tilkeröder Gruben und ein Profil durch den Eskeborner Berg (nach HESEMANN, 1930)

*Das Element Selen ist geochemisch in der Lage, den Schwefel in einigen Sulfidmineralen vollständig zu ersetzen. Statt Bleiglanz (PbS) bildet sich dann das in seinen äußeren Eigenschaften sehr ähnliche Mineral Clausthalit (PbSe).

Die gesamte bauwürdige Erzmenge - die größtenteils als Hämatitimprägnation im Diabas saß, wurde in großen Weitungsbauen, z.T. im Gesenkbau unterhalb des **Einestollens** gewonnen. Bis etwa 1835 waren zwischen 20 und 30 Bergleute beschäftigt, die zeitweise abwechselnd im Eskeborner Revier (Sommer) und im Einestollen Revier (Winter) arbeiteten. Nach Auswertung alter Grubenrisse lieferte damals das erstgenannte Feld etwa 10.000 t und das andere etwa 17.000 t Erz, mit einem durchschnittlichen Eisengehalt von 40 %. Insgesamt wurden bei Tilkerode 35 - 40.000 t Eisenerz gefördert und die größtenteils auf der Eisenhütte in Mägdesprung verhüttet.

1821 fand ZINCKEN hier ein bleiglanzähnliches Mineral, das sich bald als Blei-Selen-Verbindung herausstellte. Damit gebührt ZINCKEN die Ehre, als erster im Harz Seleniderze entdeckt zu haben. Das Element Selen war erst 1817 durch den schwedischen Chemiker BERZELIUS in Bleikammerrückständen entdeckt und dargestellt worden. Noch bevor ZINCKEN's Fund genau analysiert und veröffentlicht wurde, gelang es Dank seiner Anregung, bislang unbestimmtes Material von der Clausthaler Grube St.Lorenz als Bleiselenid zu identifizieren. Man war schneller mit einer Publikation, so daß das neue Mineral heute **Clausthalit** heißt. 1825 entdeckte ZINCKEN als erster das Selensilber im Tilkeröder Erz, 1828 erhielt das neue Mineral von G. Rose in Berlin den Namen **Naumannit** (Ag$_2$Se). Durch ZINCKEN aufmerksam gemacht, konnten in den nächsten Jahren weitere Selenidvorkommen im Harz festgestellt und untersucht werden, so in Zorge (siehe 14.2), Lerbach und St.Andreasberg.

Bis 1825 wurden die nur gelegentlich und in kleinen Mengen gefundenen Selenminerale an Sammlungen gegeben oder an Chemiker verkauft. Erst als 1825 in dem Material Gold nachgewiesen werden konnte, erfolgte eine gesonderte Gewinnung dieser Erze. Auf der Silberhütte richtete man ein Laboratorium ein, um die Edelmetalle nach einem neu entwickelten Verfahren chemisch zu extrahieren. Dabei fand man erstmals auch Spuren von Palladium (8,13 g aus 500 kg Schlieg!). Gleichzeitig gewann man gediegenes Selen, das anfangs für 22 Reichstaler pro Unze (30 g) verkauft werden sollte. Die Nachfrage war gering, außer als Laborchemikalie und Rarität für Sammler gab es keine technische Verwendung für das neue Element. Aus Kostengründen wurde die Selendarstellung nach 1832 eingestellt.

Die kleinen, nur nesterartig auftretenden Selenerzmittel hatten Durchschnittsgehalte von 1,3 kg/t Gold und etwa 4 % Silber (HESEMANN, 1930). Der Gesamtinhalt der Lagerstätte wird vom gleichen Autor auf 150 t Selenerze mit 60 kg Silber, 2 kg Gold und 10 g Palladium geschätzt, nach unseren heutigen bergwirtschaftlichen Vorstellungen nahezu homöopathische Mengen. Nach KLAUS (1985) sind insgesamt 60 t Selenerze damals abgebaut worden.

Die an sich unbedeutende Menge von rund 400 g Gold besaß einen hohen ideellen Wert, war es doch das einzige Gold, das jemals in Anhalt gewonnen wurde. Nach ZINCKEN's Vorschlag wurden daraus insgesamt 116 Dukaten als Andenkenmünzen geprägt - **Ex AURO ANHALTINO, 1825**.

Ein Exemplar dieser berühmten Golddukaten ist im Münzkabinett des Museums Schloß Bernburg ausgestellt.

Um 1840 waren die bauwürdigen Eisenerzmittel bis etwa 70 m unter Tage ausgebeutet, da zur Teufe hin neue reiche Erzfunde ausblieben, beschränkte sich die Gewinnung auf früher stehengebliebene Reste. Wegen Unwirtschaftlichkeit wurde der

Grubenbetrieb 1858 eingestellt.
Nur einige überwachsene Halden und ein berühmter Name, der in allen großen Mineraliensammlungen der Welt zu finden ist, sind heute die einzige Erinnerung an diesen Bergbau. Auch der Name des Eskeborner Stollens bleibt der Nachwelt erhalten, denn ein 1950 von RAMDOHR in den Tilkeröder Selenerzen neu entdecktes, seltenes Mineral mit der Formel $CuFeSe_2$ ist unter dem Namen **Eskebornit** in die internationale Literatur eingegangen.

Weiterführende Literatur zu Kap. 15:

Augustin (1993), Bartels & Lorenz (1993), Blömeke (1885), Brüning (1926), Franzke (1969), Hartmann (1957), Hesemann (1930), Klaus (1978, 1984, 1985, 1990, 1991), Knappe & Scheffler (1990), Krause (1986), Lorenz (1995), Mohr (1978), Oelke (1970, 1973, 1978), Oelsner et al. (1958), Richter (1958), Stahl (1918), Tischendorf (1959).

16. Steinkohle, Kupferschiefer und Braunstein – die Rohstoffe am Südharzrand

Das letzte Kapitel dieses Buchs ist dem einstigen Bergbau an den Südausläufern des Harzes gewidmet. Die Rede ist hier von einem Landstreifen, der sich von **Walkenried** im Westen über **Ilfeld, Neustadt** bis etwa nach **Rottleberode** im Osten, parallel zum südlichen Harzrand erstreckt.

Es ist gerade der Übergang von den dicht bewaldeten Harzbergen in das hügelige, von Feldern und Wiesen dominierte Vorland, der diese Landschaft so reizvoll gestaltet. Kleine Dörfer und Städtchen, wie z.b. Neustadt zu Füßen der berühmten Ruine Hohnstein, schmiegen sich harmonisch in das Landschaftsbild ein.

Auch geologisch und montangeschichtlich hat dieser Landstrich viel Interessantes zu bieten. Insbesondere die Gesteine und Lagerstätten der Perm-Formation sind in der Umgebung von Ilfeld bilderbuchhaft aufgeschlossen und laden ein zum Studium der Erdgeschichte.

Überhaupt ist der hübsche Flecken Ilfeld mit seiner traditionsreichen Klosterschule am Eingang des Beretals ein vortrefflicher Ausgangspunkt für Exkursionen in die nähere und weitere Umgebung. Für einen ersten allgemeinen Überblick sei eine Fahrt mit der beliebten Harzquerbahn sehr empfohlen, die in Nordhausen startet, über Niedersachswerfen und Ilfeld hinauf ins Gebirge dampft und von Drei Annen Hohne dann hinunter bis zum Endbahnhof Wernigerode fährt. Die Zeit des aktiven Bergbaus ist auch hier längst vergangen. Doch versuchen Schaubergwerke und aufgestellte Erinnerungstafeln dazu beizutragen, daß dieses wichtige Kapitel der Geschichte nicht einfach in Vergessenheit gerät.

16.1 Der Steinkohlenbergbau im Ilfelder Becken

Die meisten Harzbesucher werden wohl erstaunt sein zu erfahren, daß in diesem "Gebirge der Erze und Metalle" fast 200 Jahre lang auch Steinkohlenbergbau umgegangen ist.

Im Gegensatz zu den berühmten oberkarbonischen Steinkohlenvorkommen des Ruhrgebiets und des Saarlands entstanden die im Harz angetroffenen Kohlenflöze in der Zeit des **Unteren Perms**. Die beiden Hauptabschnitte dieser geologischen Formation tragen heute Namen, die dem Sprachgebrauch der Bergleute aus dem Harzer Kupferschieferbergbau entlehnt sind. Die ältere (untere) Abteilung wird **Rotliegendes** genannt, darüber folgt der **Zechstein** als jüngere Untereinheit, in dessen Basisbereich das berühmte **Kupferschiefererflöz** zu finden ist (siehe 16.2).

Vor etwa 270 Mio Jahren, nachdem das gewaltige varistische Gebirge aufgefaltet und von den massiv angreifenden Erosionskräften bis auf einen mehr oder weniger stark gerundeten Rumpf abgetragen war, machte sich ein großräumiger Klimawechsel bemerkbar. Während es zuvor im Karbon noch vorherrschend feucht-tropisch war, entwickelte sich im Perm ein wüstenhaft-trockenes Klima. Bereits im Oberkarbon senkte sich allmählich ein langgestrecktes Becken (Saar-Selke-Trog genannt) ab, das während des Rotliegenden mit Abtragungsschutt vom nahen Festland aufgefüllt wurde. Es entstanden zunächst Fanglomerate (verfestigtes Gemenge aus Schutt und Schlamm), gefolgt von Arkosen (feldspatreiche Sandsteine), Sanden und Tonen (MÜLLER, in KORITNIG, 1978).

In sumpfigen Niederungen und Lagunen herrschte zeitweise üppiger Pflanzenwuchs. Überdeckt von Schlammströmen gerieten die bereichsweise angehäuften Pflanzenreste unter Luftabschluß und verwandelten sich langsam in Braunkohlen.
Die Auffüllung des Troges im Bereich des Südharzes (Ilfelder Becken genannt) mit klastischen Sedimenten, wurde im Oberrotliegenden durch einen intensiven Vulkanismus unterbrochen. Über den Ostteil des Beckens ergoß sich zunächst eine bis 90 m mächtige "Melaphyrdecke", der eine "Porphyritdecke" mit max. 300 m Mächtigkeit nachfolgte. Später rissen vor allem im Westteil erneut Spalten auf, die vorwiegend rhyolithische Magmen förderten ("Felsitporphyr" vom Ravensberg bei Bad Sachsa, Gr.Knollen bei Bad Lauterberg). Unter der massiven Hitzeeinwirkung des gewaltigen Melaphyrergusses vollzog sich eine hochgradige Inkohlung des Flözes, bei der sich vorwiegend Glanzkohlen bildeten. Diese Kohlen setzen sich hauptsächlich aus Durit und Vitrinit zusammen.
Größtenteils der Abtragung zum Opfer gefallen, stehen die steinkohlenführenden Rotliegendschichten heute nur mehr in einem 5 x 15 km großen Areal zwischen Sülzhayn-Ilfeld und Neustadt an (Abb.119). Weitere kohleführende Rotliegendschichten finden sich in der nordöstlichen Verlängerung des "erzgebirgisch" streichenden Saar-Selke-Troges am Nordharzrand östlich von Ballenstedt im sog." **Meisdorfer Becken**" (Abb.1). Auch hier wurden im vorigen Jahrhundert Steinkohlen abgebaut.

Im Ilfelder Becken lassen sich drei etwa ähnlich aufgebaute Steinkohlenreviere unterscheiden:

* **Revier am Netzberg und Rabenstein**, N Ilfeld
  (Rabensteiner Stollen, Ottostollen, Richterschacht)
* **Revier bei Neustadt**
  (Petersberg, Vaterstein, Gemeindewald)
* **Revier NW Sülzhayn**
  (Steierberg)

Die Südharzer Kohlen standen qualitätsmäßig weit hinter den Ruhrgebietskohlen zurück, so betrugen die durchweg hohen Aschegehalte bis zu 60 %. Die Regel waren fließende Übergänge von den Glanzkohlen in kohlenführende Tonsteine, die als **Brandschiefer** bezeichnet werden. Aufgrund der ungünstigen Flözzusammensetzung sprach man ironisch abwertend von den "feuerfesten Kohlen aus Ilfeld".
In den genannten Revieren erreichte das Hauptflöz eine maximale Mächtigkeit von 2 m, es zeigte in der Regel eine markante Dreiteilung:

Hangendes	Dachkohle	20 - 50 cm
	2. Zwischenmittel	20 - 50 cm
	Mittelkohle	10 - 20 cm
	1. Zwischenmittel	20 - 40 cm
Liegendes	Bankkohle	20 - 30 cm

Die drei Steinkohlenlager waren durch Tonsteinhorizonte voneinander getrennt, so daß die Kohlenbänke zusammengenommen nur eine Mächtigkeit von etwa 1 m ergaben (z.B. im Ottostollen nach WAGENBRETH, 1969). Im Durchschnitt lag die abgebaute Mächtigkeit jedoch nur bei 25 - 40 cm. Interessant sind die Halden des ehemaligen Kohlenbergbaus für Fossiliensammler, stecken doch die tonigen Begleitgesteine voller hübscher Pflanzenabdrücke (Calamiten, Schachtelhalmgewächse).

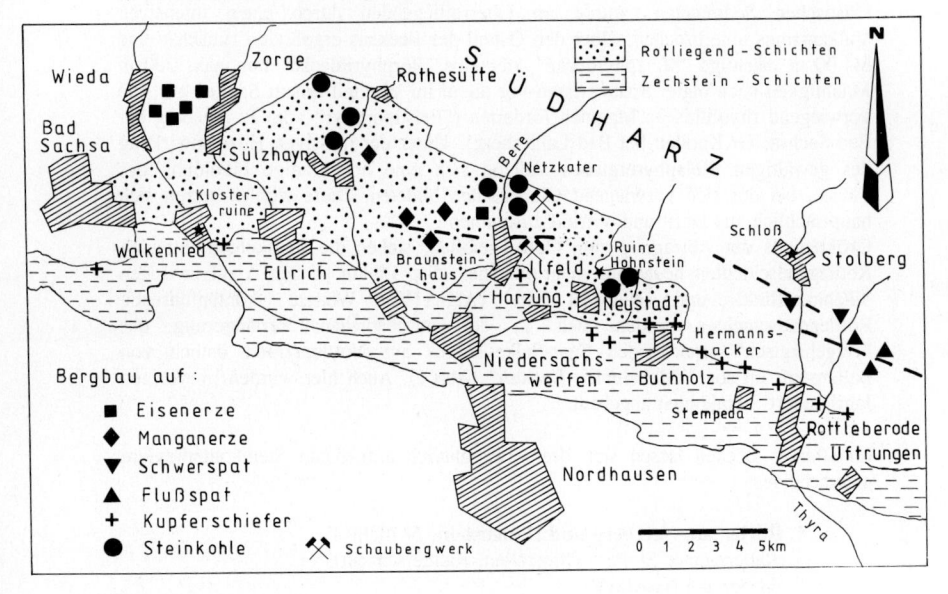

Abb. 119: Die Lagerstätten am Südharzrand bei Ilfeld.

Das Rabensteiner Revier
(nach GAEVERT aus KNAPPE, GAEVERT & SCHEFFLER, 1983)

Die Nutzung der Kohlen als Brennstoff läßt sich bis Mitte des 17. Jahrhunderts zurückverfolgen (z.B. am Nordhang des Poppenbergs bei Ilfeld). Doch erst nach 1700 fand die Steinkohlengewinnung überhaupt als "Bergbau" Anerkennung. Am Fuße des Rabensteins, nördlich von Ilfeld, erschürften 1737 zwei Bergleute ein Kohlenflöz. Der Nutzung dieses Energieträgers kam eine ganz besondere Bedeutung zu, da im gesamten Harz, wie bereits öfter geschildert, aufgrund des intensiven Erzbergbaus ein großer Holzmangel herrschte. Sogleich kam es zu einem jahrzehntelangen Rechtsstreit zwischen dem Ilfelder Klosterstift, das alte Bergrechte in diesem Gebiet besaß, und dem Grafen von Stolberg-Wernigerode, der Landeigentümer war. Nach zähen gerichtlichen Auseinandersetzungen einigte man sich 1750 auf den gemeinschaftlichen Betrieb des Rabensteiner Werks. Der Bergbau hatte von Anfang an mit Schwierigkeiten zu kämpfen, da nur 20-25 % der Förderung als Schmiedekohlen verkaufsfähig waren, die Brandkohlen und Brandschiefer hingegen fanden kaum Absatz. 1770 erlosch der Bergbau hochverschuldet. Zwischen 1831 und 1836 wurde die Grube erneut belegt, doch ein

Hochwasser der Bere drang in die Grube ein und verursachte schwere Verwüstungen. Erst 1849 nahm die Gewerkschaft "Wilhelm Stietz und Consorten zu Ilfeld" das verlassene Steinkohlenbergwerk wieder auf. Die Abbaustrecken des weiter in Richtung Lauffenberg und Poppenberg getriebenen Rabensteiner Stollens erreichten schließlich eine Gesamtlänge von ungefähr 6,5 km.
Seit 1861 war Graf Otto von Stolberg-Wernigerode alleiniger Betreiber des Bergwerks. Es folgte der Bau eines Wasserlösungsstollens vom Tal der Bere aus, der sog. **Ottostollen** hatte eine Länge von 1,6 km und lag etwa 40 m unter dem Rabensteinerstollen. Doch bereits 1880 kam der Ilfelder Steinkohlenbergbau zum Erliegen, lange bevor sich die Kosten für den teuren Ottostollen amortisieren konnten. Inzwischen ermöglichte das gut ausgebaute Eisenbahnnetz einen Transport billigerer und wesentlich besserer Kohle aus dem Ruhrgebiet oder Schlesien in alle Landesteile. Mitte der 20er Jahre fand abermals ein versuchsweiser Kohlenabbau auf dem Ottostollen statt. In den Nachkriegsjahren 1946-1949, als in der damaligen sowjetischen Besatzungszone akuter Brennstoffmangel herrschte, besann man sich auf das Ilfelder Revier und machte den Bergbau wieder rege. Das Westfeld des Ottostollens lieferte in dieser Zeit etwa 7300 t Kohle. Um 1950 entstand aus dem 2. Lichtloch des Ottostollens der 70 m tiefe **Richterschacht**.
Das gesamte Ilfelder Revier produzierte zwischen 1838 und 1949 rund 182.000 t Steinkohlen - diese Menge produziert heute ein Bergwerk der Ruhrkohle AG in weniger als einem Monat!

Im Jahre 1980 begann die Bergsicherung Ilfeld, den alten Rabensteiner Stollen, dessen Mundloch genau gegenüber dem Bahnhof Netzkater an der Harzquerbahn liegt, als Schaubergwerk auf 50 m Länge auszubauen. Im Juni 1981 wurde das Objekt an den "Rat der Gemeinde Ilfeld" übergeben. Wenige Jahre später lag der Stollen wegen diverser Streitigkeiten zwischen der Gemeinde und der Bergsicherung wieder brach. 1990 pachtete ein Team Oberharzer Bergbaufreunde das Grubenfeld von der Gemeinde Ilfeld und nahm den Betrieb wieder auf. Durch einen unermüdlichen Arbeitseinsatz gelang es, den Besucherteil mittlerweile auf 140 m Länge zu erweitern. Auf dem Freigelände vor dem Stollen sind zahlreiche technische Exponate ausgestellt. Zur Zeit entsteht eine parallel zu den Gleisen der Harzquerbahn verlaufende Feldbahn, auf der bald Feldbahnlokomotiven zum Einsatz kommen sollen.

Dem kleinen Besucherbergwerk gebührt die Ehre, das einzige Steinkohlen-Besucherbergwerk im so kohlenreichen Deutschland zu sein!

*Steinkohlen-Besucherbergwerk, Rabensteiner Stollen, Netzkater 8
Tel.: (036331) 8153
Öffnungszeiten: Mi,Do 13.00-17.00, Sa,So,Fr 10.00-17.00 Uhr, Mo Ruhetag

Das Neustädter Revier
(nach GAEVERT, 1988)

Fast ähnlich verlief die geschichtliche Entwicklung in den 7 anderen Südharzer Steinkohlenrevieren. Eine ausführliche Beschreibung des Neustädter Steinkohlenbergbaus verfaßte H. GAEVERT (1988). Das Grubenfeld beginnt etwa 500 m östlich vom Ortsrand am nördlichen Hang des **Petersbergs** und ersteckt sich über ein 1000 x 600 m großes Waldgebiet, das den Nordteil des **Gemeindeholzes** und den Südhang des **Vatersteins** umfaßt (Abb. 120). Zwischen 1740 und 1865 ging hier zeitweise ein reger Bergbau um. Die Qualität der hier gewonnenen Kohlen war allerdings noch schlechter als die der Ilfelder.

Nach ersten erfolgversprechenden Proben sicherte sich bereits 1719 der Graf von Stolberg-Roßla als Landesherr seine Bergregalität für den zukünftigen Bergbau. Trotz ungünstiger Lagerstättenverhältnisse nahm eine 1736 gegründete Gewerkschaft die Förderung am Vaterstein auf. Abnehmer der hauptsächlich gewonnenen Brandschiefer waren die Salinen von Artern und Frankenhausen (jährlich etwa 2800 t). Auch Ziegeleien, Alaunsiedereien, Kalk- und Gipswerke sowie die bekannten Nordhauser Branntweinbrennereien bezogen von hier ihren Brennstoff. Die separat gewonnenen reineren Steinkohlen dienten für Schmiede- und andere "Feuerarbeiten".

Zur bergmännischen Erschließung des Flözes am Vaterstein fuhr man zuerst einen 350 m langen **Oberen Stollen** auf, im Gemeindewald entstand 10 m tiefer der 600 m lange **Mittlere Stollen**, und zur Wasserlösung und Vorrichtung beider Felder wurde 1740-1760 der mehr als 1000 m lange **Tiefe Stollen** (auch **Graf Friedrich Botho-Stollen** genannt) angelegt.

Dank des gesicherten Absatzes versuchte man, die Kohlenproduktion zu steigern, es kam teilweise zu wilden, Gesetze nicht beachtenden Schürfereien, bei denen ohne Genehmigung der Grundeigentümer deren Grundstücke verwüstet wurden. GAEVERT (1988) berichtet hierzu:

> "Aus dem Gemeindewald, der offensichtlich den Mitgliedern der Günsdorfer Gemeinde gehörte, sind folgende diesbezügliche Vorgänge überliefert: Georg Ernst Stegmann von der Kupferhütte in Niedersachswerfen, der ein Mitgewerke der Gräflich Stolberg-Roßlaschen Gewerkschaft war, beschwerte sich im Jahre 1742 über folgendes Verhalten von Bürgern: Im "neuen Gemeindeholz zu Günstorff" wurde von den Bergleuten ein neuer Schacht abgeteuft. Zur Verhinderung weiterer bergbaulicher Aktivitäten hatten Bürger "eigenmächtige Thätlichkeiten" unternommen und den in Arbeit befindlichen Schacht "heimlich des nachts" zweimal "zugestürzt". Sie hatten sich darauf berufen, daß die Bergleute die erforderliche Standortgenehmigung bei ihnen, den Besitzern des Grund und Bodens, nicht eingeholt hätten. Dann kamen 18 Bürger, als die Bergleute bei der Arbeit waren, und haben trotz der Proteste der Bergleute den Schacht, "der schon 3 Lachter (6 m) tief war, in solcher Eyle und Wuth zugestürzt, daß der darinnen arbeitende Bergmann Kindler kaum sein Leben oder Gesundheit durch geschwindes Ausfahren hat retten können."

Die von den Bürgern vorgetragenen Beschwerden über die Bergbautreibenden wurden abgewiesen, der Landesherr stand auf Seiten der für ihn arbeitenden Bergleute.

Ende der 1760er Jahre kam der Neustädter Steinkohlenbergbau zunächst zum Erliegen. Zwischen 1780 und 1812 stand das Revier dann wieder in Förderung. Von Schächten aus, die bis 80 m Teufe erreichten, wurde das Flöz nun verstärkt

unterhalb des Tiefen Stollens abgebaut. Wegen der teuren Wasserhaltung wurde die Kohlengewinnung von Jahr zu Jahr "schwerköstiger", so daß der Betrieb seit 1805 "Zubuße" erforderte. Im Jahr 1810, kurz vor der Stillegung, setzte sich die Belegschaft wie folgt zusammen: 1 Obersteiger, 1 Untersteiger, 24 Hauer, 6 Pumper und 7 Jungen.
Als nach Inkrafttreten des preußisch-deutschen Zollvereins 1834 die Wegezölle fortfielen und der Weg zu neuen Absatzmärkten offenstand, wurden auch die längst verfallenen Neustädter Gruben nochmals aufgenommen. Durch systematische Sucharbeit, z.B. mit Hilfe von Bohrungen, gelang es in verschiedenen Bereichen des Reviers, neue Vorräte zu erkunden, so daß bis zur Einstellung 1865 immerhin 19.500 t Kohlen gefördert wurden. Ein abermaliger Versuchsbetrieb in den 20er Jahren unseres Jahrhunderts war von Anfang an zum Scheitern verurteilt, da von den Vorgängern sämtliche Vorräte total abgebaut worden waren.
Insgesamt lieferte das Neustädter Revier in einem Zeitraum von etwa 120 Jahren (mit Unterbrechungen) etwa 190.000 t Steinkohlen und Brandschiefer. Heute dienen einige der alten Stollen als Trinkwasserspeicheranlagen für Neustadt, Niedersachswerfen und Harzungen.

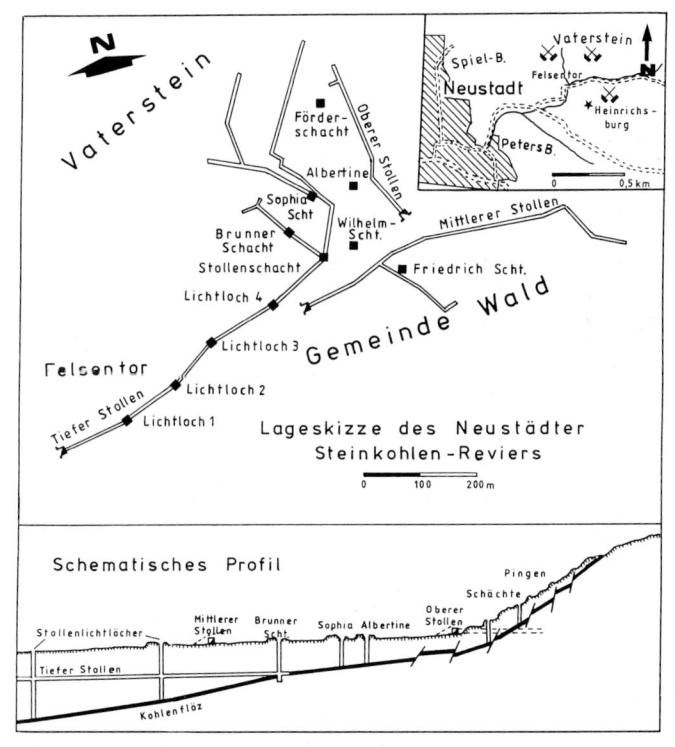

Abb. 120: Lageskizze und schematisches Profil des Neustädter Steinkohlen-Reviers am Südharzrand (umgezeichnet nach GAEVERT, 1988)

16.2 Der Südharzer Kupferschieferbergbau

Kupferschiefer ist der alte bergmännische Name für eine schwarze, bituminöse Tonmergelschicht, die wegen ihres hohen Buntmetallgehalts seit Jahrhunderten insbesondere am südlichen und südöstlichen Harzrand Gegenstand eines ausgedehnten Bergbaus war.

Ende des vorwiegend kontinental geprägten Rotliegenden, vor rund 260 Mio Jahren, rückte das Meer infolge weiträumiger Landabsenkung erneut vor und überflutete weite Teile des varistischen Rumpfgebirges samt den darüber abgelagerten Rotliegendschichten. Das fast ganz Mitteleuropa bedeckende Zechsteinmeer war ein Binnenmeer, das nur durch seinen schmalen, flachen Sund mit dem eigentlichen Ozean in Verbindung stand. Als die Hebung einer Schwelle im Bereich des Meeresarms für einen längeren Zeitraum den Zufluß vom Randmeer her unterbrach, führte das herrschende trockenheiße Wüstenklima zur allmählichen Verdunstung der im Becken eingeschlossenen Wassermassen.

Das Meer wurde ständig salziger, während der Sauerstoffgehalt des Wassers permanent sank, bis es schließlich "umkippte" und nahezu alles Leben im Meer abstarb. Die Reste der abgestorbenen Meeresorganismen, gemengt mit tonigen und kalkigen Sedimenten, sammelten sich als Faulschlamm auf dem Meeresboden. Aus Mangel an Sauerstoff herrschten "reduzierende Bedingungen", Bakterien zersetzten die organischen Substanzen und produzierten Schwefelwasserstoffgas, das die Eigenschaft hatte, zahlreiche im Wasser gelöste Schwermetalle als Sulfide zu fällen. Insbesondere in Küstenbereichen, wo auf dem Festland "saure" Rotliegend-Vulkanite verwitterten und relativ metallreiche Flußwässer ins Meer gelangten, zeigt auch der Kupferschiefer eine stärkere Buntmetallführung.

Neben Kupfer, Blei und Zink in Gehalten von bis zu 3 %, die als feinverteilte Sulfide im Kupferschiefer vorkommen, erfuhren auch die Metalle Vanadium, Molybdän, Nickel, Kobalt, Silber und Rhenium bemerkenswerte Konzentrationen. Diese Gehalte sind dabei nicht gleichmäßig über die gesamte Schicht verteilt, sondern bestimmten Gesetzmäßigkeiten unterworfen.

Obwohl die Mächtigkeit des mergeligen Schwarzschiefers nirgends mehr als 30-45 cm beträgt und die Metallgehalte nur lokal 1 % übersteigen, stellt das Flöz wegen seiner extrem großen flächenhaften Erstreckung eine der größten Kupfer-Blei-Zink-Konzentrationen der Erde dar.

Am südöstlichen Vorharz gliedert sich der untere Zechstein folgendermaßen:

	Geologisch-bergmännische Bezeichnung	Mächtigkeit
Zechsteinkalk	Bankkalk	2-3 m
(unterer Teil)	Fäule	1,10 m
	Dachklotz	0,20 m
	(bei Vererzung "Gute Berge")	
Kupferschiefer	Schwarze Berge	0,15 m
	Schieferkopf	0,11 m
	Kammschale	0,03 m
	Grobe Lette	0,06 m
	Feine Lette	0,02 m
Weißliegendes oder	Hornbank	0,01 m
Zechsteinkonglomerat	(bei Vererzung "Tresse")	
	Sandstein/Konglomerat	
	(bei Vererzung "Sanderz")	max. 0,20 m

Die höchsten primären Metallgehalte waren stets an die untersten Flözanlagen gebunden. **Feine Lette, Grobe Lette** und **Kammschale** zusammen machten jedoch nur 10-11 cm der Gesamtflözstärke aus.

Besonders metallreich ist der Kupferschiefer am südlichen und südöstlichen Harzrand, wo die Zechsteinschichten gürtelförmig um den paläozoischen Kern des Harzgebirges ausstreichen.
Nach chemischen Analysen* des Kupferschiefers der Grube **Lange Wand** in Ilfeld zeigen die einzelnen Flözlagen folgende Metallverteilung (in Gew.-%):

Abstand der Probe vom Liegenden	Kupfer	Blei	Zink	Silber
20-30 cm	0,498	0,820	0,565	0,005
15-20 cm	0,022	2,761	0,810	0,003
10-15 cm	0,023	0,622	2,395	0,001
0-10 cm	0,054	0,795	2,993	0,004

Hier übertreffen die Blei- und Zinkgehalte bei weitem die Kupferwerte, das Flöz liegt in diesem Gebiet in ausgeprägter "Blei-Zink-Fazies" vor.

Schon in der Bronzezeit startete am ausgehenden Rand des Flözes die Kupfererzgewinnung. Zum Schwerpunkt des Kupferschieferbergbaus entwickelten sich seit dem ausgehenden Mittelalter die Reviere um **Mansfeld, Hettstedt** und **Eisleben** sowie seit dem 19. Jahrhundert das Revier um **Sangerhausen**.
Der mittelalterliche Bergbau und damit auch alle früheren bergbaulichen Arbeiten gewannen ausschließlich die Kupferreicherze am Ausgehenden des Flözes. In der obersten Zone fanden sich die durch Oxidation neugebildeten Minerale Malachit und Azurit, die aufgrund ihrer leuchtend grünen bzw. blauen Farben nicht zu übersehen waren. Im Bereich des Grundwasserspiegels hatten sich durch Zementationsvorgänge" aus den einsickernden, kupferhaltigen Verwitterungslösungen kupferreiche Sulfide (Kupferglanz, Bornit) sowie an manchen Stellen auch gediegenes Kupfer und gediegenes Silber ausgeschieden.

Als früheste Form des Tiefbaus betrieb man in der Nähe des Flözausstrichs einen sog. "Duckelbergbau". Durch die geringmächtigen Deckschichten wurden wenige Meter tiefe Löcher niedergebracht, von deren Sohle aus der Kupferschiefer dann raubbauartig gewonnen und herausgeschafft wurde (WITTER, 1938).
Der Bergmann nutzte seit altersher die sich durch Farbe, Spaltbarkeit und Festigkeit unterscheidenden Lagen des Kupferschiefers aus, um unter Verwendung des Gebirgsdrucks eine relativ leichte Arbeit anstreben zu können. Gleichzeitig erlaubte die Kenntnis der Flözanlagen diese getrennte Gewinnung. Dank dieser Selektion wurde selbst noch der Abbau extrem armer Feldesteile möglich.
Beim Gewinnungsvorgang wurden die weichen und schiefrigen unteren drei Lagen des Kupferschiefers mit der Keilhaue durch ständiges Unterschrämen bei Ausnutzung des Druckes hereingewonnen, das Erz abgefördert und der Arbeitsort mit Limpe und Besen gesäubert. Anschließend erfolgte das Lösen der schon massiger und kompakter ausgebildeten oberen Lagen und des Dachklotzes mit Fäustel, Schlägel und Eisen aus dem Gesteinsverband. Eine Sprengarbeit kam erst bei extrem festem

* analysiert von Herrn M. Cruset, Hamburg

Gestein in Betracht, ebenso wie das Feuersetzen der früheren Jahrhunderte. Die Gewinnung des Dachklotzes (Gute Berge) vollzog sich also im Zyklus der Kupferschiefergewinnung, die des Sanderzes nach einer anderen Technologie (JANKOWSKY, 1989). Zur Vermeidung eines unnötigen Herauslösens unbauwürdigen Nebengesteins wurden die Arbeitsorte (Strebe) nur so hoch gehalten, wie es der Schulterbreite eines ausgewachsenen Mannes entsprach (40-60 cm). Daraus ergab sich die Arbeit nur in liegender Stellung, oft auch als **"Krummhälsearbeit"** bezeichnet. Die Strebe hatten je nach Belegung eine unterschiedliche Länge. Ein Strebhäuer hatte etwa 3 bis 3,50 m Streb zu bearbeiten.

Der Reihenfolge der Strebarbeit:
- Wegfüllen des Haufwerks,
- Arbeit mit der Keilhaue,
- Einsatz von Schlägel und Eisen,
- Bohren und Sprengen

schlossen sich das Abfördern des Haufwerks und Erzes im Streb durch **Treckejungen** (Abb.122) bis zum Füllort des Schachtes oder zur Umfüllstelle auf der Sohle an. Danach erfolgte die Schachtförderung und Kläubung durch entsprechende Arbeitskräfte.

Durch jüngere tektonische Ereignisse, etwa die Heraushebung der heutigen Harzscholle an der Wende Kreide/Tertiär, wurden die Zechsteinschichten in mehrere staffelartig nach Süden abtauchende Segmente zerlegt (Abb.121). Auf Störungen, die das Dachgebirge netzartig durchzogen, fanden sich meist beschränkt auf einige 10er m im Liegenden bzw. Hangenden des Kupferschiefers hydrothermal gebildete Gangmineralisationen, die neben derben Kupfererzen (Kupferkies, Bornit, Kupferglanz) auch gelegentlich Nickel- und Kobalterze in Begleitung von Kalkspat und Schwerspat führten. Da diese Spalten in der Regel das Flöz im Meterbereich verwarfen ("verrückten"), sprachen die Bergleute von **"Rücken"**, die bei ausreichender Erzführung zusammen mit dem Flöz abgebaut wurden.

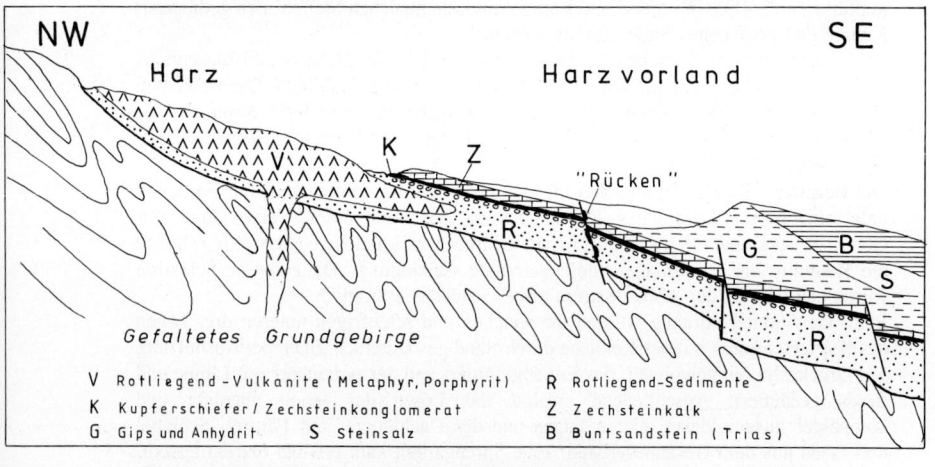

Abb.121: Schematisches geologisches Profil durch den Südrand des Harzes im Raum Ilfeld.

Das Buchholzer Revier
(nach GAEVERT, 1983)

Ähnlich wie im viel größeren und berühmteren Mansfelder Kupferschieferrevier kann auch der Südharzer Kupferschieferbergbau im Raum **Ilfeld - Buchholz - Rottleberode** auf eine lange und interessante Geschichte zurückblicken. Über die ältesten Schürf- und Gewinnungsarbeiten am Ausgehenden des Flözes sind keine Nachrichten überliefert. Im 15. und 16. Jahrhundert hat hier bereits ein bedeutender Kupferschieferabbau stattgefunden, wie in der 1550 von den Stolberger Grafen erlassenen Bergordnung zum Ausdruck kommt.

Zur Verhüttung der Kupfererze entstanden in Ilfeld - im Bereich der heutigen Papierfabrik - zwei Hüttenwerke, nach 1563 ging das Erz an die Rottleberöder Hütte, und 1570 verhüttete man in Stempeda selbst die dort gewonnenen Erze. Damals bauten im Revier Buchholz-Hermannsacker etwa 20 Schächte, von denen jeder mit rund 4 Bergleuten belegt war. Im Gegensatz zum auf Nachhaltigkeit ausgerichteten Gangerzbergbau wurde ein Kupferschieferschacht damals nur solange genutzt, bis steigender Wasserzufluß und mangelnde Bewetterung dessen Auflassung erzwang, sodann teufte man in mindestens 60 m Entfernung einen neuen Schacht bis zum Flöz und setzte die Gewinnung fort. Entsprechend gering wurden die Schachtquerschnitte (minimal 1,1 x 1,1 m) gehalten. Unterbrochen durch den Dreißigjährigen Krieg, wurde der Bergbau Ende des 17. Jahrhunderts wieder verstärkt betrieben. Die Abbaufront verlagerte sich ständig weiter vom Ausbiß weg und folgte dem nach Süden abtauchenden Flöz in die Teufe. Entsprechend wuchsen die Probleme der Wasserwältigung. Vorübergehende Abhilfe schaffte ein System von Entwässerungsstrecken (**Schlottenstollen** genannt), die das Grubenwasser sammelten und in die an manchen Stellen im verkarteten Zechsteingips angefahrenen Höhlen (Schlotten) leiteten.

Um 1714 schlossen sich die einzelnen Grubenbetriebe zu einer gemeinsamen Gewerkschaft zusammen.

Im Buchholzer Revier hatte der Abbau bereits etwa 50 m Teufe erreicht und war an eine Grenze gestoßen, an der es ohne verbesserte Wasserhaltung nicht mehr weiter ging.

So begann 1734 die Auffahrung des **Tiefen-Harzfelder-Stollens**, der vom Harzfeld unterhalb des Neustadt-Petersdorfer Fußwegs aus in Richtung Buchholz getrieben wurde, um das zufließende Grundwasser aus dem gesamten Revier zentral abzuleiten. Im Abstand von 100 bis 300 m mußten Lichtlöcher niedergebracht werden, um die Bewetterung der Stollenörter zu gewährleisten. Der Stollenverlauf folgte dem Kupferschieferflöz, um dieses gleichzeitig zu erkunden und um durch das dabei anfallende Erz die Baukosten zu senken. Wegen des nur flach ansteigenden Geländes mußte der Stollen entsprechend weit entfernt angesetzt werden, um im Revier die erforderliche Teufe einzubringen. Die Kosten, die der insgesamt etwa 2000 m lange Stollen verursachte, beliefen sich schließlich auf etwa 9000 Reichstaler und führten zum Konkurs der Gewerkschaft. 1758 fand die Erzgewinnung in diesem Gebiet ihr Ende. Im 18. Jahrhundert hatte das Buchholzer Revier rund 16.400 t Schiefer und 2000 t Erze erzeugt. Auch die Wiederaufnahme des Stollens Mitte des 19. Jahrhunderts und umfangreiche Untersuchungsarbeiten zeigten keine günstigen Resultate, so daß es 1858 zur Einstellung aller bergmännischen Aktivitäten in diesem Revier kam.

Vom Kupferschieferbergbau am südlichen Harzrand zeugen heute nur noch recht wenige Objekte. Die alten Schächte sind zugestürzt, fast alle Halden eingeebnet oder überwachsen. Lediglich bei **Hermannsacker** und an der **Kirchenruine Harzfeld** weisen gelbe Erinnerungstafeln auf Spuren des historischen Kupferschieferbergbaus hin. Den wohl besten Einblick, sowohl die Geologie als auch die Gewinnungstechnik des Kupferschiefers betreffend, vermittelt die als Schaubergwerk hergerichtete Grube **Lange Wand** in Ilfeld.

Die Grube Lange Wand

Das ehemalige Kupferschieferbergwerk liegt in einem kleinen Höhenzug nahe am Südausgang des Fleckens Ilfeld (hinter dem Gelände der "Bergsicherung"). Durch die Erosion des Flüßchens Bere angeschnitten, streicht hier das Kupferschieferflöz, überlagert vom schroff herausmodellierten Zechsteinkalk, zu Tage aus. Wegen des hier zu beobachtenden Effekts der **Flözverdoppelung**, verursacht durch Rutschungsvorgänge im noch unverfestigten Sediment, gilt die "Lange Wand" als herausragendes Naturdenkmal.

Die seit 1983 von der Ilfelder Bergsicherung als "Atombunker" und zugleich als Schaubergwerk ausgebaute gleichnamige Grube ist durch zwei in etwas unterschiedlichen Niveaus aufgefahrenen, miteinander durchschlägigen Tagesstollen erschlossen. Leider ist die Grube nicht elektrisch beleuchtet und hat zur Zeit keinen Betreiber. Eigentümer ist die Gemeinde Ilfeld.

Abb.122: Streckenförderung im Kupferschieferbergbau um 1900. Der Treckejunge zieht einen erzbeladenen "Strebhund" am rechten Fuß hinter sich her. Zur Vermeidung von Hautabschürfungen verwendet er beim Kriechen ein Schulterbrett. Die Höhe der Strebstrecke beträgt zwischen 40 und 50 cm! (Foto Museum Mansfeld)

Auch hier gehen die Anfänge möglicherweise bis ins 16. Jahrhundert zurück. Um

1700 herum wurde an der Langen Wand auf Kupferschiefer gemutet. Zwischen 1750 und 1760 fand hier von Stollen aus Erzabbau statt, neben dem Flöz selbst wurden damals auch einige **Rückenvererzungen** wegen ihrer sporadischen Kobalterzführung abgebaut. Eingesprengt in die Gangarten Schwerspat und Kalkspat fanden sich Kupferkies, Fahlerz, Arsenkies und Speiskobalt. Die geringen Vorräte an bauwürdigen Kupfer- und Kobalterzen waren bereits vor 1767 erschöpft.

Erst 1846/48 kam es zu einem neuen Versuchsabbau, bei dem ein alter Untersuchungsstollen auf 89 m verlängert wurde. Einziger Erfolg war die Erschließung "unerwartet reichhaltig Kupferglanz führender Sanderze."

Die letzte versuchsweise Erzgewinnung geht auf das Jahr 1860 zurück, damals erfolgte die Auffahrung einer Verbindungsstrecke zwischen dem Unteren und dem Mittleren Stollen (heute Schaubergwerk). In dieser 14jährigen Betriebsperiode hatte die Lange Wand lediglich 8,4 t Erz und Schiefer geliefert.

16.3 Der Ilfelder Braunsteinbergbau

Braunstein ist ein alter bergmännischer Sammelname für derbe, bräunlich-schwarze Manganerze. Mineralogisch handelt es sich um Gemenge verschiedener Manganoxide und Manganhydroxide wie **Pyrolusit**, auch Weichmanganerz (MnO_2) genannt, **Hausmannit** (Mn_3O_4) und **Manganit** (MnOOH).

Als Rohstoff für das Metall Mangan - heute einer der wichtigsten Stahlveredler - dient Braunstein erst seit knapp 100 Jahren. Trotzdem war das Material bereits im Mittelalter eine kostbare, sehr gesuchte Substanz, um die sich sogar zahlreiche Legenden ranken. Es gibt Sagen, in deren Mittelpunkt fremdländische Gold- oder Schatzsucher ("Venetianer") stehen, die vor langer Zeit das Gebirge durchstreift und geheimnisvolle Zeichen in Felswände geritzt haben sollen. Wie bei allen Legenden gibt es auch hier einen historisch fundierten realen Kern. So galt Venetien bereits im frühen Mittelalter als ein im ganzen Abendland bekanntes Zentrum der Glasmacherkunst. Das hier lange gehütete Geheimnis zur Herstellung farblosen Glases lag in der Verwendung von Braunsteinpulver als Schmelzzusatz. Die allein verwendbaren, sehr reinen Braunsteinsorten waren jedoch nur schwer zu beschaffen, so wurden wahrscheinlich regelrechte Suchkommandos ausgeschickt, um auch in entlegenen Gebieten derartige Vorkommen ausfindig zu machen. Um den Zweck ihrer Kundfahrten nicht preiszugeben, taten die Prospektoren geheimnisvoll und lieferten so den Grundstoff für dann immer weiter gesponnene Überlieferungen. Ob solche Venetianer im Ilfelder Raum wirklich frühzeitig Manganerze erschürften, läßt sich allerdings nicht beweisen.

Zentrum des Südharzer Manganerzbergbaus war das Gebiet zwischen Ilfeld und Sülzhayn nahe am Südharzrand. In den permischen Vulkaniten setzen zahlreiche kleine Gangspalten auf, die neben Braunstein vor allem Kalkspat, Quarz und Schwerspat führen. Die hercynisch streichenden Manganerzzüge erstrecken sich vom **Silberbachtal** beim "Braunsteinhaus" westlich von Ilfeld, in nordwestlicher Richtung über die **Harzeburg**, den **Kleinen Möncheberg**, **Mühlberg** und **Heiligenberg** bis zum **Liesenberg** (Abb. 123). Eine Fortsetzung findet sich etwa 1 km nordöstlich von Sülzhayn am **Holzappelkopf**, wo die Grube **Bergmannshoffnung** baute (RUMSCHEIDT, 1926). Die Erzführung der Einzelgänge erstreckt sich horizontal meist nur auf 10-15 m, selten auf 60 m, die durchschnittliche Mächtigkeit ist mit 0,45-0,60 m ebenfalls recht gering. Zur Teufe hin erlischt die Manganerzführung bereits nach wenigen 10er Metern, darunter sind die Gänge nur noch mit Quarz und Schwerspat mineralisiert. Solche an die Nähe der Erdoberfläche geknüpften Erzvorkommen bezeichnet man auch als Rasenläufer.

Trotz der an sich kleinen Lagerstätte war der Bergbau nicht unbedeutend, denn das gewonnene, handverlesene Manganstückerz war sehr rein und erzielte entsprechend hohe Verkaufserlöse. Überliefert ist die Gewinnung von Manganerzen seit Anfang des 18. Jahrhunderts. Da der Abbau anfangs nicht vom Bergamt kontrolliert, sondern unter Aufsicht der Forstverwaltung von "Nichtbergleuten" betrieben wurde, herrschten laienhafter Raubbau und chaotische wirtschaftliche Verhältnisse. Im Jahre 1725 beauftragte man einen Berginspektor mit der Erstellung eines Gutachtens über den Zustand der Braunsteingruben. Als Ergebnis wurde ein erfahrener Steiger aus Elbingerode eingestellt, der darauf achten sollte, daß von nun an "bergmännisch", d.h. fachgerecht gearbeitet würde (GAEVERT, 1981).

Schon nach wenigen Jahren besserte sich die betriebliche Situation. Hauptabnehmer des hochwertigen, zum Versand in Holzfässern verpackten Manganerzes waren Handelshäuser in Amsterdam und Rotterdam. Der Transport von jährlich einigen hundert Zentnern Manganerz über den Harz zum Zwischenlager in Wernigerode und weiter über Magdeburg nach Hamburg war angesichts der Straßenverhältnisse im 18. Jahrhundert recht schwierig. Von Hamburg aus gingen die Fässer als Schiffsfracht nach Holland.

Auf den Gruben gab es wegen der absetzigen Erzführung stets Probleme, genügende Mengen hochwertigen Materials zu fördern.

Genaue Aufzeichnungen gibt es ab 1819, als der Bergbau der fürstlichen Kammer in Wernigerode unterstellt wurde. Die Leitung der Gruben lag nun endgültig in den Händen des Elbingeröder Bergamts (Büchenberg), das sich sogleich um eine Qualitätsverbesserung des geförderten Braunsteins bemühte. Am **Braunsteinhaus**, das zugleich Zechenhaus und Klaubestube war und den Bergleuten als Unterkunft diente, errichtete man ein Pochwerk. Zur Speicherung des benötigten Aufschlagwassers entstand etwas talaufwärts ein kleiner Stauteich. Dennoch reichte das Wasser des kleinen Silberbachs nur in niederschlagsreichen Zeiten zum Betrieb der Anlage aus.

Im Jahre 1835 förderten 72 Arbeitskräfte 5048 Zentner Manganerz. Zu dieser Zeit bereits wurden die in Drusen angetroffenen herrlichen Manganitstufen gesondert gewonnen und verkauft, was einen nicht unerheblichen Erlös brachte. Der Wert, den diese Minerale darstellten, geht auch aus der Verordnung hervor, daß jeder Diebstahl von Erzstufen - sogar die Mitnahme einzelner Stücke für persönliche Zwecke zählte hierzu - mit fristloser Entlassung zu ahnden sei! (GAEVERT, 1981).

Konjunkturelle Schwankungen auf dem Manganmarkt machten den Bergbau jedoch weiterhin unsicher. Ein großer Teil der Produktion wurde jetzt auch nach Rußland geliefert. Nach Einführung des allgemeinen preußischen Bergrechts 1865 erhielt das Clausthaler Oberbergamt die Oberaufsicht über die Ilfelder Mangangruben. Die gräflich Stolberg-Wernigerodische Bergbau-Administration mutete 1869 zwei jeweils 22 km^2 große Felder **"Braunsteinzeche"** und **"Bergmanns Hoffnung"** genannt, die alle bekannten Manganerzvorkommen umfaßten, und setzte die Gewinnung bis zur Erschöpfung der Lagerstätte im Jahre 1890 fort. Inzwischen war der Manganpreis stark gefallen, da billige Erze aus Spanien und Indien den deutschen Markt belieferten. Erst als im Ersten Weltkrieg die Nachfrage nach Stahlveredlererzen wieder stieg, pachteten 1916 zunächst die "Südharzer Schwerspatwerke Max

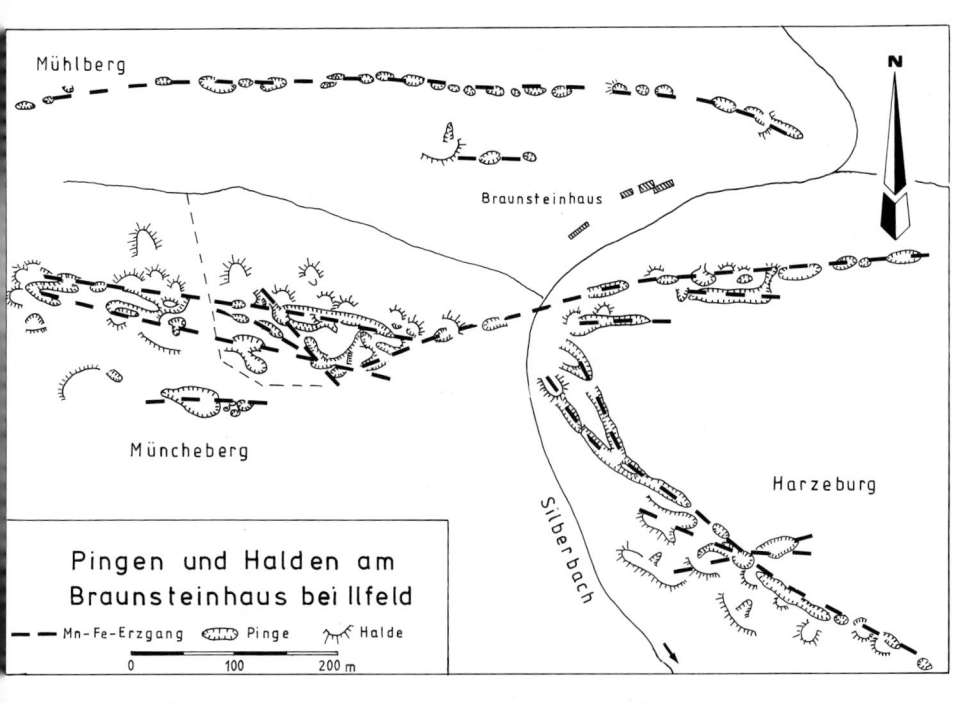

Pingen und Halden am Braunsteinhaus bei Ilfeld

— — Mn-Fe-Erzgang   ⬭ Pinge   ⌒ Halde
0   100   200 m

Abb. 123: Lageskizze der Manganerzgruben am Braunsteinhaus westlich von Ilfeld (umgezeichnet nach KLAUS, 1978)

Döring" die Gruben und begannen mit einer 84 Mann starken Belegschaft einen Nachlesebau. Ab 1917 übernahm eine Dresdener Firma den Betrieb und erwarb das Grubenfeld. Durch den Einsatz mechanischer Bohrhämmer war der Abbau - vorwiegend im Tagebau - viel intensiver als in der vorherigen Zeit.

Bis 1921 förderte man 33.100 Zentner Manganerz. Ein Jahr später führte abermals ausländische Konkurrenz zur endgültigen Stillegung des Ilfelder Manganerzbergbaus.

Günstiger Ausgangspunkt für eine Exkursion auf den Spuren des früheren Manganerzbergbaus ist das **Braunsteinhaus**. Heute beherbergt das im Fachwerkstil gebaute ehemalige Zechenhaus eine Ausflugsgaststätte. Es ist von Ilfeld aus mit dem Kraftfahrzeug erreichbar, indem man nahe der Kirche von der B4 (Hauptstraße) in westlicher Richtung auf die nach Appenrode-Sülzhayn führende Straße abbiegt. Nach rund 1,8 km zweigt etwa am Harzrand eine schmale Waldstraße ins Silberbachtal ab, während die Landstraße scharf nach links abknickt. Ca. 1,6 km talaufwärts liegt das Braunsteinhaus, in dessen Umgebung die wichtigsten Manganerzvorkommen lagen (Abb.123).

Bereits einige 100 m südlich dieser Lokalität, rechts des Weges am Hang der

Harzburg, zeugen große Halden von den einstigen Grubenbetrieben. Hemmungslose Mineraliensammler haben hier alles metertief durchgraben, und jeglicher Bewuchs, selbst dicke Buchen, sind der Jagd nach ein paar Manganitkriställchen zum Opfer gefallen!
Etwa 200 m südlich des Gasthauses zweigt von der Fahrstraße nach Westen ein Waldweg ab, der durch ein kleines Tälchen hinauf zur Paßhöhe zwischen **Müncheberg** im Süden und **Mühlberg** im Nordwesten führt. Auf einem nach links zum Gipfelplateau des Münchebergs hinaufführenden Pfad erreicht man das gleichnamige Grubenfeld. Der von lichtem Buchenhochwald bedeckte Hang des Bergs ist übersät mit steilwandigen Tagebauen, buckelartigen Halden und verbrochenen Stollenmundlöchern. In einigen der im Streichen angelegten schluchtartigen Abbaue erkennt man Reste der im Porphyrit aufsetzenden Erzgänge, die zwar Schwerspat und Eisenerze, aber nur Spuren von Manganerzen führen und daher nicht weiter abgebaut worden sind.
Die meisten der hier zu beobachtenden Bergbaurelikte stammen aus der letzten, intensiven Betriebsperiode während des Ersten Weltkriegs. Die damals angewandte Gewinnungsmethode war recht simpel: von den hangparallel auf den Gängen angelegten Tieftagebauen aus trieb man kurze Stollen durch die Talflanke. Sie dienten sowohl der Förderung als auch der Wasserlösung. Die Berge wurden unmittelbar vor den Mundlöchern den Hang hinabgestürzt, so daß kegelstumpfartige Halden entstanden. Zum Transport ins Tal hinab diente ein Bremsberg, von dem noch Fundamentreste erkennbar sind.

Weiterführende Literatur:

Brüning (1926), Gaevert (1981, 1988), Jankowski (1989, 1995), Kautzsch (1942, 1953), Knappe, Gaevert & Scheffler (1983), Rumscheidt (1926), Scharf (1923/24), Schriel (1954), Slotta & Kästner (1991), Wagenbreth (1969), Weigelt (1992), Witter (1938).

Zum Ausklang

"Jahrhunderte sind seither über die Halden hinweggegangen. Moos und Gras haben sie zugedeckt. Wälder wuchsen darauf. Wälder wurden gefällt und wuchsen wieder. Die Arbeit des Alten Mannes hat ein Waldidyll überspannen. Über eure Schächte ging die Zeit. Erde deckt Mühsal und Last. Glückauf, Alter Mann! Mein Gruß ist Hochachtung und Ehrfurcht."

K. REINECKE - Altenau

17. Literaturverzeichnis

Die aufgelisteten Quellen stellen lediglich eine Auswahl aus dem breiten Spektrum der einschlägigen Harzliteratur dar. Veröffentlichungen, die nützlich erscheinen, den Stoff des vorliegenden Buchs zu ergänzen bzw. zu vertiefen, und die außerdem im Handel oder in Bibliotheken leicht erhältlich sind, tragen zur Kennzeichung einen Stern.

Agricola, G.: Vom Berg- und Hüttenwesen. - (1556), mit 273 Holzschnitten, Dünndruck-Ausg. - dtv bibliothek 6086, München 1977.

Amelung,U.: Zeugnisse des früheren Bergbaus und des Hüttenwesens in Braunlage und Umgebung.- Harz-Zeitschrift 39.Jg., S.35-47, Braunschweig 1987.

Arbeitsausschuß Altbergbau (Hg): Bergbau erleben im Harz. - 18 S., Magdeburg 1991.

Augustin, O.: Mineralchemische und mikrothermometrische Untersuchungen an den Gangmineralisationen des Unterharzes. – Dissertation Universität Hamburg, 138 S., Hamburg 1993.

Banniza, H., Klockmann, F., Lengemann, A.: Das Berg- und Hüttenwesen des Oberharzes. - 226 S., F. Enke Verlag Stuttgart 1895.

Bartels, C.: Die Entwicklung der Erzgrube Thurm-Rosenhof bei Clausthal vom 16. bis zum frühen 19. Jahrhundert. - Der Anschnitt 39, H. 2-3, S. 65-85, Bochum 1987.

Bartels, C.: Das Erzbergwerk Rammelsberg. - 125 S., Preussag AG Metall, Goslar 1989.

Bartels, C.: Das Erzbergwerk Grund. - 149 S., Preussag AG Metall, Goslar 1992.

Bartels, C.: Vom frühzeitlichen Montangewerbe zur Bergbauindustrie. Erzbergbau im Oberharz 1635-1866. - Bochum 1992.

Bartels, C. & Lorenz, E.: Die Grube Glasebach – ein Denkmal des Erz- und Fluoritbergbaus im Ostharz. – Der Anschnitt 45, H.4, S.144–158. Bochum 1993.

Baumann, L. & Vulpius, R.: Die Lagerstätten fester mineralischer Rohstoffe in den neuen Bundesländern.- Glückauf-Forschungshefte 52, 2, S.53-83, Essen 1991.

Baumgärtel, B.: Oberharzer Gangbilder.- Sechs farbige Lichtdrucktafeln + 23 Seiten Erläuterungen. - Verlag W.Engelmann, Leipzig 1907.

Baumgärtel, B.: Der Oberharzer Erzbergbau.- 69 S., Uppenborn Verlag, Clausthal-Zellerfeld 1912.

Bischoff, W. et. al.: Das kleine Bergbaulexikon.– 254 S., Verlag Glückauf, Essen 1981.

*Blömeke, C.: Die Erzlagerstätten des Harzes und die Geschichte des auf denselben geführten Bergbaus. - 144 S., Wien 1885. (Nachdruck, Bode Verlag, Haltern 1986)

Bock, M.: Zur Lagerstättenkunde der westlichen Südharzmulde.- Studienarbeit, 39 S., TU Clausthal (unveröff.) 1991.

Bode, A.: Reste alter Hüttenbetriebe im West- und Mittelharze. Ein Beitrag zur Siedlungs- und Wirtschaftsgeschichte des Harzes.- Jb.d.Geogr.Ges. Hannover, S.141-197, Hannover 1928.

Borchert, H.: Lernblätter zur Geochemie und Lagerstättenkunde.- 119 S., Verlag Glückauf, Essen 1978.

Bornhardt, W.: Geschichte des Rammelsberger Bergbaues von seiner Aufnahme bis zur Neuzeit.- Archiv f.Lagerstättenforschung H.52, 366 S., Berlin 1931.

Bornhardt, W.: Wilhelm August Julius Albert und die Erfindung der Eisendrahtseile.- 65 S., VDI-Verlag Berlin 1934.

Bornhardt, W.: Die Entstehung des Rammelsberger Erzvorkommens.- Archiv für Lagerstättenforschung Heft 68, 60 S., Berlin 1939.

Brederlow, C.G.Fr.: Der Harz.- 571 S., S.W.Ramdohr's Hof Kunsthandlung, Braunschweig 1851.

Broel, T.: Über den früheren Eisenerzbergbau im nördlichen Oberharz.- Erzmetall Bd XVI, H.4, S.173-182, Weinheim 1963.

Brüning, K.: Der Bergbau im Harz und im Mansfeldischen.- Veröff.d.Wirtschaftswiss.Ges.z.Studium Niedersachsens, Reihe 3, H.1, 214 S., Braunschweig 1926.

Buhs, A.: Der Köhlereid und die Köhlerei im Fürstentum Blankenburg – ein technisches Regelwerk des 18. Jahrhunderts. – Harz-Zeitschrift 41./42. Jahrg. S.145–153, Braunschweig 1990.

Burose, H. et al.: Die Zellerfelder Münze.- Vier Beiträge zur Geschichte der Münzstätte.- 128 S., Clausthal-Zellerfeld 1984.

Buschendorf, F.: Die Blei-Zink-Erzgänge des Oberharzes. Lfg.I.- Beih.z.Geol.Jb.118, Monogr.d.deutsch.Pb-Zn-Erzlagerstätten 3, 212 S., Hannover 1971.

Calvör, H.: Historisch-chronologische Nachricht und theoretische und practische Beschreibung des Maschinenwesens und der Hülfsmittel bey dem Bergbau auf dem Oberharze, 1763, Nachdruck Westfalia GmbH, Lünen 1986. - Erster Theil. - 200 S. + 20 Taf.

--- Zweiter Theil. - 316 S. + 28 Taf.

Calvör, H.: Historische Nachricht von den Unter- und gesamten Ober-Harzischen Bergwerken.- 254 S., Braunschweig 1765, (Nachdruck Olms Verlag, Hildesheim 1990).

Crancrinus, F.L.: Beschreibung der vorzüglichsten Bergwerke in Hessen, dem Waldeckischen, an dem Haarz, in dem Mansfeldischen in Chursachsen und in dem Saalfeldischen.- Frankfurt 1767, 429 S. (Nachdruck Kassel 1971).

Czaya, E.: Der Silberbergbau. Aus Geschichte und Brauchtum der Bergleute.– 250 S., Verl. Koehler & Amelang, Leipzig 1990.

Dahlgrün, F., Erdmannsdörfer O.H. & Schriel, W.: Geologischer Führer durch den Harz, Teil II, Unterharz u. Kyffhäuser.- Slg.geol.Führer XXX, 302 S., Borntraeger Verlag, Berlin 1925.

Dahlgrün, F.: Zur Klassifikation der jungpaläozoischen Erzgänge des Harzes.- Jb.d.Halleschen Verb. 8.Bd, S.163-171, Halle 1929.

Dallosch, B. & Bode, R.: Die Mineralien des Harzes.– 75 S., Bode Verlag, Haltern 1994.

Denecke, D.: Erzgewinnung und Hüttenbetriebe des Mittelalters im Oberharz und im Harzvorland.- Archäolog. Korrespondenzbl. 8, S.77-86 + 1 Kte, Mainz 1978.

Denker, H.(Hg): Die Bergchronik des Hardanus Hake, Pastors zu Wildemann. Forschungen zur Geschichte des Harzgebietes.- Harzverein f. Geschichte u. Alterumskunde, 219 S., Wernigerode 1911.

* Dennert, H.u.a.: Erläuterung zur Gangkarte des Stadtgebietes von Clausthal-Zellerfeld.- Clausthaler Geol.Abh. 14, 38 S., Clausthal-Zellerfeld 1972.

Dennert, H.: Oberharzer Ausbeutefahnen.- Leobener Grüne Hefte, 27 S., Montan-Verlag Wien 1973.

* Dennert, H.: Wegweiser über die Stätten des früheren Bergbaus in der näheren und weiteren Umgebung von Clausthal-Zellerfeld anhand der aufgestellten Erinnerungstafeln.- 35 S., Clausthal-Zellerfeld 1982.

* Dennert, H.: Die Lochsteine in der näheren und weiteren Umgebung der Bergstadt Clausthal-Zellerfeld.- 53 S., Verlag Greinert, Clausthal-Zellerfeld 1984.

* Dennert, H.: Bergbau und Hüttenwesen im Harz vom 16.bis 19.Jahrhundert dargestellt in Lebensbildern führender Persönlichkeiten.- 193 S., Pieper Verlag, Clausthal-Zellerfeld 1986.

* Dennert, H.: Kleine Chronik der Oberharzer Bergstädte bis zur Einstellung des Erzbergbaus.– 180 S., GDMB, Clausthal-Zellerfeld 1993.

Dirks, H.G.: Der 19-Lachter-Stollen und die Grube Ernst August in Wildemann.– 24 S.,Pieper Verl. Clausthal-Zellerfeld 1989.

Döring, M.: Unterirdische Wasserkraftwerke im Bergbau. – Wasserwirtschaft 83, S.272–278 (1993).

Döring, M.: Die Wasserkraftwerke im Samsonschacht in St. Andreasberg/Harz. – Wasser & Energie, 2.Jahrg. S.24–34, Detmold 1996.

Ercker, L.: Beschreibung der allervornehmsten Mineralischen Erze und Bergwerksarten vom Jahre 1580. (Das große Probierbuch).- Freiberger Forschungshefte D 34, 298 S., Berlin 1960.

Ernst, A.: Das Silber- und Bleierz-Bergwerk Andreasberger Hoffnung bei St. Andreasberg a. Harz.– 26 S., Berenbergsche Buchdruckerei, Hannover 1910.

Ermisch, K.: Die Knollengrube bei Lauterberg im Harz.- Ztschr.f.prakt.Geol. 12, S.160-172, Berlin 1904.

Fleck, A.: Die Kupfererzgänge bei Lauterberg am Harz. - Glückauf 45, S. 1069-1079, Essen 1909.

Fleisch, G.: Die Oberharzer Wasserwirtschaft in Vergangenheit und Gegenwart.- Diss. TU Clausthal, 187 S., Clausthal-Zellerfeld 1983.

Franzke, H.J. et al.: Die Tektonik der Fluoritlagerstätte Rottleberode (Harz).- Ztschr.f.angew.Geol. 15, S.389-397, Berlin 1969.

Freiesleben, J.C.: Bergmännische Bemerkungen über den merkwürdigsten Theil des Harzes.- Erster Theil 516 S.- Zweiter Theil 274 S., Leipzig 1795 (Nachdr. Verlag die Wielandsschmiede, Kreuztal 1986).

Frickler, H.: Die Wassersäulenmaschine im Königin-Marienschacht bei Clausthal.- Ztschr.Berg-, Hütten- u.Salinenwesen, Abh.XXVI, S.233-239, Berlin 1878.

Fürer, G.: Das Amtshaus zu Clausthal.- 50 S., Pieper Verlag, Clausthal-Zellerfeld 1983.

Gaevert, H.: Der Ilfelder Mangan-Bergbau vom 18. bis zum 20.Jahrhundert.- Der Harz Nr.4, S.34-41, Wernigerode 1981.

Gaevert, H.: Steinkohlenbergbau in Neustadt.- Beiträge zur Heimatkunde aus Stadt und Kreis, Nordhausen, Heft 13/88, S.45-52, Nordhausen 1988.

Gatterer, C.W.J.: Anleitung den Harz und andere Bergwerke mit Nutzen zu bereisen.- (4 Teile), Nürnberg 1785–1793.

* Gebhard, G.: Harzer Bergbau und Mineralien St.Andreasberg.- 167 S., Reichshof 1987.

Geilmann, W. & Rose, H.: Ein neues Selenerzvorkommen bei St. Andreasberg im Harz.- N. Jb. Mineral. usw. A 57, Beil.-Bd., S.785–816, Berlin 1928.

Geschichtskommission der TU Clausthal (Hg.): Der Oberharzer Bergbau zur Zeit Henning Calvörs.- 112 S., Clausthal-Zellerfeld 1986.

Gotthard, J.C.: Beschreibung von dem merkwürdigen Bau des Tiefen Georg Stollens am Oberharze.- 280 S., Wernigerode 1801.

Greuer, J.-T.: Elemente der Sozialordnung beim alten Oberharzer Bergbau. - Niedersächs.Jb.f.Landesgesch. 34, S.70-156, Hannover 1962.

Griep, H.-G.: Die Oberharzer Bergmannshäuser.- Schriftenreihe der GDMB, H 46 S.101–107, Clausthal-Zellerfeld 1986.

Groddeck, A. von: Übersicht über die technischen Verhältnisse des Blei- und Silberbergbaues auf dem nordwestlichen Oberharz.- Zeitschr. f. Berg-,Hütten- u.Salinenwesen, Bd.14, S.273–295, Berlin 1866.

Günther, F.: Der Harz in Geschichts-, Kultur- und Landschaftsbildern.- Verl.C.Meyer, Hannover 1888.

Günther, F.: Die älteste Geschichte der Bergstadt St.Andreasberg und ihre Freiheiten.- Ztschr.d.Harzvereins, XLII (1909) u. XLIV (1911), 60 S., Sonderdruck, Braunschweig 1911.

Günther, F.: Der Harz.- Monographien zur Erdkunde 9, Bielefeld 1924.

* Haase, H. & Lampe, W.: Kunstbauten alter Wasserwirtschaft im Oberharz.- Pieper Verlag, 160 S., Clausthal-Zellerfeld 1985.

Hamm, F.: Naturkundliche Chronik Nordwestdeutschlands.– 370 S., Landbuch Verlag, Hannover 1976.

Hartmann, P.: Der Bergbau bei Straßberg im Harz.- Ztschr.f.angw.Geol. H. 11/12, S.548-557, Berlin 1957.

Hausbrand, O.: Die ehemaligen Blaufarbenwerke bei St. Andreasberg und Braunlage.– Zeitschr. d. Harz-Vereins, Jg. 67, S.56–69, Wernigerode 1934.

Hausmann, J.F.L.: Über den gegenwärtigen Zustand und die Wichtigkeit des hannoverschen Harzes.– Göttingen 1832.

* Heberling, E. & Stoppel, D.: Vom Schwerspat- und Kupfererzbergbau um Bad Lauterberg und über die historische Schwerspatgewinnung bei Bad Grund, Sieber und St.Andreasberg.- 64 S., Bode Verlag, Haltern 1988.

Heindorf, W.: Die Fahrkunst – Eine Erfindung des Oberharzer Bergbaus.– Allg. Harz-Berg-Kalender 1993, S. 36–40, Clausthal-Zellerfeld 1993.

Heindorf, W.: Das historische Gezähe und das Feuersetzen zur Gewinnung von Mineralien. – Allg. Harz-Berg-Kalender 1994, S.52–56, Clausthal-Zellerfeld 1994.

Henniger, K. & Harten, J.von: Harz-Sagen.- 84 S., Lax Verlagsbuchhandlung, Hildesheim 1973.

Henschke, E.: Landesherrschaft und Bergbauwirtschaft.-
Schriften zur Wirtschafts- und Sozialgeschichte, Bd.23, Berlin.

Henseling, K.O.: Bronze, Eisen, Stahl, Bedeutung der Metalle in der Geschichte.- 217 S., rororo Sachbuch 7706, Hamburg 1984.

Hesemann, J.: Die Erzbezirke des Ramberges und von Tilkerode im Harz.- Archiv f. Lagerstättenforschung, H.46, 92 S., Berlin 1930.

Hillebrecht, M.-L.: Die Relikte der Holzkohlewirtschaft als Indikatoren für Waldnutzung und Waldentwicklung.– Göttinger Geogr. Abh. Heft 79, 157 S., Göttingen 1982.

* Hillegeist, H.-H.: Das historische Eisenhüttenwesen im Westharz und Solling.- Der Harz und Südniedersachsen, Sonderheft I, 59 S., Clausthal-Zellerfeld 1974.

Hillegeist, H.-H.: Die Geschichte der Lonauer Hammerhütte bei Herzberg/Harz.- 193 S., Vandenhoeck & Ruprecht, Göttingen 1977.

Hillegeist, H.-H.(Hg): 250 Jahre Königshütte Bad Lauterberg/Harz.- 58 S., Bad Lauterberg 1983.

Hillegeist, H.-H.: Die Förderschächte der Grube Kupferrose bei Bad Lauterberg.- Allgem. Harz-Bergkalender für das Jahr 1988, S.99-102, Clausthal-Zellerfeld 1987.

Hillegeist, H.H.: 250 Jahre Königshütte in Lauterberg / Harz.– 87 S., Förderkreis Königshütte Bad Lauterberg e.V., Bad Lauterberg 1993.

Hoffmann, D.: Der Tiefe Georg Stollen.– Der Anschnitt, 27.Jg., H.3, S.21–29, Bochum 1975.

Homann, W.: Die Goldvorkommen im Variszischen Gebirge.- Teil II. Das Gold im Harz, im Kyffhäuser-Gebirge und im Flechtinger Höhenzug.– Dortmunder Beitr. Landeskde. naturwiss. Mitt. 27, S.149–265, Dortmund 1993.

Honemann, R.L.: Die Alterthümer des Harzes.- Clausthal 1754 (Nachdruck Pieper Verlag, Clausthal-Zellerfeld 1987).

Hoppe, O.: Die Bergwerke, Aufbereitungsanstalten und Hütten sowie die technisch-wissenschaftlichen Anstalten, Wohlfahrtseinrichtungen pp. im Ober- und Unterharz.- 388 S., Grossesche Buchhandlung, Clausthal 1883.

* Humm, A.: Aus längst vergangenen Tagen Band I.- 160 S., Pieper Verlag, Clausthal-Zellerfeld 1979.

* Humm, A.: Aus längst vergangenen Tagen Band II.- 232 S., Pieper Verlag, Clausthal-Zellerfeld 1981.

Humm, A.: Aus längst vergangenen Tagen Band III.- Pieper Verlag, Clausthal-Zellerfeld 1984.

Jäger, F.: Entwicklung und Wandlung der Oberharzer Bergstädte.- Ein siedlungsgeographischer Vergleich.- Giessener Geogr.Schr. H.25, Clausthal-Zellerfeld 1972.

* Jankowski, G.: Mit Keilhaue und Fäustel.- Zur Arbeit des Mansfelder Bergmannes in der Vergangenheit.- Schriften des Mansfeld-Museums Heft 4, 42 S., Hettstedt 1989.

* Jankowski, G. (Bearb.): Zur Geschichte des Mansfelder Kupferschiefer-Bergbaus.– 366 S. GDMB, Clausthal-Zellerfeld 1995.

Jordan, H.: Geologische Karte 1 : 25.000 Erläuterungen zu Blatt Osterode Nr. 4227, 148 S., Hannover 1976.

Jugler, O.: Die Bergwerksverwaltung des Hannoverschen Oberharzes seit 1837 und der Ernst-August-Stollen.- Arch.Mineral.Geogn.,Bergbau usw., Band XXVI, S.87-179, Berlin 1854.

Kästner, U. & Slotta, R.: Der Röhrig-Schacht im Wettelrode-Museum des mitteldeutschen Kupferschieferbergbaus.- Der Anschnitt Nr.43, H.3-5, S.109-115, Bochum 1991.

Kaufhold, K.H.(Hg): Bergbau und Hüttenwesen im und am Harz.- Veröff.d.historischen Kommission f.Niedersachsen u. Bremen XXXIV, Bd 14, 173 S., Hannover 1992.

Kautzsch, E.: Untersuchungsergebnisse über die Metallverteilung im Kupferschiefer.- Arch. Lagerstättenforschung, H.74, 42 S., Berlin 1942.

Kautzsch, E.: Tektonik und Paragenese der Rücken im Mansfelder und Sangerhäuser Kupferschiefer.- Zeitschr.Geol. 2, S.4-24, Berlin 1953.

Klähn, J.: Historisches Silber-Erzbergwerk Grube Samson, St.Andreasberg im Oberharz, Führungsprospekt 1985.

Klähn, J.: Die Lochsteine der Bergstadt Sankt Andreasberg und Bad Lauterberg.–80 S., Pieper Verl. Clausthal-Zellerfeld 1994.

Klappauf, L.: Die Grabungen 1983/84 im frühmittelalterlichen Herrensitz zu Düna/Osterode. Harz-Zeitschrift 37.Jg., S.61-64, Braunschweig 1985.

Klaus, D.: Ergebnisse paragenetischer und tektonischer Untersuchungen der Gangsysteme des Unterharzes.- 256 S., Diss. Bergakademie Freiberg 1978.

Klaus, D.: Die Antimonitlagerstätte Wolfsberg/Harz.- Fundgrube 21, H.2, S.35-45, Berlin 1984.

Klaus, D.: Die Hämatitlagerstätte Tilkerode/Harz und ihre Selenidparagenese.- Fundgrube 21, H.3, S.66-80, Berlin 1985.

Klaus, D.: Zur Geschichte des Silberbergbaus im Revier Harzgerode-Alexisbad.– Fundgrube 1/1986, Berlin-Ost 1986.

Klaus, D.: Neudorf - Die weltberühmte Fundstelle für exzellente Bleiglanzstufen.- Mineralienwelt, Sondernummer 1, S.18-36, Bode Verlag, Haltern 1990.

Klaus, D.: Einladung zum 10. Bernburger Kolloquium.- Museum Schloß Bernburg 1991.

Knappe, H., Gaevert, H. & Scheffler, H.: Schaubergwerke im Südharz.- Der Harz, H.7/8, 71 S., Wernigerode 1983.

* Knappe, H. & Scheffler, H.: Im Harz Übertage - Untertage.- 143 S., Bode Verlag, Haltern 1990.

Koch, C.: Der Rammelsberg.- Goslar 1837, Reprint Hagenberg Verlag, "Harzer Bergbau Reprint Bd 2", 64 S.u.Nachwort, Hornburg 1987.

Koch, F.: Wanderung entlang der Lerbacher Eisensteingruben.- 112 S., Lerbach 1991.

Köhler, G.: Lehrbuch der Bergbaukunde.- Leipzig 1892.

Kolb, H.E. (Schriftl.): Beiträge zur Geschichte der berg- und hüttenmännischen Wasserwirtschaft des Harzes. Band 1.- Arbeitsgem. Harzer Montangeschichte im Harzverein für Geschichte und Altertumskunde e.V., 120 S. u. 42 Anl., Clausthal-Zellerfeld 1996.

Koritnig, S. (Schriftleitung): Zur Mineralogie und Geologie der Umgebung von Göttingen.–285 S., Der Aufschluß, Sonderband 28, Heidelberg 1978.

Kraume, E.: Erzbergwerk Rammelsberg. Führer durch den Roeder-Stollen.- 12 S., Goslar o.J.

Kraume, E.: Die Erzlager des Rammelsbergs bei Goslar.- Beih.z.Geol.Jb.18, 394 S., Hannover 1955.

Krause, K.-H.: Entwicklung und gegenwärtige Funktion von Anlagen der historischen bergbaulichen Wasserwirtschaft im Unterharz.- Hist.geogr.Forsch.i.d.DDR, wiss.Abh.d.Geogr.Gesellschft d.DDR, Bd 17, S.143-164, Gotha 1986.

Krause, K.-H.: Über alte bergbauliche Wasserwirtschaftsanlagen im Unterharz.– Der Harz, Nr.17, Wernigerode 1987

* Kühlhorn, E.: Historisch-landeskundliche Exkursionskarte von Niedersachsen, Maßstab 1:50000, Blatt Osterode.- 125 S. + 1 Kte, Hildesheim 1970.

Küpper-Eichas, C.: Vom "Verlaufen" der Bergleute". Soziale Spannungen im Oberharzer Bergbau der frühen Neuzeit.– Der Anschnitt 44 , H.4, S.112–118, Bochum 1992.

Kummer, K.: Vergleichende lagerstättenkundliche Betrachtungen der Schwerspatführenden Gänge des Lauterberger Ganggebietes im Südwestharz. - N.Jb.Miner.Beil.-Bd 63A, S.371-440, Stuttgart 1932.

Kurzynski, K.v.: Schätze des Harzes. Archäologische Untersuchungen zum Bergbau- und Hüttenwesen des 3. bis 13. Jahrhunderts.-Begleithefte zu Ausstellungen d. Abt. Urgeschichte des Nieders. Landesmuseums Hannover H.4, 80 S., Oldenburg 1994.

Lange, H.: Paragenetische und genetische Untersuchungen an der Schwefelkieslagerstätte Einheit bei Elbingerode/Harz.- Freiberger Forsch. H. C 33, 92 S., Berlin 1957.

Lapis - Themenheft St.Andreasberg. Jg. 14, H. 7/8, München 1989

Laub, G.: Untersuchungen zur Lage des Rupenberg-Reviers.- Harz-Zeitschrift 18.Jg., S.95-105, Braunschweig 1966.

Laub, G.: Der Bergbau im Höhlengebiet des Ibergs bei Bad Grund (Harz).-In: Der Südharz - seine Geologie, seine Höhlen und Karstscheinungen.- Jahreshefte f.Karst- u. Höhlenkunde H.9, S.51-72, München 1968/69.

Laub, G.: Zur Frage eines Altbergbaues auf Kupfererze im Harzgebiet.- Harz-Zeitschrift 22./23.Jahrg., S.99-143, Braunschweig 1970/71.

Laub, G.: Zur Geschichte des Kupfererzbergbaus bei Bad Lauterberg.- Der Anschnitt 43, Heft 6, S.197-205, Bochum 1991.

Laub, G.: Die Kupferhütte bei Bad Lauterberg im Südharz (1705–1826)– Technikgeschichte Bd. 58, H.3 (1991).

Laub, G.: Die Eisengewinnung im früheren Amt Harzburg und ihre industrielle Entwicklung unter Wilhelm Castendyck. Bad Harzburg 1988.

* Lehne, P.H. & Weinberg, H.-J.: Blei und Silber - ihre letzte Gewinnung in der Bleihütte Clausthal-Lautenthal 1967.- 3. Aufl., 40 S., Piepersche Verlagsanstalt, Clausthal-Zellerfeld 1980.

Lengemann, A. & Meinicke, H.: Der Schacht "Kaiser Wilhelm II" bei Clausthal.- Zeitschr.f.Berg-, Hütten- u. Salinenwesen, Abh. XLIII, S.227-244, Berlin 1895.

Ließmann, W.: Erinnerungen an die Steinrenner Eisenhütte.- Glück Auf Nr.4/5, St.Andreasberg 1989.

Ließmann, W.: Zur Geschichte der Gewinnung und Verarbeitung von Kobalterzen im Raume St.Andreasberg, Teil I. Die St.Andreasberger Blaufarbenmanufaktur.- Glück Auf Nr. 8, St.Andreasberg 1990.

Ließmann, W.: Zur Geschichte der Gewinnung und Verarbeitung von Kobalterzen im Raume St.Andreasberg, Teil II. Der St.Andreasberger Kobaltbergbau.- Glück Auf Nr.12, St.Andreasberg 1991.

Ließmann, W.: Harzer Gesteine – Kurzeinführung in die Petrographie am Beispiel des Gesteinskundlichen Lehrpfades Jordanshöhe bei St. Andreasberg.– 60 S., Selbstverlag d. St.Andreasberger Vereins für Geschichte und Altertumskunde e. V., St. Andreasberg 1994.

Ließmann, W.: Der Silbererzbergbau am Beerberg bei St.Andreasberg. Ein Führer durch den "Auswendigen Zug".– (in Druck) Clausthal-Zellerfeld 1997.

Ließmann, W. & Bock, M.: Die Grube Roter Bär bei St. Andreasberg / Harz. Ein Führer zu Geologie, Lagerstättenkunde und Bergbaugeschichte des Lehrbergwerks.– 80 S., Sven von Loga Verlag, Köln 1993.

Lindemann, G.: Geschichte der Stadt Elbingerode im Harz.- Verlag B.Angerstein, Elbingerode 1909.

Löhneiss, G. E.v. (1617): Bericht vom Bergwerck, wie man dieselben bawen und in guten wolstande bringen sol, sampt allen dazugehörigen arbeiten, ordnung und Rechtlichen processen.– Zellerfeld 1617.

Löhneyss, G.E.: Bericht vom Bergwerck.- Zellerfeld 1617.

Lommatzsch, H.: Die bergmännische Kunstdichtung des Oberharzes im 19. Jahrhundert.– Der Anschnitt, 25.Jg., H.1 und 2, S.18–24 und S.7–10, Bochum 1973.

Lommatzsch, H. & Riechers, A.: Harzsagen.- Der Harz und Südniedersachsen, Heft 8, 24 S., Clausthal-Zellerfeld 1973.

* Lommatzsch, H.: Der Harz- Land der Erze und Metalle.- Der Harz und Südniedersachsen, Heft 1, 32 S., Clausthal-Zellerfeld 1974.

Lommatzsch, H.: Zur Geschichte der Anreden, Ränge und Uniformen im landesherrlichen Harzer Bergbau.– Der Anschnitt, 30.Jg., H.3, S.90–106, Bochum 1987.

Lommatzsch, H.: Iberger Tropfsteinhöhle, Iberg - Winterberg - Hübichenstein. Streifzüge durch vielbesuchte Sehenswürdigkeiten in Bad Grund.– Der Harz und Südniedersachsen Heft 13, 32 S., Clausthal-Zellerfeld ohne Jahr.

Lorenz, E.:Das Unterharzer Teich und Grabensystem um Straßberg. Ein Führer durch das Teich- und Grabensystem um Straßberg mit Informationen über die bergbauliche Wasserwirtschaft im Unterharz.– 16 S., Straßberg 1995.

Lorenz, E.: Bergwerksmuseum Grube Glasebach / Straßberg. Ein Überblick mit Informationen und Daten über das Bergwerksmuseum.– 20 S., Straßberg 1995.

Luedecke, O.: Die Minerale des Harzes.- 641 S., Verlag Gebr.Borntraeger, Berlin 1896.

Lutzens, H. & Burchardt, I.: Metallogenetische Untersuchungen an mitteldevonischen oxidischen Eisenerzen des Elbingeröder Komplexes (Harz).- Zeitschr.f.angew.Geol. Bd. 18, S.481-491, Berlin 1972.

Mehner, W.: Geschichte der Zinkmetallurgie am Harz. - 160 S., Harz-Metall GmbH., Goslar 1991.

Meyer, W.: Das Pflanzenkleid des Harzes.– 77 S., Pieper Verl., Clausthal-Zellerfeld 1978.

Möbus, G.: Abriß der Geologie des Harzes.- 219 S., Teubner Verlag Leipzig 1966.

Möller, P. & Lüders, V.(Ed.): Formation of Hydrothermal Vein Deposits. A case study of the Pb-Zn, barite and fluorite deposits of the Harz Mountains, 291 S., Monograph Series on Mineral Deposits No.30, Gebr.Borntraeger Verl. Stuttgart 1993.

* Mohr, K.: Geologische Wanderungen rund um die Westharzer Talsperren.- 80 S. + 1 Karte, Pieper Verlag, Clausthal-Zellerfeld 1973.

* Mohr, K.: Harz Westlicher Teil.- Slg.Geol.Führer, 58, 200 S., Gebr.Borntraeger Verlag, Berlin Stuttgart 1973.

* Mohr, K.: 400 Millionen Jahre Harzgeschichte.- 6. Aufl., 95 S., Pieper Verlag, Clausthal-Zellerfeld 1973.

* Mohr, K.: Geologie und Minerallagerstätten des Harzes.- 387 S., E.Schweizerbart'sche Verlagsbuchhandlung Stuttgart 1978.

* Mohr, K.: Harzvorland westlicher Teil.- Slg.Geol.Führer, Bd 70, 155 S., Gebr.Borntraeger Verlag Berlin Stuttgart 1982.

* Mohr, K.: 400 Millionen Jahre Harzgeschichte. Die Geologie des Westharzes.– 9. Aufl. 93 S., Pieper Verl., Clausthal-Zellerfeld 1986.

* Mohr, K.: Montangeologisches Wörterbuch für den Westharz.- 182 S., Schweizerbart Verlag Stuttgart 1989.

* Mohr, K.: Geologie und Minerallagerstätten des Harzes. – 2. Aufl.,496 S. Schweizerbart Verl., Stuttgart 1993.

Niehoff, N., Matschullat, J. & Pörtge, K.-H.: Bronzezeitlicher Bergbau im Harz? – Berichte zur Denkmalpflege in Niedersachsen H.1/92, Hannover 1992.

* Niemann, H.-W.: Die Geschichte des Bergbaus in St.Andreasberg.- 154 S., Piepersche Druckerei u. Verlag, Clausthal-Zellerfeld 1991.

Nietzel, H.-H.: Versorgung der Gruben im oberen Burgstätter Zug mit Aufschlagwassern und Entwicklung der Huttaler Widerwaage.- Heimatblätter f.d. Südwestlichen Harzrand, H.38, 60 S., Clausthal-Zellerfeld 1982.

* Nietzel, H.-H.: Die alte Oberharzer Wasserwirtschaft.- 46 S., Verlag Zander, Pöhlde 1983.

Nietzel, H.-H.: Historisches Kunst- und Kehrrad – Historischer Hubsatz.– 96 S., Pieper Verl. Clausthal-Zellerfeld 1993.

Nietzel, H.-H.: Treibwerks- und Kunstanlage im Ernst-Auguster Richtschacht in Wildemann.– Allg. Harz-Berg-Kalender 1993, S.41–47, Clausthal-Zellerfeld 1993.

* Oberharzer Geschichts- und Museumsverein (Hg): Fördergerüste des Oberharzes, 80 S., Clausthal-Zellerfeld 1984.

Oelke, E.: Der alte Bergbau um Schwenda und Stolberg/Harz.- Hercynia, N.F. 7, S.337-354, Halle 1970.

Oelke, E.: Der Bergbau im ehemals anhaltischen Harz.- Hercynia, N.F. 10, S.77-95, Halle 1973.

Oelke, E.: Die Silbergewinnung im ehemals stolbergischen Harz.- Hallesches Jb.f.Geowiss.3, S.57-79, Halle 1978.

Oelke, E.: Der Silberbergbau im Ostharz.– Unser Harz, Clausthal-Zellerfeld 1969.

Oelsner, O., Kraft, M., Schützel, H.: Die Erzlagerstätten des Neudorfer Gangzuges.- Freiberger Forschungshefte C 52, 144 S., Berlin 1958.

Pfeiffer, H.: Untersuchungen zum Berg- und Hüttenwesen in Zorge.- Unveröff.Schr., Zorge 1936.

Probst, R.: Chronik von Zorge. Ein Südharzer Heimatbuch.- Unveröff.Manuskript, Zorge 1941.

Ramdohr, P.: Mineralbestand, Struktur und Genesis der Rammelsberg-Lagerstätte.- Geol.Jb. 67, S.367-494, Hannover 1953.

* Reinecke, K.: Die Reiche Barbara.- Roman Altenau 1937, 222 S.(Nachdr.Clausthal-Zellerfeld, 1982).

Richter, P.: Lagerstättenkundliche und tektonische Untersuchungen an der Flußspatlagerstätte von Rottleberode/Harz.- Dipl.-Arb. Bergakademie Freiberg 1958.

* Riech, E. et al.: Erzbergbau im Harz. Rammelsberg. Alles über Bergbau, Geologie und Mineralien.- 56 S., Bode Verlag, Haltern 1987.

* Riechers, A.: Erfindungen im Harzer Erzbergbau.- Der Harz u. Südniedersachsen, H. 3, 32 S., Clausthal-Zellerfeld 1975.

Ritterhaus, W.: Der Iberger Kalkstock bei Grund am Harze.- Zeitschr.f.Berg-, Hütten- und Salinenwesen Bd 34, S.207-218, Berlin 1886.

Roschlau, H.: ABC Erzbergbau.- 246 S., VEB Deutscher Verlag f.Grundstoffindustrie, Leipzig 1985.

Roseneck, R.: Der Rammelsberg.- Arbeitshefte zur Denkmalpflege in Niedersachsen, H. 9, 179 S., Hannover 1992.

Rosenhainer, F.: Die Geschichte des Unterharzer Hüttenwesens von seinen Anfängen bis zur Gründung der Kommunionverwaltung im Jahre 1635.- Beitr.z.Gesch.d.Stadt Goslar, Heft 24, 197 S., Goslar 1968.

Rumscheidt, W.: Beitrag zur Kenntnis der Manganerzlagerstätten zwischen Ilfeld und Sülzhayn im Südharz und die Geschichte ihres Bergbaus.- Jb.d.Halleschen Verbandes, Bd 5, N.F., S.87-111, Halle 1926.

Scharf, W.: Beitrag zur Geologie des Steinkohlengebietes im Südharz.- Jb.Hall.Verb. NF 4, Halle 1923/1924.

Schell, F.: Die Unglücksfälle in den Oberharzischen Bergwerken.- Clausthal 1864, 186 S. (Nachdruck Hagenberg Verlag, Hornburg 1986).

Schell, F.: Der Bergbau am nordwestlichen Oberharze.- Zeitschr.f.Berg-, Hütten- u.Salinenwesen XXX, S.1-61, 2 Tafeln, Berlin 1882.

Schell, F.: Die Grube Bergwerks-Wohlfahrt bei Clausthal.- Zeitschr.f.Berg-, Hütten- u.Salinenwesen XXXI, S.371-398, Berlin 1883.

Schleifenbaum, W.: Das Schwefelkies-Vorkommen am Großen Graben bei Elbingerode im Harz.- Jb.d.königl.preuß.Geol.Landesanstalt für das Jahr 1905 (Bd XXVI) S.407-417, Berlin 1908.

Schleifenbaum, W.: Der auflässige Gangbergbau der Kupfer- und Kobaltbergwerke bei Hasserode.- Schr. Naturwiss. Ver. Harz, S.12-101, Wernigerode 1894.

Schmidt, M.: Vom Juliusstau zur Okertalsperre. 400 Jahre Wasserwirtschaft um Schulenberg.- Allg. Harz-Berg-Kalender 1996, S.57-61, Clausthal-Zellerfeld 1996.

Schmidt, M.: Die Oberharzer Bergbauteiche.- Sonderdr. aus Historische Talsperren, 58 S., Konrad Wittwer Verlag, Stuttgart 1987.

* Schmidt, M.: Die Wasserwirtschaft des Oberharzer Bergbaus.- Schriftenreihe der Frontinus-Gesellschaft, H.13, 372 S., Bonn 1989.

Schnorrer-Köhler, G.: Das Silbererzrevier St.Andreasberg im Harz.- Der Aufschluß Jg. 34, S.153-175, 189-203 u. 231-251, Heidelberg 1983.

Schriel, W.: Die Geologie des Harzes.- Wirtschaftswiss.Gesellschaft z.Studium Niedersachsens N.F., Bd 49, 308 S., Hannover 1954.

Schubart, W.: Zum "Berg- und Forstrevier Rupenberg im Oberharz".- Harz-Zeitschr., Jg. 24, S.71-104, Braunschweig 1973.

Schulze, E.: Repertorium der Geologischen Litteratur über das Harzgebirge.- Preuß.Geol.Landesanstalt, 601 S., Berlin 1912.

Schwazer Bergbuch von 1556, Reprint Akademische Druck- u. Verlagsanstalt, Graz 1988.-

Scotti, H.H.v.: Ausbeutetaler und Medaillen des Harzer Bergbaus.- 68 S., Clausthal-Zellerfeld 1988.

Siemeister, G.: Mineralien und Gesteine im westlichen Harz. Über 100 Fundpunkte.- 88 S., Pieper Verlag, Clausthal-Zellerfeld 1979.

Siemroth, J., Schnorrer, G., Wittern, A., Blass, G. & Witzke, T.:Die Minerale der ehemaligen Grube "Das Aufgeklärte Glück" bei Wernigerode im Ostharz.- Der Aufschluß 48, S.21-39, Heidelberg 1997.

Simon, P.: Die Eisenerze im Harz.- Geol.Jb. Reihe D, H.31, S.65-109, Hannover 1979.

* Skiba, R.: Der Bergbau im Westharz.- 112 S., Pieper Verlag Clausthal-Zellerfeld 1974 S.

* Slotta, R.: Technische Denkmäler in der Bundesrepublik Deutschland, Bd. 4 I/II, Der Metallerzbergbau.- Hrsg. Deutsches Bergbaumuseum Bochum 1983.

* Slotta, R., Stedingk, K. & Steinkamm, U.: Der Blei-Zink-Erzbergbau von Bad Grund, Harz.- Emser Hefte Jg. 8, Nr.1, 49 S., Bode Verlag, Haltern 1987.

Sperling, H.: Die Erzgänge des Erzbergwerks Grund (Silbernaaler Gangzug, Bergwerksglücker Gang und Laubhütter Gang).- Geol.Jb.Reihe D, H. 2, 205 S., Hannover 1973.

Sperling, H.: Das Neue Lager der Blei-Zink-Erzlagerstätte Rammelsberg.- 177 S., Geol.Jb. Reihe D, H. 85, Hannover 1986.

Sperling, H. & Stoppel, D.: Die Blei-Zink-Erzgänge des Oberharzes. Lieferung 3. Geol.Jb. Reihe D, H.34, Monogr.d.deutsch.Pb-Zn-Erzlagerstätte 3, Hannover 1979.

* Sperling, H. & Stoppel, D.: Die Blei-Zink-Erzgänge des Oberharzes. Lieferung 4. Gangkarte des Oberharzes mit Erläuterungen. Geol.Jb. Reihe D, H.46, Monogr.d.deutsch.Pb-Zn-Erzlagerstätten 3, Hannover 1981.

* Spier, H.: Historischer Rammelsberg.- 71 S., Hagenberg-Verlag, Hornburg 1988.

Spier, H.: Der Ernst-August-Stollen am Harze.- Historischer Harzer Bergbau Reprint, Bd.3 40 S. + Anhang, Hornburg 1989.

Spier, H.: Das Rammelsberger Gold. Vorkommen, Gewinnung, Verarbeitung und Verwendung.- 35 S. u.21 Tafeln, Hagenberg Verl. Hornburg 1992.

Spiess, K.-H.: Beiträge zur Bergbaugeschichte der ehemaligen Zisterzienserabtei Walkenried/Harz.- Walkenrieder Hefte Nr.1/1, Walkenried/Hamburg 1983.

Spruth, F.: Die Oberharzer Ausbeutetaler von Braunschweig-Lüneburg im Rahmen der Geschichte ihrer Gruben. - Veröff.a.d.Deutschen Bergbau-Museum 36, Bochum 1986.

Stahl, A.: Die Gänge des Ostharzes. Eine lagerstättenkundliche Skizze. - Zeitschr.f.praktische Geologie 26.Jg., S.97-110, 113-122, 134-139, Berlin 1918.

Stedingk, K.: Zur Mineralisation des Oberharzer Diabaszuges bei Lerbach.- Mitt.d.Naturw.Vereins Goslar Bd 1, S.9-28, Hornburg 1983.

Stille, C.(Hg.): Die Bergstadt St. Andreasberg im Oberharz von 1487 bis gestern. St. Andreasberg 1987.

Stoppel, D. & Gundlach, H.: Baryt-Lagerstätten des SW-Harzes (Raum Sieber - St.Andreasberg).- Beihefte z.Geol.Jb., H. 124, 120 S., Hannover 1972.

* Stoppel, D. et al.: Schwer- und Flußspatlagerstätten des Südwestharzes.- Geol.Jb. Reihe D, H. 54, 269 S., Hannover 1983.

Stünkel, J.G.: Beschreibung der Eisenbergwerke und Eisenhütten am Harz.- 392 S., Göttingen 1803.

* Suhling, L.: Aufschließen, Gewinnen, Fördern - Geschichte des Bergbaus.- rororo Sachbuch 7713, 246 S., Hamburg 1983.

Technische Universität Clausthal (Hg): Festband zur Zweihundertjahrfeier 1775-1975 Bd I, Clausthal-Zellerfeld 1975.

Tischendorf, G.: Zur Genese einiger Selenidvorkommen, insbesondere von Tilkerode im Harz.- Freiberger Forsch.-Hefte C 69, 168 S., Berlin 1959.

Villefoss, H.v.: Der Mineralreichtum des Harzes.- 3 Bände + Atlas, Sondershausen 1822.

Voigts, J.G.: Bergwerksstaat des Ober- und Unterhaarzes.–247 S., Meyersche Buchhandlung, Braunschweig 1771.

Vollmer, R.: Auswanderungspolitik und soziale Frage im 19. Jahrhundert. Staatlich geförderte Auswanderung aus der Berghauptmannschaft Clausthal nach Südaustralien, Nord- und Südamerika 1848 – 1854. Europäische Hochschulschriften, Reihe 3, Band 658; Peter Lang Verl. Frankfurt a.M. 1995.

Wachendorf, H.: Der Harz, variszischer Bau und geodynamische Entwicklung.- Geol.Jb.Reihe A, H 91, 67 S., Hannover 1986.

Wagenbreth, O.: Zur Feinstratigraphie, Paläogeographie und Tektonik der steinkohlenführenden Schichten im Unterrotliegenden von Ilfeld (Harz).- Geologie Jg.18, H. 8, S.1045-1061, Berlin 1969.

Wedding, H.: Beiträge zur Geschichte des Eisenhüttenwesens im Harz.- Zeitschr.d.Harz-Vereins f.Geschichte und Alterthumskunde 14.Jg., S.1-32, Wernigerode 1881.

Weigelt, J.: Das Steinkohlenvorkommen von Ilfeld am Südharz.- Jb.d.Hall.Verb., NF 3, S.40-73, Halle 1922.

Werner, H.: Die Silbererzgänge von St. Andreasberg. - Glückauf 46, Nr. 29 u.30, Essen 1910.

Wild, H.W.: Schau- und Besucherbergwerke. Ein Führer durch Deutschland, Österreich und die Schweiz.– 203 S., Bode-Verlag Haltern 1992.

Wilke, A.: Die Erzgänge von St.Andreasberg im Rahmen des Mittelharz- Ganggebietes.- Beih.z.Geol.Jb. H. 7, Monogr.d.deutsch.Pb-Zn-Erzlagerstätten 2, 228 S., Hannover 1952.

Wilke, H.B.: Alte Oberharzer Gräben und Wasserläufe über und unter Tage.- 32 S., Bode Verlag, Haltern 1988.

Willecke, R.: Die Bergfreiheiten des Oberharzes und die Entstehung der sieben Bergstädte.– Der Anschnitt, 35.Jg., H.2, S.59–67, Bochum 1983.

Wilson, W.O.: Frog Lamps. A Survey of Examples from 1529-1979.- 112 S., 50th Anniversary 1932-1982, Rushlight Club 1982.

Witter, W.: Die älteste Erzgewinnung im nordisch-germanischen Lebenskreis, Bd 1.- Mannus Bücherei Bd 60, 275 S., Leipzig 1938.

Zimmermann, C.: Das Harzgebirge. Teil I .- 475 S., Teil II 107 S., Darmstadt 1834.

Zimmermann, C.H.: Die Erzgänge und Eisensteins-Lagerstätten des Nordwestlichen Hannoverschen Oberharzes.- Arch.Miner.Geogn.Bergbau u.Hüttenkunde 10, S.27-90, Berlin 1837.

Zerjadke, W.: Silberhütter Kunstgraben und Herzog Alexis Erbstollen.– Der Harz Nr.6, Wernigerode 1982

Anhang

I. Eigenschaften und Erkennungsmerkmale der wichtigsten Erz- und Gangartminerale

(H = Mohs'sche Härte, D = Dichte in g/cm^3)

a) Erzminerale

Bleiglanz (PbS) Galenit	silbriggau-metallisch glänzend, vollkommene würfelige Spaltbarkeit, H 2½, D 7,2-7,6 kubisch, Kristallformen: Würfel, Oktaeder, wichtiger Silberträger!
Zinkblende (ZnS) Sphalerit	dunkelbraubraun - gelblichbraun, Diamantglanz, vollkommene Spaltbarkeit, H 3½-4, D 3,9-4,2, kubisch, Kristallform: Tetraeder
Kupferkies (CuFeS$_2$) Chalkopyrit	satt messinggelb, z.T. bunt anlaufend, metallisch glänzend, H 3½-4, D 4,1-4,3, tetragonal, Kristallform: verzerrte Tetraeder
Pyrit (FeS$_2$) Schwefelkies	gelb- metallisch glänzend, keine Spaltbarkeit, H 6-6½, D 5-5,2, kubisch, Kristallformen: Würfel, Oktaeder, Pentagondodekaeder
Fahlerze (Mischkristalle) Tetraedrit (Cu$_{12}$Sb$_4$S$_{13}$) Tennantit (Cu$_{12}$As$_4$S$_{13}$)	mittelgrau-matt metallisch glänzend, H 4, D 4,5-5,4, kubisch, Kristallform: Tetraeder, wichtiger Silberträger!
Bournonit (PbCuSbS$_3$) Rädelerz	ähnlich Fahlerz, selten zahnrad-ähnliche Drillinge bildend, meist nur mikroskopisch bestimmbar
Rotgültigerze (Mischkristalle) Pyrargyrit (dunkles R.) Ag$_3$SbS$_3$ Proustit (lichtes R.) Ag$_3$AsS$_3$	bleigrau-tiefrot durchscheinend, Diamantglanz, H 2½, D 5,6-5,8, trigonal, Kristallform: Prismen
Hämatit (Fe$_2$O$_3$) Eisenglanz, z.T. Roter Glaskopf	metallisch glänzend, blutroter Strich, H 6½, D 5,2-5,3, trigonal, schuppig-blättrig, kugeligschalig = Glaskopf
Magnetit (Fe$_3$O$_4$) Magneteisenerz	schwarz, matt glänzend, keine Spaltbarkeit, H 5½, D 5,2, kubisch, Kristallform: Oktaeder, magnetisch

Goethit (FeOOH) (Limonit, Brauneisenerz, z.T. Brauner Glaskopf)	dunkelbraun-schwarzbraun, Halbmetallglanz, H bis 5,5, D bis 4,4, rhombisch, meist derbe Massen, z.T. pulvrig

b) **Gangartminerale**

Quarz (SiO_2)	milchig weiß - farblos, Glasglanz, keine Spaltbarkeit, H 7 (!), D 2,65, trigonal, Kristallform: pyramidal, Bergkristall!
Kalkspat ($CaCO_3$) Calcit	weiß-farblos, sehr vollkommene Spaltbarkeit nach dem Rhomboeder, H 3, D 2,6-2,8, trigonal, sehr viele Kristallformen! Schäumt in verdünnter Salzsäure
Eisenspat ($FeCO_3$) Siderit	gelblich braun-graubraun, Glasglanz, Spaltbarkeit wie Kalkspat, H 4-4½, D 3,7-3,9, trigonal, schäumt in heißer verd.Salzsäure unter Bildung einer grünlichgelben Lösung
Flußspat (CaF_2) Fluorit	farblos, grün, blau, violett, Glasglanz, vollkommene Spaltbarkeit, H 4, D 3,2, kubisch, Kristalle: Würfel oder Oktaeder
Schwerspat ($BaSO_4$) Baryt	weiß, manchmal rosa gefärbt, Perlmutterglanz, vollkommene Spaltbarkeit, H 3-3½, D 4,5, rhombisch, tafelige Kristalle, in Säuren unlöslich

II. Kleines bergmännisches ABC

(mit einem * versehene Ausdrücke werden im heutigen bergmännischen Sprachgebrauch nicht mehr verwendet)
siehe auch Bischoff et al. (1981), Mohr (1989), Roschlau (1985)

A

Abgänge	Rückstände bei der Erzaufbereitung
Abschlag	Volumen des Materials, das bei einem Sprengvorgang geworfen wird
Absinken	kleiner Nebenschacht, meist im Abbaubereich von oben nach unten angelegt
abteufen	Herstellen eines mehr oder weniger senkrechten Grubenbaus von oben nach unten
abtun (oder wegtun)*	Zünden einer Sprengladung
Alter Mann	verlassener oder zu Bruch gegangener Grubenbau
Anbruch*	bergmännisch aufgefundenes, noch in der Grube anstehendes Erz
anfahren	sich zum Arbeitsplatz unter Tage begeben - in die Grube einfahren
Anschläger	Person, die am "Anschlag" (früher Klopfzeichen) den Förderverkehr im Schacht regelt
Anschnitt*	früher wöchentliche Abrechnung der Betriebskosten einer Grube
Anstehendes	das Vorkommen von Erz im festen Gebirgsverband
Arschleder*	rundgeschnittenes Leder, das früher die Bergleute bei der Arbeit trugen
Aufbereitung	mechanische Trennung der für die Metallgewinnung verwertbaren Erzminerale von den unnutzbaren Komponenten (Berge, Abgänge) des Roherzes
auffahren	Herstellen eines horizontalen Grubenbaus mittels Bohr- und Schießarbeit
auflassen	Einstellen des Bergbaus
Aufschlagwasser*	Wasser, das zum Antrieb von Bergwerksmaschinen (Wasserrädern) genutzt wurde
aufwältigen	Wiederherstellen eines verbrochenen oder versetzten Grubenbaus
Ausbau	Abstützung eines Grubenbaus mittels Holz, Stahl, Stein oder Beton
Ausbeute*	Überschuß, den eine Grube abwirft ("eine Grube kommt in Ausbeute")
Ausbeutezeche*	mit wirtschaftlichem Erfolg betriebenes Bergwerk
Ausbiß	der an der Erdoberfläche sichtbare Teil einer Lagerstätte

Auslängen*	Auffahrung einer Strecke oder eines Stollens auf einem Gang zwecks Erkundung
Ausrichter*	Person, die für eine reibungslos ablaufende Förderung in den tonnlägigen Schächten zuständig war

B

befahren	bewegen in untertägigen Grubenräumen
Bein	im Oberharz gebräuchliche Bezeichnung für "Stempel"
Belegung	Anzahl der auf einem Betriebspunkt arbeitenden Personen
Berge	Bezeichnung für gewonnenes, nicht nutzbares (taubes) Nebengestein, das bei der Erzgewinnung mit anfällt
Bergefeste	im Abbaubereich aus Sicherheitsgründen stehenbleibender Lagerstättenteil (Schwebe oder Sicherheitspfeiler)
Bergeisen*	aus Schmiedestahl gefertigtes Spitzeisen mit einer Schlagbahn und einem Auge zum Aufstecken auf einen Stiel, wurde wie ein Meißel verwendet
Bergeversatz	Verfüllen der entstandenen Abbauhohlräume durch Einbringen von taubem Gesteinsmaterial
Bergmeister*	hoher Betriebsbeamter
Bergsucht*	Lungenkrankheit infolge Staubeinwirkung (Silikose), z.T. auch durch Radioaktivität verursachter Lungenkrebs
Bierschicht*	geselliges Beisammensein beim Bier im Wirtshaus
Blindschacht	Schacht, der zwei oder mehr Sohlen miteinander verbindet und nicht bis nach über Tage führt
Bohrhauer*	Bergmann der (früher von Hand "einmännisch" oder "zweimännisch") Sprenglöcher herstellte
Bolzenschrotzimmerung*	im Harz üblicher Ausbau der rechteckigen, tonnlägigen Schächten mit sehr starken, gegeneinander verholzten Rundhölzern
Bucht	untertägiger Raum, in dem die Bergleute ihre Mahlzeiten zu sich nehmen
Bühne	horizontale Plattform in einem Schacht (Fahrschacht), als Schutz gegen Abstürzen oder gegen herunterfallende Gegenstände
Bulge*	Ledersack zum Heraufholen des Wassers (z.B. in Bulgenschichten)
Bunker	bergmännisch aufgefahrener Raum zur Speicherung

D

durchörtern — Auffahren eines Grubenbaus durch einen Gang oder ein Lager

Durchschlag — Zusammentreffen eines in Auffahrung befindlichen Grubenbaus mit einem bestehenden oder einem entgegengesetzt getriebenen zweiten Grubenbau (Gegenortsbetrieb)

E

Einbringen* — Einmünden einer Strecke oder eines Stollens in einen Schacht ("bringt soundso viel Meter Teufe ein")

einfahren — Fahren von Personen von über Tage in das Grubengebäude

Einfahrer* — Betriebsbeamter

Einfallen — die Neigung einer Schicht oder eines Gangs in vertikaler Richtung (z.B. 70° nach Norden)

Einstrich — in vertikalen Grubenbauen in bestimmten Abständen angebrachter horizontaler Einbau aus Holz oder Eisen

Erbstollen* — tiefster Entwässerungsstollen in einem Grubenrevier, der den darüber liegenden "enterbt" hat

F

fahren — jede Art der Fortbewegung unter Tage

Fahrkunst* — Einrichtung zur Schachtfahrung, bestehend aus zwei mit Trittbrettern und Griffen versehenen Gestängen, die früher meist von einem Wasserrad angetrieben nebeneinander auf und nieder gingen. Durch Umsteigen von einem Gestänge auf das andere konnte ein- bzw. ausgefahren werden. 1833 im Oberharz erfunden

Fahrt(e) — bergmännische Bezeichnung für Leiter

Fahrtrum (oder Fahrschacht) — Abteilung eines Schachts, die zum "Fahren" mit Fahrten ausgestattet ist

Fahrung — für das Fahren erforderliche Einrichtung in einem vertikalen Grubenbau

Feldgestänge* — hölzernes Gestänge mit dem die Drehbewegung eines Wasserrades als Schubbewegung über größere Distanzen zu den angetriebenen Künsten übertragen wird

Feldort (oder Feldortstrecke)	eine auf dem Erzgang horizontal aufgefahrene Strecke zur Untersuchung bisher unberührter Feldesteile einer Grube, von der aus dann ein Abbau aufgenommen werden kann
Feuersetzen*	uralte Abbaumethode, bei der das Erz oder Gestein durch Abbrennen von Scheiterhaufen gelockert wurde
Firste	jede einen Grubenbau nach oben begrenzende Fläche
Firstenbau (oder Firstenstoßbau)	ein im Gangbergbau übliches Verfahren, bei dem das Erz von unten nach oben abgebaut wird
Flügelort	längeres Teilstück eines Stollens oder einer Strecke, das zwei entfernt liegende Grubenreviere miteinander verbindet
fördern	zu Tage transportieren von Erz oder Bergen, man unterscheidet horizontale Förderung auf Strecken und Stollen von vertikaler Förderung in Schächten
Freibau*	eine Grube, die sich kostenmäßig selbst trägt, aber keinen Gewinn (Ausbeute) abwirft
Frosch*	alter Harzer Bezeichnung für eine flache, geschlossene Grubenlampe, in der Rüböl verbrannt wurde
Füllort	Einmündung einer Strecke in einen Schacht, wo der Umschlag von der horizontalen in die vertikale Förderung erfolgt
Fundgrube*	altes bergmännisches Maß für die Länge eines Grubenfeldes im Gangbergbau, im Harz war 1 Fundgrube gleich 6 Lehnen zu 7 Lachtern, also 42 Lachter (84 m) lang

G

Gang	Mineraliengefüllte Spalte im Gebirge, ihr Inhalt besteht aus dem nutzbaren "Erz" und der meist unnutzbaren "Gangart".
gebräch	Gebirge, das zum Nachbrechen neigt
Gedinge	bergmännische Arbeit im Akkord
Gefluter*	eine Holzrinne, durch die Wasser geleitet wird, z.B. zur Beaufschlagung eines Wasserrades
Gegenort	Grubenbau, der einem anderen entgegengefahren wird (z.B. bei Stollenauffahrungen)
Geleucht	die Grubenlampe des Bergmanns
Geschworener*	Bergbeamter
Getriebe	Auffahrung eines Grubenbaus durch lose Bruchmassen, etwa beim

Gewerkschaft	Wiederaufwaltigen zusammengebrochener Strecken Zusammenschluß verschiedener Personen (Gewerken) zwecks Betrieb eines Bergwerks, deren jede im Verhältnis seines Besitzes an Anteilsscheinen (Kuxen) zu den Baukasten beizusteuern hatte (Zubuße) und an dem nachherigen Gewinn (Ausbeute) beteiligt war
Gezähe	bergmännisches Handwerkszeug
Grubengebäude	Gesamtheit aller Grubenbaue in einem Bergwerk

H

Hängebank	(auch Rasenhängebank), übertägiger Ansatzpunkt eines Schachts, $\pm$ 0 m bei Schachtteufenangaben
Hangendes	das unmittelbar über der Lagerstätte anstehende Gestein
Haspel	einfache Handwinde mit horizontal gelagerter Welle und zwei Kurbeln zum Heraufholen der Tonnen aus geringen Tiefen
Hauer	voll ausgebildeter Bergmann
Haufwerk	das aus dem Gebirgsverband herausgelöste Gesteinsmaterial (taub=Berge) oder Erz
Hunt* (auch Hund oder Hundt)	vierrädriger Förderwagen
Huthaus	Gebäude über der Schachtmündung, auch Gaipel genannt

K

Kappe	Ausbauelement zum Abfangen des Deckgebirges, ruht meist quer zur Streckenachse auf zwei Stempeln, oder eingebühnt in den Stößen
Kehrrad*	Wasserrad mit zwei entgegengesetzten Schaufelkränzen, so daß es je nach Beaufschlagung in beiden Drehrichtungen genutzt werden konnte, z.B. zur Schachtförderung (Treibwerke)
Keilhaue*	(im Harz auch Spitzhammer), Spitzhacke mit einem Hammerkopf
Kerbholz*	Stäbe, in die die Anzahl der geförderten Erztonnen oder Erzfuhren eingekerbt wurde
Kettenseil*	geschmiedete Ketten, an denen früher die Fördertonnen hingen. Nachteil gegenüber Hanfseilen: zu hohes Eigengewicht bei größeren Längen!
klauben	auslesen gröberer, nicht mehr verwachsener Erz- oder Bergestücke von

	Hand
klemmig*	zäh, hart
krummer Zapfen*	Kurbelwelle an einem Wasserrad zur Umsetzung der Drehbewegung in eine Schubbewegung
Kübel	Toilette im untertägigen Bergwerk
Kunst*	Maschine im Bergbau
Kunstknecht*	Maschinist, der die Arbeit der Pumpen kontrollierte
Kunstkreuz*	Vorrichtung zur Umlenkung von Schubbewegungen (Winkelhebel)
Kunstrad*	Wasserrad mit einfacher Beschaufelung zum Antrieb von Pumpen, Fahrkünsten oder Gebläsen
Kux, Kux-Schein*	früher Besitzanteil an einem Grubenbetrieb, im Gegensatz zur heutigen Aktie (reiner Gewinnanteil), gleichzeitig auch "Verlustanteil"

L

Läufer	parallel zur seitlichen Begrenzung eines Grubenbaus verlaufendes Ausbauelement, meist in Kombination mit Stempel und Kappe beim Türstockausbau
LHD-Technik	modernes, leistungsstarkes, gleisloses Fördersystem im Abbau mit Radladern: L = load (laden) - H = haul (fördern) - D = dump (auskippen)
Lichtloch*	zusätzliche Verbindung eines Stollens mit der Tagesoberfläche (kleiner Schacht) zur Wetterführung und als Ansatzpunkt zum Gegenortbetrieb
Liegendes	das unmittelbar unter einer Lagerstätte liegende Nebengestein
Lochstein*	aufrechtstehender Stein, der die Grenze eines Grubenfelds markierte, das eingehauene Loch war Ansatzpunkt für die Vermessung
Lösestunde*	Essen- und Ruhepause der Bergleute
Lüfter	Ventilator im Bergbau
Lutte	Rohrleitung zur Sonderbewetterung von Grubenbauen, durch die frische Wetter zugeführt werden oder verbrauchte abgesaugt werden

M

Markscheide	seitliche Begrenzung eines Grubenfeldes
Markscheider	Vermessungstechniker oder -ingenieur im Bergbau

matte Wetter	Grubenluft mit zu wenig Sauerstoffgehalt, ohne gefährliche Anteile von giftigen Gasen
muten	die Abbaurechte an einem aufgefundenen Erzgang bei der Bergbehörde geltend machen (Mutung einlegen)

N

nachreißen	nachträgliches Erweitern einer Strecke oder eines Stollens

O

Ort (das)	jede Stelle eines Bergwerks mit bergbautechnischem Zweck, z.B. der Abbaubereich einer Strecke ("vor Ort")
Ortsbrust	Begrenzungsfläche einer Strecke in der Auffahrungsrichtung

P

Pfeiler	zwischen Abbauräumen (Kammern) stehengebliebener Lagerstättenteil zum Abstützen der Grubenbaue
Pinge	durch Einsturz von Grubenbauen an der Tagesoberfläche entstandene trichter- oder kesselförmige Vertiefung
Pochwerk*	einfache Aufbereitungsanlage, in der das Erz durch wasserkraftgetriebene Pochstempel zerkleinert wurde

Q

Querschlag	horizontaler Grubenbau, der annähernd rechtwinklig zum Streichen einer Lagerstätte im Nebengestein aufgefahren wird

R

Rampe	geneigter Grubenbau zur stufenlosen Verbindung zweier oder mehrerer Sohlen einer Grube. Voraussetzung zur optimalen Nutzung der gleislosen Fahrzeuge im Mehrortsbetrieb
Rasenhängebank	gleichbedeutend mit der Schachtmündung über Tage, wo die Fördertonne ein- und abgehängt wurde
rauben	planmäßiges Entfernen von nicht mehr benötigtem Ausbaumaterial, z.B. beim Rückbau
Revier	größere Abteilungseinheit eines Bergwerks, untersteht meist einem "Reviersteiger"

Richtschacht	senkrechter Schacht, im Gangbergbau oft im Hangenden der Lagerstätte angesetzt
Riß	zeichnerische Darstellung der Grubenbaue und der übertägigen Situation aufgrund markscheiderischer Messungen und Berechnungen (Grundriß, Flachriß, Seigerriß)
Rolle	(Rolloch), seigerer oder genügend geneigter Grubenbau, durch den das Haufwerk mit Schwerkraft gefördert wird (Sturzrolle). Dient es auch der Fahrung, so spricht man von Fahrrolle
Rösche*	kurzer Stollen durch den ein untertägiges Wasserrad beaufschlagt wird (Aufschlagrösche), im Unterharz auch gebräuchlich für "Wasserlauf"
Ruschel	stark zerklüftete und aufgelockerte Störungszone, meist unvererzt ("faule Ruschel")

S

Salband	meist scharf ausgebildete seitliche Begrenzung eines Erzgangs
Schacht	vertikaler oder annähernd vertikaler Zugang zu einer Lagerstätte (Fahrschacht, Förderschacht)
Scharung	Vereinigung zweier Gänge unter spitzem Winkel
scheiden*	zerschlagen grobverwachsener Erzstücke von Hand, um sie von taubem Nebengestein und Gangarten zu trennen
schießen*	anwenden von Sprengstoff unter Tage
Schlägel*	bergmännische Bezeichnung für Hammer (Fäustel), (Schlägel und Eisen, etwa Hammer und Meißel), allgemeines Wahrzeichen für den Bergbau, früher wichtigstes Handwerkszeug
schrämen*	früher Herstellung eines Grubenbaus durch Anwendung von Schlägel und Eisen-Arbeit
Schrapper	Lade- und Fördergefäß, bei dem ein Schrappergefäß an einem Drahtseil mittels eines Schrapperhaspels durch Ziehen über das Haufwerk gefüllt und bis zur Entladestelle bewegt wird
schürfen	Aufsuchen und Untersuchen von Lagerstätten
Schützer*	Maschinist, der durch Bedienen von Wasserschützen ein Wasserrad steuerte
seiger	(saiger), vertikal oder annähernd vertikal
Silikose	Staublungenerkrankung, bergmännische Berufskrankheit, die durch Einatmen von quarzhaltigen Stäuben verursacht wird

Sohle	a) Gesamtheit der etwa im gleich Niveau aufgefahrenen Grubenbaue (von oben nach unten durchnummeriert, z.B. 12.Sohle) b) allgemein die untere Begrenzung eines Grubenraums ("Boden")
söhlig	horizontal
Spurlatte	senkrecht im Schacht eingebaute Vierkanthölzer zur Führung der Förderkörbe
Steiger	Aufsichtsperson im Bergbau: z.B. Schichtsteiger, Abteilungssteiger, Reviersteiger, Fahrsteiger, Obersteiger
Stollen	(früher Stolln), an einem Hang beginnende Strecke, die schwach zum Mundloch einfällt und das Grubengebäude mit der Tagesoberfläche verbindet
Stoß	vertikale Begrenzungsfläche eines Grubenbaus bzw. Angriffsfläche für die Gewinnung
Strecke	söhliger oder annähernd söhliger Grubenbau, der von einem Schacht abzweigt und im Gegensatz zu einem Stollen kein Mundloch besitzt
Streichen	horizontale Richtung einer Schicht oder eines Ganges an der Erdoberfläche
Strossenbau*	Abbauverfahren, bei dem ein steilstehender Erzkörper von oben nach unten abgebaut wird (Absinken)
Sturzrolle	vertikaler Grubenbau, in dem das gewonnene Haufwerk oberhalb der Hauptfördersohle gespeichert wird
sümpfen	Aufwältigen ersoffener oder gefluteter Grubenbaue

T

Tagebau	Abbau einer Lagerstätte von der Tagesoberfläche aus, Gegenteil: Tiefbau
Tagesschacht	zu Tage ausgehender Schacht, Gegenteil: Blindschacht
taubes Gestein	Gestein, das kein Erz enthält
Teilsohlen-bruchbau	Abbauverfahren, bei dem ein steilstehender Erzkörper von übereinanderliegenden Teilsohlen aus durch laufen Zubruchwerfen hereingewonnen wird
Teufe	Tiefe eines Punktes unter Tage von der Tagesoberfläche, bzw. der "Rasenhängebank" aus
Teufenzeiger	Einrichtung an der Fördermaschine zum Anzeigen der jeweiligen Position der Förderkörbe bzw. Tonnen im Schacht

Tiefbau	Gewinnung einer Lagerstätte unter Tage von Schächten, Strecken und/oder Stollen aus
tonnlägiger Schacht*	geneigter Schacht, meist dem Erzgang folgend niedergebracht
treiben*	a) Fördern, bzw. bewegen der Förderguttträger im Schacht, b) bergmännische Maßeinheit für Erzmengen, 1 Treiben = 11 t
Treibscheiben-fördermaschine	(Koepefördermaschine), Fördermaschine, bei der durch Reibungsschluß zwischen Förderseil und einer Treibscheibe (Koepescheibe) die Förderkörbe in Bewegung gesetzt werden. Zum Lastausgleich und zum Ausgleich von Schwingungen verbindet das Unterseil (ein Flachseil) die beiden Förderguttträger
Tretung*	Zusammenbrechen größerer Lagerstättenteile infolge zu großer Weitungen
Tretwerk	Laufsteg in einem Wasserlösungsstollen
Trommelförder-maschine	Fördermaschine, bei der das Förderseil auf einer horizontalen Trommel in mehreren Windungen nebeneinander aufgewickelt wird. Für die Förderung aus großen Teufen sind T. ungeeignet, statt ihrer werden Treibscheibenfördermaschinen verwendet
Trübe	Flüssigkeit mit darin verteilten Feststoffteilchen (z.B.in der Aufbereitung)
Trum	a) Teil eines Erzgangs (z.B. Hangendes Trum), b) ein in der Längsachse abgegrenzter Teil eines Schachts oder anderen vertikalen Grubenbaus (z.B. Fahrtrum, Materialtrum)
Türstockausbau	Ausbauart, bei der in regelmäßigen Abständen Türstöcke, bestehend aus zwei vertikalen Stempeln und einer daraufliegenden horizontalen Kappe, den Verzug aufnehmen. Man unterscheidet "deutschen Türstock" und "polnischen Türstock"

U

überfahren	Durchschneiden einer Lagerstätte mit bergmännischen Abbauen
Überhauen	vertikaler Grubenbau in einer steilen Lagerstätte, der von unten nach oben aufgehauen ist
Umbruch	Strecke, die um einen Schacht herumgeführt wird
Unterwerksbau	Durchführung von Abbauarbeiten unterhalb der Hauptfördersohle. Das hereingewonnene Gut muß zur Fördersohle aufwärts gefördert werden
unverritztes Gebirge	Gebirge, in dem noch keinerlei bergmännische Eingriffe erfolgt sind

V

Verbruch	Zusammenbrechen eines Grubenbaus bzw. die niedergegangenen Bruchmassen
Verhieb	Art und Weise der Inangriffnahme des Abbaustoßes durch den Abbau
verleihen	amtliches Zueignen einer Grube oder eines Grubenfeldes
Versatz (versetzen)	planmäßige Wiederauffüllung von Abbauhohlräumen mit taubem Gesteinsmaterial (z.B. als Sturzversatz, Spülversatz oder Blasversatz)
Verzug	hinter und zwischen Ausbaueinheiten (z.B. Türstöcke) zum Schutz gegen das Hereinbrechen von Gestein eingebrachtes Material (Holzschwarten, Bruchsteine)
Vorrichtung	Grubenbaue, die entsprechend dem gewählten Abbauverfahren zur Schaffung der ersten Angriffspunkte angelegt werden (Überhauen, Teilsohlen, Rollöcher)

W

Wange	seitliche Begrenzung einer Strecke
Wasserhaltung	Grubenbaue und Einrichtungen, die zum Sammeln und Ableiten des dem Grubengebäude zufließenden Grubenwassers dienen
Wasserlauf*	tunnelartiger Wasserstollen, untertägiger Teil eines Grabens
Wasserlösungsstollen	tiefster Stollen, durch den das Grubengebäude auf natürliche Weise entwässert wird, alle unter diesem Niveau "zusitzenden Wässer" müssen auf diesen emporgepumpt werden.
Wasserseige	in der Sohle einer Strecke hergestellte Rinne, die dem Ableiten der Grubenwässer dient
Weiszeug*	alte Bezeichnung für Teufenzeiger
Weitung	Abbauraum von unregelmäßiger Gestalt und Größe
Wendel	geneigte, als Spirale aufgefahrene Strecke zur Verbindung zweier Stollen, so daß Radfahrzeuge verkehlen können
Wetter	Grubenluft; es werden unterschieden: frische W., matte W., giftige W., und schlagende (explosible) W.
Wetterschacht	Schacht, der ausschließlich oder vorwiegend der Wetterführung dient (ausziehender W. oder einziehender W.)

Wurfschaufellader	Schaufellader, der das Haufwerk über sich hinweg in einen bereitstehenden Förderwagen wirft. W. werden mit Druckluft oder elektrisch angetrieben	

Z

Zimmerung*	hölzerner Schacht- oder Streckenausbau
Zubußezeche*	mit Verlust arbeitendes Bergwerk, dessen Anteilseigner Zubuße zu zahlen hatten
Zwischenmittel	Nebengesteinsschicht zwischen zwei bauwürdigen Lagerstättenteilen

III. Wichtige Maße, Gewichte und Münzen im alten Harzer Montanwesen (nach WILKE, 1952)

1. Längeneinheiten

1 Lachter (Oberharzer) (Ltr)	= 8 Spann	= 1,92 m
	= 80 Zoll	
1 Fuß (F')	= 12 Zoll	≈ 0,29 m
1 Spann (Sp)	= 10 Zoll	≈ 0,24 m
1 Zoll "	= 12 Linien	= 2,43 cm
1 Ruthe	= 16 Fuß	= 4,67 m

2. Grubenfelder

1 Fundgrube (Längenfeld)	= 42 Ltr	= 80,6 m
(Erstverleihung : 1 Fundgrube und 2 nächste Massen)		
1 Normalgrube (Zweitverleihung)	= 56 Ltr	= 108 m
1 Maß	= 28 Ltr	= 53,8 m
1 Berg (Geviertfeld)	= 400 Quadratlachter	= 1474 m^2

3. Raum- und Gewichtsmaße

1 Treiben (Trb)	= 40 Tonnen	= 6,48 m^3 oder etwa 11 t
(Roherz- oder Bergeförderung)		
1 Tonne (Ton)	= 4 Kübel	= 0,162 m^3 oder 230-280 kg
1 Kübel (Küb)	= 1⅓ ctr	= 40 l oder rd. 70 kg
1 Zentner (Hannov.)(ctr)	= 100 Pfund	= 46,77 kg
1 Pfund (vor 1865)	= 32 Lot	= 0,468 kg
1 Mark (Silbergewicht)(Mk)	= 16 Lot	= 0,234 kg
1 Quint(Qu)		= 3,6 g

4. Münzeinheiten und Münzsorten

Grundlage der Silberwährung : 1 "Cölnische Mark" Feinsilber

bis 1764 : 1 Mark (234 g)	= 20 Gulden	= 13½ Reichstaler
1750-1857: 1 Mark	= 20 Gulden	= 14 Reichstaler
nach 1857: 1 Pfund (500g)	= 30 Reichsthaler	= 90 Goldmark
1 Taler (Th)	= 36 Mariengroschen	
1 Gulden (fl)	= 20 Mariengroschen	
1 Mariengroschen (mgr)	= 8 Pfennig	
1 Pfennig	= 2 Heller	
1 Reichstaler (rth)	= 24 Gute Groschen (bis 1857)	
1 Guter Groschen (ggr)	= 12 Pfennig	

IV. Besucherbergwerke sowie montan- und wirtschaftshistorisch interessante Museen und Sammlungen im Harz
(Angaben der Öffnungszeiten ohne Gewähr)

Altenau (38707)
- **Heimatstube** Hüttenstr.5
Öffnungszeiten: Mi.,Sa. 15.30–17.30, So.10.30–12.00 Uhr
Information: Kurverwaltung Hüttenstr.9 Tel.(05328)80224
Schwerpunkte: Geschichte der ehemaligen oberharzer Bergstadt (Bergfreiheit 1636); Exponate zum lokalen Erzbergbau (Silber und Kupfer sowie auch Eisen), zum Hüttenwesen (Silberhütte bis 1911 in Betrieb) und zur Köhlerei; dargestellt außerdem die Lebensumstände der Oberharzer Berg-, Hütten- und Fuhrleute.
Sammlung von Holzschnitten, Skizzen und Ölbildern des in Altenau geborenen Künstlers Karl Reinecke (1885–1943)

Bad Grund (37539)
- **Bergbaumuseum Schachtanlage Knesebeck**
Knesebecker Weg
Öffnungszeiten: täglich 10.00–16.00 Uhr
Information: Tel. (05327)2826 oder 2858
oder Kurbetriebsgesellschaft Bad Grund Tel. (05327)2021
Schwerpunkte: moderner Blei-Zink-Silber Gangbergbau; zahlreiche Exponate aus dem 1992 stillgelegten Erzbergwerk, Sammlung von Erzen und Mineralien des Reviers, Darstellung der Harzer "Steine und Erden"-Industrie, Ausstellung "Rohstoffquelle Harz"; Förderanlage des 1855 begonnenen Knesebeckschachtes, technische Besonderheit ist der 47m hohe Hydrokompressorenturm, Freigelände mit Grubenmaschinen- und -fahrzeugen, Anlagen der Wasserwirtschaft (ausgemauerter Schleiftrog der ehemaligen Kehrradstube)

Bad Lauterberg (37431)
- **Heimatmuseum** Ritscherstraße 13 (Ritscherhaus)
Öffnungszeiten: Fr.u. Sa. 9.30–12.30, 14.30–17.00; So. 9.30–12.30
Schwerpunkte: Entwicklung Bad Lauterbergs von der einstigen Bergstadt zum modernen Kur- und Heilbad, Ausstellung Harzer Mineralien, Bergbaumodelle, Werkzeugen und Grubenrissen

- **Hüttenmuseum** im Probierhaus der Königshütte
 (befindet sich im Aufbau, Sonderführungen für Gruppen nach Voranmeldung)
Schwerpunkte: Geschichte der fiskalischen Eisenhütte (1733 in Betrieb genommen), Südharzer Eisenerzlagerstätten und Geschichte des Eigenlehnerbergbaus, Eisenkunstguß, Köhlerei und Holzkohlenwirtschaft; interessante Industriearchitektur der heute als Gießerei betriebenen Anlage mit Gebäuden im neuromanischen und klassizistischen Stil

- **Besucherbergwerk Scholmzeche-Aufrichtigkeit** am Kurpark
Öffnungszeiten: Führungen Fr. u. Sa. (im Sommer auch Di.) 15.00 und 16.00 Uhr
Schwerpunkte: Kupfer-, Eisen- und Schwerspatbergbau des 18.–20. Jahrhunderts;
Ausstellung verschiedener bergmännischer Geräte, geol. Aufschluß eines sog.
"Kupfersandganges", Wasserlösungsstollen aus dem frühen 18.Jahrhundert,

Information für alle drei Einrichtungen: Städtische Kurverwaltung im Haus des Kurgastes Tel. (05524)4021
Sonstiges: Geführte montanhistorische Wanderungen im Sommerhalbjahr auf Anfrage bei Kurverwaltung

Braunlage (38678)
- **Heimat- und Skimuseum Braunlage** am Kurparkeingang beim Kurzentrum
Träger: Museumsgesellschaft e.V. Braunlage
Information: Tel. (05520)1646 oder 581

Clausthal-Zellerfeld (38678)
- **Oberharzer Bergwerksmuseum**, Bornhardt Straße 16 (OT Zellerfeld)
Information: Tel. (05323)98950
Schwerpunkte: Geschichte des Oberharzer Gangbergbaus bis 1900, Modelle von Maschinen und historischen Grubenanlagen, Drahtseil Herstellung ("Albertseil"), Münzsammlung, Grubenlampensammlung, Ausstellungen zur Geschichte der beiden Bergstädte, Vorführung hist. Bergbaufilme;
250 m langer Besucherstollen mit Szenen aus der untertägigen Arbeitswelt der Bergleute, Freigelände mit Schachtgebäude von 1787, Pferdegaipel, Bergschmiede, Erzaufbereitung mit Pochwerk und Erzwäsche, Feldgestänge, Haspelschacht
Zum Bergwerksmuseum gehören folgende Einrichtungen bzw. Außenstellen:

- **Mineralienkabinett im Dietzelhaus**
(Barockhaus, 1673/74 von Oberbergmeister D.Flach erbaut, 80m vom Museum entfernt)
Schwerpunkt: Spezialsammlung Harzer Mineralien und Erzstufen

- **Harzbibliotek** des Museums im "Alten Bahnhof".
ca. 5000 Bände Harz- und Bergbauliteratur, nach Voranmeldung Interessenten zugänglich

- **Ottiliae-Schacht** (westlich von Clausthal)
Schwerpunkt: stählernes Fördergerüst von 1876, funktionsfähige Fördermaschine, Darstellung der Bergbautechnik ab 1880;
- im Sommer werden Fahrten auf der rekonstruierten Tagesförderbahn (1899 angelegt) zwischen dem ehemaligen Bahnhof (heute...) und der ca. 2 km entfernten Schachtanlage angeboten

- **Schacht Kaiser Wilhelm II** (Erzstraße 24)
Schwerpunkt: stählernes Fördergerüst von 1880 über dem ca 1000m tiefen Schacht, Fördermaschine (ursprünglich dampfgetrieben, später Elektrobetrieb, bis 1982)

- **Kulturdenkmal Oberharzer Wasserregal**, Ausstellung in der Kaue des Kaiser-Wilhelm-Schachtes (Betriebshof der Harzwasserwerke) Erzstraße 24
Information: Harzwasserwerke Tel. (05323)93920
Schwerpunkte: Oberharzer Wasserwirtschaft, Geschichte der Teiche, Gräben, Wasserläufe und Talsperren
Freigelände mit Rekonstruktionen eines **10-m-Kunstrades** und eines **9-m-Kehrrades** mit Kettenkörben, nach CALVÖR,1763

- **Mineralogische Sammlungen der Technischen Universität**
Hauptgebäude, Adoph Roemer Straße 2A
Information: Tel. (05323)720
Schwerpunkte: systematische Mineraliensammlung, Austellung Harzer Mineralien, Erze und Gesteine, regionale Lagerstättensammlung

- Ausstellung im Foyer des Oberbergamtes (OT Clausthal, Hindenburgplatz gegenüber der Marktkirche)
Information: Tel. (05323)723200
Schwerpunkte: Ausbeutefahnen Harzer Gruben, Erzsessel, Großerzstufe aus dem Erzbergwerk Grund

Elbingerode (38875)
- **Schaubergwerk Büchenberg** (an B 244 nördlich von Elbingerode)
Information: Tel. (039454)42200
Schwerpunkte: Eisenerzbergbau im 20.Jahrhundert, untertägige Kopfstation einer 8,5 km langen Seilbahn (von 1940), Abbautechnik in den 50er und 60er Jahren (Kammerfirstenbau), Demonstration druckluftgetriebener Maschinen, Schrappereinsatz, Streckenausbauarten, geolog. Aufschluß des Eisenerzlagers ("Lahn-Dill-Typ")
Bemerkung: behindertengerecht ausgebaut, Schrägaufzug für Rollstuhlfahrer!
Sonstiges: ausgeschilderter Bergbaulehrpfad, interessante geol. Aufschlüsse

- **Besucherbergwerk "Drei Kronen und Ehrt"** (an B 27 östlich von Elbingerode, Bahnstation Mühlental
Information: Tel. (039454)42246
Schwerpunkte: Bergbau auf Brauneisenerz im späten 19.Jahrhundert (Oberer Mühlentalstollen), Schwefelkiesbergbau 1950–1990 (Grube Einheit), Demonstration von modernen Bergwerksmaschinen (Bohrwagen, Bunkerlader, Überhauen-Aufbruchbühne)

Goslar (38640)
- **Rammelsberger Bergbaumuseum** Bergtal 19
Information: Tel. (05321)34360
Schwerpunkte: mehr als 1000 Jahre Bergbaugeschichte, Geologie und Lagerstättenkunde der "polymetallischen Massivsulfiderze", Entwicklung der Bergbautechnik seit dem Mittelalter, untertägige Wasserkraftmaschinen, Zechenarchitektur der 30er Jahre, komplette moderne Erzaufbereitung (Flotation), moderner Bergbaumaschinen , Rammelsbergschacht mit Wagenumlauf, Ausstellungen in der Mannschaftskaue z.B. zur Montanarchäologie, Videovorführungen, Modelle vom Bergwerk und verschiedener Maschinen

- Führungen durch den historischen Röder-Stollen (um1800) mit drei untertägigen Wasserrädern, u.a. ein rekonstruiertes, funktionstüchtiges Kehrrad;
Fahrt mit der Grubenbahn auf der Tagesförderstrecke zum Richtschacht, Demonstration der modernen Abbau- und Fördertechnik, (Kammer-Pfeiler-Bau); Besichtigungsmöglichkeiten der Aufbereitungsanlage
Bemerkung: dieses wohl bedeutendste deutsche Erzbergwerk erhielt gemeinsam mit der Goslarer Altstadt von der UNESCO das Prädikat "Weltkulturerbe der Menschheit"!

- **Stadt- und Heimatmuseum** Königsstraße 1
Information: Tel. (05321) 704359
Schwerpunkte: Geschichte der Kaiserstadt Goslar, insbesondere des Mittelalters, Sozialgeschichte Leben der Bergleute, Mineraliensammlung

Hahnenklee-Bockswiese (38644) OT von Goslar
- **Heimatstube** im Hahnenkleer Kurhaus
Öffnungszeiten: Mi.,Fr. 10.00–12.00 Uhr
Schwerpunkte: Bergbau und Wasserwirtschaft Bockswieser im Revier (bis 1931 Betrieb der Gruben Herzog August und Johann-Friedrich)
–Heimatkundlicher Lehrpfad (ca.5 km) mit einigen montanhistorisch Sehenswürdigkeiten

Harzgerode (06493)
- **Heimatstube** im Schloß
Öffnungszeiten: Mo.–Do. 10.00–14.00
Information: Stadtverwaltung
Schwerpunkte: Stadtgeschichte; kleine Ausstellung über die Entwicklung des Harzgeroder Bergbaus (anhaltischer Harzteil), Gußerzeugnisse der Mägdesprunger Hütte

Herzberg (37412)
- **Heimat- und Zinnfigurenmuseum** im Welfenschloß
Schwerpunkte: Welfengeschichte, Zinnfigurensammlung, Ausstellung der niedersächsischen Landesforstverwaltung: "Harz- Land und Leute einst und heute", Entwicklung von Bergbau und Forstwirtschaft, Siedlungsgeschichte, Exponate zur eisenverarbeitenden Industrie (Herzberger Gewehrfabrikation, Lonauer Hammerhütte)
Information: Amt für Touristik und Kultur (05521)852111
Sonstiges: Geführte geologisch- montanhistorische Wanderungen im Siebertal (Eisenstein- und Schwerspatbergbau) auf Anfrage

Hettstedt (06333)
Mansfeld-Museum im Barockschloß Burgörner, Schloßstraße 7
Öffnungszeiten: Di.–So. 10.00–17.00 Uhr, 1.11.–28.2. nur bis 16.00
Information: Tel. (03476) 893388 oder 894666
Schwerpunkte: die 800-jährige Geschichte des Kupferschieferbergbaus und seiner Kultur ; Entwicklung von Bergbautechnik und Kupferverhüttung im Mansfelder Revier, Mineralien- und Fossiliensammlung; Ausstellung von berg- und hüttenmännischen Werkzeugen, Schrift- und Sachzeugen des Altbergbaus;
großes parkähnliches Freigelände mit Großgeräte aus verschiedenen Gruben, Hütten und Walzwerken, Nachbildung eines Strebbaus demonstriert werden, u.a.eine Lokomobile und eine Gießanlage zur Herstellung von Schlackensteinen,
Hauptattraktion ist der funktionstüchtige Originalnachbau der ersten deutschen Dampfmaschine Wattscher Bauart von 1785, die zur Wasserhebung auf dem nahegelegenen König-Friedrich-Schacht in Betrieb war;
– außerhalb des Museumskomplexes kann das "Lichtloch 24" (ca.100 m tief) des Schlüsselstollens besichtigt werden
– im Sommer verkehrt eine dampflokbetriebene Schmalspurbahn zwischen Klostermansfeld und dem Eduard-Schacht südlich von Hettstedt-Burgörner

Ilfeld (99768)
– **Besucherbergwerk Rabensteiner Stollen**   Netzkater 8 (Haltepunkt der Harzquerbahn), nördlich von Ilfeld
Öffnungszeiten: Di.–So. 10.00–17.00 Uhr
Information: Tel./Fax: (036331)8153
Schwerpunkte: Steinkohlenbergbau vom 18.–20.Jahrhundert, geol. Aufschlüsse von Kohlenflözen und Brandschiefern z.T. mit fossilen Pflanzen aus dem Rotliegenden, Darstellung des Strebbau-Verfahrens, verschiedene Ausbauarten, verschiedene Bergbaumaschinen (allerdings aus dem Ruhrbergbau)

– **Kupferschiefergrube Lange Wand**
(z. Z. nicht geöffnet)
Information: Gemeindeverwaltung Ilfeld Tel.(036331)...
Schwerpunkt: Kupferschieferbergbau des 18.Jahrhunderts, interessante geologische Aufschlüsse einer "Flözverdoppelung" und einer "Rückenmineralisation", ausgeerzte und versetzte Strebe

– **Manganerzbergbau am Braunsteinhaus**
Geologisch-bergbaugeschichtlicher Wanderweg (z.Z. im Aufbau)

Ilsenburg (38871)
- **Hüttenmuseum Ilsenburg** Marienhöferstraße 9b
Öffnungszeiten: Di.–Fr.10.00–17.00; Sa.9.00–12.00; So.13.30–16.30 Uhr
Information: Tel. (039452)2222
Schwerpunkte: Geschichte des Ilsenburger Eisenverhüttung und -gießerei (Maschinenguß und Kunstgusses), Sammlung von Öfen und Ofenplatten, Modelle von Schmelzhütten, Hammerwerken, Schmieden und Bergwerksanlagen

Lautenthal (OT von 38685 Langelsheim)
Bergbaumuseum "Lautenthals Glück" Wildemanner Straße 11–21
Öffnungszeiten: täglich 9.00–18.00 Uhr
Information: Tel.(05325)4490, Fax (05325)6979
Schwerpunkte: Geschichte des Lautenthaler Silber-Blei-Zink-Bergbaus und der Buntmetallverhüttung (Silberhütte bis 1967 in Betrieb)
Ausstellung von Bergbaugerätschaften im Gebäude des früheren Grubenkraftwerks im Bereich der ehemaligen Grube "Güte des Herrn"; Hüttenmuseum mit Modellen von Schmelzöfen und zahlreichen Exponaten zur Geschichte der Metallerzeugung; Videovorführungen, Wechselnde Sonderausstellungen zu Themen mit mehr oder weniger Bezug zum lokalen Montanwesen;
Im großen Freigelände Nachbildungen des Gaipels der Bockswieser Grube Johann-Friedrich, eines Kunstrades mit Feldgestänge, sowie eine bunte Sammlung diverser Bergbaumaschinen
Befahrung des Tiefen Sachsen Stollens mittels Grubenbahn zum Füllort des "Neuen Förderschachtes", untertägige Kahnfahrt in Anlehnung an die "schiffbare Wasserstrecke" im Clausthaler Revier
Sonstiges: Ausgewiesener Wanderweg zu den Anlagen des Bergbaus und der Wasserwirtschaft entlang des Lautenthaler Gangzuges; Lauthenthaler Kunstgraben (in einem Teilbereich wieder hergerichtet)

Lerbach (OT von 37520 Osterode)
– Heimatstube Friedrich Ebert Straße
Öffnungszeiten: während der Geschäftszeiten der Kurverwaltung
Information: Kurverwaltung Tel.(05522)4447
Schwerpunkte: Ortsgeschichte, Geschichte des Eisensteinsbergbaus und der Eisenverhüttung
Sonstiges: Geführte montanhistorische Wanderungen auf Anfrage

Neudorf (06493)
- **Heimatstube** im alten Schulhaus an der Kirche
Öffnungszeiten: Di. 17.00–19.00 Uhr
Information: Gemeindeverwaltung Tel. (039484)6295
Schwerpunkte: Ortsgeschichte, Neudorfer Blei-Zink-Silber-Bergbau
(Grube Pfaffenberg)

Osterode (37520)
- **Heimatmuseum** Rollberg 32 (Ritterhaus)
Information: Fremdenverkehrsamt Tel. (05522)3181
Schwerpunkte: Stadtgeschichte, Geologie des Südharzes, Geschichte der Gipsindustrie Ur- und Frühgeschichte, Naturkunde

Sankt Andreasberg (37444)
- **Bergwerksmuseum Grube Samson** Am Samson 1 Postfach 31
Öffnungszeiten: Führungen Mo.–Sa. 11.00 und 14.30 Uhr, Gruppen nach Anmeldung
Information: Tel.(05582)1249
Schwerpunkte: Geschichte der Bergstadt und des Silbererzbergbaus, Schacht Samson mit seinen komplett erhaltenen Tagesanlagen (9-m-Kehrrad, funktionsfähiges 12-m-Kunstrad, einzige betriebene Fahrkunst der Welt, Mineraliensammlung, zahlreiche bergbauliche Maschinenmodelle z.t. beweglich, Grubenrisse
Besucherbergwerk Catharina Neufang, Befahrung des Tagesstollen, großer Abbauhohlraum auf dem Neufanger hangenden Gang, "Schlägel-und-Eisen"-Strecken, Demonstration von Druckluftwerkzeugen, Sammlung von Bergbaumaschinen

- **Lehrbergwerk Grube Roter Bär** im Bärener Tal
Verwaltung: Schwalbenherd 7
Öffnungszeiten: Führungen Apr.–Okt. Sa. 14.00, weitere Termine sowie Gruppen nach Voranmeldung
Information: Tel.(05582)1537 oder (05582)1597 (Grube) Fax (05582)1547
Schwerpunkte: **Grube Roter Bär**: Eigenlehner-Bergbau auf Brauneisenstein im frühen 19.Jahrhundert, Sucharbeiten in den 20er Jahren dieses Jahrhunderts, geologische Aufschlüsse von "Kontaktgesteinen" und Gangstörungen;

- **Grube Wennsglückt/Unverhofftes Glück**: Gangbergbau auf Silber, Kupfer, Blei, Kobalt und Eisen seit dem 16. Jahrhundert,
Radstube aus dem 17.Jahrhundert, Schlägel-und-Eisen-Strecken und Schächte, Gangaufschlüsse;
Fachführungen und Spezialexkursionen von Gruppen auf Anfrage
- Ausgeschilderter Geologisch-Bergbauhistorischer Wanderweg

Weitere Angebote und Sehenswürdigkeiten in der Bergstadt:
- **Gesteinskundlicher Lehrpfad Jordanshöhe**
- Geführte Wanderungen zu den Grubenrevieren und den Anlagen der bergbaulichen Wasserwirtschaft bei St.Andreasberg
- Tageskurse in Mineralogie und Montankunde
- einwöchiges **Montangeschichtliches Seminar** im Herbst

Information: Kurverwaltung Am Glockenberg 12 Tel.(05582)80336

Weitere Informationen über St. Andreasberg und seine Montangeschichte auch im Internet unter der Adresse:
http: //www.tu-clausthal.de / harz / Html/Andreasberg

Seesen (38723)
- **Heimatmuseum** im ehem. Jagdschloß Wilhelmsplatz 4
Öffnungszeiten: Di.–So. 15.00–17.00 Uhr
Information: Tel. (05381) 75247
Schwerpunkte: die über 1000-jährige Entwicklung der Stadt, örtliches Handwerk, Ausstellung zur Geschichte der deutschen Konservendosenindustrie, umfangreiche Erz- und Mineraliensammlung

Steina OT von Bad Sachsa (37441)
- **Glasmuseum** im Gemeindebüro (Post) Am Kirchplatz 2
Öffnungszeiten: während der Schalterzeiten
Information: Tel. (05523)441
Schwerpunkt: Wanderglashütten im Südharz, Glasarten, Glasherstellung und -verarbeitung

Straßberg (06493)
- **Bergwerksmuseum Grube Glasebach** Glasebacher Weg 1,5km östl.v.Straßberg
Öffnungszeiten: Mai–Oktober Di.–Fr. 10.00–16.00, Sa.u.So. 10.00–18.00
Information: Tel. (039489)226 oder 201
Schwerpunkt: Unterharzer Silber– Blei- und Flußspatgangbergbau des 16.–20. Jahrhunderts, Übertageanlagen des modernen Flußspatbergbaus (bis 1990) (Fördergerüst,Maschinenhaus, Kaue) Ausstellungen zum Thema Flußspatbergbau im Harz
Führungen im Glasebacher Tiefbau auf dem Tagesstollen und zwei Sohlenbereiche, sowie einem Schrägschacht, verschiedene Ausbauarten als Besonderheit deutscher Türstock aus Eichenholz, ausgeerzte z.T. versetzte Abbauräume, Gangaufschlüsse, eindrucksvolle übertägige Radstube (in Trockenmauerung) und eine inwendige Schwingenkunstkammer aus dem 18. Jahrhundert;
Führungen im alten Glasebacher Stollen ("Kuhstollen"), 300 m östl der Schachtanlage, Aufschlüsse von Altbergbau mit schönen Schlägel-und-Eisen-Strecken und Überhauen, Demonstration der Maschinentechnik im modernen Gangbergbau

– **Flächendenkmal Unterharzer Teich- und Grabensystem**, drei ausgeschilderte Lehrpfade mit rund 50 bergbaulichen Informationstafeln
Geführte montanhistorische Wanderungen werden angeboten

Thale (06502)
- **Hüttenmuseum Thale** Walter-Rathenau-Straße 1
Öffnungszeiten: April–Oktober täglich 9.00–17.00
Information: Tel. (03947)2256
Schwerpunkte: Geschichte der über 300-jährigen Eisenverhüttung und Eisenverarbeitung ("Thaler Blechhütte"), Ausstellung von Werkzeugen und diversen Hüttenprodukten, Modelle von Schmelzöfen, Hammerwerken und Walzanlagen, Sonderausstellungen in der 1856 erbauten ehem. Hüttenkapelle

Wernigerode (38855)
– **Harzmuseum** Klint 10
Öffnungszeiten: Mo.–Sa. 10.00–16.00 Uhr
Information: Tel. (03943)32856
Schwerpunkte: Ausstellungen zur Naturkunde und zur Landschafts- bzw. Siedlungsgeschichte, Mineralogie und Bergbau des Hasseröder Revieres, Geschichte der Forst- und Wasserwirtschaft sowie des örtlichen Handwerks, Erläuterungen zur Fachwerkbauweise; zum Museum gehört eine umfangreiche "Harzbibliotek"

– **Geologisch-bergbauhistorischer Lehrpfad im Hasseröder Revier**
Ausgangspunkt: Einmündung des Thumkuhlentales in das Drängetal, ca. 1 km südl. Wernigerode-Hasserode; hier erinnert das 1993 wiedereingeweihte Lossen-Denkmal an den berühmten Harzgeologen Karl August Lossen
Schwerpunkte: Gangbergbau auf Kupfer, Silber, Wismut und Kobalt (ehem. Grube "das Aufgeklärte Glück") Prospektionsarbeiten auf Uran durch die "SDAG Wismut" in den 50er Jahren; Gesteine im Kontakthof des Brockengranits

Wettelrode (06528) bei Sangerhausen
– **Bergwerksmuseum Röhrigschacht**
Öffnungszeiten: Mi.–So. Führungen (Seilfahrtzeiten) 10.00, 11.15, 12.30, 13.45 und 15.00 Uhr
Information: Tel. (03464) 587816 Fax (03464) 582768
Schwerpunkte: historischer- und moderner Kupferschieferbergbau der Sangerhäuser Mulde, im Museum Ausstellungen zur Geologie und Mineralogie der Lagerstätte sowie Exponate aus der 800-jährigen Geschichte des Kupferschieferbergbaus, Schachtanlage mit Stahlfördergerüst und Trommelfördermaschine aus dem Jahr 1922, Freigelände mit Ausstellungen zur modernen Bergbautechnik;
untertägiges Schaubergwerk; Seilfahrt im Röhrigschacht (bis 1990 Wetterschacht für das Bergwerk "Thomas Münzer"), ca. 300 m unter Tage Fahrt mit Grubenbahn auf der 1. Sohle, anhand von Schauobjekten Darstellung der Kupferschiefergewinnung von den mittelalterlichen Anfängen bis in unsere Zeit, gute Aufschlüsse der

Stratigraphie des unteren Zechsteins, Besichtigung eines modernen Hauptgrubenlüfters,
Dem Museum angeschlossen ist ein Lehrpfad durch die Altbergbaulandschaft; 4–5m tiefe "Duckelbaue" im Ausgehenden des Kupferschieferflözes, verschiedene Halden, Schürfpingen, alte Grenzsteine, ein ehemaliger Kunstteich sowie ein nachgebauter "Wetterofen" können angeschaut werden

Wildemann (38709)
- **Besucherbergwerk "19-Lachter-Stollen"** Bohlweg 5
Öffnungszeiten: Führungen 11.00 und 14.00 und nach Absprache mit der Kurverwaltung
Information: Kurbetriebsgesellschaft Tel.(05323)6628
Schwerpunkte: Silber-Blei-Gangbergbau im Bereich der ehemaligen oberharzer Bergstadt; Befahrung des ehemaligen Förderstollen auf 350 m Länge (angelegt im Niveau des im 16.Jahrhundert begonnenen 19-Lachter-Stollens, der zur Wasserlösung der Gruben auf dem "Zellerfelder Gangzug" diente), Besichtigung des Blindschachtes der Grube Ernst-August (1845 abgeteuft) mit zwei untertägigen Radstuben, einem originalen Kehrrad mit Steuereinrichtung und einer Fördermaschinenkammer (von1914), der ausgeleuchtete insgesamt 260 m tiefe Schacht kann auf einer Stahlbrücke überquert werden

Zorge OT von Walkenried (37449)
– **Heimatmuseum** Am Kurpark 4
Öffnungszeiten: Mai–Oktober Di.–Do. 16.00–18.00 und Sa.,So. 10.00–12.00 Uhr
Information: Gemeinde Zorge Tel.(05586)335
Schwerpunkte: Ortsgeschichte, Ausstellungen zum historischen Eisensteinbergbau sowie zur Eisenverhüttung und -verarbeitung

V. Zeitpanorama zum Harzer Montanwesen

Überblick über die Bergbaugeschichte des Harzes anhand von wichtigen Ereignissen aus der Technik-, Wirtschafts- und Sozialgeschichte, zur besseren zeitlichen Orientierung ergänzt durch ausgewählte Daten aus der allgemeinen politischen Geschichte.

um 300	Nachweis von Buntmetallverhüttung bei Düna/Osterode (archäologische Grabungen in Düna 1985)
5./6.Jh.	Bergbau am Rammelsberg archäometrisch nachgewiesen
968	Erste urkundliche Erwähnung des Bergbaus am Rammelsberg
9.–12.Jh.	Erzgewinnung und Verhüttung im Oberharz (Ausgrabung amehem. Johanneser Kurhaus a.d. Zellerfelder Gangzug
1009	Erste Reichsversammlung in Goslar
1096–99	*Erster Kreuzzug*
1129	Gründung des Zisterzienser Klosters Walkenried, Anf. d. 13. Jh. Beteiligung am Harzer Montanwesen z.B. Rammelsberg, Erzverhüttung bei Münchehof b. Seesen
1166	Zerstörung der Goslarer Gruben und Schmelzhütten durchHeinrich den Löwen
1168	Harzer Bergleute wandern ins Erzgebirge aus, nachdem manim Raum Freiberg Silbererze entdeckt hatte
um 1150	Auffahren des etwa 1 km langen Ratstiefsten Stollens am Rammelsberg
1199/1200	Aufnahme des Kupferschieferbergbaus in der Grafschaft Mansfeld
um 1200	Gründung des Benediktinerklosters Cella im Gebiet derspäteren Bergstadt Zellerfeld, Bergbau auf dem Zellerfelder Gangzug, im Spiegeltal und Silbernaal
1270	*Letzter Kreuzzug*
1287	Erste urkundliche Erwähnung des Bergbau im sog. Rupenberg Revier bei St. Andreasberg (Odertal ?)
1348–50	Schwere Pestepidemien bringen den Harzer Bergbau nahezufür 100 Jahre zum Erliegen
1350–60	Rammelsberger Bergbau in einer schweren Krise
um 1480	Neuer Aufschwung am Rammelsberg nach Sümpfung derTiefbaue, Goslar blüht auf
1487	Erste urkundliche Nachricht vom Bergbau am "sanct andrews berges"
1492	*Entdeckung Amerikas*
1495	Aufnahme des Straßberger Silberbergbaus
1509	Annaberger Bergordnung erlassen, diese dient als Vorbildfür die spätere Berggesetzgebung im Harz
1514–68	Herzog Heinrich d. J. von Braunschweig-Wolfenbüttelfördert die Wiederaufnahme des Bergbaus in seinem Harzteil
1517	*Beginn der Reformation (Martin Luther)*
1521	Die Grafen von Honstein erlassen 1. Bergfreiheit für St.Andreasberg, Grube Samson wird aufgenommen
1524	Herzog Heinrich erläßt erste Bergfreiheit für Grund,Wildemann, Zellerfeld und Lautenthal im wolfenbütteler Harz
1526–30	Kriegerische Auseinandersetzungen zwischen Goslar und dem Landesherren Herzog Heinrich d. J. um die Rechte amRammelsberger Bergbau
1528	Magdeburger Stollen am Iberg bei Grund begonnen
1524/25	*Großer Bauernkrieg in Thüringen (Thomas Münzer) Schlacht bei Frankenhausen (1525)*
1527/28	Bergfreiheit für St. Andreasberg erlassen
1530–35	Zuwanderung von Bergleuten aus dem Erzgebirge in den Oberharz, Aufschwung des Silberbergbaus beginnt aufzublühen
1532	Zellerfeld erhält Stadtrechte
1537	In St. Andreasberg stehen 115 Gruben in Betrieb, dieBergstadt hat 300 Häuser
1542–47	Der Schmalkaldische Bund vertreibt Herzog Heinrich und besetzt den Wolfenbüttler Harz
um 1550	Wiederaufnahme des Bergbaus im Grubenhagenschen Teil des Harzes (Bergfreiheit füe Clausthal und Altenau 1554)

1552	Riechenberger Vertrag, Rammelsberger Bergbau unter Verfügungsgewalt des Herzogs von Braunschweig-Wolfenbüttel
1553	Wildemann erhält Stadtrechte
1554	Frankenscharrnhütte unterhalb von Clausthal im Innerstetal aufgenommen
1556	Clausthal wird freie Bergstadt
1564	"Kunst mit dem krummen Zapfen" (Pumpen) am Rammelsbergeingesetzt, Tiefbaue werden gesümpft; Lautenthal wird freie Bergstadt
1585	Vollendung des Tiefen Julius Fortunatus Stollens amRammelsberg (2,6 km lang)
1593	Übergang der Grafschaft Honstein an Braunschweig-Grubenhagen, das Andreasberger Bergamt wird dem Clausthaler Berghauptmann unterstellt, neue eingeschränkte Bergordnung tritt in Kraft
1596	Aussterben der Herzöge von Grubenhagen, St. Andreasberg kommt zu Wolfenbüttel, nach 1617 zu Lüneburg; die Pest wütet in St. Andreasberg
1601	Die Münze wird von Osterode nach Zellerfeld verlegt
um 1606	Im Oberharzer Revier sind seit 1524 ca. 22 km Stollen zur Wasserlösung und Bewetterung getrieben worden
1613	Lautenthal wird freie Bergstadt
1617	Altenau wird freie Bergstadt
1618–48	*Dreißigjähriger Krieg*
um 1620	Einführung des Kehrrades zur Erzförderung
1623–26	Kriegshandlungen nehmen die Harzregion stark in Mitleidenschaft, Terrorisierung der Bevölkerung durch diverse Banden Pestepidemie im Oberharz, Tilly erobert die Bergstadt Zellerfeld (1626)
1626	Dänische Truppen zerstören die Eisenhütte "Schwarze Schluft" im oberen Siebertal Schlacht bei Lutter am Barenberge
1632	Einführung der Schießarbeit im Oberharz
1635	Communion Vertrag: Aufteilung des Oberharzes unter den Fürstentümern Calenberg (Hannover), Lüneburg (Celle) und Wolfenbüttel, gemeinsame Verwaltung des Bergwerkbesitzes im Harz (bis 1788 bestehend)
1646	Hirschler Teich bei Clausthal angelegt
1648	*Die Bevölkerung Deutschlands ist infolge des Krieges von 17 auf 8 Millionen gesunken*
um 1650	Erstmalige Verbreitung des Borkenkäfers im Harz, Verschärfung der Holzknappheit
1652	Herzog Christian Ludwig von Braunschweig-Lüneburg besucht nach seinem Regierungsantritt die Bergstadt St. Andreasberg und bemüht sich um den Silberbergbau, Wiederaufnahme der Gruben Samson, Catharina Neufang und König Ludwig
1658	Torfabbau bei Torfhaus (versuchsweise Verkokung)
1662	Der St. Andreasberger Bergbau beginnt langsam wiederaufzuleben
1671–72	Zwei Brandkatastrophen führen zur vollständigen Zerstörung der Bergstadt Zellerfeld, Wiederaufbau nach Bauplan des Markscheiders Reimerding
1672	Herzog Johann Friedrich verfügt für das Bergamt Clausthal die Einführung des Direktorial-Prinzips, d.h., der Bergbehörde obliegt die alleinige Betriebsleitung der Gruben, sie erhält weitreichende Befugnisse gegenüber Polizei- und Stadtverwaltungen
1674	Zum ersten Mal nach fast 60 Jahren wird im St. Andreasberger Bergbau wieder Ausbeute verteilt, Prägung neuer Andreastaler
1678–85	Versuche von Hofrat Gottfried Wilhelm Leibniz in Clausthal, Windkraft zum Antrieb von Pumpen einzusetzen
1683	Wiederaufnahme des Lauterberger Kupferbergbaus
1692	das Fürstentum Calenberg (Hannover) wird unter Herzog Ernst August zum Kurfürstentum (9. Kurwürde) erhoben, 1705 Vereinigung mit Lüneburg zum hannoverschen Kurstaat
1691–1710	Auffahrung des Grünhirscher Stollens zur Wasserlösung der St. Andreasberger Gruben
1701	*Preußen wird Königreich*
1703	Gründung der Clausthaler Bergbaukasse
1703	Fertigstellung des 7,5 km langen Neuen Rehberger Grabens, der sämtliche Andreasberger Gruben mit Oderwasser versorgt
1705	Lauterberger Kupferhütte am Zusammenlauf von Gerader-und Krummer Lutter errichtet (bis 1830 in Betrieb)

1707	Kurhannoversche Eisenhütte "Rothehütte" bei Elbingerode angelegt
1709	Erschließung reicher Gangmittel auf den Clausthaler Gruben Dorothea und Caroline
1714–21	Bau des Oderteiches für den St. Andreasberger Bergbau (1,75 Millionen m3 Wasserinhalt), älteste Talsperre Deutschlands
1714	Kurfürst Georg Ludwig besteigt als König Georg I den englischen Thron, Beginn der Personalunion Hannoversmit Großbritannien (bis 1837)
1716–54	Auffahrung des Sieberstollens im St. Andreasberger Revier (Mundloch bei Königshof im Siebertal), Länge bis Scht. Catharina Neufang: 3670m, insgesamt ca.12.000m
1720/21	Wiesenbeker Teich bei Lauterberg angelegt
1722	Kornmagazin für den Oberharz in Osterode errichtet
1725	Brandkatastrophe in Clausthal, Stadt zu 50% zerstört
1732	Sperberhaier Damm und Dammgrabensystem zur Versorgungdes Clausthaler Bergbaus (bis 1827 ausgebaut)
1733	Kurhannoversche Königshütte bei Lauterberg angelegt
1748	Erfindung der Wassersäulenmaschine von Winterschmidt
1756–63	Der Siebenjährige Krieg stürzt den Bergbau von St. Andreasberg in eine tiefe Krise, französische Besatzung im Harz, die Bergstädte müssen hohe Kriegssteuern zahlen
1760	Georg III. wird König von England und Kurfürst von Hannover
1769	Claus Friedrich von Reden wird Berghauptmann in Clausthal (im Amt bis 1791), erneuter Aufschwung des Bergbaus in Clausthal und St. Andreasberg
1773	Oberbergmeister Stelzner erfindet in Clausthal das Weiszeug (Teufenanzeiger)
1775	*Amerikanische Unabhängigkeitserklärung*
1775	Gründung der Bergschule in Clausthal;erste gußeiserne Schienenstrecken für den Erztransport im Oberharzer Bergbau
1777	Goethe besucht am 11. Dezember die Bergstadt St. Andreasberg und befährt die Grube Samson
1777–99	Auffahrung des Tiefen Georg Stollens im Oberharz
1785	Erste deutsche Dampfmaschine Watt`scher Bauart auf demKönig Friedrich Schacht bei Hettstedt in Betrieb genommen
1788	Auflösung der Communion-Verwaltung im Oberharz, "Communion-Harz" und "einseitiger" (hannoverscher) Harzwerden vereinigt
1789	*Beginn der französischen Revolution*
1796	Großer Stadtbrand in St. Andreasberg, ausgelöst durch Blitzschlag, werden am 8. Oktober 249 Gebäude vernichtet, darunter Amtshaus, Kirche und Schulen
1803–35	Bau der 6,5 km langen Tiefen Wasserstrecke in rund 400 m Tiefe unter Clausthal und Zellerfeld, bis 1892 Erztransport mit Schiffen
1803–14	Während der napoleonischen Kriege wird das Kurfürstentum Hannover französisch besetzt, und 1807 in das neugebildete Königreich Westfalen (unter Napoleons Bruder Jerome) eingegliedert
1805	Abschluß der Roederschen Reformen am Rammelsberg (inwendige Kehrradförderung, Tagesförderstrecke)
1811	in Clausthal wird eine besondere Bergschule gegründet
1814–15	*Wiener Kongress, politische Neuordnung Mitteleuropas*; Hannover wird zum Königreich erklärt und erlebt einenwirtschaftlichen Aufschwung, der Silberbergbau floriertzunächst wieder
1822	Die Berghauptmannschaft Clausthal wird als 7. Verwaltungsbezirk des Königreiches Hannovereingerichtet; mit 3.040 kg wird in St. Andreasberg die größte jährliche Silbermenge überhaupt produziert
1827	Allgemeiner Bleipreisverfall durch billige Importe
ab 1830	Die von Jordan und Reichenbach weiterentwickelteWassersäulenmaschine wird im Oberharz eingesetzt (Schacht Silbersegen/Clausthal)
1831	Grube Hilfe Gottes in Grund wird auf reichen Erzmittelnfündig
1833	Erfindung der Fahrkunst durch den Clausthaler späteren Bergmeister Ludwig Wilhelm Dörell
1834	Erfindung des Drahtseils durch Bergrat Wilhelm AugustJulius Albert in Clausthal
1835	Aufhebung der zuvor schon eingeschränkten Steuerfreiheit für den Oberharz
1837	Ende der Personalunion mit England, Ernst-August wird hannoverscher König

1838	Beginn des Schwerspatbergbaus im Lauterberger Revier
1840	Erze von Haverlah (Salzgitter Gebiet) werden in der Altenauer Eisenhütte verschmolzen
1844	Ein Brand zerstört in Clausthal 213 Wohnhäuser
1848–54	Bevölkerungszunahme und Rückgang des Bergbaus führen zustaatlich geförderter Massenauswanderung, vor allem nach Südaustralien; 1124 Menschen (64 davon aus Andreasberg) verlassen den hannoverschen Harz
1848/49	*Revolution in Deutschland*, Tumulte und Aufläufe von Bergleuten in Clausthal, Zellerfeld und St. Andreasberg
1848	Gründung der Deig`schen Zündholzbüchsenfabrik in St. Andreasberg (mit bis zu 400 Arbeitsplätzen) Schweres Brandunglück auf der Zellerfelder Grube Regenbogen, 13 Bergleute kommen ums Leben
1849	Die Clausthaler Münze wird nach Hannover verlegt
um 1850	Beginn der Gewinnung von Zinkblende im Oberharz, z.T. im Nachlesebergbau wie in Lautenthal
1851–	Ernst-August-Stollen wird aufgefahren
1854	Etwa 200 Oberharzer fallen auf einen Schwindel herein und wandern nach Ramsbeck (Westfalen) aus, kehren nach kurzer Zeit wieder zurück
1859	Im "Schürfer Suchort" auf der Stollensohle wird das Neue Lager des Rammelsberges entdeckt
1864	Bergakademie in Clausthal gegründet; im Oberharzer Bergbau sind noch 26 untertägige Wasserräder und 3 Wassersäulenmaschinen im Betrieb
1866	*Anexion des Königreiches Hannover durch Preußen*; das Bergerkseigentum fällt an den preußischen Staat
1867	Übernahme des Andreasberger Bergbaus durch den preußischen Fiskus, Zusammenlegung des "inwendigen Zuges" zu Feld "Vereinigte Gruben Samson", die Betriebsleitung erhielt die Bezeichnung "Berg-Inspektion"
1868	Das Clausthaler Bergamt wird in ein preußisches Oberbergamt umgewandelt; Einstellung der Teichhütte bei Gittelde
1870/71	*Deutsch/Französischer Krieg; Gründung des DeutschenReiches*
1870	In Clausthal wird eine Zentralaufbereitung errichtet
um 1870	Beginn des Braunkohlenabbaus bei Bornhausen am SW-Harzrand
1873	Vollendung des insgesamt 33 km langen Schlüsselstollens im Mansfelder Revier
1876/77	Bau der Eisenbahnstrecke durchs Innerste Tal bis nach Clausthal kommt dem Bergbau zugute
ab 1876	Einführung des maschinellen Bohrens und der Schießarbeit am Rammelsberg, Ende des Feuersetzens
1877	K.A. Lossen entwirft die erste geologische Karte des Harzes
1878	Umstellung der Silber- auf die Goldwährung und allgemeinfallende Metallpreise führen fast zur Aufgabe der Grube Samson Bruch der Fahrkunst im Schacht der Clausthaler Grube Rosenhof, 11 Bergleute kommen dabei ums Leben
1880	Flügelort des Ernst-August-Stollens erreicht das Erzbergwerk Lautenthal und erleichtert die Wasserhaltung
1883	Am Harly Berg bei Vienenburg (nördl. Harzvorland) wird das erste Kalisalz in der Provinz Hannover erbohrt, ein Schacht geteuft und 1886 die Förderung aufgenommen
1887	Zusammenlegung der Berginspektionen St. Andreasberg und Silbernaal zur Berginspektion Grund
1888	Einführung des maschinellen Bohrens mit Druckluft auf der Grube Samson in St. Andreasberg
1892–1901	Versuchsweise Nickelerzgewinnung auf der Grube Großfürstin Alexandra bei Goslar
1892	Fertigstellung des Kaiser Wilhelm II Schachtes in im Burgstätter Revier Clausthal; Gründung des Oberharzer Heimatmuseums, des heutigen Bergwerksmuseums in Zellerfeld
1904	Mit Auflassung der Grube Juliane Sophie endet der Bergbau im Schulenberger Revier
1905	Neubau der Zentralaufbereitung in Clausthal
1907	Inbetriebnahme des Achenbachschachtes auf der Grube Hilfe Gottes in Grund
1910	Stillegung Grube Samson – Ende des St. Andreasberger Silberbergbaus
1911	Rammelsberger Richtschacht wird abgeteuft

1912	Stillegung der St. Andreasberger Silberhütte; Einrichtung eines Wasserkraftwerks auf dem Sieberstollenim Samsonschacht
1914–18	*Erster Weltkrieg*
1914	Altenau erhält einen Bahnanschluß
1920–30	Sucharbeiten der Fa. Ilseder Hütte bei St. Andreasbergund Bad Lauterberg (Grube Roter Bär bzw. Knollengrube)
ab 1922	Schrittweise Einführung des Flotationsverfahrens in derAufbereitung der Grube Hilfe Gottes/Grund
1924	Gründung der Preussag, Betreibergesellschaft der Oberharzer Erzgruben sowie des Rammelsberges
1928	Aufnahme der untertägigen Dachschiefergewinnung bei Goslar (Grube Glockenberg), bis 1969 in Betrieb
1929	*Weltwirtschaftskrise*
1930	Einstellung der Gruben in Clausthal, Zellerfeld und Bockswiese; Grund und Lautenthal werden weiterbetrieben
1933	*Machtübernahme der Nationalsozialisten*
1936	Fertigstellung der neuen Rammelsberger Aufbereitung (Flotationsverfahren)
1939–45	*Zweiter Weltkrieg*
1950	Entdeckung des "Westfeld-Erzmittels II" im Erzbergwerk Grund
1956	Grubenunglück auf der Grube Glasebach bei Straßberg, bei einem Wassereinbruch finden 6 Bergleute den Tod
1957	Einstellung der Untersuchungsarbeiten im Erzbergwerk Lautenthal
1960	Aufhebung des Oberharzer Wasserregals, neues niedersächsisches Wassergesetz
1966	Technische Hochschule Clausthal
1967	Preussag AG Metall; Einstellung der Clausthaler Bleihütte und der Lautenthaler Silberhütte
1968	Technische Universität Clausthal
1969	Einstellung des Kupferschieferbergbaus in der Mansfelder Mulde
1970	Einstellung der Blei- und Silbergewinnung auf der Schmelz- und Rösthütte Oker
1973	Einstellung des Schwerspatbergbaus im Siebertal
1988	Schließung des Erzbergwerks Rammelsberg
1989	Wiedereröffnung des Lehrbergwerks "Grube Roter Bär" in St. Andreasberg
1990	Einstellung des Unterharzer Flußspatbergbaus (Gruben in Straßberg und Rottleberode)
1990	Einstellung des Kupferschieferbergbaus im Sangerhäuser Revier (Thomas Münzer Schacht/Sangerhausen und Bernard-Koenen-Schacht/ Niederröblingen
1992	Schließung des Erzbergwerks Grund

VI. Auswahl der wichtigsten Harzkarten

Die Nummern und Bezeichnungen der amtlichen Meßtischblätter (1:25.000) sowie der Topographischen Karten 1:50.000 sind dem beigefügten Blattschnitt zu entnehmen.
Sowohl als Auto-Übersichtskarte als auch zum Wandern geeignet sind die vom Niedersächsischen Landesverwaltungsamt - Landesvermessung herausgegebenen Topographischen Karten 1:50.000, die zugleich Wanderkarten des Harzklubs e.V. sind.

- Naturpark Harz (Westharz) 1:50.000 (Ausg. 1989) (mit Informationstext auf der Rückseite)

- Wandern im mittleren Harz 1:50.000 (Ausg. 1990)

- Der ganze Harz - Auto- und Wanderkarte 1:50.000 (Ausg. 1991) (Doppelblatt, beidseitig bedruckt)

Im RV-Verlag sind folgende Harzkarten erschienen:

- Naturpark Harz 1:100.000
- Naturpark Harz (westlicher Teil) 1:50.000
- Oberharz 1:25.000
- Südharz 1:25.000

Geologische Karten

Die meisten geologischen Meßtischblätter des Harzes stammen aus der Vorkriegszeit und sind heute vergriffen. Neuaufnahmen gibt es bisher lediglich von den Blättern Zellerfeld, Goslar, Osterode und Seesen.

Für Exkursionen gut geeignet und im Handel erhältlich sind:

- Geologische Übersichtskarte 1:200.000 Blatt CC 4726 Goslar (umfaßt den gesamten Harz)

- Geologische Harz-Wanderkarte 1:100.000 (mit Aufschlußbeschreibungen auf der Rückseite). - 4. Aufl. 1989, RV-Verlag (umfaßt nur den Westharz)

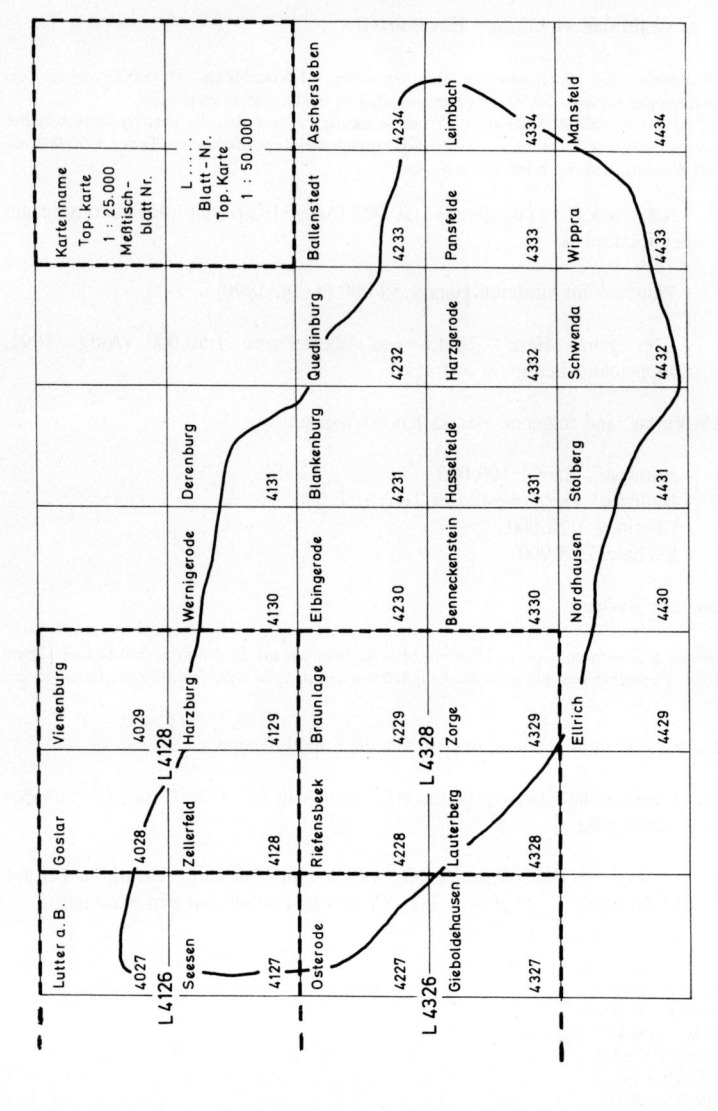

Die Meßtischblattaufteilung des Harzes

Bildnachweis (nach Abb.Nr.)

ADVA, Graz:	5
H.-J. Boyke, Clausthal:	32
H. Eicke, St. Andreasberg:	86, 87, 88, 91
Heimatstube Lerbach:	103
Heimatstube Neudorf:	112
M. Langer, Clausthal:	15, 27
Mansfeld Museum:	122
K. Mohr, Clausthal:	1
Museum Schloß Bernburg:	111
OBA, Clausthal:	39, 61 b, 82
Oberharzer Bergwerksmuseum:	9, 13, 14, 24, 25, 34, 61 c, 68, 71, 72
TU Clausthal:	3, 70,
W. Zerjadtke, Uftrungen:	115, 116

Abbildungen ohne weitere Quellenangaben stammen aus dem Archiv des Autors.

Gesamtherstellung: Druckhaus Beltz, Hemsbach